国家出版基金项目

绿色制造丛书

组织单位 | 中国机械工程学会

国家出版基金项目
NATIONAL PUBLICATION FOUNDATION

多能场激光复合表面改性技术及其应用

姚建华　张群莉　李　波　王　梁　姚喆赫　吴国龙　董　刚　著

机械工业出版社

CHINA MACHINE PRESS

激光复合表面改性技术是材料表面工程与增材制造、增材再制造领域新兴的先进技术之一。多能场激光复合表面改性技术是指激光与至少一种其他能场相互作用参与同一加工过程，并改变材料性能，产生比单一能场更优（质量、效率、成本等更优）的加工效果的一种加工技术。多能场激光复合表面改性技术利用激光和其他能场的优势，可弥补单一激光加工的不足，是激光技术的进一步发展和重要补充，已成为激光制造技术的重要发展方向之一。激光复合表面改性技术既可用于关键零部件表面性能（如耐磨性、耐蚀性、耐高温氧化性）的提升，又可用于金属材料的高效率、高质量、低成本的增材制造与再制造，已应用于能源、化工、船舶、航空航天等高端装备关键部件的制造与改性。本书从多能场激光复合表面改性技术的内涵、特点、分类等出发，概述了多能场激光复合表面改性技术的研究现状及发展该技术的经济社会意义，围绕近年来国内多能场激光复合表面改性技术的最新研究动态，分别详细阐述了超音速粒子与激光复合改性技术、电磁场激光复合表面改性技术、电化学激光复合表面改性技术、超声振动激光复合表面改性技术的原理、特点、专用装备、工艺和工业应用，以及多能场激光复合表面改性过程中的专用材料，重点分析了各类复合技术在改性效率、质量、节能等方面的特点。

本书对从事表面工程与制造相关领域的研究人员和工程人员具有重要的理论指导价值和工程参考价值。

图书在版编目（CIP）数据

多能场激光复合表面改性技术及其应用／姚建华等 著．—北京：机械工业出版社，2020.12

（绿色制造丛书）

国家出版基金项目

ISBN 978-7-111-67278-4

Ⅰ.①多… Ⅱ.①姚… Ⅲ.①激光技术-应用-材料-表面改性-研究 Ⅳ.①TB3

中国版本图书馆 CIP 数据核字（2021）第 015868 号

机械工业出版社（北京市百万庄大街22号　邮政编码100037）
策划编辑：罗晓琪　责任编辑：罗晓琪　赵　帅　安桂芳
责任校对：李　伟　责任印制：李　楠
北京宝昌彩色印刷有限公司印刷
2021 年 11 月第 1 版第 1 次印刷
169mm×239mm·24.25 印张·484 千字
标准书号：ISBN 978-7-111-67278-4
定价：118.00 元

电话服务　　　　　　　　　网络服务
客服电话：010-88361066　机 工 官 网：www.cmpbook.com
　　　　　010-88379833　机 工 官 博：weibo.com/cmp1952
　　　　　010-68326294　金 书 网：www.golden-book.com
封底无防伪标均为盗版　机工教育服务网：www.cmpedu.com

"绿色制造丛书" 编撰委员会

主　任
宋天虎　中国机械工程学会
刘　飞　重庆大学

副主任（排名不分先后）
陈学东　中国工程院院士，中国机械工业集团有限公司
单忠德　中国工程院院士，南京航空航天大学
李　奇　机械工业信息研究院，机械工业出版社
陈超志　中国机械工程学会
曹华军　重庆大学

委　员（排名不分先后）
李培根　中国工程院院士，华中科技大学
徐滨士　中国工程院院士，中国人民解放军陆军装甲兵学院
卢秉恒　中国工程院院士，西安交通大学
王玉明　中国工程院院士，清华大学
黄庆学　中国工程院院士，太原理工大学
段广洪　清华大学
刘光复　合肥工业大学
陆大明　中国机械工程学会
方　杰　中国机械工业联合会绿色制造分会
郭　锐　机械工业信息研究院，机械工业出版社
徐格宁　太原科技大学
向　东　北京科技大学
石　勇　机械工业信息研究院，机械工业出版社
王兆华　北京理工大学
左晓卫　中国机械工程学会
朱　胜　再制造技术国家重点实验室
刘志峰　合肥工业大学
朱庆华　上海交通大学

张洪潮　大连理工大学
李方义　山东大学
刘红旗　中机生产力促进中心
李聪波　重庆大学
邱　城　中机生产力促进中心
何　彦　重庆大学
宋守许　合肥工业大学
张超勇　华中科技大学
陈　铭　上海交通大学
姜　涛　工业和信息化部电子第五研究所
姚建华　浙江工业大学
袁松梅　北京航空航天大学
夏绪辉　武汉科技大学
顾新建　浙江大学
黄海鸿　合肥工业大学
符永高　中国电器科学研究院股份有限公司
范志超　合肥通用机械研究院有限公司
张　华　武汉科技大学
张钦红　上海交通大学
江志刚　武汉科技大学
李　涛　大连理工大学
王　蕾　武汉科技大学
邓业林　苏州大学
姚巨坤　再制造技术国家重点实验室
王禹林　南京理工大学
李洪丞　重庆邮电大学

"绿色制造丛书" 编撰委员会办公室

主　任
刘成忠　陈超志

成　员（排名不分先后）
王淑芹　曹　军　孙　翠　郑小光　罗晓琪　罗丹青　张　强　赵范心　李　楠
郭英玲　权淑静　钟永刚　张　辉　金　程

制造是改善人类生活质量的重要途径，制造也创造了人类灿烂的物质文明。

也许在远古时代，人类从工具的制作中体会到生存的不易，生命和生活似乎注定就是要和劳作联系在一起的。工具的制作大概真正开启了人类的文明。但即便在农业时代，古代先贤也认识到在某些情况下要慎用工具，如孟子言："数罟不入洿池，鱼鳖不可胜食也；斧斤以时入山林，材木不可胜用也。"可是，我们没能记住古训，直到 20 世纪后期我国乱砍滥伐的现象比较突出。

到工业时代，制造所产生的丰富物质使人们感受到的更多是愉悦，似乎自然界的一切都可以为人的目的服务。恩格斯告诫过：我们统治自然界，决不像征服者统治异民族一样，决不像站在自然以外的人一样，相反地，我们同我们的肉、血和头脑一起都是属于自然界，存在于自然界的；我们对自然界的整个统治，仅是我们胜于其他一切生物，能够认识和正确运用自然规律而已（《劳动在从猿到人转变过程中的作用》）。遗憾的是，很长时期内我们并没有听从恩格斯的告诫，却陶醉在"人定胜天"的臆想中。

信息时代乃至即将进入的数字智能时代，人们惊叹欣喜，日益增长的自动化、数字化以及智能化将人从本是其生命动力的劳作中逐步解放出来。可是蓦然回首，倏地发现环境退化、气候变化又大大降低了我们不得不依存的自然生态系统的承载力。

不得不承认，人类显然是对地球生态破坏力最大的物种。好在人类毕竟是理性的物种，诚如海德格尔所言：我们就是除了其他可能的存在方式以外还能够对存在发问的存在者。人类存在的本性是要考虑"去存在"，要面向未来的存在。人类必须对自己未来的存在方式、自己依赖的存在环境发问！

1987 年，以挪威首相布伦特兰夫人为主席的联合国世界环境与发展委员会发表报告《我们共同的未来》，将可持续发展定义为：既满足当代人的需要，又不对后代人满足其需要的能力构成危害的发展。1991 年，由世界自然保护联盟、联合国环境规划署和世界自然基金会出版的《保护地球——可持续生存战略》一书，将可持续发展定义为：在不超出支持它的生态系统承载能力的情况下改善人类的生活质量。很容易看出，可持续发展的理念之要在于环境保护、人的生存和发展。

世界各国正逐步形成应对气候变化的国际共识，绿色低碳转型成为各国实现可持续发展的必由之路。

中国面临的可持续发展的压力尤甚。经过数十年来的发展，2020 年我国制造业增加值突破 26 万亿元，约占国民生产总值的 26%，已连续多年成为世界第一制造大国。但我国制造业资源消耗大、污染排放量高的局面并未发生根本性改变。2020 年我国碳排放总量惊人，约占全球总碳排放量 30%，已经接近排名第 2～5 位的美国、印度、俄罗斯、日本 4 个国家的总和。

工业中最重要的部分是制造，而制造施加于自然之上的压力似乎在接近临界点。那么，为了可持续发展，难道舍弃先进的制造？非也！想想庄子笔下的圃畦丈人，宁愿抱瓮舀水，也不愿意使用桔槔那种杠杆装置来灌溉。他曾教训子贡："有机械者必有机事，有机事者必有机心。机心存于胸中，则纯白不备；纯白不备，则神生不定；神生不定者，道之所不载也。"（《庄子·外篇·天地》）单纯守纯朴而弃先进技术，显然不是当代人应守之道。怀旧在现代世界中没有存在价值，只能被当作追逐幻境。

既要保护环境，又要先进的制造，从而维系人类的可持续发展。这才是制造之道！绿色制造之理念如是。

在应对国际金融危机和气候变化的背景下，世界各国无论是发达国家还是新型经济体，都把发展绿色制造作为赢得未来产业竞争的关键领域，纷纷出台国家战略和计划，强化实施手段。欧盟的"未来十年能源绿色战略"、美国的"先进制造伙伴计划 2.0"、日本的"绿色发展战略总体规划"、韩国的"低碳绿色增长基本法"、印度的"气候变化国家行动计划"等，都将绿色制造列为国家的发展战略，计划实施绿色发展，打造绿色制造竞争力。我国也高度重视绿色制造，《中国制造 2025》中将绿色制造列为五大工程之一。中国承诺在 2030 年前实现碳达峰，2060 年前实现碳中和，国家战略将进一步推动绿色制造科技创新和产业绿色转型发展。

为了助力我国制造业绿色低碳转型升级，推动我国新一代绿色制造技术发展，解决我国长久以来对绿色制造科技创新成果及产业应用总结、凝练和推广不足的问题，中国机械工程学会和机械工业出版社组织国内知名院士和专家编写了"绿色制造丛书"。我很荣幸为本丛书作序，更乐意向广大读者推荐这套丛书。

编委会遴选了国内从事绿色制造研究的权威科研单位、学术带头人及其团队参与编著工作。丛书包含了作者们对绿色制造前沿探索的思考与体会，以及对绿色制造技术创新实践与应用的经验总结，非常具有前沿性、前瞻性和实用性，值得一读。

丛书的作者们不仅是中国制造领域中对人类未来存在方式、人类可持续发展的发问者，更是先行者。希望中国制造业的管理者和技术人员跟随他们的足迹，通过阅读丛书，深入推进绿色制造！

华中科技大学　李培根

2021 年 9 月 9 日于武汉

在全球碳排放量激增、气候加速变暖的背景下，资源与环境问题成为人类面临的共同挑战，可持续发展日益成为全球共识。发展绿色经济、抢占未来全球竞争的制高点，通过技术创新、制度创新促进产业结构调整，降低能耗物耗、减少环境压力、促进经济绿色发展，已成为国家重要战略。我国明确将绿色制造列为《中国制造2025》五大工程之一，制造业的"绿色特性"对整个国民经济的可持续发展具有重大意义。

随着科技的发展和人们对绿色制造研究的深入，绿色制造的内涵不断丰富，绿色制造是一种综合考虑环境影响和资源消耗的现代制造业可持续发展模式，涉及整个制造业，涵盖产品整个生命周期，是制造、环境、资源三大领域的交叉与集成，正成为全球新一轮工业革命和科技竞争的重要新兴领域。

在绿色制造技术研究与应用方面，围绕量大面广的汽车、工程机械、机床、家电产品、石化装备、大型矿山机械、大型流体机械、船用柴油机等领域，重点开展绿色设计、绿色生产工艺、高耗能产品节能技术、工业废弃物回收拆解与资源化等共性关键技术研究，开发出成套工艺装备以及相关试验平台，制定了一批绿色制造国家和行业技术标准，开展了行业与区域示范应用。

在绿色产业推进方面，开发绿色产品，推行生态设计，提升产品节能环保低碳水平，引导绿色生产和绿色消费。建设绿色工厂，实现厂房集约化、原料无害化、生产洁净化、废物资源化、能源低碳化。打造绿色供应链，建立以资源节约、环境友好为导向的采购、生产、营销、回收及物流体系，落实生产者责任延伸制度。壮大绿色企业，引导企业实施绿色战略、绿色标准、绿色管理和绿色生产。强化绿色监管，健全节能环保法规、标准体系，加强节能环保监察，推行企业社会责任报告制度。制定绿色产品、绿色工厂、绿色园区标准，构建企业绿色发展标准体系，开展绿色评价。一批重要企业实施了绿色制造系统集成项目，以绿色产品、绿色工厂、绿色园区、绿色供应链为代表的绿色制造工业体系基本建立。我国在绿色制造基础与共性技术研究、离散制造业传统工艺绿色生产技术、流程工业新型绿色制造工艺技术与设备、典型机电产品节能减排技术、退役机电产品拆解与再制造技术等方面取得了较好的成果。

但是作为制造大国，我国仍未摆脱高投入、高消耗、高排放的发展方式，资源能源消耗和污染排放与国际先进水平仍存在差距，制造业绿色发展的目标尚未完成，社会技术创新仍以政府投入主导为主；人们虽然就绿色制造理念形成共识，但绿色制造技术创新与我国制造业绿色发展战略需求还有很大差距，一些亟待解决的主要问题依然突出。绿色制造基础理论研究仍主要以跟踪为主，原创性的基础研究仍较少；在先进绿色新工艺、新材料研究方面部分研究领域有一定进展，但颠覆性和引领性绿色制造技术创新不足；绿色制造的相关产业还处于孕育和初期发展阶段。制造业绿色发展仍然任重道远。

本丛书面向构建未来经济竞争优势，进一步阐述了深化绿色制造前沿技术研究，全面推动绿色制造基础理论、共性关键技术与智能制造、大数据等技术深度融合，构建我国绿色制造先发优势，培育持续创新能力。加强基础原材料的绿色制备和加工技术研究，推动实现功能材料特性的调控与设计和绿色制造工艺，大幅度地提高资源生产率水平，提高关键基础件的寿命、高分子材料回收利用率以及可再生材料利用率。加强基础制造工艺和过程绿色化技术研究，形成一批高效、节能、环保和可循环的新型制造工艺，降低生产过程的资源能源消耗强度，加速主要污染排放总量与经济增长脱钩。加强机械制造系统能量效率研究，攻克离散制造系统的能量效率建模、产品能耗预测、能量效率精细评价、产品能耗定额的科学制定以及高能效多目标优化等关键技术问题，在机械制造系统能量效率研究方面率先取得突破，实现国际领先。开展以提高装备运行能效为目标的大数据支撑设计平台，基于环境的材料数据库、工业装备与过程匹配自适应设计技术、工业性试验技术与验证技术研究，夯实绿色制造技术发展基础。

在服务当前产业动力转换方面，持续深入细致地开展基础制造工艺和过程的绿色优化技术、绿色产品技术、再制造关键技术和资源化技术核心研究，研究开发一批经济性好的绿色制造技术，服务经济建设主战场，为绿色发展做出应有的贡献。开展铸造、锻压、焊接、表面处理、切削等基础制造工艺和生产过程绿色优化技术研究，大幅降低能耗、物耗和污染物排放水平，为实现绿色生产方式提供技术支撑。开展在役再设计再制造技术关键技术研究，掌握重大装备与生产过程匹配的核心技术，提高其健康、能效和智能化水平，降低生产过程的资源能源消耗强度，助推传统制造业转型升级。积极发展绿色产品技术，研究开发轻量化、低功耗、易回收等技术工艺，研究开发高效能电机、锅炉、内燃机及电器等终端用能产品，研究开发绿色电子信息产品，引导绿色消费。开展新型过程绿色化技术研究，全面推进钢铁、化工、建材、轻工、印染等行业绿色制造流程技术创新，新型化工过程强化技术节能环保集成优化技术创新。开展再制造与资源化技术研究，研究开发新一代再制造技术与装备，深入推进废旧汽车（含新能源汽车）零部件和退役机电产品回收逆向物流系统、拆解/破碎/分离、高附加值资源化等关键技术与装备研究并应用示范，实现机电、汽车等产品的可拆卸和易回收。研究开发钢铁、冶金、石化、轻工等制造流程副产品绿色协同处理与循环利用技术，提高流程制造资源高效利用绿色产业链技术创新能力。

在培育绿色新兴产业过程中，加强绿色制造基础共性技术研究，提升绿色制造科技创新与保障能力，培育形成新的经济增长点。持续开展绿色设计、产品全生命周期评价方法与工具的研究开发，加强绿色制造标准法规和合格评判程序与范式研究，针对不同行业形成方法体系。建设绿色数据中心、绿色基站、绿色制造技术服务平台，建立健全绿色制造技术创新服务体系。探索绿色材料制备技术，培育形成新的经济增长点。开展战略新兴产业市场需求的绿色评价研究，积极引领新兴产业高起点绿色发展，大力促进新材料、新能源、高端装备、生物产业绿色低碳发展。推动绿色制造技术与信息的深度融合，积极发展绿色车间、绿色工厂系统、绿色制造技术服务业。

非常高兴为本丛书作序。我们既面临赶超跨越的难得历史机遇，也面临差距拉大的严峻挑战，唯有勇立世界技术创新潮头，才能赢得发展主动权，为人类文明进步做出更大贡献。相信这套丛书的出版能够推动我国绿色科技创新，实现绿色产业引领式发展。绿色制造从概念提出至今，取得了长足进步，希望未来有更多青年人才积极参与到国家制造业绿色发展与转型中，推动国家绿色制造产业发展，实现制造强国战略。

中国机械工业集团有限公司　陈学东

2021 年 7 月 5 日于北京

绿色制造是绿色科技创新与制造业转型发展深度融合而形成的新技术、新产业、新业态、新模式，是绿色发展理念在制造业的具体体现，是全球新一轮工业革命和科技竞争的重要新兴领域。

我国自20世纪90年代正式提出绿色制造以来，科学技术部、工业和信息化部、国家自然科学基金委员会等在"十一五""十二五""十三五"期间先后对绿色制造给予了大力支持，绿色制造已经成为我国制造业科技创新的一面重要旗帜。多年来我国在绿色制造模式、绿色制造共性基础理论与技术、绿色设计、绿色制造工艺与装备、绿色工厂和绿色再制造等关键技术方面形成了大量优秀的科技创新成果，建立了一批绿色制造科技创新研发机构，培育了一批绿色制造创新企业，推动了全国绿色产品、绿色工厂、绿色示范园区的蓬勃发展。

为促进我国绿色制造科技创新发展，加快我国制造企业绿色转型及绿色产业进步，中国机械工程学会和机械工业出版社联合中国机械工程学会环境保护与绿色制造技术分会、中国机械工业联合会绿色制造分会，组织高校、科研院所及企业共同策划了"绿色制造丛书"。

丛书成立了包括李培根院士、徐滨士院士、卢秉恒院士、王玉明院士、黄庆学院士等50多位顶级专家在内的编委会团队，他们确定选题方向，规划丛书内容，审核学术质量，为丛书的高水平出版发挥了重要作用。作者团队由国内绿色制造重要创导者与开拓者刘飞教授牵头，陈学东院士、单忠德院士等100余位专家学者参与编写，涉及20多家科研单位。

丛书共计32册，分三大部分：① 总论，1册；② 绿色制造专题技术系列，25册，包括绿色制造基础共性技术、绿色设计理论与方法、绿色制造工艺与装备、绿色供应链管理、绿色再制造工程5大专题技术；③ 绿色制造典型行业系列，6册，涉及压力容器行业、电子电器行业、汽车行业、机床行业、工程机械行业、冶金设备行业等6大典型行业应用案例。

丛书获得了2020年度国家出版基金项目资助。

丛书系统总结了"十一五""十二五""十三五"期间，绿色制造关键技术与装备、国家绿色制造科技重点专项等重大项目取得的基础理论、关键技术和装备成果，凝结了广大绿色制造科技创新研究人员的心血，也包含了作者对绿色制造前沿探索的思考与体会，为我国绿色制造发展提供了一套具有前瞻性、系统性、实用性、引领性的高品质专著。丛书可为广大高等院校师生、科研院所研发人员以及企业工程技术人员提供参考，对加快绿色制造创新科技在制造业中的推广、应用，促进制造业绿色、高质量发展具有重要意义。

当前我国提出了 2030 年前碳排放达峰目标以及 2060 年前实现碳中和的目标，绿色制造是实现碳达峰和碳中和的重要抓手，可以驱动我国制造产业升级、工艺装备升级、重大技术革新等。因此，丛书的出版非常及时。

绿色制造是一个需要持续实现的目标。相信未来在绿色制造领域我国会形成更多具有颠覆性、突破性、全球引领性的科技创新成果，丛书也将持续更新，不断完善，及时为产业绿色发展建言献策，为实现我国制造强国目标贡献力量。

中国机械工程学会　宋天虎
2021 年 6 月 23 日于北京

近年来，随着我国高端制造业的崛起和发展，激光表面改性技术在能源、化工、船舶、航空航天等高端装备关键部件的制造和强化领域得到了大量的应用，创造了巨大的经济效益和社会效益。此外，随着机械制造行业的不断发展和革新，与之对应的激光表面改性技术也呈现高速多样性发展趋势，逐渐由单一激光表面改性向多能场激光复合表面改性方向发展。多能场激光复合表面改性不仅保留了单一激光表面改性的优点，而且借助其他能场的优势，达到比单一能场更好的加工效果，极大地扩展了激光表面改性技术在工业生产方面的应用范围。虽然越来越多的研究者开始关注并从事多能场激光复合表面改性方面的研究，但是目前针对此技术的专门著作较少，因此亟须对相关内容进行总结，以便推动激光表面改性的新发展和新应用。

为了更好地让国内外研究者和广大工程技术人员协力推进多能场激光复合表面改性技术的发展，作者以团队多年来的研究成果和实践经验为主，结合国内外最新研究成果编写了本书，从而为更多有志于进入相关领域的科研工作者、研究生和广大工程技术应用人员提供参考。本书共六章，着重介绍了多能场激光复合表面改性技术的理论基础和实践应用，综述了国内外相关研究的进展和现状，并在自身的研究基础上从设备搭建、耦合机理、材料选择、组织及性能方面详细介绍了多能场对激光表面改性技术的影响。第 1 章在介绍传统激光表面改性技术的内容、特点及其发展历程的基础上，对近年来激光表面改性技术的新趋势——多能场激光复合表面改性技术的分类和特点进行了重点阐述。第 2 章重点介绍了冷喷涂技术与激光加热技术相互耦合的超音速激光沉积技术与应用，在概述国内外相关技术研究进展的基础上，着重阐述作者团队在相关设备搭建及制备 Fe 基、Co 基、Ni 基等复合涂层的研究成果和相关应用。第 3 章基于作者团队的最新研究成果，从电磁场激光复合表面改性技术的设备搭建、电磁场对激光熔池流体的影响及调控、电磁场对激光熔注过程中颗粒分布的调控行为、电磁场对激光熔覆过程中气孔的影响及排气作用等方面进行了阐述，并结合工业应用介绍了电磁场激光复合表面改性技术在激光修复领域的最新研究进展。

第4章阐述了电化学激光复合表面改性技术的特点与应用，重点介绍了激光诱导溶胶凝胶制备强化涂层和激光复合微弧氧化表面改性两种技术。第5章从试验平台搭建、多物理场数值模拟、控形控性等方面介绍了超声振动激光复合表面改性技术在316L涂层制备方面的最新研究进展。第6章主要介绍了多能场激光复合表面改性专用材料的分类、性能要求、制备及相关应用，为今后相关多能场激光复合表面改性专用材料的发展提供新的参考。

本书由姚建华、张群莉、李波、王梁、姚喆赫、吴国龙、董刚著，陈智君、杨高林等人参与了本书有关的试验研究工作。本书在编写过程中，为了系统完整而引用了部分国内外同行、专家学者的论文或者专著，在此对相关文献的作者表示衷心的感谢。本书所涉及的研究内容得到了国家重点研发计划项目（2017YFB1103600，2018YFB0407300）、国家自然科学基金项目（52035014，U1509201，51605441，51705460，52075495）、浙江省自然科学基金项目等多个科研项目的资助，同时得到了多项企业合作项目的大力支持，在此向有关单位和企业表示衷心的感谢。

由于作者水平有限，书中难免有疏漏和不足之处，恳请广大读者批评、指正，并提出宝贵意见。

作　者

2020 年 8 月

目录 CONTENTS

第 1 章

——

激光复合表面改性概述

1.1 激光表面改性技术及其对国民经济的作用

1.1.1 激光表面改性技术的内容

随着现代科学技术和工业的不断发展，工业零部件的服役环境越来越趋于复杂化，零件因表面磨损、腐蚀等服役损伤而使得报废率大幅增加。作为金属材料的主要失效形式，疲劳、腐蚀和磨损均始于金属材料的表面。因此，金属材料的表面性能直接影响金属材料的综合性能。为了提高金属材料的综合性能，各种表面改性技术，如表面热处理、电化学沉积、物理/化学气相沉积、喷涂、喷丸、滚压、内挤压等得到了广泛应用，并取得了良好的经济效益。航空、航天、核能、交通等高端设备对零件表面性能的要求也越来越高，传统的表面改性技术因性能、效率、灵活性等因素渐渐难以满足高性能设备的制造要求。而被现代工业誉为"万能加工工具""未来制造系统共同的加工手段"的激光技术，被用于改善金属材料的表面性能，能很好地解决这些问题。

激光表面改性技术的应用能使低等级材料实现高性能表层改性，达到零件低成本与工作表面高性能的最佳组合，为解决整体强化和其他表面强化手段难以克服的矛盾带来了可能性，对重要构件材质与性能的选择匹配、设计、制造产生重要的有利影响，甚至可能导致设计和制造工艺发生根本性的变革。激光表面改性技术作为一种表面工程普适性技术，面向我国制造业转型升级的重大需求，直接服务于重大装备高端部件的性能提升和国产化制造。该技术的适用范围和应用领域非常广泛，包括矿山机械、石油化工、电力、铁路、汽车、船舶、冶金、医疗器械、航空航天、机床、发电、印刷、包装、模具、制药等行业，具有非常广阔的应用前景。深入推广激光表面工程制造技术，不仅可提升制造过程中的产品性能，而且可以服务于制造以外的其他供应链，同时，其所体现的优势可辐射大量其他的生产制造行业，可提高关联产业的产品竞争力，受益面将非常广。

1.1.2 激光表面改性技术的特点

激光表面改性技术是表面工程制造中的先进技术之一，是以激光为热源对金属材料表面进行改性处理，改变金属材料表面的组织结构、相结构、化学成分等，利用材料自身的快速冷却作用优化表面层改性组织，从而提高材料表面性能的一种技术。激光技术具有的特性给激光表面工程制造带来了一些传统表面处理技术所不具备的特点：

1）可在零件表面形成细小均匀、层深可控、含有多种介稳相和金属间化合物的高质量表面强化层，可大幅度提高表面硬度、耐磨性和抗接触疲劳的能力，制备特殊的耐腐蚀功能表层。

2）强化层与零件本体形成最佳的冶金结合，解决许多传统表面强化技术难以解决的技术问题。

3）高能量密度的激光可将工件快速加热到相变温度以上，并依靠零件本体热传导实现急冷，无须冷却介质，冷却特性优异。形成的表面强化层的硬度比用常规方法处理的高15%～20%，配上合金粉和特殊的工艺方法，可显著提高工件的综合性能。

4）热影响和变形小。激光束能量密度高，但总的能量小，对非激光照射部位几乎没有影响，即热影响区小，工件热变形可由加工工艺控制到极小的程度，后续加工余量小。有些加工件经激光处理后，甚至可直接投入使用。

5）选区性强，灵活性高。由于是无接触加工，激光束的能量可连续调整，并且没有惯性。配合数控系统，可以实现柔性加工。对零件的特定部位和其他方法难以处理的部位，以及表面有一定高度差的零件，可进行灵活的局部强化。

6）无须真空条件，即使在进行特殊的合金化处理时，吹保护性气体也可有效防止氧化及元素烧损。

7）配有计算机控制的多维空间运动工作台的现代大功率激光器，特别适用于生产率很高的机械化、自动化生产。

8）激光是一种清洁的绿色能源，加工过程无污染、性价比高。

1.1.3 激光表面改性技术对国民经济的作用

据统计，工业生产中各类装备的核心部件，包括量大面广的齿轮、轴承、叶片等关键基础零部件，由磨损、腐蚀、疲劳等表面问题引起的失效占80%，因此，激光表面改性技术受到各国的高度关注。激光表面改性技术是表面工程中的先进技术之一，它是通过各种激光表面处理技术在材料表面制成具有特定性能的表面层。早在20世纪80年代后期，美国就将表面工程技术列为影响21世纪人类生活的关键技术之一，表面工程技术与计算机科学、生命科学、新能源技术、新材料技术、信息技术和先进制造技术并列。我国也非常重视表面工程技术和先进制造技术的发展、创新和应用。与传统工艺相比，激光表面改性技术最突出的特点是激光加热和冷却速度快、可选区性好、灵活高效、能量利用率高、节约资源。经激光相变、熔凝、冲击及非晶化等表面处理，不加任何合金元素，只改变工件表面微观组织结构，即可提高其使用寿命。用激光合金化或熔覆技术对工件表面进行改性，可实现用普通钢代替整体高合金钢，使废旧工件重新服役，从而大大节约了贵金属资源和能源。

随着大功率半导体工业激光器性价比的提高，尤其是近年来激光器的商品化、小型化和柔性化以及免维修的光纤激光器的迅速发展，激光表面改性技术进一步发展并替代更多传统表面处理工艺，进入了现代高科技的工业生产主要领域。它是表面工程技术和先进制造技术中最有潜力的节能、降耗的先进技术之一。

综上所述，激光表面改性技术将在表面工程技术、先进制造与再制造领域，对发展循环经济、建设节约型社会发挥重要的作用。

1.2 激光表面改性技术的发展

1.2.1 激光表面改性技术的发展历程

激光表面改性技术的研究起始于 20 世纪 60 年代，20 世纪 70 年代初期大功率激光器才逐渐投入实际应用。近年来，激光表面改性技术因具有处理灵活性高、性能好、无污染、材料消耗低等特点，在材料表面工程领域引起了广泛关注。

1. 激光淬火技术的发展历程

国内外对激光淬火技术的研究大多集中在激光淬火对材料性能的改进上。20 世纪 60 年代，德国科学家首次利用激光光束对材料进行热处理加工研究。1971 年，美国通用公司首次成功用一台功率为 250W 的 CO_2 激光器进行了激光淬火试验。自 1974 年起，通用公司就开始对齿轮箱内表面进行激光淬火处理，并将 15 台千瓦级 CO_2 激光器用于相应的激光淬火生产线。苏联利哈乔夫汽车厂也在很早就建立起了包括发动机气缸盖、花键轴、冲头、活塞、摇臂、拨叉、羊角及缸套的激光热处理生产线。

早在 20 世纪 60 年代，中国科学院上海光学精密机械研究所激光应用中心用红宝石激光在 45 钢上打孔，从周边材料变硬的现象开始，开展激光表面热处理的研究与应用。1978 年，我国第一台横流大功率（1000W）CO_2 激光器通过了国家鉴定，该设备为后面的激光淬火研究提供了关键的国产化硬件条件。我国在"七五"期间就建立了激光淬火中试线，并取得了良好的经济效益。在"八五"期间，典型的应用案例是在西安内燃机配件厂等企业建立了多条柴油机缸体内壁的激光淬火生产线，进而在全国各地出现了不少激光淬火装备生产企业。因此，激光淬火技术在全国获得推广应用。期间在国家"863"计划多个研究项目的支持下，获得了很多研究成果和专利等。20 世纪 80 年代翻译的 Volodymyr S. Kovalenko 教授著的《零件的激光强化》一书成为我国最早用于激光表面改性技术方面研究的参考书，为我国激光表面改性技术的教学与研究做出了贡献。

激光表面淬火技术已成为表面处理和表面工程中一个十分活跃的新兴领域，发展前景广阔。当前，研究人员正积极地把激光淬火与传统热处理技术适当地结合起来，实现优势互补。激光淬火技术从开始应用到现在，已经历了 30 多年的发展历程，应用领域不断扩大。但是由于这项工艺的技术含量较高，工艺过程中影响因素较多，设备费用不菲，除了形状简单、工艺基本定型且批量较大的工件可以专门建立生产线，并可获得稳定的加工质量外，在淬火深度及处理形状较为复杂的工件时的质量精确控制方面还存在不少问题。但是，随着数值模拟与计算机控制技术研究的不断进展，可适用于各种情况的激光淬火工艺实时控制系统的研制也将获得成功，同时，随着多能场复合技术的研究发展，淬火深度极限也将被突破，这将为激光淬火技术全面进入自动化生产线打下基础。

▶▶ 2. 激光熔覆技术的发展历程

激光熔覆技术也被称为激光堆焊技术，是一种涉及计算机、光学、材料、物理、化学等多门学科的有效且实用的表面处理技术。它于 20 世纪 60 年代被提出，随后在 1974 年底由美国 AVCO 公司提出专利申请，并于 1976 年授权了一项阐述高能激光熔覆的专利。20 世纪 70 年代中后期，国外激光熔覆技术的发展速度并不迅速。激光表面处理方面的论文篇数远少于激光切割和激光焊接，激光切割方面的论文数量约是激光表面处理方面论文的 3 倍，激光焊接方面的论文数量居中。20世纪 80 年代后期以来，激光切割和激光焊接方面的文章篇数远远少于激光表面处理方面的文章篇数，这说明国外关于激光熔覆技术的研究进度加快了。同时，对激光熔覆理论、材料、工艺、熔覆层组织性能等进行了深入研究，并在激光设备的自动化、熔覆过程中的监控和激光熔覆的生产应用等方面取得明显进展。利用激光熔覆技术的局部精细加工特点，向制造小零件和零件的局部修复方面发展和突破。

20 世纪 80 年代初期，我国开始对激光熔覆技术进行初步研究，并取得了一些成绩。配套气缸内壁的激光淬火，铝合金活塞环槽的激光熔覆替代镶嵌合金的研究被成功应用。利用激光熔覆技术在发动机叶片上熔覆钴基合金，可改善发动机叶片材料的表面性能。利用激光熔覆技术在活塞环上熔覆 Ni-WC 复合涂层等，熔覆层的硬度和耐磨性都有明显提高。随着激光熔覆技术的应用范围越来越广，在选择熔覆材料时，开发稀土应用已成为一大热点，这主要是因为稀土元素特有的电子层结构和活性，可大大提高工艺性能和技术性能，同时又因为我国是稀土储量比较丰富的国家，因此结合稀土的优良特性，加入稀土来提高材料表面特性是非常有意义的。

近年来，上海交通大学、华中科技大学、浙江工业大学、苏州大学、北京工业大学、中国科学院力学研究所等国内多家单位在激光表面熔覆工艺和设备方面做了许多研究工作，研究涉及汽轮机装备、煤矿机械、汽车零部件、冶金机械等领域。同时，激光熔覆技术的研究与应用，为后来的激光增材制造打下了良好的技术基础。

▶▶ 3. 激光再制造技术的发展历程

激光再制造技术是采用激光熔覆、合金化、冲击强化等表面改性工艺，对失效零件表面实施修复的技术，其目标是修复后达到或超越新品的性能。激光再制造技术始于 20 世纪 80 年代，随着大功率激光器的成熟和应用，世界各国竞相研究开发激光在机械零件制造和维修领域应用的理论和技术，如激光表面热处理、激光表面熔凝、激光表面合金化、激光表面熔覆等。20世纪90年代，激光熔覆技术在装备金属零件维修中获得大量成功应用。如1981年英国的航空发动机公司率先将激光熔覆技术用于涡轮发动机叶片的修复领域，与原用的TIG（非熔化极惰性气体保护焊）堆焊工艺相比，其工时缩短50%，修复后零件性能好，成品率显著提高。美国GE公司在1990年采用激光器激光快速成形修复了航空发动机高压涡轮叶片的叶尖和叶冠，修复后零件尺寸和性能得到了恢复。同时，在先进制造技术中，激光快速成形技术取得了快速发展，尤其是金属零件激光增材制造技术（3D打印）成为国际研究热点。基于增材制造的激光再制造技术已成为目前激光在机械工业领域研究和应用的重点。

我国的激光再制造技术起步较晚。而在2000年以前，国内称该技术为激光修复。实际上，国内对激光修复技术的研究始于20世纪80年代，济南"复强"、上海"大众"等企业针对汽车发动机修复开展产品研发、生产与销售，并已初具规模。徐滨士院士在2000年率先提出并构建了再制造工程学科，随后，再制造工程列入了"十五"先进制造技术发展前瞻和国家自然科学基金机械学科优先发展领域，从此也开始了激光绿色再制造技术的研究。中国科学院金属研究所、西北工业大学、华中科技大学、浙江工业大学、天津工业大学、贵州大学等单位对激光再制造材料、工艺和装备进行了研究。在相关部门的支持下，相继建立了再制造园区，已经形成了高校、科研院所和企业三足鼎立的格局，构成了我国激光再制造技术研究和应用的主力军。对冶金轧机、铁轨道岔、汽轮机转子、煤机液压支柱等高端装备关键部件实施了大量修复，大幅提升了修复性能，节约了制造成本，为提高我国重大装备的安全运行性能做出了贡献。

▶▶ 4. 激光冲击强化技术的发展历程

激光冲击强化概念的出现可以追溯到20世纪60年代，Anderholm在1968年发现激光产生的冲击波在等离子体约束条件下有增强效应，同时指出12ns、$1.9GW/cm^2$的峰值功率密度能产生脉冲3.4GPa的峰值压力。但真正开始研究则是从20世纪70年代开始的，1972年，美国巴特尔学院的Fairand等首次用高功率脉冲激光诱导的应力波来改变7075铝合金的显微结构组织，改善其力学性能，从此揭开了用激光冲击强化材料应用研究的序幕。1978年，美国进行了激光冲击强化改善紧固件疲劳寿命的研究，结果表明，激光冲击强化可大幅度提高紧固件的疲劳寿命。1980年定义了激光冲击强化技术，最早专用于激光冲击强化的激光器是Battlell's Columbus实验室于1986—1987年建立的激光冲击强化原型机。20世纪80年代后期，法国、德国、以色列、日本及意大利等国纷纷开展了激光冲击强化技术的应用研究，激光冲击强化技术的应用领域迅速拓宽，用于激光冲击强化处理的材料种类也迅速增多。

2002年以来，美国已将激光冲击强化技术大规模应用于航空部件的制造和修理中。例如，美国金属改性公司（MIC）将激光冲击强化技术用于军用和民用喷气发动机叶片以改善其疲劳寿命，不但提高了飞机发动机的安全可靠性，而且每月可节约飞机保养费用几百万美元及零件更换费用几百万美元。2012 年，美国 MIC 成功研制了移动式激光冲击强化设备，以解决现场作业难题。美国通用电气公司（GE）面向市场需求推出了用于大型薄壁件加工的激光冲击强化设备。目前，美国除了将激光冲击强化技术广泛用于军事航空业外，其在大型汽轮机、水轮机的叶片处理、石油管道、汽车关键部件轻量化等领域也得到广泛应用，并产生了巨大的经济效益，仅石油管道焊缝的处理就可获得 10 亿美元以上的年收益。

20 世纪 90 年代，国内开始了激光冲击强化技术方面的技术研究和应用探索。随着激光器技术的进步和涉及理论的不断成熟，激光冲击强化技术的工程应用规模逐渐扩大。2008 年，我国第一条拥有自主知识产权的激光冲击强化生产线建成，我国成为第二个实现该技术实际应用的国家。2011 年，中国科学院沈阳自动化研究所研制了我国第一台工业应用级整体叶盘激光冲击强化系统。2016 年，中国科学院宁波材料技术与工程研究所在随动式激光冲击强化技术上取得突破，该技术可实现对齿轮、机电腔体、刀具、微细结构等复杂零件的处理。江苏大学对高端金属激光冲击梯度纳米结构形成机制、抗疲劳制造机理、典型结构冲击强化工艺和应用等方面进行了系统化研究。

1.2.2 激光表面改性技术的演变

我国激光表面改性技术的研究始于 20 世纪 70 年代初，长期作为国家战略发展的关键技术之一。在激光表面改性工艺技术、改性用大功率 CO_2 和 Nd：YAG 激光器、专用及通用数控加工机和导光聚焦系统以及与其配套的光学零件等方面的研究均有进展，相关装备由专业生产厂批量生产。进入 21 世纪后，半导体激光器技术迅速发展，由于其能量分布均匀且稳定，在激光表面改性中显示了非常优越的性能，逐步取代了 CO_2 和 Nd：YAG 激光器。

激光表面改性技术的发展离不开激光器、光学系统、激光头及相关硬件的进步。由于激光表面改性要求的光束能量分布不同于激光焊接与切割，不同于高斯分布光源，要求光斑内部的能量分布是均匀的。对于激光器，第一代是 CO_2 横流激光器和 Nd：YAG 激光器，因 CO_2 激光器的输出功率大，CO_2 横流激光器成为主流。由于激光光源的限制，需要在输出的光路上进行光束聚焦处理，以获得所需要的各种光束模式，如反射式积分镜和转镜等。由于金属对 CO_2 激光的吸收率很低，需要在表面涂敷吸光涂料。第二代是大功率半导体激光器，由于半导体激光器的光束均匀性、稳定性好且波长短，迅速替代了第一代 CO_2 横流激光器和 Nd：YAG 激光器，成为目前的主流激光表面改性设备。使用半导体激光器，表面处理均匀性、改性层性能和参数的可重复性都得以提高。由于金属零件对半导体激光的吸收率较高，也可不添加吸光涂料，能量利用率大幅提升。但由于材料对激光的吸收迅速，导致表面被加热、熔化或汽化，短时间内要控制其能量的传递成为主要难题。

我国激光表面改性技术的研究与工业应用，在国家"八五""九五"攻关计划期间，从研究内容的深度、广度到工业应用推广等方面均处于国际领先水平。1990年在日本大阪召开的第二届国际激光加工会议上，我国有 10 篇激光表面改性及其应用的报告，其中有 4 篇安排大会报告。据不完全统计，到了"九五"末期，用激光表面改性技术为企业解决了诸多用传统工艺无法解决的难题。如内燃机、汽车发动机、拖拉机和抽油泵等激光表面相变硬化、合金化和熔凝表面改性，缸套、凸轮轴、曲轴、细长轴、大型轴承环、大模数齿轮、邮票印刷滚筒、大型圆锯片、热轧辊、行车轮、弹性联轴器主簧片等零件的激光硬化及冷轧辊激光毛化、纺织机械钢令激光非晶化改性等具有代表性。其中大型内燃机缸套、机车曲轴、大模数齿轮、机车用弹性联轴器主簧片、热轧辊激光合金化与熔凝改性、冷轧辊激光毛化和钢令激光非晶化等零件，至今仍在有关生产企业使用或服役，发动机活塞环激光合金化技术也得到很好的推广应用。随着我国制造业的崛起和发展，激光表面改性的市场需求还在快速增长。在"十五"和"十一五"期间，随着更大功率工业型 CO_2 激光器及其成套设备的发展，尤其是新一代工业型大功率半导体激光表面改性成套设备的引进与国产化，一方面使激光表面改性技术新工艺、新方法得到发展，另一方面，应用面也大幅扩展，成果显著。例如，清华大学、浙江工业大学及上海工程技术大学等研发的汽轮机叶片进气边激光强化与修复技术、工模具的激光强化与修复技术、电力石化装备重要部件的激光强化与修复技术、螺杆激光强化与修复技术、无变形深层激光硬化技术、激光熔覆纳米陶瓷复合涂层增强技术、激光原位合成硬质合金沉淀技术等，解决了硬质合金熔覆时的气孔和裂纹问题，在工业领域发挥了重要的作用。

新的激光表面改性技术迅速发展，宏观层面的工艺方法有激光淬火、激光退火/回火（软化）、激光熔覆、激光合金化、激光熔凝、激光热抛光、激光冷抛光、激光非晶化（上釉）、激光冲击强化、激光毛化、激光清洗等；微观层面的工艺方法有激光微熔覆、表面微纳结构化、LPVD/LCVD（激光物理气相沉积/激光化学沉积）、仿生、防伪等。另外，用准分子激光对聚合物进行表面改性处理是近年来发展起来的新技术，人们研究了不同激光对多种聚合物引起的变化，使其表面具有新的性能和功能。

激光复合表面改性技术是近年来发展起来的新技术，是为了突破单一激光能场改性的深度、控制及质量方面的限制，利用电磁场、动能场及振动等外加能场，达到高质高效并可控的新要求，如电磁场复合激光表面改性技术可有效解决熔覆过程内部气孔及表面波纹起伏的问题，超音速激光沉积可有效解决沉积效率及热影响的问题，感应复合激光表面改性技术可解决淬火深度问题等。激光复合表面改性技术在某些工业领域得到不可替代的应用，如在高端汽轮机叶片、转子及医疗器械上获得了可调可控的高性能改性应用。

▶▶1.2.3 激光表面改性技术的发展趋势与挑战

激光表面改性技术经过数十年的发展，应用领域不断扩大。由于其特殊的优势，在高端装备的关键件制造等某些重要领域发挥了不可替代的作用，同时，也在不同程度上替代传统技术，实现技术升级。但是由于这项工艺的技术含量高，工艺过程中影响因素多，在形状较为复杂的工件中应用仍存在一些问题，新型光源的发展为激光表面改性技术带来广阔的发展空间，如激光清洗、激光微纳结构化等，但大部分新技术处于试验阶段。尽管如此，由于激光表面工程制造技术所具有的独特优点，它仍是一项有广泛应用前景的高新技术，总体呈现出激光光源的多元化、激光工艺的复合化及过程控制的智能化的发展趋势。

1）激光光源的多元化。大功率半导体激光仍然在实现大面积高效改性中有重要作用，主要趋势除了激光功率向万瓦级高能量发展外，满足工件形状要求的光束变换处理成为实现个性化处理的关键。除了半导体激光器外，光纤激光在通过光束变换后实现激光熔覆方面具有优势，CO_2激光对非金属材料的改性仍然体现出特殊的优势，准分子激光可实现对表面的冷处理和化学物理激光沉积，皮秒、飞秒等超快激光则实现了表面的微纳结构化，进而实现不同部位达到不同功能的个性化制造。因此，激光光源的多元化将为表面改性技术的新工艺、新方法提供重要保障。

2）激光工艺的复合化。激光表面改性技术在发展中也遇到了困难：一是由于激光与工件的作用时间非常短，内部气孔夹杂等冶金缺陷难以控制，薄壁复杂件的热影响、变形问题仍然突出；二是由于光束大小受限，需要通过多道多层搭接完成，大面积改性效率低，难以实现大规模应用；三是成本居高不下。因此，突破单一激光的限制，提出并研究激光与其他能场复合加工新方法，发挥各自能场优势，达到单一能场所无法获得的效果，将是工艺提升方面重要的发展趋势。

3）过程控制的智能化。根据用户个性化要求，基于大数据的分析推理、模拟、仿真获得特定激光表面改性方法及工艺参数的智能化匹配选择，配以制造过程的智能化检测、分析和动态调控，获得定制化产品将是未来的主要发展方向。要实现上述智能化处理，需要带有各种传感器的高集成激光制造成套装备作为硬件保障及工艺云作为软件保障。

通过上述三个方面技术的发展，有望突破现有技术的效率、质量及成本方面的瓶颈，预计将迎来激光表面改性技术领域的快速发展与大面积应用阶段。为了实现上述目标，仍然有下列难点问题需要进一步研究和突破：

1）深入研究激光表面改性过程中的材料冶金基础问题及质量问题。激光表面工程制造技术在国内尚未完全实现产业化的主要原因是加工质量具有不稳定性。需要进一步解决激光表面工程制造技术材料的冶金问题，主要包括金属材料熔化的冶金动力学、快速凝固行为和晶粒形态演化及内应力演化规律等基础问题。同时，材料内部产生多种缺陷，主要包括气孔、裂纹、变形和表面不平，严重影响产品性能。

2）激光表面改性装备关键核心器件国产化。激光器、同步送粉器、聚焦系统、运动系统等是激光表面工程制造技术的关键器件，保证上述部件的长期稳定、连续运行是激光表面工程制造产业化的基础，应加快实施激光表面工程制造装备核心部件的国产化制造。

3）研发激光复合表面改性工艺及装备。为进一步降低制造成本、提高加工效率、提升加工质量，着重研究新型激光表面工程制造基础工艺及相应装备。如针对单一能场难以解决的热影响、缺陷难以控制等问题，开发能场复合激光加工技术，如电磁场、动能场、超声、感应复合等，并研制相应成套装备，达到超越工艺极限调整材料组织、质量及性能的目的。在解决单一传统激光表面工程制造的材料、质量及装备问题的同时，发展高速、智能化及多种能场辅助加工等先进制造技术，结合激光表面工程制造专家系统等智能化工艺选择及优化手段，降低企业对工艺研发的投入。

4）拓展激光表面改性技术的应用范围。一方面，加快激光表面工程制造技术在我国量大面广的工业关键基础件中的推广与应用，扩大应用面，如轴承、轧辊、液压支柱、工模具等；另一方面，拓展激光表面工程制造技术在高附加值的重大装备部件中的强化与修复应用，如航空发动机、燃气轮机、汽轮机的叶片、关键轴等，推进产业化进程。

5）建立激光表面改性质量评价国家标准。激光表面工程制造是一个新兴产业，关于激光加工设备、粉末材料制备、工艺应用等研究发展迅速。相对于传统成熟产业，尽管激光表面工程制造的优越性已经得到充分证明，但国内外目前均未对激光表面工程制造的工艺、材料使用、质量检测、生产安全等方面给出统一标准。国内各企业及研究机构有专用配方或者工艺，在市面上的牌号也各不相同，缺乏必要的交流。同时也缺乏必要的权威认定机构及相对应的评价标准，用户难以判断选择众多的激光表面工程制造产品。

1.3 多能场激光复合表面改性技术

1.3.1 多能场激光复合表面改性技术概述

激光复合表面改性技术是材料表面工程领域新兴的先进技术之一。激光复合表面改性是指激光与至少一种其他能场/工艺相互作用参与同一加工过程，并改变材料性能，产生比单一能场在质量、效率或成本等方面更优的加工效果。激光复合表面改性技术可克服单一激光的弱点，是单一激光表面改性技术的进一步发展和重要补充，有望利用激光和其他能场的优势，突破单一激光表面改性的瓶颈，已成为激光制造技术的重要发展方向之一。

按照参与复合的技术类型分类，激光复合表面改性可分为多能场激光复合表面改性和多工艺激光复合表面改性；按照参与加工过程的耦合方式可以分为激光为主复合表面改性和激光为辅复合表面改性。多能场激光复合表面改性中参与复合的能场有光、电、磁、电磁、电感、动能、化学、水、声、超声、热、生物等；多工艺激光复合表面改性中参与复合的工艺有铸造、锻压、焊接、切割、机械加工、喷丸、清洗等。激光复合表面改性技术既可用于关键零部件表面性能（如耐磨、耐蚀、耐高温氧化）的提升，又可用于金属材料的增材制造与再制造，已广泛应用于能源、化工、船舶、航空航天等高端装备关键部件的制造与改性。

近年来，我国在激光/电弧复合、激光/感应复合、激光/冲击强化复合、激光/超音速沉积复合、激光/电磁场复合、激光/（电）化学复合、钛合金/镍基高温合金激光增材制造与再制造、飞秒激光制造微结构、激光微连接、激光软化等领域的技术研究发展很快，开展了大量的基础和工程应用研究。在金刚石超硬材料的高速沉积、激光表面改性的形性调控、原位扫描电子显微镜（SEM）研究激光直接熔化沉积等基础理论与应用方面取得了重大突破。

1.3.2　多能场激光复合表面改性技术的分类

多能场激光复合表面改性根据所复合的能场类型，主要可分为以下几类具体技术：

1. 激光/电弧复合表面改性

激光/电弧复合表面改性技术是利用能量传输机制、物理性质完全不同的激光和电弧作为复合热源，共同作用在同一位置实现表面改性的一种新方法。该技术有效地结合了两种方法的优点，能够弥补各自在焊接过程中的不足。相关研究表明，该技术不是两种单热源的简单叠加，而是通过激光与电弧的相互作用、相互加强而形成一种高效、复合热源。其中，对激光-电弧复合焊接技术的研究最为广泛，至今该技术已发展为多种复合焊接方法，包括激光-TIG复合焊接、激光-MIG（熔化极惰性气体保护焊）复合焊接、激光-PAW（等离子弧焊）复合焊接、激光-双电弧复合焊接等。

2. 激光/感应复合表面改性

最常见的激光/感应复合表面改性技术是激光/感应复合熔覆技术。激光和感应热源的相互作用，使激光/感应复合熔覆技术具备更高的改性效率和更广的应用范围。但是激光和感应的复合并不是这两种热源的简单相加，两种热源的空间位置排列、热源能量匹配、熔覆材料的供给方式和空间位置的不同搭配势必对其改性效果有所影响。相关研究表明，感应与激光复合能够有效地降低熔覆层的温度及应力分布，这势必为提高表面改性质量提供保障。

3. 激光/冲击强化复合表面改性

这里的激光/冲击强化复合表面改性技术，不是指常规的激光冲击强化技术，而是指激光冲击强化技术与其他诸如激光熔覆等表面改性相互耦合的新技术。由于具有快速熔化和快速凝固的特点，涂层内部常常有较大的残余拉应力。而激光冲击强化技术能够通过在工件表面产生压应力，改善材料的抗疲劳、抗磨损和抗应力腐蚀等性能。激光冲击和激光熔覆的复合可有效地降低熔覆层残余拉应力，改善涂层的抗磨损和抗疲劳性能。

4. 激光/超音速沉积复合表面改性

激光/超音速沉积复合表面改性技术是基于冷喷涂技术发展起来的一种新型激光复合技术，它是指冷喷涂过程中利用高能量激光同步加热喷涂颗粒和基体，使两者有效地软化，以增强颗粒的变形能力，大大降低颗粒所需的临界沉积速度。由于临界沉积速度得以降低，可用价格低的氮气或压缩空气替代昂贵的氦气来加速喷涂颗粒，实现硬质材料的沉积，在降低成本的同时扩大了冷喷涂技术可沉积材料的范围。

5. 激光/电磁场复合表面改性

激光/电磁场复合表面改性技术一般是指在激光熔覆的过程中通过引入电磁场实现熔覆层质量提高的一种方法。基于目前的研究，电磁场的引入能够实现对熔覆层形貌、稀释率、气孔、裂纹等缺陷的调控。因此，该技术能够有效地解决激光熔覆技术的瓶颈，对激光熔覆表面改性的发展有重要的意义。

6. 激光/（电）化学复合表面改性

激光/（电）化学复合表面改性技术是利用激光及电化学等相关技术耦合改善表面性能的技术统称。异步改性技术包括激光刻蚀/微弧氧化复合表面改性技术、激光表面熔凝/微弧氧化复合表面改性技术、激光表面熔覆/微弧氧化复合表面改性技术、激光表面熔覆/化学沉积复合表面改性技术等。除此之外，激光电化学复合的热力学沉积表面改性技术属于同步改性技术，该技术在电化学体系中引入高能激光束，激光照射改变了照射区域的电极状态，产生光电化学效应、热电化学效应和力电化学效应，进而影响光电化学反应电流和反应速度，加快金属离子的还原，改善改性层的沉积过程和质量。

1.3.3 多能场激光复合表面改性技术的特点

多能场激光复合表面改性技术是指通过复合多种能场相互耦合实现协同优化的新型技术。

多能场耦合不局限于单一能场耦合，可实现比单一能场更优的特征，完成单一能场无法完成的材料加工与制造，或实现比单一能场效率、品质、性能更高的制造。能场包括光、电、磁、电磁、电感、动能、化学等，多能场的耦合绝不是简单的叠加，耦合的关键特征是可以获得单一能场无法获得的效果，如通过耦合超声场可以改变激光熔覆区域的晶粒走向，通过耦合电磁场可以调控激光熔覆过程内部冶金缺陷等。

参与能场的耦合有同步和异步两种方式，两种方式可导致不同的改性结果。一般来说，同步耦合的作用效率高于异步耦合，但难度增加。例如，激光熔覆耦合冲击强化，可以有效改善熔覆层晶粒和应力状态，提高熔覆层疲劳性能，但耦合方式有所区别，同步耦合是在熔覆过程中熔覆层处于塑性态时同步实施冲击作用，有望大大减小所需要的冲击能，用有限的冲击能最大限度地改善熔覆层性能。

多能场激光复合表面改性技术具有可对改性过程质量主动调控的特性。外加能场能够改变激光表面改性加工过程中的传热传质现象，通过有机协同作用，进而改变被处理部位的温度梯度或熔池内部的流动，达到对过程主动调控的目标。例如，通过调整耦合的电磁场的方向和大小，其产生的定向洛伦兹力可以实现对熔池流动的调控，进而对熔池气孔、夹渣等进行排除。

参 考 文 献

[1] 陈小明，王海金，周夏凉，等．激光表面改性技术及其研究进展 [J]．材料导报，2018（S1）：341-344．

[2] SANO Y J, OBATA M, KUBO T, et al. Retardation of crack initiation and growth in austenitic stainless steels by laser peening without protective coating [J]. Materials Science & Engineering: A, 2005 (1): 334-340.

[3] 袁庆龙，冯旭东，曹晶晶，等．激光熔覆技术研究进展 [J]．材料导报，2010（3）：112-116．

[4] 李伟，何卫锋，李应红，等．激光冲击强化对 K417 材料振动疲劳性能的影响 [J]．中国激光，2009（8）：2197-2201．

[5] 陈智君，姚建华，楼程华，等．激光表面合金化工艺在割草机刀片中的应用研究 [J]．激光与光电子学进展，2005（8）：58-60．

[6] 肖红军，彭云，马成勇，等．激光表面改性 [J]．表面技术，2005（5）：10-12．

[7] 李嘉宁．激光熔覆技术及应用 [M]．北京：化学工业出版社，2016．

[8] 姚建华．激光表面改性技术及其应用 [M]．北京：国防工业出版社，2012．

[9] 张国顺．现代激光制造技术 [M]．北京：化学工业出版社，2006．

[10] MAJUMDAR J D, CHANDRA B R, MORDIKE B L, et al. Laser surface engineering of a magnesium alloy with Al + Al$_2$O$_3$ [J]. Surface & Coatings Technology, 2004 (2): 297-305.

[11] 徐滨士．纳米表面工程 [M]．北京：化学工业出版社，2004．

[12] 李瑛，余刚，刘跃龙，等．镁合金的表面处理及其发展趋势 [J]．表面技术，2003（2）：1-5．

[13] 王宏立，张伟，申玉军，等．激光淬火 65Mn 钢表面摩擦磨损性能研究 [J]．应用激光，

2015（6）：652-656.

[14] 柳沉汛，王曦，吴先前，等. 激光冲击处理 304 不锈钢表面的形貌特征及其机理分析 [J]. 中国激光，2013（1）：101-108.

[15] 屈岳波，周健，赵琳，等. 45 钢光纤激光熔凝工艺 [J]. 焊接学报，2015（7）：59-62，116.

[16] 李伟，何卫锋，李应红，等. 激光冲击强化对 K417 材料振动疲劳性能的影响 [J]. 中国激光，2009（8）：2197-2201.

[17] 应小东，李午申，冯灵芝. 激光表面改性技术及国内外发展现状 [J]. 焊接，2003（1）：5-8.

[18] 乔红超，赵吉宾，陆莹. 激光诱导冲击波应用技术研究现状 [J]. 表面技术，2016，45（1）：1-6，48.

[19] 乔红超，高宇，赵吉宾，等. 激光冲击强化技术的研究进展 [J]. 中国有色金属学报，2015，25（7）：1744-1755.

[20] 中国科学院宁波材料技术与工程研究所. 新一代激光冲击强化技术研究获得突破 [J]. 表面工程与再制造，2017，17（1）：53.

[21] 任旭东，阮亮，皇甫喁卓，等. 中高温条件下 6061-T651 铝合金激光冲击强化研究 [J]. 中国激光，2012，39（3）：114-117.

[22] 鲁金忠，张永康. 激光冲击强化铝合金力学性能及微观塑性变形机理研究 [J]. 机械工程学报，2013，49（4）：162.

[23] LU J Z, LUO K Y, ZHANG Y K, et al. Grain refinement mechanism of multiple laser shock processing impacts on ANSI 304 stainless steel [J]. Acta Materialia, 2010, 58（16）：5354-5362.

第 2 章

——

超音速粒子激光复合
改性技术与应用

2.1 概述

▶ 2.1.1 超音速粒子激光复合改性技术的机理及特点

▶ 1. 冷喷涂技术

（1）冷喷涂技术简介 冷喷涂（Cold Spray, CS）全称冷气动力喷涂（需注意的是这里说的冷气动力，只是相较于热喷涂而言，冷喷涂的工作温度也达几百摄氏度甚至更高，所谓的"冷"，主要是指温度不超过材料的熔点）。冷喷涂技术是在20世纪80年代由苏联科学院西伯利亚分院的理论和应用力学研究所的研究员在空洞试验中发现的，20世纪90年代公开了该技术。冷喷涂的整个过程中粒子没有熔化，利用压缩空气带动粒子经过拉瓦尔喷管获得极高的速度去撞击待加工基体的表面，撞击瞬间由于具有极高的应力和应变，产生剧烈的塑性变形从而沉积形成涂层，是一种应用于材料表面强化处理的技术。

热喷涂技术包括超音速电弧喷涂、超音速火焰喷涂等，这些喷涂技术将涂层材料加热熔化再在基体上凝固形成涂层，理论上可以实现任何种类材料涂层的制备。然而由于一些材料在高温状态下易发生氧化、破损、相变等不良影响，无法用热喷涂技术制备。而冷喷涂技术的工作喷涂温度远远小于热喷涂技术，是一种固态沉积技术，在多种材料涂层的制备中有很大的优势，因此近年来，关于冷喷涂技术的专利、文章很多。

（2）冷喷涂机理简介 在冷喷涂过程中，喷涂材料粉末通过高压载气（氮气、氦气或压缩空气）携带，经具有收敛-发散几何形状的拉瓦尔喷管加速至超音速（一般为 1.5~4 倍的音速）后迅速撞击基体。当粒子以不同速度撞击基体表面时，会反弹、黏结在基体上或穿过基体。在颗粒尺寸一定的情况下，只有当颗粒速度大于临界沉积速度时才能由颗粒对基体的冲蚀变为塑性变形沉积。冷喷涂涂层的形成过程有四个阶段：①基体凹变，基体层形成；②颗粒变形和位置重新排布；③颗粒间金属键形成，孔隙率降低；④总体变形。

目前，在冷喷涂领域，绝热剪切失稳被认为是最具说服力的冷喷涂结合机制。沉积粒子在撞击时产生大量的塑性功（粒子和基体产生变形、应变的速率非常高），这些塑性功的绝大部分来不及消散，所以在这样的高应变速率下的变形过程近似地称为绝热过程，也称为绝热升温效应。在这样的高应变、高应变速率下产生了两个竞争：①后续粒子夯实带来的加工硬化（包括滑移、位错等）；②由绝热升温引起的热软化现象。前者不利于粒子的沉积，后者有利于粒子的沉积。当热软化效益在竞争中占优时（一般冷喷涂中均是热软化占优，占优程度根据材料特性的不同而不同），材料就会发生所谓"热塑失稳"，使剪切变形集中在很窄的区域内发生，这一区域与周围基体的变形量相差很大，此变形区域就是通常所说的绝热剪切带。

目前，冷喷涂结合方式的研究主要有以下几种：

1）机械结合。粒子撞击基体表面时发生绝热剪切失稳效应实现沉积，沉积颗粒在后续粒子的不断撞击作用下发生塑性流变及热软化，复杂的塑性形变形成了材料互锁，使得颗粒与基体之间或者颗粒与颗粒之间形成了机械结合。Moridi 等认为，在大多数情况下，机械结合产生的强度占总结合强度的大部分。

2）冶金结合。冷喷涂的喷涂温度低于材料熔点，冶金结合仅仅存在于颗粒与颗粒之间，颗粒与界面之间的微量元素互渗并没有导致所谓的冶金反应，冶金结合不等同于冶金反应。但是绝热剪切失稳过程中会产生大量的热能，在短时间内会使得某一区域的材料达到熔点，温度的上升会促进冶金结合的发生，但是同时也会发生微量的冶金反应。谢迎春等发现，单颗粒沉积不会发生冶金结合，由于后续喷涂粒子的锤击效应将已经沉积粒子的氧化膜破坏，暴露出新鲜金属，这是由于新鲜金属碰撞才会发生冶金结合，并在试验结果中观察到了不连续金属-金属间高强度冶金结合。

3）物理结合。粒子撞击基体表面的同时产生了绝热剪切失稳效应，并在其局部产生了射流，射流会带走部分基体和粒子的表面氧化层，从而露出新的金属表面。在高压作用下，粒子与粒子、粒子与基体之间由于范德华力的作用产生物理结合。物理结合虽然不像机械结合那样作用明显，但也为涂层的形成起一定的积极作用。

4）化学结合。在绝热剪切失稳过程中产生的大量热能使得材料的某些区域在短时间内达到熔点，在这个过程中因材料各异，可能会发生相应的微量冶金反应。Bolesta 等用铝颗粒在镍基板表面制备涂层，在结合界面处发现了厚度为 $0.2 \sim 0.5$ nm 的 Ni_3Al 金属间化合物，而谢迎春等将镍颗粒喷涂到铝基板上，在界面处也发现了 Ni_3Al 金属间化合物。

▶▶ 2. 激光复合制造技术

（1）激光复合制造技术的意义　市面上的激光器有很多，但是单一的激光制造技术由于具有高热输入的特征，也存在一些诸如微观缺陷、宏观变形、能耗大等问题，不能满足某些特定产品的性能指标，也不能完全满足目前先进制造技术发展的要求。激光复合制造技术通过对多能场/多工艺进行复合和有效调控，可使其综合优点大于各工艺独自优点的简单叠加，从而实现单一工艺无法实现的材料加工过程或实现比单一工艺效率更高、质量更好、性能更优的产品制造。因此，激光复合制造技术是解决目前单一激光制造技术面临新挑战的必然选择。通过将激光技术与其他制造技术相复合，有望满足高效、绿色、高质量、高性价比、优化定制、智能化控制等现代先进制造技术的要求。这也意味着激光复合制造技术拥有非常广阔的前景。

（2）激光复合制造技术的分类　激光复合制造技术最早可追溯到 20 世纪 70 年代。1978 年，Steen 将激光焊接与电弧相复合，拉开了激光复合制造技术研究的序幕。

如前所述，按照参与复合的技术类型分类，激光复合表面改性可分为多能场激光复合表面改性和多工艺激光复合表面改性；按照参与加工过程的耦合方式，可分为激光为主的复合制造技术和激光为辅的复合制造技术两大类。激光为主的复合制造技术包括电弧辅助激光焊接、水射流导引激光切割/打孔、感应加热辅助激光焊接/熔覆、电磁场辅助激光焊接/熔覆、电流辅助激光焊接、超声振动辅助激光焊接/熔覆、化学辅助激光加工等；激光为辅的复合制造技术包括激光辅助电弧焊、激光辅助化学加工/微加工、激光辅助切割、激光辅助摩擦搅拌焊、激光辅助冷喷涂、激光辅助弯曲成形等。

▶▶ 3. 超音速激光沉积技术

（1）超音速激光沉积技术简介　冷喷涂技术的工作温度低于材料的熔点，在传统喷涂方法难以制备的温度敏感、氧化敏感、相变敏感、非晶等材料的涂层上有很大的优势。由于冷喷涂颗粒主要依靠颗粒的塑性变形来实现沉积，因此常用于软质合金的喷涂。当利用冷喷涂技术喷涂硬质合金时，存在载气消耗量大、涂层结合强度下降、孔隙率上升、成本提高等不足。例如，在沉积铜等软质合金时，仅仅需要价格低的氮气作为加速气体，而在沉积钛等硬质合金时，就必须用氦气来代替氮气，因为氦气能够比氮气更好地实现粒子的加速，是较理想可选择的工作气体，但是利用氦气作为载气的成本远远高于氮气。由于冷喷涂在沉积硬质合金上的不足，使得冷喷涂技术相较于热喷涂技术并没有特别大的优势。

针对冷喷涂的不足，英国剑桥大学 William O'Neill 课题组提出将激光加热与冷喷涂同步耦合的超音速激光沉积（Supersonic Laser Deposition，SLD）技术，也有学者将其称为激光辅助冷喷涂（Laser-assisted Cold Spray，LCS），其理论依据是材料颗粒沉积所需的总能量 E_{total} 由其动能 E_k 和热能 E_{th} 组成，具体表达式如下：

$$E_{total} = E_k + E_{th} \tag{2-1}$$

$$E_k = \frac{1}{2} v_p^2 \tag{2-2}$$

$$E_{th} = c_p (T_p - T_{ref}) \tag{2-3}$$

式中，v_p 为颗粒的沉积速度；c_p 为颗粒材料的比热容；T_p 为颗粒沉积时的初始温度；T_{ref} 为参考温度（通常取室温）。

在单一的冷喷涂过程中，材料颗粒沉积的总能量 E_{total} 主要来源于其动能 E_k，因此需要较高的沉积速度 v_p。对于特定的材料，沉积速度必须超过其临界沉积速度 v_{cr} 才能实现有效沉积。材料颗粒的临界沉积速度 v_{cr} 为

$$v_{cr} = \sqrt{a\sigma/\rho + bc_p(T_m - T_p)} \qquad (2-4)$$

式中，σ 为与温度相关的屈服强度；ρ 为颗粒密度；T_m 为颗粒熔点；a、b 为常数；c_p 和 T_p 的含义与式（2-3）中的一致。

由式（2-1）~式（2-4）可以看出，材料颗粒沉积所需的总能量和临界沉积速度均与颗粒的初始温度有关。提高颗粒的初始温度，一方面可以提高其沉积时的热能，从而提高沉积总能量；另一方面，可以通过加热软化效应降低材料的屈服强度，从而降低其临界沉积速度。

超音速激光沉积技术原理示意图如图 2-1 所示。在该技术中，高压气流分为两路，一路通过送粉器携带喷涂颗粒进入混合腔，另一路通过气体加热器进行预热，然后在混合腔与携带喷涂颗粒的气流充分混合形成气固两相流。混合后的气固两相流进入拉瓦尔喷管加速，喷涂颗粒以超音速的速度撞击激光同步加热的基体表面形成涂层。激光头与基体表面的法线成一定的角度，拉瓦尔喷管与基体表面垂直，激光束与喷涂粉末束有部分重叠，因此激光不仅能对基体表面区域加热，还能对喷涂粉末进行预热，可以对两者起到软化的作用。喷涂区域的沉积温度可通过红外高温仪实时监控，并通过闭环反馈系统实时调节激光输出功率，可以保证涂层制备过程中沉积温度的恒定。

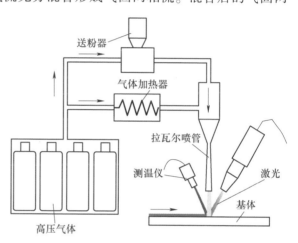

图 2-1　超音速激光沉积技术原理示意图

（2）超音速激光沉积技术的特点　SLD 技术与单一冷喷涂或者单一激光熔覆（Laser Cladding，LC）、热喷涂等技术相比，具有如下的技术特征：

1）SLD 技术是基于冷喷涂技术发展起来的材料沉积方法，没有熔化凝固带来的冶金相变，可保持原始粉末的成分不变。同时，沉积效率大幅度提升，有望达到现有单一激光沉积制造的 4~10 倍。

2）由于沉积过程中仍然保持了冷喷涂低热量输入的沉积特性，材料沉积温度远低于 LC、热喷涂等技术，因此可有效避免高热输入中存在的相变、变形、开裂等热致不良影响，在沉积一些热敏感材料时优势更为明显。同时，超音速激光沉积过程中，由于激光的加热作用，沉积粉末和基体材料得到有效软化，增加了粉末和基体材料的塑性变形能力，因此所制备的涂层较单一冷喷涂涂层更致密、结合强度更高，有望获得高性能涂层。

3）SLD 技术由于激光的引入，沉积粉末的临界沉积速度较单一冷喷涂大大降低，可以在较低的撞击速度下形成涂层。因此，可用压缩空气或者氮气替代昂贵的氦气作为载气，有望大大降低制造成本。此外，临界沉积速度的降低可以提高沉积粉末的沉积效率和利用率，从而降低材料成本。

4）SLD 技术的适用范围更加广泛。激光的耦合和快速加热作用导致硬质材料的表层软化，实现有效沉积，即便是钛合金、钴基合金或镍基高温合金及其与硬质颗粒的复合材料，如 Ti-6Al-4V、Stellite 6、Ni60、Stellite/WC 等也可以实现有效沉积。

（3）超音速激光沉积机理研究　超音速激光沉积技术是基于冷喷涂技术发展起来的，两者都具有固态沉积的特点，通常固态沉积过程产生的绝热剪切失稳将带走颗粒和基体表面的氧化膜，产生洁净的表面，颗粒在较高的压力下与基体紧密接触，形成物理键结合或部分金属键结合。此外，绝热剪切失稳时，颗粒与基体材料在压力作用下产生不匹配的塑性流，导致颗粒与基体材料混合，沉积层与基体间呈现机械结合。而超音速激光沉积技术在冷喷涂的基础上引入激光同步辐照，提高了变形区域的热量，对沉积颗粒的结合机制产生了重要的影响。由于粒子速度大，无法直接观察沉积结合，目前主要借助有限元模拟分析软件对颗粒碰撞行为进行模拟研究，这为探索超音速激光沉积涂层的形成机制提供了重要保障。

袁林江等研究了颗粒碰撞前沉积处温度的热传导、温度分布及温度导致的热应力和应变。同时，研究了单颗粒碰撞过程中的变形过程及结合过程，结果表明，沉积处加热使基体受热膨胀产生应力，且由于应力分布的不等性，产生应力流。基体的晶界处有应力集中现象，而且随着沉积处加热温度的升高，应力集中现象越来越突出。此外，在激光加热处基体的形变比较显著，整体上有一定程度的应变，对整个基体而言，该变形对基体表面及边界形状的规则性有一定程度的影响。在颗粒的碰撞过程中，没有金属射流现象出现，而且颗粒化及基体的应变没有发生突变。沉积处加热温度低，硬度高，颗粒发生回弹，基体出现碰撞坑；沉积处加热温度高，硬度低，基体获得的内能大，沉积深度大，基体形变大，但沉积处的宽深比大，增大了涂层出现孔隙的概率。

路远航等利用 ANSYS/LS-DYNA 模块对颗粒与基体碰撞的沉积过程进行了数值模拟分析，研究了激光功率、颗粒速度及颗粒直径对碰撞沉积形貌的影响，并提取单颗粒沉积处的深度值和宽度值，通过对比分析推算颗粒能有效沉积的宽深比范围。研究发现激光热源的作用使基体材料得到软化，强度降低，屈服极限下降，基体材料在碰撞过程中易于发生塑性变形。随着激光功率的增大，基体材料温升逐渐增大，强度下降，颗粒沉积的凹坑尺寸也逐渐增大。但当激光功率过大时，基体变形过大，沉积涂层的孔隙率也随之增大。同时颗粒在与基体高速碰撞的过程中，邻近颗粒的交互作用和后续颗粒的夯实作用有利于颗粒和基体的塑性变形，使两者有效结合，形成致密的涂层。所以颗粒的直径在一定的范围之内才能形成有效的涂层，颗粒直径过小，没有足够的能量迫使基体变形；颗粒直径过大，碰撞时间过长，基体变形过大，容易出现基体穿透现象和增大涂层孔隙率。通过对比分析不同激光功率和不同颗粒直径对凹坑尺寸的影响，比较不同条件下的宽深比大小，得出当宽深比在 1.25~1.50 之间时，颗粒与基体能形成有效的涂层。

赵兵等采用有限元分析软件 ANSYS/LS-DYNA 模块建立了超音速激光沉积三维模型，选用双线性各向同性硬化材料模型，对超音速激光沉积工艺中 Stellite6 颗粒与 45 钢基体碰撞结合过程进行了数值模拟分析，研究了颗粒入射角度、邻近颗粒水平间距和竖直间距、颗粒速度、沉积处温度对碰撞沉积形貌及沉积效果的影响。研究表明，当 Stellite6 颗粒以一定入射角度碰撞基体时，颗粒的入射速度在其切向方向的速度分量会使颗粒沿基体表面切向运动，使得颗粒在其切向速度分量一侧的变形程度更大，而颗粒另一侧与基体结合处形成间隙，随着颗粒入射角度的增加，颗粒一侧与基体结合处的间隙增大，颗粒与基体的接触面积减小，颗粒与基体的结合强度降低。但是当颗粒的入射角度小于 20°时，颗粒能与基体紧密结合，而当颗粒的入射角度大于 20°时，颗粒不能与基体紧密结合。而且颗粒间的相互作用会影响颗粒的变形行为。当颗粒间水平间距较小时，颗粒相互挤压，导致相邻颗粒间的基体与颗粒的结合处产生间隙，随着颗粒间水平间距增加，间隙减小，颗粒与基体结合面积增大。当颗粒间竖直间距较小时，后入射颗粒在先入射颗粒未完成变形过程时碰撞该颗粒，先入射颗粒的变形会对后入射颗粒产生缓冲作用，使后入射颗粒的变形程度减小。多颗粒碰撞基体的过程中，邻近颗粒的交互作用及后续颗粒的夯实作用会使得颗粒变形充分填充颗粒间的孔隙，并增大颗粒与基体的接触面积。最终颗粒的动能转变为颗粒和基体的内能，且基体的内能远大于颗粒的内能。

刘景松等基于 ABAQUS 软件对比分析了 Johnson-Cook 模型与双线性各向同性硬化模型对 Stellite6 颗粒与中碳钢基体碰撞结合过程的数值模拟计算结果。并研究了超音速激光沉积过程中粒子与基体的碰撞速度、沉积点温度、碰撞倾角等因素对两者变形行为的影响。结果表明，采用 Johnson-Cook 材料模型模拟单个 Stellite 6 颗粒撞击基体结合的过程，获得的粒子沉积形貌及粒子和基体的变形特征与试验结果吻合很好，结果优于双线性各向同性硬化材料模型。并且发现颗粒有效沉积到基体表面，存在临界速度和有效沉积速度上限，基体沉积点温度为 1100℃，粒子的初速度在 450~500m/s 的范围内，粒子沉积效果较好。而且基体的凹坑深度随着粒子入射角度的增大而减小，当粒子的入射角度在 0°~10°的范围内时，颗粒与基体间摩擦力做功产生的积极作用大于颗粒切向滑移产生的消极作用，颗粒与基体可以较好地结合。多颗粒碰撞基体的过程中，邻近颗粒的交互作用及后续颗粒的夯实作用会使得颗粒变形充分填充颗粒间的孔隙，并同时增大颗粒与基体的接触面积。

▶ 2.1.2　国内外超音速激光沉积技术的进展

超音速激光沉积作为新型表面改性和制备功能涂层的沉积技术，国内外学者对其进行了大量的研究。

▶ 1. 国内在 SLD 方面的研究进展

目前，国内的超音速激光沉积技术尚处于萌发阶段，浙江工业大学姚建华等结合超音速激光沉积领域的多年研究成果，从超音速激光沉积原理、沉积材料范围、微观组织结构及性能表征等方面综述国内外的最新研究进展，在此基础上，从工艺探索、设备开发及性能评估等方面对超音速激光沉积技术未来的发展趋势和挑战提出了展望。

李波等曾利用超音速激光沉积技术在中碳钢基体上制备 Ti-6Al-4V 涂层，并采用 SEM、XRD（X 射线衍射）、电化学腐蚀等测试方法对涂层厚度、显微组织、相成分及耐蚀性进行了表征分析。结果表明，在一定的激光辐照温度（即沉积区温度）范围内，涂层沉积效率、致密性及涂层与基体之间的结合强度均随激光辐照温度的升高而增加，当激光辐照温度为 800℃时，沉积效率是冷喷涂的 4 倍，涂层中的孔隙率仅为 4.38%，涂层与基体的结合强度达 75MPa。由于低热输入，涂层的物相组成与原始钛合金粉末基本一致。随着激光辐照温度的进一步提高，涂层中有 TiN 相的产生，不利于粉末的沉积，涂层的沉积效率、致密性及结合强度均下降，但是在酸性腐蚀介质中，TiN 的存在提高了涂层的耐蚀性。

李鹏辉等采用超音速激光沉积和激光熔覆技术在 316L 不锈钢基体上制备了 WC/SS316L 复合涂层，对涂层的宏观形貌、WC 分布、显微组织、相成分及磨损性能进行了对比分析。结果表明，LC 多道搭接的涂层中有明显的宏观裂纹，而 SLD 涂层表面平整致密，无宏观缺陷。在 LC 涂层中，陶瓷相 WC 呈部分聚集的不均匀分布，而在 SLD 涂层中，陶瓷相 WC 呈弥散状的均匀分布。LC 涂层组织成分分布不均匀，且产生了有害相，而 SLD 涂层保持了沉积粉末原有的组织和性能，且表现出形变强化效果。SLD 涂层的摩擦系数比 LC 涂层低。

杨理京等采用超音速激光沉积技术制备了以高硬度 Ni60 合金为黏结相的金刚石/Ni60 复合涂层，研究了复合涂层中 Ni60 黏结相和金刚石颗粒的沉积形貌、金刚石颗粒的石墨化、界面结合、相成分及耐磨损性能，并将该复合涂层与利用激光熔覆技术制备的复合涂层进行了对比分析。结果显示，超音速激光沉积复合涂层仍然保持了金刚石颗粒的原始形貌和成分，无石墨化，且具有良好的界面结合，表现出优异的耐磨损性能。

李祉宏等采用超音速激光沉积技术制备了单一冷喷涂难以制备的 WC/Stellite6 复合涂层，并与激光熔覆涂层在宏观形貌、显微组织、界面稀释、未熔 WC 占比、涂层抗裂纹扩展性能等方面进行了对比研究。研究表明，具有固态沉积特点的超音速激光沉积涂层避免了热加工过程中的 WC 分解与溶解问题，在采用相同比例 WC/Stellite6 复合材料的情况下，超音速激光沉积涂层中 WC 体积占比为 27.6%，高于激光熔覆层的 3.7%；激光熔覆层的稀释率约为 8.9%，而超音速激光沉积涂层无宏观稀释区；大载荷压痕测试结果显示，激光熔覆涂层压痕处出现大量放射状裂纹，而超音速激光沉积涂层无裂纹出现，这表明超音速激光沉积涂层的抗裂纹扩展能力优于激光熔覆涂层。

金琰等利用超音速激光沉积技术在 316L 基体上制备了 WC/SS316L 复合涂层，并分析了该复合涂层中颗粒的沉积行为、界面结合、组织结构特征及其在电化学环境下的失效机理。研究结果表明，由于激光辐照的软化作用，SS316L 颗粒在高速撞击过程中表现出较好的塑性变形能力，能够实现有效沉积；在激光辐照和高速粒子塑性变形的双重作用下，超音速激光沉积较单一冷喷（CS）涂层具有更好的界面结合行为。由于高速粒子塑性变形产生了加工硬化现象，SS316L 涂层的显微硬度较原始粉末的明显增大。在电化学腐蚀环境下，WC/SS316L 界面较易发生腐蚀现象。

西琪等介绍了激光辅助冷喷涂原理及其最新应用范围，阐述了采用该技术在制备 Stellite6 合金涂层、Ti 涂层、Al-12Si 涂层、Ni60 基金刚石复合涂层、Ti-HAP 复合生物涂层等不同领域的应用优势。激光辅助冷喷涂技术的应用是激光用于工程部件表面修饰、涂层制备，提升部件性能的一个新趋势。

赵国锋等介绍了激光辅助冷喷涂系统装备及其研究现状，并综述了近几年冷喷涂技术在防腐涂层、耐磨涂层、生物医用、抗菌涂层、电子工业、功能涂层、修复与再制造等领域的研究和应用现状，最后对冷喷涂技术的应用和发展前景进行了展望。

刘世锋等采用超音速激光沉积技术，在 45 钢表面合成 WC 含量不同的 Ni60 复合涂层。对合金粉末和涂层试样的显微组织、物相成分和界面结构进行了分析，研究了 WC 对涂层组织结构的影响和复合涂层界面的结合机理。

⫸ 2. 国外在 SLD 方面的研究进展

Lupoi R 等利用超音速激光沉积技术成功地在直径为 50mm 的钢管上高速成形钛涂层，用约 3min 的时间形成厚度为 4mm 的涂层，涂层结合强度超过 77MPa，是冷喷涂制造钛涂层的 4 倍。此外，涂层横截面上孔隙率低，涂层的平均硬度超过 273HV0.3。

Gorunov A I 等讨论了可以通过超音速激光沉积技术沉积的三种涂层，即在没有熔化加工的粉末颗粒的情况下制造的涂层、由熔融颗粒构成的涂层和由熔融颗粒制成的涂层以及嵌入涂层中的固体颗粒。例如，在没有粉末材料熔化的情况下，获得了钛合金涂层，其没有结构的变形，且在涂层横截面中具有分布均匀的化学元素。通过熔化粉末并将其与基底混合来获得高硬度的自熔性涂层（NiCrBSiFe）。涂层金属与基底金属的混合导致涂层-基底界面中主要合金元素的浓度显著增加。X 射线衍射分析还表明，NiCrBSiFe 涂层与中碳钢基体的混合导致新的 Fe_xNi 相的形成，而它们的浓度随着涂层厚度的增加而降低。

Gorunov A I 等还研究了利用超音速激光沉积技术制备的不锈钢奥氏体钢涂层的结构和性能。将粉末颗粒植入基材表面并在部分熔融时同时塑性变形，改善了涂层的力学性能：抗拉强度极限为 650MPa，黏合强度为 105MPa。结果表明，激光功率不足会影响粉末沉积的稳定性，并且容易造成涂层开裂。激光加热在 1300℃以上引起的表面温度升高可导致涂层熔化。X 射线衍射分析表明，辐射加剧了冷喷涂过程，并且不会引起奥氏体基体结构的变化。

爱尔兰 Jones M 等使用超音速激光沉积工艺在钼基底上制备了高致密性的钨涂层。这是耐火材料不易实现的特性。钨沉积涂层的抗拉强度（724MPa）与锻造钨的抗拉强度相当，没有熔化或基底晶粒生长的迹象。结果表明，与耐火材料的其他沉积工艺相比，SLD 能够沉积具有独特界面结合和所需性能的钨。

2.2 超音速粒子激光复合改性设备

2.2.1 激光光路系统

激光器采用光纤耦合大功率半导体激光。巴条发出的激光束通过光束整形和光束变换，改善输出激光的光束质量，并满足光纤耦合条件，使其耦合进入光纤，得到高的连续输出功率。在光纤中传输的激光通过激光头准直透镜进行光束整形，平行激光束再由聚焦透镜聚焦到工件表面进行加工。激光头主要由准直透镜、聚焦透镜和保护镜片组成，保护镜片主要是防止杂质影响聚焦透镜的使用寿命。半导体激光头及内部光路如图 2-2 所示。

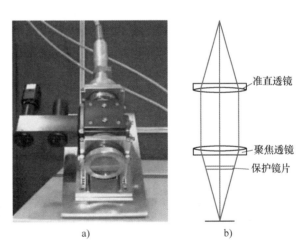

a)　　　　　　　b)

图 2-2　半导体激光头及内部光路

a）实物　b）内部光路

2.2.2 超音速加速系统

1. 冷喷涂系统

冷喷涂系统主要由高压气源及其控制系统、加热器及其控制装置、送粉器、喷枪、载物台及其数控系统及相关辅助系统组成。典型的高压冷喷涂系统如图2-3所示。冷喷涂技术实际上是基于气体动力学原理的喷涂工艺，其工作原理为，高压气体作为加速喷涂颗粒的载体分为两路进入系统，一路气流经加热器加热后进入喷管膨胀加速，通常称为主加速气流，另一路气流负责输送粉末，称为送粉气流。主加速气流、送粉气流及携带的粉末在喷管入口附近相遇，并一起进入拉瓦尔喷管内膨胀加速，形成超音速气固两相流。当高速飞行的粒子撞击基体时，发生在基体界面处的"绝热剪切失稳"现象使喷涂粒子产生较大的塑性变形，进而实现了在基体上的有效沉积。冷喷涂工艺的工作气体一般使用氮气、氦气或压缩空气等，气体的预热温度一般为100~600℃，气体压力一般为1.5~3.5MPa，粉末颗粒尺寸为5~50μm，加速范围为300~1200m/s，喷涂距离为5~30mm。

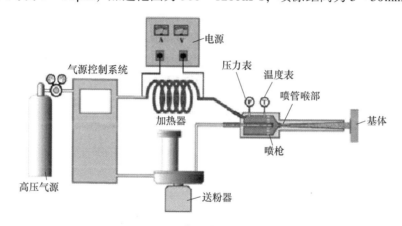

图 2-3　高压冷喷涂系统

▶▶ 2. 喷枪与颗粒运动

冷喷涂中喷枪主要由预混室和喷管组成，原理图和相对应的实物图如图2-4所示。其中预混室是指送粉管和喷管入口之间的腔室。所有涉及预混室和喷管结构的参数都会对气体流场及喷涂粒子加速造成影响。

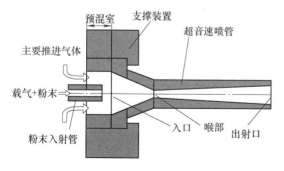

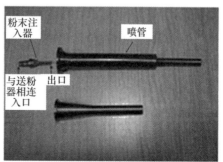

图 2-4　喷管结构图

喷枪为装置的核心部分，从进料系统送来的涂层粉末与高速气流混合，实现加速，最终高速撞击工件形成致密的涂层。为了达到要求，必须采用缩放型喷管，即 Laval 喷管，如图 2-5 所示。喷管中的高压氮气被输送设备分为两部分输送至 Laval 喷管，一部分气体直接进入 Laval 喷管，另一部分高压气体经过高压送粉器，携带金属粉末颗粒，最终两部分气体在喷管中重新汇合，汇聚的气体经 Laval 喷管被加速到超音速，随后带有粉末颗粒的高速气体流形成气固两相流，从喷管高速撞击到基体上激光局部加热的区域，完成颗粒与基体的碰撞沉积。粒子撞击温度的提高主要在喷管渐缩段进行，而喷涂粒子的加速过程主要在喷管渐扩段进行。因此合适的渐扩段长度非常重要，渐扩段过短会缩短粒子的加速时间，过长会造成气体速度损失进而影响粒子加速。此外，喷管喉部的大小对气体加速也有着重要的影响，增加喉部直径可使喷管内加速气体的流量增大，喷涂颗粒因注入系统总能量的增加会有显著的加速。但是过大的气体流量会造成高压高温气源的浪费，并增加加热器功率负担。除了这些结构因素外，喷涂距离、基体形状、送粉管尺寸、粒子温度等都会对气体流动及粒子加速有一定的影响。

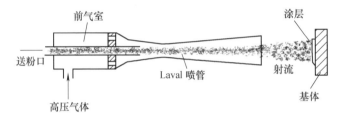

前气室

涂层

送粉口

Laval 喷管

射流

基体

高压气体

图 2-5　喷枪的原理示意图

在沉积过程中，粒子的飞行速度是决定颗粒是否发生塑性变形的关键因素，而提高粒子飞行速度的途径，除了提高载气压力和载气预热温度外，最重要的就是喷管结构的设计。实际情况下，喷管中的流动是非等熵，涉及可压缩气流、多相流、超声速射流和激波等相关知识。根据空气动力学原理，要使亚音速气流加速，管道的横截面必须逐渐收缩，此时气流马赫数 $Ma < 1$；要使超音速气流加速，管道的横截面必须逐渐扩张，此时气流马赫数 $Ma > 1$。所以，要使气流从亚音速加速到超音速，管道应该先收缩后扩张。喷管内形成一个几何面积最小的截面，即喉部，马赫数 $Ma = 1$，如图 2-6 所示。

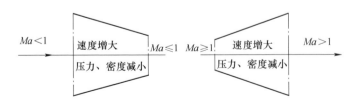

$Ma < 1$　速度增大　$Ma \leqslant 1$　$Ma \geqslant 1$　速度增大　$Ma > 1$
压力、密度减小　　　压力、密度减小

图 2-6　喷管内气流参数变化原理

喷管内部粒子速度的分布如图 2-7 所示，喷管内部边缘处粒子的速度与轴线处粒子的速度符合式（2-5）。由式（2-5）知，非轴线处的粒子速度要小于轴线处粒子的速度，离轴线越远，粒子的速度就越小。同理可知，离喷管出口越远，颗粒流的分散现象会越严重，边缘区域的粒子和轴线处粒子的速度大小和方向的差异性更大。试验测试发现，当喷涂距离为 30mm 时，颗粒轴线处速度最大，且与周边速度的差异性小；当喷

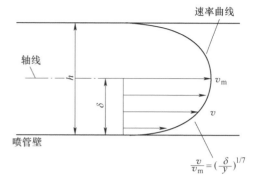

图 2-7　喷管内部粒子速度的分布

涂距离为 40mm 时，轴线颗粒撞击速度最大，但是边缘区域颗粒的散射现象及颗粒回弹时对后续粒子的干扰会严重影响粉末的沉积效率。所以一般选择 30mm 的喷涂距离为最佳参数。

$$\frac{v}{v_m} = \left(\frac{\delta}{y}\right)^{1/7} \tag{2-5}$$

式中，v 为非轴线处粒子的速度；v_m 为轴线处粒子的速度；δ 为喷管内部某点到轴线的距离；y 为喷管壁到轴线的距离。

典型的 Laval 喷管包括收缩段、喉部和扩张段，截面形状又分为圆形、矩形和椭圆形。对于圆形截面的超音速喷管，为了确保能够对粉末有效加速，喷管扩张段的发散角 β 及喷管出口半径的调整范围都不大，不适合喷涂较细的旋转体试样和工件；矩形截面的喷管可克服圆形喷管的缺陷，但是矩形截面喷管内的流场分布不均匀，由于不像圆形截面喷管那样内壁光滑，内壁的四个棱角处存在湍流，不利于对喷涂粉末进行加速，而且容易导致粉末颗粒对喷管的磨损、粘污和塞积；椭圆形截面喷管结合了圆形截面和矩形截面的优点，但是该种喷管不易加工。因此考虑加工因素，一般采用圆形截面喷管。图 2-8a 所示为冷喷涂与激光复合沉积区域原理，粉末束垂直于基体喷射，激光束从侧面照射，与粉末束的夹角为 30°，粉末束撞击基体的粉斑与激光光斑重合。喷管喉部直径为 2mm，粉末束在喷管中的速度分布如图 2-8b 所示，喷管轴线位置颗粒的速度最大，从轴线到边缘，颗粒速度逐步下降。

混合腔的长短与粒子撞击温度有着密切关系，混合室越长，喷涂粒子和高温加速气流之间的接触时间越长，粒子的撞击温度就越高。送粉气流和主加速气流混合程度不同，两路气流间的热量和动量交换程度、喷管内气体流动加速表现、粒子流运动轨迹及粒子流中不同位置粒子的加速情况也会有所不同。当送粉气流压力比主加速气流压力大、喉部直径与送粉管的直径比较小、送粉位置远离喷管入口时，预混室或喷管渐缩段内出现的涡旋现象可以促进两路气流的混合。因此

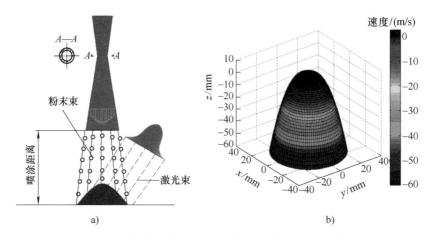

图2-8 超音速激光沉积系统原理及粒子速度分布

a）冷喷涂与激光复合沉积区域原理 b）喷管中粒子速度分布

喷管内的气体流动受益于两路气流间良好的热量、动量交换，表现出充分发展湍流的特性，喷管轴线附近粒子的加速状况因此也得到了较大程度的改善。然而，较大的送粉压差和较小的喉部直径与送粉管直径比会引起低温送粉气流质量流量百分比的增加，从而降低粒子流的整体撞击速度；而较长的预混室送粉不仅可以优化粒子流撞击速度分布，还可以提高粒子流整体撞击速度。此外还发现送粉气流和粒子流扩散之间有着密切的联系。这是因为送粉气流的注入会对主加速气流造成扰动并在两路气流的交界面处产生湍流，湍动能的大小直接决定了粒子流的扩散程度，进而决定了冷喷涂中的一次喷涂的宽度。

3. 气体加热装置

与热喷涂相同，冷喷涂系统也有热源（加热器）存在。不同的是冷喷涂中的加热器用来加热主加速气流，而不是喷涂粒子，因为从高压气瓶等气源中送出的气体的温度较低，没有得到足够的膨胀，加速效果不够理想，为了使气体获得更多的内能以便转化为更大的动能，进而最大限度地带动粒子加速，需要对加速气体进行预热，充分提高气体温度。

目前主要有两种加热方式，分别为直接加热和间接加热。直接加热是气体输送管自身就是加热体，直接通电发热；间接加热是气体输送管自身不是加热体，而是把它放入电炉内，利用电炉加热气体输送管，使管内的气流被连续加热。为了保证加热器有尽可能高的换热效率，气体加热管一般做成螺旋状，且外包保温层。此外，气体输送管的主要功能是输送气体和进行热量交换，加之经常被反复加热、冷却，故要求其材质具有较高的热导率、高温强度和热疲劳性能，目前多选用镍铬合金或不锈钢。

4. 高压气源

气体或气源的选择首先考虑其加速效果，即对与某种材料颗粒和某种材料基体的组合是否能够达到临界速度而实现有效沉积，在此基础上，气体的成本、安全性及活性等也是重要的考虑因素。冷喷涂过程中的工作载气可为氮气、氦气、压缩空气。空气的价格较低，但加速效果一般且所含氧气在高温时会造成涂层材料氧化；氮气价格也较低，加速效果较好且在高温下对多数材料保持惰性，但在高温下可能与 Ti 及其合金发生反应形成氮化物；氦气的加速效果很好但是价格较高。实际过程中一般选用压缩空气和氮气，其中压缩空气由空气压缩机提供，如图 2-9a 所示，压缩氮气由高压氮气钢瓶组提供，如图 2-9b 所示。空气压缩机所能提供的最高载气压力为 2.5MPa，高压氮气钢瓶组可提供的载气压力高于设备所能承受的最高载气压力。在喷涂过程中，需对高压气体进行加热，以获得高速气流，同时在试验完成后为使气体加热装置的温度下降到室温，仍需要使用大量高压气体。在升温和降温过程中采用的气体类型多为价格较低的压缩空气，而在粉末喷涂过程中，需要使用氮气。考虑到试验的经济性，通过加装高压转换阀门，实现压缩空气与高压氮气的切换。

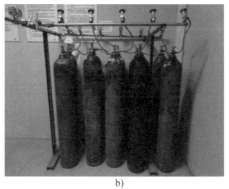

a) | b)

图 2-9　空气压缩机及储气罐与高压氮气钢瓶组

a）空气压缩机及储气罐　b）高压氮气钢瓶组

2.2.3　成套设备集成

超音速激光沉积系统主要包括空气压缩机、氮气源、设备控制器、气体预热装置、高压送粉装置、超音速喷管、机械手臂、半导体激光器、高温调控系统、粉末收集装置及工作台。激光头和冷喷涂喷管装置通过夹具组合，安装于机械手臂，试验时主要通过机械手臂来调整喷枪和激光头的移动，也可以利用夹具调节激光光斑与冷喷涂粉斑的角度和相对位置，具体的试验平台结构如图 2-10 所示。沉积系统可以实现激光功率、送粉压力、预热温度、送粉率等关键工艺参数的设置和调控。

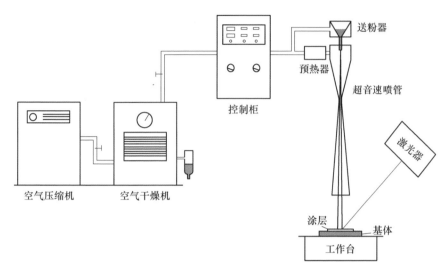

图 2-10　超音速激光沉积系统试验平台结构

⟫ **1. 喷涂装置**

冷喷涂装置主要由控制系统、高压送粉器、气体加热装置、Laval 喷管及其气源供应系统组成。其中控制系统对整个设备进行控制，包括载气压力、载气加热温度、送粉速率、喷管出口温度等。高压送粉器向喷管混合腔内高压送粉。气体加热装置对高压载气进行加热，使气体充分膨胀，提高气体对颗粒的加速能力。在引入激光作用后，可以降低载气加热温度甚至不对载气进行加热。高压气源为外加装置，为设备提供高压气体。图 2-11 所示为冷喷涂设备。

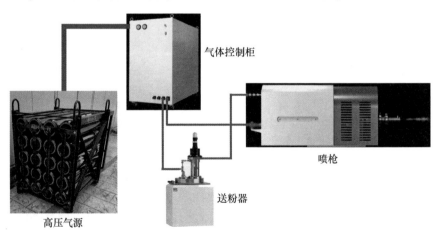

图 2-11　冷喷涂设备

⟫ **2. 半导体激光器及温度闭环控制装置**

激光能在指定区域实现非接触式快速加热，对冷喷涂沉积区域的加热具有独特的优势。考虑到冷喷涂扫描速度高，需选用高功率激光器，同时高速移动对激光加热的稳定性提出了更高的要求，为了获得稳定的沉积区域激光辐照温度，采用配备温度闭环控制系统的高功率激光器。超音速激光沉积系统一般采用光纤耦合半导体激光器，如图 2-12 所示，该系统的具体性能指标及参数见表 2-1。该激光器配备的双色测温仪实时监控沉积区域表面温度，能够实现温度实时反馈，并通过实时调整激光器输出功率，将沉积区温度

图 2-12　半导体激光器及温度闭环控制系统

控制在设定范围内。该测温仪的监测范围为 350 ~ 1500℃，其测量温度不受测量物体本身辐射率、测量视野内灰尘及其他污染物的影响，其基本性能指标及参数见表 2-2。

表 2-1　激光系统的具体性能指标及参数

性 能 指 标	性 能 参 数
波长/nm	900 ~ 1040
功率范围/W	0 ~ 4400
模式	多模
功率稳定性	±2%
最小光束质量/mm·mrad	20
工作方式	连续
温度控制精度/℃	±5

表 2-2　红外线测温仪的基本性能指标及参数

性 能 指 标	性 能 参 数
系统精度/℃	± 0.4%（测量值）+1（<1500℃） ± 0.6%（测量值）+1（>1500℃）
响应时间/ms	2
光谱响应/μm	1.52 ~ 1.64
测温区间/℃	350 ~ 1500
测量温度分辨率/℃	0.1

⫸ 3. 运动控制系统

运动控制系统主要采用机械手臂或者 CNC 数控系统控制，喷枪、激光头等通

过连接板安装在机械手臂或者机床上。目前使用较多的机械手臂主要是由 Staubli、ABB、Kuka 等公司生产的。机械手臂一般是具有多个自由度的关节手臂，在工作过程中最具灵活性，一个单一的球形工作包络面可以最大限度地利用工作空间。此外，机械手臂具有全封闭式的结构，适用于粉尘严重的冷喷涂系统工作环境。在工作过程中，机械手臂带动喷枪和激光头同步运动，实现涂层的制备。图 2-13 所示为机械手臂和 CNC 数控机床。

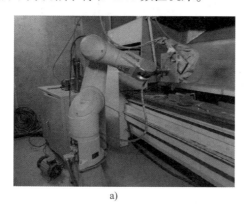
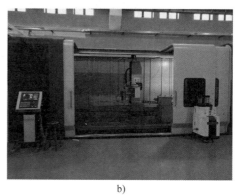

a)   b)

图 2-13   机械手臂和 CNC 数控机床

a) 机械手臂   b) CNC 数控机床

2.3   超音速激光沉积金属材料

▶ 2.3.1   铜材料沉积

铜及铜合金因具有良好的导电、导热和加工性能，被广泛应用于钢铁生产、航空航天、交通运输、电子电气等领域。我国现代化进程不断推进，对机械零件材料的耐高温、耐磨损、抗疲劳、抗辐射、导电、导热等性能的要求也随之提高。然而，铜本身的强度、硬度较低，耐磨性能较差，制约了它在工业领域的应用。

传统的单质铜材料难以满足现代工业的需求。通过在铜及其合金中加入增强相，使其均匀分散于基体制备铜基复合材料，使材料具有良好的耐磨性和较低的热膨胀系数，是改善铜基材料性能的重要方法。根据增强相在铜材料中的分布位置，可将铜基复合材料分为均质铜基复合材料和表面铜基复合材料。在均质铜基复合材料中，增强相均匀分布在整个铜基体中，可以显著改善铜材料的强度和耐磨性，但也存在一定的局限性，如第二相的加入使材料整体脆性增加、塑性降低、韧性不足，导电和导热性大幅下降。表面铜基复合材料是仅将增强相加入到铜基表面或在铜基表面制备复合材料涂层。表面铜基复合材料能够在提高材料硬度和耐磨性的同时保持材料内部的韧性和抗疲劳性能，对铜材料的导热和导电性能影响也较小，是一种极具应用潜力的铜基材料改善方法。

目前研究较多的表面铜基复合材料的制备方法包括电镀法、激光熔覆法、铸渗法、热喷涂法等。每种方法都有其特色，但也都存在一定的不足。例如：电镀法获得的表面金属复合材料与基体之间为机械结合，非冶金结合，长期使用后镀层容易开裂脱落；铜对激光能量的反射率高，导热速度快，极大地限制了激光熔覆在表面铜基复合材料制备中的应用；铸渗法容易产生高温有害脆性相，影响颗粒与基体的界面结合，严重时还可能出现孔洞等铸造缺陷；热喷涂的涂层厚度小、内部孔隙率高、与基体的结合强度较低，且加工温度高，铜易氧化。此外，上述方法涉及熔融过程，形成的表面层晶粒组织粗大，这将影响材料的最终性能。

▷▷1. 超音速激光沉积 Cu 涂层

（1）沉积效率　在超音速激光沉积过程中，由于激光辐照加热粉末颗粒，降低了粉末颗粒的临界沉积速度，使得大部分的颗粒能够沉积下来。相对于 CS-Cu 涂层，SLD-Cu 涂层的沉积效率提高了约一倍，如图 2-14 所示。然而，由于激光光斑尺寸小于粉末流尺寸，并且激光能量的分布是不均匀的，SLD-Cu 涂层的沉积效率仍然是有限的。使用更强大的激光器可以使激光光斑尺寸增加到粉末流的尺寸，同时保持激光功率密度恒定，这将进一步提高沉积效率。

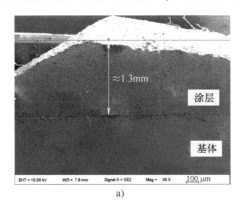 

a)   b)

图 2-14　涂层的厚度对比

a）CS-Cu 涂层　b）SLD-Cu 涂层

（2）涂层致密度　由于激光加热，粉末颗粒软化的程度更高，沉积时塑性变形更加充分，因此涂层的微观组织更致密，孔隙率更低。图 2-15 所示为 CS-Cu 涂层和 SLD-Cu 涂层的横截面。从图中可以观察到 CS-Cu 涂层在变形的 Cu 颗粒之间含有大量的间隙和气孔，SLD-Cu 涂层则显示出更加致密的微观结构。利用图像分析软件进行的孔隙率测量表明，CS-Cu 涂层的孔隙率为 3.367%，SLD-Cu 涂层为 0.08%，这再次证明了激光辐照的增益效果。

（3）涂层结合性能　涂层与基体结合情况如图 2-16 所示。从图 2-16 中可以观察在 CS-Cu 涂层试样的涂层与基体之间的界面处有明显的裂纹，但在 SLD-Cu 涂层试样中未发现界面结合裂纹,而是出现了材料渗透,这增强了涂层与基体的结合。根据美国材料与试验协会标准 ASTM C633,对 CS-Cu 涂层和 SLD-Cu 涂层进行了结合强度试验。结果显示,CS-Cu 涂层的结合强度较 SLD-Cu 涂层弱得多。

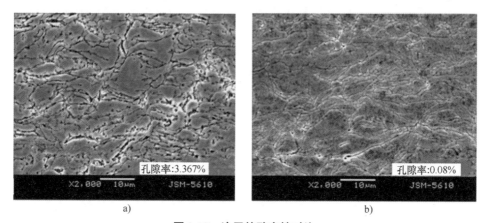

a)　　　　　　　　　　　　　　　　b)

图 2-15　涂层的致密性对比

a)CS-Cu 涂层　b)SLD-Cu 涂层

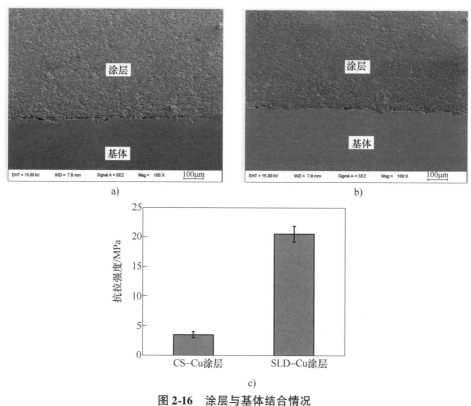

a)　　　　　　　　　　　　　　　　b)

c)

图 2-16　涂层与基体结合情况

a)CS-Cu 涂层　b)SLD-Cu 涂层　c)结合力的对比

（4）涂层物相成分　Cu 材料在高温环境中容易氧化，生成氧化铜等氧化物。利用 EDS（能量色散谱仪）和 XRD 检测 Cu 涂层中是否有氧化物生成，结果分别如图 2-17 和图 2-18 所示，CS-Cu 涂层和 SLD-Cu 涂层均检测到了氧元素，且随着激光功率的增加，氧元素的含量也增加。由于 CS-Cu 涂层的沉积温度是环境温度，因此该样品中氧元素的存在意味着在制备涂层之前原料粉末可能被预热的工作气体（空气）氧化。对 SLD-Cu 涂层和 Cu 粉末做进一步 XRD 分析，图 2-18 显示 SLD-Cu 涂层和 Cu 粉末都由 Cu 元素而不是 CuO 组成。EDS 和 XRD 之间结果不一致的原因可能是涂层中 CuO 的量非常少，由于分辨率有限，XRD 无法检测到。当

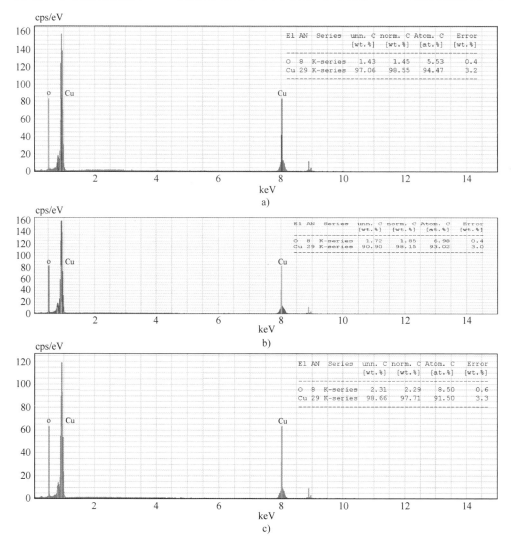

图 2-17　EDS 检测数值结果

a）CS-Cu 涂层　b）SLD-Cu（0.8kW）涂层　c）SLD-Cu（1.5kW）涂层

采用激光照射时，SLD-Cu 涂层中氧元素含量的增加可能是由预热的 Cu 粉末与周围空气的反应引起的，采用 N_2 代替空气作为工作气体可以减少氧化的发生。

（5）涂层显微硬度　同步激光辐照可使刚沉积的涂层软化，这类似于冷喷涂涂层的退火处理。由于退火处理可以优化喷涂涂层的显微硬度，因此预期通过同步激光辐照使弱结合的颗粒界面愈合，改善喷涂涂层的内聚强度。对涂层的硬度进行了测试，如

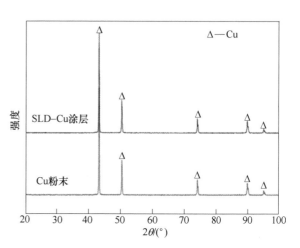

图 2-18　SLD-Cu 涂层和 Cu 粉末的 XRD 分析

图 2-19 所示，0kW 曲线代表未施加激光的 CS-Cu 涂层的硬度，其余三条曲线代表激光功率分别为 0.8kW、1.5kW、2.0kW 时的 SLD-Cu 涂层的硬度。CS-Cu 涂层的显微硬度达到了 140HV0.01，且随着激光功率的增加，沉积涂层的显微硬度也逐渐降低。用 2kW 激光功率制备的 SLD-Cu 涂层的显微硬度仅为 70HV0.01。

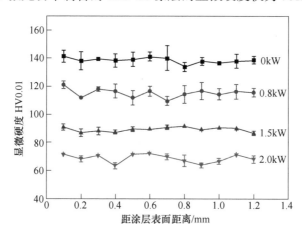

图 2-19　不同激光功率下 Cu 涂层的显微硬度

▶▶ 2. 超音速激光沉积 Cu 基复合涂层

（1）沉积效率　在冷喷涂金属基复合涂层时，黏结相通过塑性变形相互结合在一起，而硬脆的陶瓷增强相颗粒由于塑性变形能力有限，需要通过嵌入塑性变形的黏结相中实现有效沉积。超音速激光沉积过程中，由于引入了激光同步辐照对沉积颗粒进行加热，黏结相颗粒受热软化且临界速度降低，沉积效率较冷喷涂显著提升。但随着激光辐照功率的继续提高，Cu 黏结相在沉积过程中会与周边空

气中的氧气发生氧化反应，生成陶瓷 CuO 相，陶瓷相的生成会降低沉积颗粒的塑性变形能力，提高其临界沉积速度，沉积效率会有所下降，如图 2-20 所示。值得注意的是，虽然复合涂层的峰值厚度随激光辐照功率的提高先升高后降低，但所有超音速激光涂层的厚度均明显高于冷喷涂涂层的厚度。

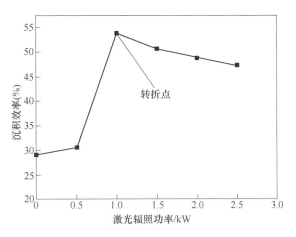

图 2-20　超音速激光沉积金刚石/Cu 复合涂层沉积效率随激光辐照功率变化的规律

（2）复合涂层致密度　在冷喷涂过程中，由于沉积颗粒预热有限，其塑性变形能力较差，在沉积过程中变形不充分，相互之间由于结合不良会存在明显的缝隙，而在超音速激光沉积过程中，由于激光辐照使喷涂沉积颗粒充分软化，受热软化的颗粒高速撞击后更容易变形，使黏结相与黏结相之间结合得更好，故而致密性提高。图 2-21 所示为 Al_2O_3/Cu 涂层的微观结构，图中的黑点是氧化铝颗粒，显然没有激光辐照的涂层比较疏松，激光能量使涂层更为致密。

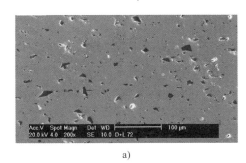
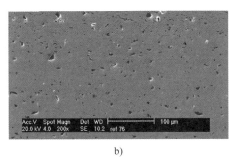

a)　　　　　　　　　　　　　　　b)

图 2-21　Al_2O_3/Cu 涂层的微观结构

a）超音速激光沉积　b）低压冷喷涂

（3）复合涂层界面结合　冷喷涂中颗粒高速撞击基体（或已沉积的材料层）时的总能量由颗粒的动能 E_k 和热能 E_{th} 组成，见式（2-1）～式（2-3）。能量越大，越有利于颗粒的有效结合。SLD 是在保持 CS 工艺参数不变的情况下同步引入激光对颗粒进行加热，因此，SLD 的颗粒撞击速度 v_p 与 CS 保持一致，根据式（2-2）可得两种方法下的颗粒动能 E_k 一样。而由于 SLD 引入了激光对沉积颗粒及基体进行加热软化，提高了颗粒碰撞时的初始温度 T_p，根据式（2-3）可得，SLD 中的颗粒热能 E_{th} 大于 CS。因此由式（2-4）可推出，SLD 中颗粒撞击基体（或已沉积的材料层）时的总能量大于 CS，从而表现出较好的界面结合行为。试验证明，CS 涂层与基体之间由于结合不良存在明显的缝隙，而 SLD 涂层与基体之间呈现出良好的界面结合，如图 2-22 所示。

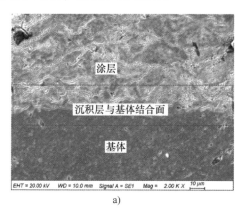
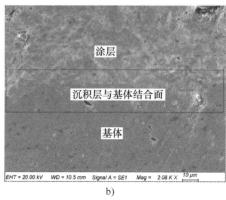

图 2-22　金刚石/Cu 复合涂层界面

a）CS 涂层　b）SLD 涂层

（4）复合涂层物相成分　金刚石/Cu 复合涂层中 Cu 黏结相和金刚石增强相在引入激光辐照后是否发生了氧化相变？经过 EDS 面扫描，复合涂层中元素定量分析结果如图 2-23 所示。复合涂层中除了 Cu 和 C 元素外，还有 O 元素。CS 涂层中的氧的质量分数为 0.62%，而 SLD 涂层中的氧的质量分数为 1.05%。CS 涂层的形成过程是一种固态沉积过程，没有引入激光加热作用，因此其中的 O 元素应该来源于原始粉末的氧化。SLD 涂层的氧含量较 CS 涂层有所增加，说明在 SLD 过程中，由于激光辐照，铜粉和周围空气中的氧气发生了氧化反应。进一步对 SLD 涂层进行

XRD 分析，其结果（图 2-24）显示复合涂层与原始粉末的衍射峰几乎一致，表明超音速激光沉积前后物相没有发生变化。XRD 未检测到氧化物的存在，这是因为氧化物的含量较低，超出了仪器检测的极限。上述的物相分析结果表明，虽然 SLD 技术中引入了激光辐照，但其作用与激光熔覆过程中高温熔化不同，只是对沉积颗粒和基体进行加热软化，因此其仍然保持了冷喷涂固态沉积的特征，可以较好地保持原始

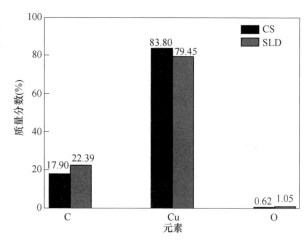

图 2-23　金刚石/Cu 复合涂层 EDS 定量分析结果

沉积材料的微观形貌和物相组成。

（5）复合涂层耐磨性能　超音速激光沉积技术可以实现高硬度材料的复合沉积，采用该技术可制备金刚石/Cu复合涂层。涂层材料中添加金刚石，可以降低涂层的摩擦系数，减小复合涂层的磨损率，提高涂层的耐磨性能。

图2-25所示为超音速激光沉积Cu涂层和不同粒径金刚石/Cu复合涂层的磨痕对比。从图中可以看出，Cu涂层、400目金刚石/Cu复合涂层及800目金刚石/Cu复合涂层的磨痕宽度分别为781.9μm、624.2μm、604.2μm，这进一步表明添加金刚石颗粒会降低涂层的磨损量。分析涂层的磨痕可发现，在纯铜涂层中有较大的剥落区，磨损机制主要为黏着磨损；在复合涂

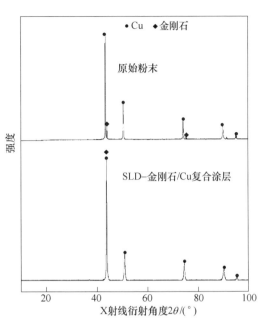

图2-24　SLD-金刚石/Cu复合
涂层与原始粉末的XRD图谱对比

层表面有一些较浅的犁沟和凹坑。这是因为随着黏结相被磨损，少量的金刚石在对磨过程中会破损剥落，进而在磨损测试中使涂层表面产生犁沟状划痕。此外，复合涂层相对纯铜涂层，黏结相剥落区较小，磨损机制为黏着磨损和磨粒磨损，金刚石复合涂层的耐磨性优于纯铜涂层。另外，800目金刚石/Cu复合涂层的耐磨性能优于400目金刚石/Cu复合涂层，这是因为大粒径的金刚石在磨损过程中更容易破碎剥落，而破碎的金刚石碎屑在对磨过程中容易加剧复合涂层表面的磨损。

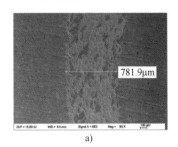
a)

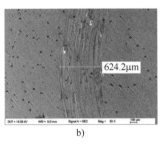
b)

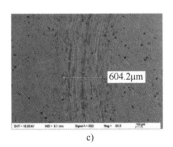
c)

图2-25　超音速激光沉积涂层磨痕对比

a）SLD-Cu涂层　b）SLD-400目金刚石/Cu复合涂层　c）SLD-800目金刚石/Cu复合涂层

（6）复合涂层导热性能　金刚石/Cu复合涂层主要以黏结相电子传热为主，增强相颗粒的阻挡及界面的散射作用，会使自由电子的平均自由程受到不同程度

的影响。随着增强相金刚石颗粒含量增加，界面增多，自由电子平均自由程下降，所以金刚石/Cu复合涂层的热导率会降低。一般情况下，界面热阻是影响复合材料热导率的重要因素，界面数量越多，界面热阻越大，复合涂层的导热性能就越低。因此，无论是400目金刚石/Cu复合涂层，还是800目金刚石/Cu复合涂层，其热导率都低于金属Cu基体（$385 \sim 400W \cdot m^{-1} \cdot K^{-1}$），且复合涂层的热导率随着增强相金刚石颗粒体积分数的增加而下降，如图2-26所示。

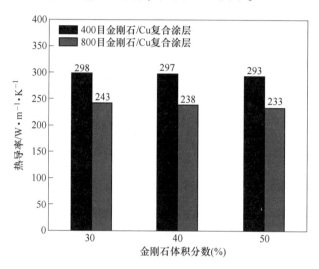

图2-26　不同粒径的金刚石/Cu复合涂层的热导率随金刚石体积分数的变化

▶▶ 2.3.2　钛材料沉积

钛合金由于具有比强度和比刚度高、耐蚀性好、生物兼容性好等优异的力学、物理和化学性能，成为航空、航天、海洋等领域不可或缺的关键材料，并在能源、石油、化工、生物医学等多个领域得到广泛应用，其中钛合金的耐腐蚀特性在其应用中占有重要地位。但由于钛合金价格较高，在一些只需要表面性能满足要求的应用场合整体使用钛合金会增加成本，采用合适的表面改性技术在零部件表面制备耐腐蚀的钛合金涂层是节约成本的一种有效方法。

目前，制备钛合金涂层的方法有热喷涂、冷喷涂及激光熔覆等。高活性的钛合金在诸如热喷涂和激光熔覆等高热量输入的涂层制备过程中极易被氧化或烧蚀。因此，通常需要在密闭的真空环境下或者在充满惰性气体的环境中制备涂层，这会导致制备工艺复杂和制造成本提高。此外，较高的热输入还会导致涂层中形成不必要的杂质相、不均匀的显微组织及较高的热应力等，影响涂层的性能和使用效果。冷喷涂是一种依靠高速颗粒（通常需加速到 $300 \sim 1200m/s$）撞击基体发生塑性变形实现固态沉积的低热量输入技术，可以有效避免前述的热致不良影响。但冷喷涂对沉积材料的塑性有一定的要求，在沉积高强度材料时的致密性和结合强度较差，因此冷喷涂目前在钛基材料的沉积方面主要用于制备多孔钛基涂层，尚未能获得高致密度的钛基涂层。

国外一些学者利用超音速激光沉积技术在低碳钢表面沉积了高致密度的 Ti 涂层，该涂层的孔隙率（0.5%）远低于冷喷涂（3.1%）和高速氧燃料火焰喷涂（5.4%）制备的涂层；也有国外学者发现在低碳钢管表面沉积了 3mm 厚的 Ti 涂层，总共用时约为 3min；另外也有学者在 Ti-6Al-4V 上沉积了质量分数为 20% 的 HAP/Ti 和质量分数为 80% 的 HAP/Ti 的生物复合涂层，并对比了两种涂层的性能；还有人在 Ti-6Al-4V 基体上沉积了 Ti-6Al-4V，并研究了独立热参数、粉末进料速率、光栅速度和激光功率对涂层的影响。国内相关人员在中碳钢基体上制备了 Ti-6Al-4V 涂层，并采用 SEM、XRD、电化学腐蚀测试等方法对涂层进行了表征。

》1. 超音速激光沉积 Ti 涂层

（1）沉积速率　在超音速激光沉积 Ti 材料的过程中，随着沉积点温度的增加，沉积速率也增加，如图 2-27 所示，在 900℃下记录的钛的生成速率高达 25g/min。如图 2-28 所示，在 450℃ 以下很少或没有发生沉积，而在 550～900℃下可产生图 2-29 所示的致密的单道涂层。

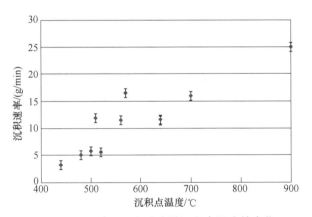

图 2-27　Ti 涂层沉积速率随沉积点温度的变化

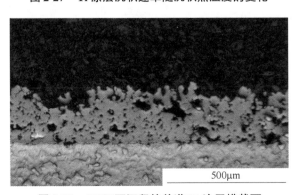

图 2-28　450℃下沉积的单道 Ti 涂层横截面

图 2-29　550℃下沉积的单道 Ti 涂层横截面

（2）涂层致密度　剑桥大学研究人员对 SLD-Ti 涂层致密度进行了分析。图 2-30a 所示为在 500℃下产生的沉积物的典型情况，观察到的孔隙率在许多部分中从 0.3% 变化到 0.6%。与使用类似粉末和设备的 CS 工艺沉积的涂层进行了比较，形貌如图 2-30b 所示。在 CS-Ti 涂层中观察到的孔隙率为 2% ~ 4%。此外，利用 SLD 在钢管上沉积的厚度为 0.2mm 的 Ti 涂层如图 2-31 所示，涂层与钢管结合良好，且孔隙率低。

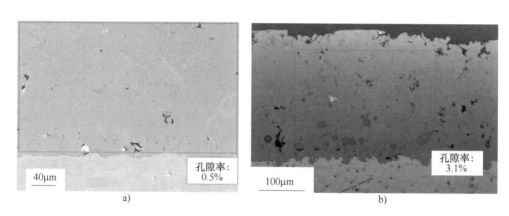

图 2-30　500℃下沉积物

a）Ti 涂层　b）CS-Ti 涂层

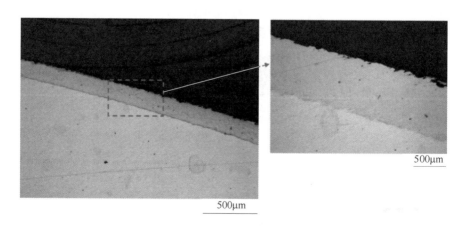

图 2-31　SLD 沉积的 Ti 涂层的横截面图

2. 超音速激光沉积钛合金涂层

（1）沉积效率 由图 2-32 可以看出，超音速激光沉积中，在其他工艺参数一定的条件下，改变激光辐照温度可以使涂层的厚度发生比较明显的变化。Ti-6Al-4V 材料在 800℃ 的激光辐照温度下，涂层的沉积厚度（1425μm）接近室温下涂层厚度（377.3μm）的 4 倍。由此可知，激光的加热作用可以显著提高 Ti-6Al-4V 合金

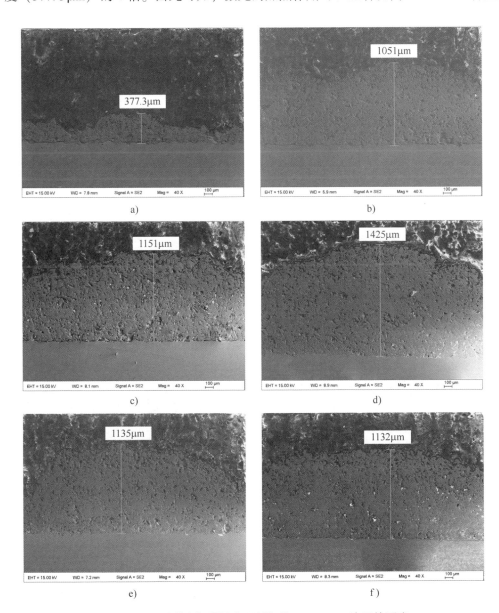

图 2-32 不同激光辐照温度下制备的 Ti-6Al-4V 涂层的厚度

a）室温 b）600℃ c）700℃ d）800℃ e）900℃ f）1000℃

粉末的沉积效率。此外，激光辐照温度为800℃时涂层厚度达到最大值。当激光辐照温度进一步提高至900℃及以上时，涂层厚度不升反降。这是由于在SLD中使用的载气为N_2，激光辐照温度较高时，Ti-6Al-4V合金颗粒会与N_2发生反应，在其表面生成TiN，提高了颗粒表面的强度，激光加热对其软化作用减弱。而且，颗粒的临界沉积速度随着其强度的提高而升高，在撞击速度不变的情况下能够满足条件的颗粒减少，从而导致沉积效率降低，涂层厚度下降。

（2）涂层物相成分　国内学者对原始粉末与不同激光辐照温度下制备的 Ti-6Al-4V 涂层进行了XRD分析，如图2-33所示。从图中可以看出，当激光辐照温度较低（800℃及以下）时，涂层的物相与原始粉末一致，主要由 α-Ti 和V_2C组成。当激光辐照温度超过800℃时，在 XRD 图谱中能够看到明显的 TiN 衍射峰，说明涂层中生成了 TiN 相。对900℃时制备的涂层进行 EDS 分析（图2-34），发现有 N 元素存在，这些均佐证了前述

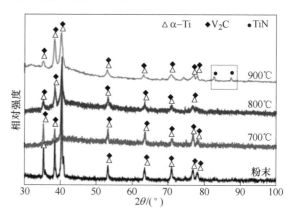

图 2-33　Ti-6Al-4V 粉末与不同激光辐照温度下制备的 Ti-6Al-4V 涂层的 XRD 图谱

TiN 的生成对涂层厚度、致密性及结合强度影响的推论。值得注意的是，将激光引入 CS 后物相变化不大，基本保留了原始粉末的物相，表明 SLD 保持了 CS 固态沉积的特性，这对开放环境下实现高活性钛合金材料的沉积具有重要意义。

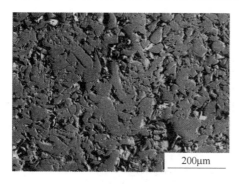
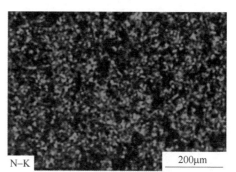

图 2-34　900℃时制备的超音速激光沉积 Ti-6Al-4V 涂层的 EDS 分析

（3）涂层结合性能　由图2-35可以看出，CS-Ti-6Al-4V 涂层中有明显的孔隙，颗粒之间结合较差。在引入激光加热后的 SLD 涂层中孔隙减少，特别是在激光辐照温度为800℃时，涂层中几乎观测不到孔隙的存在，这表明颗粒之间结合良好，如图2-35d所示。继续升高激光辐照温度，涂层的致密性没有进一步提升，反而又

出现了明显的孔隙，如图 2-35e、f 所示。此外，对不同激光辐照温度下制备的涂层与基体的结合强度进行了测试，结果如图 2-36 所示。从图中可以看出，涂层与基体的结合强度先随着激光辐照温度的提高而提高，在 800℃时具有最高的结合强度（75MPa），随后继续提高激光辐照温度，结合强度不升反降，这与涂层致密性随激光辐照温度的变化规律相似。在 CS 过程中，沉积颗粒高速撞击基体（或已沉积颗粒）的瞬间，动能转化的热能来不及扩散，使接触界面温度升高，发生热软化和塑性流变（即"绝热剪切失稳"现象），从而实现颗粒之间或者颗粒与基体之间的相互结合。在未引入激光加热时，接触界面温度的升高主要依靠动能转化的热能，热软化作用有限，颗粒之间及颗粒与基体之间的变形不充分，因此不能形成良好结合，从而导致较差的致密性和较低的结合强度。而在 SLD 中由于引入了激光，接触界面除了前述的绝热温升外，还有激光对其进行加热，在载气 N_2 的作用下，Ti-6Al-4V 颗粒界面处发生了原位氮化反应，生成了氮化物，促进了颗粒之间的结合，从而获得较好的致密性和较高的结合强度。但当激光辐照温度较高时，界面处生成的氮化物变多，高硬度的氮化物在后续颗粒的不断撞击下容易产生裂纹，降低致密性。此外，沉积颗粒表面过厚的氮化物层会阻碍颗粒的新鲜表面裸露，不利于后续颗粒的沉积，在降低沉积效率的同时使得颗粒无法形成良好结合。

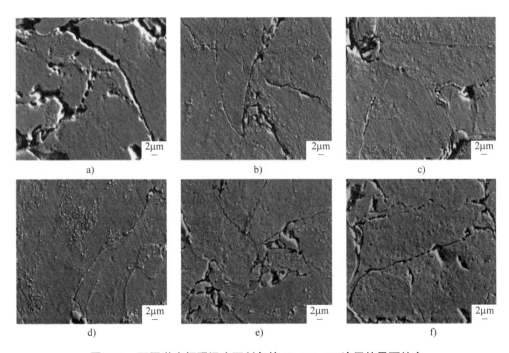

图 2-35 不同激光辐照温度下制备的 Ti-6Al-4V 涂层的界面结合

a) 室温　b) 600℃　c) 700℃　d) 800℃　e) 900℃　f) 1000℃

（4）涂层耐蚀性　CS 和 SLD 制备的 Ti-6Al-4V 涂层的腐蚀电位 E_{corr} 分别为 −0.599V 和 −0.529V，腐蚀电流密度 i_{corr} 分别为 6.547×10^{-5} $A \cdot cm^{-2}$ 和 $5.744 \times 10^{-5} A \cdot cm^{-2}$。从图 2-37 所示的极化曲线可以看出，CS 涂层的腐蚀电位相对较负，SLD 涂层的腐蚀电位相对于 CS 涂层出现正移，从热力学的角度来讲，CS 涂层更倾向于被腐蚀。CS 涂层的腐蚀电流密度大于 SLD 涂层，从动力学的角度来讲，CS 涂层的腐蚀速率快于 SLD 涂层。因此，综合来说，

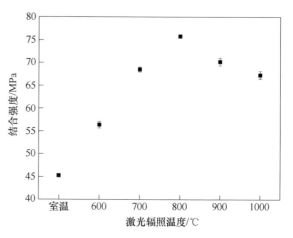

图 2-36　涂层/基体界面结合强度随激光辐照温度的变化

SLD 涂层的耐蚀性优于 CS 涂层。两者耐蚀性的差异一方面与其致密性有关，SLD 涂层的致密性优于 CS 涂层，孔隙率的降低可以抵抗腐蚀溶液侵蚀涂层内部，减缓腐蚀速率；另一方面，由于激光加热软化效应，SLD 涂层较 CS 涂层塑性变形更充分，沉积颗粒内部位错密度增加。虽然激光加热可能会导致涂层回复和再结晶从而消除位错和变形，但由于激光与涂层的相互作用时间较短，因此不足以完全消除涂层中的变形。与单一的 CS 涂层相比，SLD 涂层仍然具有较高的位错密度，激光辐照温度为 800℃ 时制备的涂层变形最充分，位错密度最高，因此其衍射峰宽化最明显。位错密度的增加会使腐蚀电位发生正移，从而提高涂层的耐蚀性。

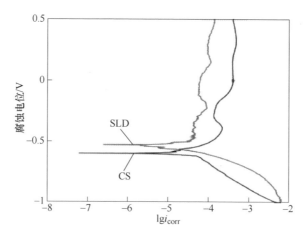

图 2-37　Ti-6Al-4V 涂层的极化曲线

2.3.3 铝材料沉积

铝及铝合金由于具有低密度、高强度、低热膨胀系数、良好的导热性能和导电性能、成本低等优点，不仅应用于航空航天领域，还广泛应用在机械制造、建筑、电子及化学工业等各个领域，在航天飞机结构件和发动机、人造地球卫星等的主要结构材料、汽车车身、光学精密仪器、惯性器件、导弹壳体、导弹镶嵌结构等上也有成功应用。

然而，近年来科学技术发展迅速，工业经济也在高速发展，铝合金的需求量逐年增加，对铝合金的性能提出了更高的要求。一般的铝合金材料硬度低、耐磨性差、表面氧化膜极易被破坏，难以满足各方面的技术要求，限制了它在工业中的进一步应用。已有研究表明，铝合金的上述缺点可通过适当的表面改性技术得到改善。

国外学者为避免冷喷涂加工所存在的问题，利用超音速激光沉积在304L不锈钢表面以最佳参数沉积了无孔隙和无裂纹的Al-12Si涂层；还有学者运用Taguchi试验设计（DOE）确定与SLD纯铝涂层的质量特性（孔隙率和硬度）相关的最佳工艺参数。相关人员利用SLD与CS在不同基底材料上沉积了Al涂层并对比了两种涂层的性能。

1. 超音速激光沉积Al涂层

（1）涂层致密性　冷喷涂Al材料，由于冷喷涂沉积过程中Al粉末颗粒软化不充分，大量的颗粒在塑性变形沉积时容易形成间隙，造成涂层微观组织不致密。而超音速激光沉积由于引入了激光，使得粉末颗粒进一步加热软化，且基体沉积区域表面也加热软化，使得粉末沉积时塑性变形更剧烈，形成的涂层更为致密。如图2-38和图2-39所示，在喷砂Al基体和喷砂碳钢基体上的CS-Al涂层结构中可以看到一些孔隙，相对的SLD-Al涂层具有更致密的微观结构和更少的孔隙。

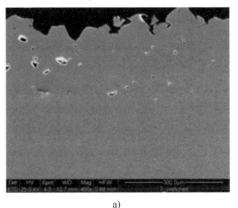
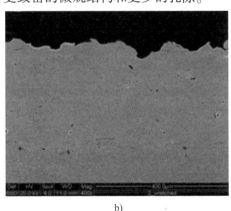

a)   b)

图2-38　在Al基体上沉积的Al涂层

a）CS-Al涂层　b）SLD-Al涂层

第 ❷ 章　超音速粒子激光复合改性技术与应用

47

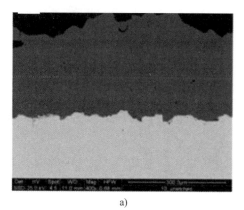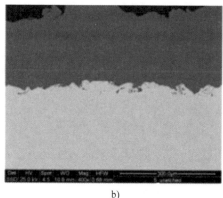

a)   b)

图 2-39　在碳钢基体上沉积的 Al 涂层

a）CS-Al 涂层　b）SLD-Al 涂层

（2）涂层耐蚀性　超音速激光沉积过程中，在激光辐照软化及高速冲击的夯实作用下，涂层的孔隙率较低，涂层表面组织较为致密，能有效地抵挡腐蚀介质的渗入，为基体提供有效的耐蚀性保护。另外，该技术是一个固态沉积过程，能避免基体对涂层的稀释，保留原始喷涂材料的成分和相结构，继承喷涂材料优异的耐蚀性。表 2-3 列出了 CS-Al 涂层和 SLD-Al 涂层电化学腐蚀试验结果，涂层的腐蚀性能相对接近 Al 材料本身，说明了耐蚀性相当。但对于碳钢来说，耐蚀性是优越的。

表 2-3　涂层电化学腐蚀试验结果

涂　　层	基　　体	腐蚀速率 CR/μm/a	腐蚀电位 E_{corr}/mV	腐蚀电流密度 i_{corr}/μA·cm^{-2}
CS-Al	Al6060	41	-684	3.37
SLD-Al	Al6060	37	-720	3.09
	Al6060（T66）bulk	44	-678	3.85
CS-Al	Fe52	25	-697	2.05
SLD-Al	Fe52	47	-700	3.88
	Fe52 bulk	145	-500	11.86

注：1μm/a = 0.0254μm/年。

2. 超音速激光沉积 Al 基复合涂层

（1）沉积效率　超音速激光沉积 Al-12Si 材料，在 1.0kW 和 2.0kW 的激光功率下，获得了薄且不连续的涂层轨迹。当激光功率高于 2.0kW 时，产生了厚且连续的涂层轨迹。另外，从图 2-40 中可以清楚地看出，沉积涂层的厚度随着激光功率的增加而增加。

（2）涂层结合性能　在 2.0kW、2.5kW 和 3.0kW 激光功率下，用超音速激光沉积了三种 Al-12Si 涂层，其微观结构如图 2-41 所示。分析显微结构发现，用 2.0kW 激光功率沉积的涂层在其微观结构及沿其与基体的界面上具有孔隙和裂纹，未结合的颗粒也可以在这种微观结构中找到，其底部比顶部更密集。用 2.5kW 激光功率沉积的涂层具有固结良好的微观结构，涂层和

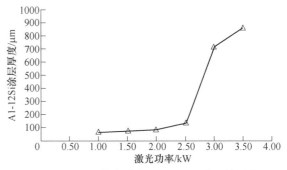

图 2-40   不同激光功率下 Al-12Si 涂层的厚度

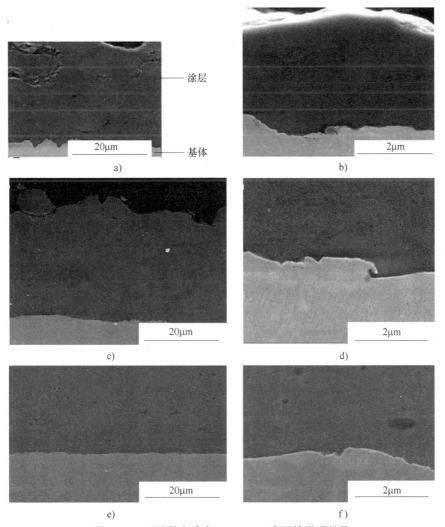

图 2-41   不同激光功率下 Al-12Si 涂层的微观结构

a）、b）2.0kW   c）、d）2.5kW   e）、f）3.0kW

基体之间的结合坚固且连贯，在界面处没有孔隙或裂纹。当激光功率达到3.0kW时，注意到涂层在其与基体的界面处相干结合，界面处不存在裂纹和孔隙。

（3）涂层硬度性能　对2.0kW、2.5kW和3.0kW激光功率下沉积的三种Al-12Si涂层进行硬度分析，结果如图2-42所示。以2.5kW的功率沉积的涂层由于其微观结构均匀，没有孔隙或裂纹等缺陷，涂层的显微硬度较为均匀。而以2.0kW和3.0kW的功率沉积的涂层由于其微观组织中存在孔隙和裂纹，涂层的显微硬度分布不均匀。

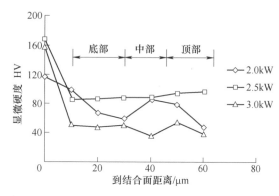

图2-42　不同激光功率下Al-12Si涂层的硬度

2.3.4　铁材料沉积

1. 单一SS316L涂层的制备及性能分析

（1）激光辐照温度对沉积涂层的影响　激光辐照温度从低到高，超音速激光沉积SS316L涂层的峰值厚度依次为67.16μm、114.07μm、195.09μm、261.15μm、316.05μm和354.15μm，如图2-43所示。在其他试验条件一定的情况下，改变激光辐照温度时，涂层厚度的变化比较明显。尤其是在1200℃时，涂层的厚度几乎是室温下涂层厚度的5倍，增加量非常显著。由于在冷喷涂涂层中，通常用涂层厚度来定性地衡量沉积效率，根据图2-43中涂层厚度随着激光辐照温度的变化趋势可以推出，利用激光辐照对喷涂粉末的预热作用，可以显著提高粉末的沉积效率。在其他工艺参数保持不变的情况下，不同激光辐照温度下的超音速激光沉积SS316L涂层的工艺参数见表2-4。

表2-4　不同激光辐照温度下的超音速激光沉积SS316L涂层的工艺参数

氮气压力/MPa	氮气温度/℃	喷涂距离/mm	激光辐照温度/℃	扫描速度/mm·s⁻¹	送粉率/g·min⁻¹
2.5	400	30	室温	30	40
2.5	400	30	400	30	40
2.5	400	30	600	30	40
2.5	400	30	800	30	40
2.5	400	30	1000	30	40
2.5	400	30	1200	30	40

在无激光辐照时，即纯冷喷涂条件下，喷涂颗粒与基体表面温度相对较低，塑性变形有限。此外，冷喷涂粉末通常由具有一定粒径分布范围的混合颗粒组成，

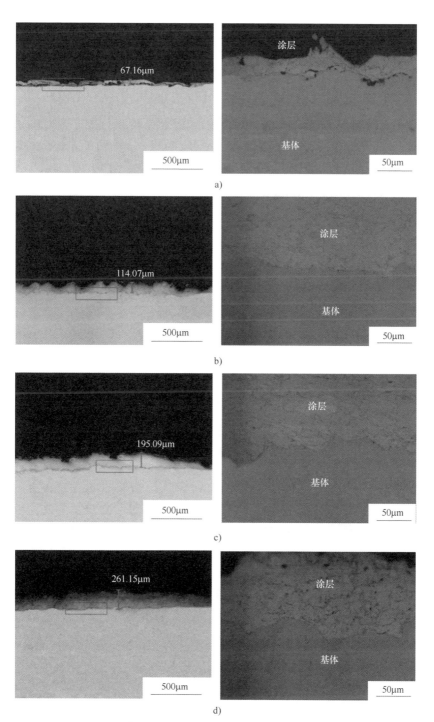

图 2-43 不同激光辐照温度下制备的 SS316L 涂层厚度及界面结合状态

左侧：涂层厚度随激光辐照温度的变化趋势；右侧：涂层与基体的界面结合随激光辐照温度的变化趋势

a）室温　b）400℃　c）600℃　d）800℃

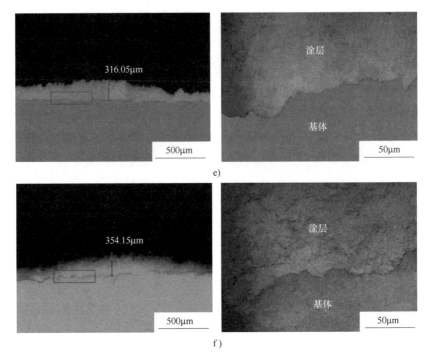

图2-43 不同激光辐照温度下制备的SS316L涂层厚度及界面结合状态（续）

左侧：涂层厚度随激光辐照温度的变化趋势；右侧：涂层与基体的界面结合随激光辐照温度的变化趋势

e）1000℃ f）1200℃

对于特定的材料和一定的工艺参数条件，并非所有的颗粒都能加速到其临界沉积速度以上，往往只有尺寸较小的颗粒的速度超过了临界沉积速度，从而能够在基体上进行有效沉积，而尺寸较大的颗粒未能达到临界沉积速度，难以进行有效沉积，上述的共同因素导致了纯冷喷涂粉末沉积效率较低。在涂层与基体的结合部位，由于颗粒与基体碰撞瞬间产生的塑性变形不够充分，两者之间未能进行有效结合从而导致了一些结合间隙的存在，如图2-43a右侧图所示，表明涂层与基体的结合强度较弱。随着激光辐照温度的升高，颗粒和基体表面温度迅速上升，颗粒和基体发生热软化，在颗粒和基体塑性变形能力提升的同时，沉积颗粒的临界速度显著降低，临界速度降低意味着在其他工艺参数不变的情况下有更多颗粒（尤其是尺寸较大的颗粒）的速度超过了临界沉积速度，能够实现有效沉积，从而提高了喷涂粉末的沉积效率，使涂层的厚度显著增加，如图2-43b～e左侧图所示。当激光辐照温度升高到1200℃时，颗粒受热软化的程度和临界沉积速度降低的程度都达到了一定的极值，此时涂层的厚度达到最大值，如图2-43f左侧图所示。由于颗粒和基体充分变形，涂层与基体的结合处及涂层内部都几乎没有出现孔隙等宏观缺陷，并且在激光辐照温度升高的过程中，基体的变形程度（界面的波浪形结合特征）也在增强，如图2-43b～f右侧图所示，说明在沉积的过程中激光辐照对基体热软化的作用随着激光辐照温度的升高而增强。

（2）扫描速度对沉积涂层的影响　在冷喷涂技术中，涂层中部颗粒沉积效率高，两旁沉积效率低，涂层截面形貌具有类等腰三角形的特征，在涂层中心线处具有最高的涂层厚度，在远离中心线的位置厚度逐渐降低，这与颗粒在喷管中加速后的颗粒速度分布特性有关。在冷喷涂过程中，拉瓦尔喷管喉部形状一定时，颗粒的速度分布规律是固定的，即靠近喷管轴线的颗粒速度大，靠近喷管内壁的颗粒速度小，从而导致靠近喷管轴线的颗粒沉积效率高，靠近喷管内壁的颗粒沉积效率低。这种沉积效率的差异会导致单一冷喷涂涂层的形貌呈现类三角形形态。不同扫描速度下制备的 SS316L 涂层截面形貌如图 2-44 所示。

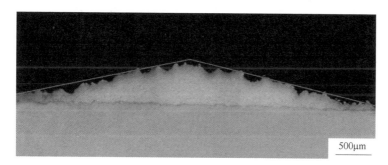

a)

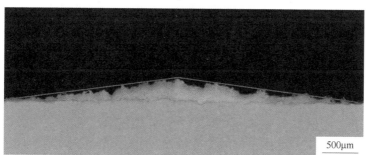

b)

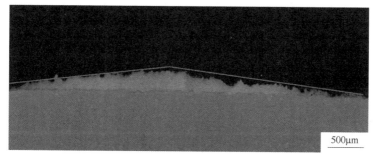

c)

图 2-44　不同扫描速度下制备的 SS316L 涂层截面形貌

a) 10mm·s^{-1}　b) 20mm·s^{-1}　c) 30mm·s^{-1}

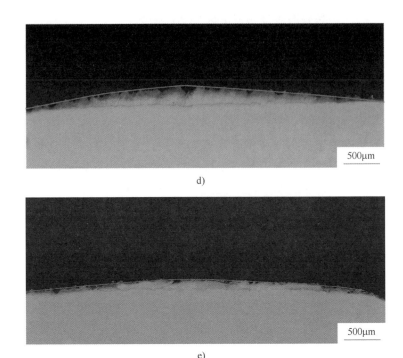

d)

e)

图 2-44 不同扫描速度下制备的 SS316L 涂层截面形貌（续）

d）40mm·s^{-1} e）50mm·s^{-1}

扫描速度改变，基体单位时间单位面积上获得的粉末输送量也会发生改变，从而导致涂层的截面形貌出现变化。在扫描速度为 10mm/s 时，涂层呈现明显的尖锐化的三角形形状，如图 2-44a 所示。随着扫描速度逐渐增大，涂层截面的尖锐化程度逐渐缓和，涂层各部位的厚度趋于一致，但是涂层的峰值厚度却越来越低，如图 2-44b～e 所示。当基体单位时间单位面积上的粉末输送量较小时，即扫描速度较大时，激光辐照能对所有的粉末颗粒进行有效的热软化，虽然在拉瓦尔喷管轴线附近的颗粒速度较大，但是喷管中颗粒几乎都能达到临界沉积速度从而实现有效沉积，所以涂层截面各部位厚度无明显差异。这对后续搭接或堆叠以制备大面积涂层，甚至是立体成形块状部件很有利。当基体单位时间单位面积上的粉末输送量较大时，即扫描速度较小时，由于激光与颗粒的作用时间较短，激光辐照并不能对所有颗粒进行有效软化，在喷管轴线部位的颗粒由于具有较高的速度，超过了临界沉积速度从而实现有效沉积，而靠近喷管壁的颗粒由于未能达到临界沉积速度，不能沉积，因此涂层呈现出典型的中间高两侧低的冷喷涂涂层形貌。颗粒随后沉积过程的示意图如图 2-45 所示，图中 v_{p} 为颗粒撞击速度，v_{t} 为 v_{p} 的切向分量，v_{n} 为 v_{p} 的法向分量，θ 为涂层斜面与水平面之间的夹角，这些参量之间的关系可表达为

$$v_t = v_p \sin\theta \qquad (2\text{-}6)$$
$$v_n = v_p \cos\theta \qquad (2\text{-}7)$$

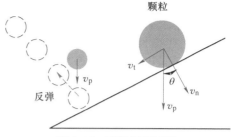

图 2-45　颗粒沉积过程

颗粒以速度 v_p 入射时，不再是垂直撞击到基体表面上，而是沉积到具有一定倾角的涂层斜面上。v_n 随着 θ 的增大而减小，说明颗粒撞击基体的有效速度随着涂层与水平面倾角的增大而降低，有效速度的降低使颗粒不能有效沉积，出现反弹。随着扫描速度的降低，涂层形貌的尖锐化程度会进一步加剧。在其他工艺参数保持不变的情况下，不同扫描速度下的超音速激光沉积 SS316L 涂层的工艺参数见表 2-5。

表 2-5　不同扫描速度下的超音速激光沉积 SS316L 涂层的工艺参数

氮气压力/MPa	氮气温度/℃	喷涂距离/mm	激光辐照温度/℃	扫描速度/mm·s⁻¹	送粉率/g·min⁻¹
3	500	30	1000	10	40
3	500	30	1000	20	40
3	500	30	1000	30	40
3	500	30	1000	40	40
3	500	30	1000	50	40

（3）涂层的性能评估

1）涂层的硬度。在超音速激光沉积的过程中，激光辐照的热作用及颗粒剧烈撞击基体产生的热量会使基体产生一定范围的热影响区，但是两者产生的热量之和依然不足以在基体上产生熔池。如图 2-46 所示，在涂层与基体的过渡区域，硬度值存在一定的渐变，从而使得 SS316L 涂层呈现三个明显的硬度分布区域，分别为涂层、热影响区和基体。图 2-46 所示为激光辐照温度为 1000℃时 SS316L 涂层的显微硬度分布曲线。以涂层与基体的结合区为界限，从涂层开始自上而下沿层深方向测试，压痕间隔为 50μm。通过显微硬度测试，涂层的平均硬度为 450HV0.3，而 SS316L 基体的硬度一般为 220HV0.3 左右，涂层的显微硬度是基体的 2 倍。从图 2-46 中还可以看到，在涂层底部距离结合区较近的区域硬度较高。图 2-47 所示为超音速激光沉积 SS316L 涂层的平均显微硬度随激光辐照温度的变化曲线。从图中可以看到，在一定范围内，激光辐照温度升高，涂层的平均显微硬度也随之升高。

超音速激光沉积 SS316L 涂层显微硬度值具有这种变化趋势的主要原因是，已在涂层底部的颗粒会被后续沉积的颗粒持续撞击，产生夯实作用，进一步加剧了此区域颗粒的塑性变形效果。另外，激光辐照温度升高，对颗粒的热软化作用增强，在撞击的过程中会进一步产生更强烈的塑性变形。剧烈的塑性变形使颗粒内部的应力和位错强化程度加深，表现为涂层的硬度增加，从而产生冷作硬化的效果，这也是冷喷涂的技术特征之一。

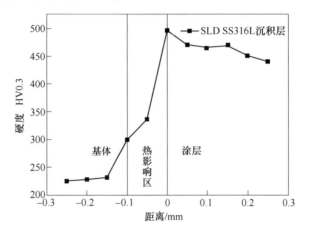

图 2-46　激光辐照温度为 1000℃时 SS316L 涂层的显微硬度分布曲线

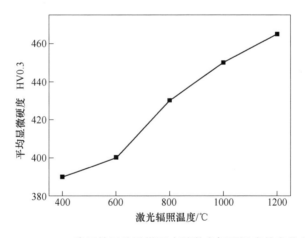

图 2-47　SS316L 涂层的平均显微硬度随激光辐照温度的变化曲线

2）涂层的耐蚀性。超音速激光沉积与冷喷涂沉积类似，也是一种固态沉积方式，依靠颗粒剧烈碰撞产生塑性变形而堆叠形成涂层。单纯的冷喷涂沉积过程中，由于颗粒的变形不充分，容易在涂层中存在间隙。在电化学腐蚀过程中，腐蚀溶液易通过颗粒间孔隙抵达涂层与基体的界面，腐蚀基体，使得涂层丧失对基体的保护作用。而在超音速激光沉积过程中，由于激光辐照可使沉积颗粒软化，颗粒在撞击区域变形剧烈，形成了致密的涂层，由涂层截面形貌可以看出超音速激光涂层并无冷喷涂涂层中常见的颗粒间孔隙。因此，超音速激光涂层能有效抵御腐蚀溶液的入侵，保护基体。另一方面，由于激光辐照温度相对较高，沉积颗粒在撞击的过程中虽然发生了塑性形变，但是相变驱动力较小，几乎不会诱导马氏体相产生，而马氏体的产生会影响材料的腐蚀电位和腐蚀动力学。同时，在塑性变形过程中，颗粒内部位错密度会增加，击穿电位随变形量的增加（即位错密度的增加）而正移，从而使涂层具有较强的耐蚀性。

为了验证超音速激光沉积 SS316L 涂层与基体耐蚀性的强弱，采用电化学腐蚀试验进行测试。电化学测试采用 CHI660E 电化学工作站进行。电解池采用三电极体系，腐蚀介质为质量分数为 3.5% 的 NaCl 溶液，试验温度为 25℃，扫描速度为 1mm/s。辅助电极为铂电极，参比电极选用饱和甘汞电极（SCE）。涂层在腐蚀介质中出现明显的自钝化现象。从电化学特征参数拟合结果可以明显看出，在腐蚀液中基体自腐蚀电位为 -0.324V，涂层自腐蚀电位为 -0.3139V，基体的自腐蚀电位相对较负。腐蚀电位是表征材料在腐蚀介质中化学稳定性的重要性能指标，涂层腐蚀电位相对于基体的正移表明耐蚀性较好。超音速激光涂层和基体极化曲线如图 2-48 所示。基体与 SS316L 涂层的电化学参数拟合结果见表 2-6。

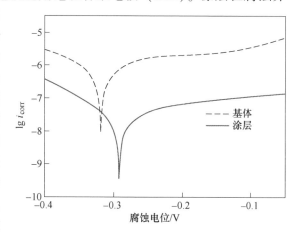

图 2-48 超音速激光涂层和基体极化曲线

表 2-6 基体与 SS316L 涂层的电化学参数拟合结果

部　　位	腐蚀电位/V	腐蚀电流密度/A·cm^{-2}
基体	-0.324	3.972×10^{-8}
涂层	-0.3139	3.547×10^{-8}

在图 2-48 中，当涂层出现阳极极化曲线时，基体还处在阴极极化过程。从热力学角度来讲，基体相对更倾向被腐蚀，即最先开始进行腐蚀。两者的腐蚀电流密度见表 2-6，涂层的腐蚀电流密度为 $3.547 \times 10^{-8} A \cdot cm^{-2}$，基体的腐蚀电流密度为 $3.972 \times 10^{-8} A \cdot cm^{-2}$。结合两者的阳极极化曲线，可以看出基体的自腐蚀电流密度较大，涂层的自腐蚀电流密度较小，从动力学角度来讲，SS316L 基体的腐蚀速率较快，相反涂层的腐蚀速率较慢。

通过对比上述工艺参数下制备的单一 SS316L 涂层，可以发现激光辐照的热软化作用能在很大程度上提高粉末颗粒的沉积效率，表现为随着激光辐照温度的升高，涂层厚度不断增加。并且当激光辐照温度达到 1000℃以上时，涂层与基体结合部位依然存在清晰的塑性变形特征，说明在此温度下依然保持着固态沉积。扫描速度则对单道沉积形貌有很大的影响，随着扫描速度的降低呈现明显的尖锐化三角形形貌，不利于后续颗粒的沉积，而且扫描进一步影响了激光辐照在沉积区域的热积累效应。同时，对涂层的性能进行初步分析，可以发现激光辐照有助于其显微硬度及耐蚀性的提高。

▶▶ 2. 超音速激光沉积 WC/SS316L 复合涂层

在上述单一 SS316L 涂层的沉积工艺基础之上，考虑到 WC/SS316L 复合涂层中存在相变敏感性陶瓷相 WC，为了防止 WC 发生相变，制备 WC/SS316L 复合涂层的最高激光辐照温度要比制备单一 SS316L 涂层的最高激光辐照温度有所降低，同时选取的扫描速度为 $30\text{mm} \cdot \text{s}^{-1}$。为了进一步探索激光辐照温度对 WC 陶瓷相的影响，通过改变激光辐照温度制备出不同的 WC/SS316L 复合涂层，其工艺参数见表 2-7。

表 2-7　不同激光辐照温度下的超音速激光沉积 WC/SS316L 复合涂层的工艺参数

氮气压力/MPa	氮气温度/℃	喷涂距离/mm	激光辐照温度/℃	扫描速度/mm·s⁻¹	送粉率/g·min⁻¹
2.5	400	30	室温	30	40
2.5	400	30	400	30	40
2.5	400	30	600	30	40
2.5	400	30	800	30	40

（1）复合涂层的截面形貌与沉积效率　在超音速激光沉积过程中，由于激光对喷涂粉末的同步加热，提高了粉末碰撞初始温度，使粉末软化，提高了粉末的塑性变形能力，从而降低了粉末的临界沉积速度。因此，在其他工艺参数保持不变的情况下，经拉瓦尔喷管加速后的喷涂粉末中速度超过临界沉积速度的颗粒的比例将增加，这些颗粒在基体表面能有效沉积，使涂层厚度增加，即沉积效率提高。

如图 2-49 所示，超音速激光沉积 WC/SS316L 复合涂层时，随着激光辐照温度的升高，复合涂层逐渐增厚，特别是当激光辐照温度升高至 800℃ 时，涂层厚度达到 1.05mm，比单一冷喷涂涂层的厚度增加了 43%。表明激光辐照温度的升高有利于提高喷涂粉末的沉积效率，这主要是因为激光加热对喷涂粉末起到了软化作用，降低了其临界沉积速度。

（2）复合涂层的致密性　单一冷喷涂涂层中的黏结相（SS316L）之间、黏结相与强化相（WC）之间均存在大量孔隙，涂层的致密性较差。此外，涂层中存在明显的孔洞（图 2-50 虚线框内），这是由破碎的 WC 颗粒脱落形成的。单一冷喷涂涂层致密性较差的原因主要是黏结相塑性变形不充分，而在超音速沉积过程中，由于激光对喷涂粉末的同步加热，黏结相得到有效的软化，其塑性变形能力大大增强，黏结相之间、黏结相与强化相之间结合良好，故涂层致密性提高。图 2-50 所示为这两种涂层的致密性对比结果。在超音速激光涂层中，黏结相之间的孔隙与单一冷喷涂涂层相比显著减少，强化相与黏结相之间几乎观察不到孔隙，且涂层中没有出现因 WC 颗粒脱落形成的孔洞，表明激光加热有利于提高涂层的致密性。当激光辐照温度为 800℃时，涂层具有较高的沉积效率及 WC 颗粒含量。此外，由于黏结相的软化，硬脆的 WC 颗粒在高速撞击并嵌入黏结相的过程中不易破碎脱落，从而不会出现因 WC 脱落产生的孔洞。

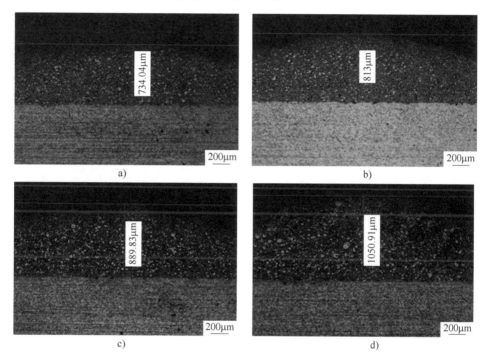

图 2-49　不同激光辐照温度下的涂层厚度对比

a）冷喷涂　b）400℃　c）600℃　d）800℃

图 2-50　致密性对比

a）冷喷涂涂层　b）超音速激光涂层

（3）复合涂层的物相成分　超音速激光沉积过程中虽然引入了激光进行加热，

但其仍然保持了冷喷涂固态沉积的特征，没有引起材料的分解、氧化、相变等，这与激光熔覆过程中的高热输入不同。激光熔覆是利用高能激光将粉末与基体材料加热熔化，随后快速冷却凝固形成涂层，在此过程中，粉末运动速度和激光光斑移动速度均较慢，激光与粉末和基体材料的相互作用时间较长。而超音速激光沉积过程只是利用激光将粉末和基体软化而非熔化，且粉末运动速度和激光光斑移动速度均较快，激光与粉末和基体材料的相互作用时间较短，因此，超音速激光沉积相对于激光熔覆而言是一个低热输入的过程，不会出现由高热输入导致的热致不良影响，能很好地保持原始材料的成分、形貌和性能等。图 2-51 所示为单一冷喷涂涂层和超音速激光涂层的 XRD 图谱，从图中可以看出，两种涂层的物相完全一致，均由 WC 和 SS316L 两相组成。

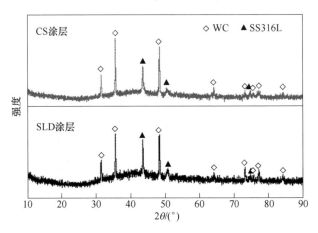

图 2-51　单一冷喷涂涂层和超音速激光涂层的 XRD 图谱

（4）复合涂层内部颗粒的结合行为　在超音速激光沉积的 WC/SS316L 复合涂层中，WC 增强相颗粒弥散分布在 SS316L 黏结相中，增强相与黏结相之间结合良好，涂层无明显的孔隙或裂纹，如图 2-52a 所示。涂层中的 SS316L 黏结相颗粒与球形的原始粉末颗粒相比均发生了较大程度的塑性变形，可以看到颗粒严重变形呈现的纤维流状（图 2-52b 中的椭圆区域），而且颗粒之间的相互结合良好，观察不到明显的缝隙，这说明 SS316L 黏结相在 SLD 过程中实现了较好的沉积。复合涂层中 WC 增强相颗粒是硬脆相，难以发生塑性变形，主要依靠嵌入塑性变形的 SS316L 黏结相中实现有效沉积。由于涂层内部没有熔池的形成，故在 WC 和 SS316L 周围无明显的冶金反应层。对其结合部位进行 EDS 线扫描，结果如图 2-52d 所示。在界面结合处也存在元素渐变现象。这种元素互渗使得颗粒之间由单一冷喷涂的机械结合机制转变为超音速激光沉积的机械结合与冶金结合共存机制。两者的结合仅是微量的元素互渗，在黏结相颗粒内部依然保持着塑性变形的特征，且没有增强相 WC 颗粒的分解、氧化及相变等。这种元素微量互渗行为在增加增强相与黏结相之间结合强度的同时，依然会保持增强相和黏结相的原始成分及组织结构，从而能够保证所制备的复合涂层兼具黏结相和增强相的综合性能。

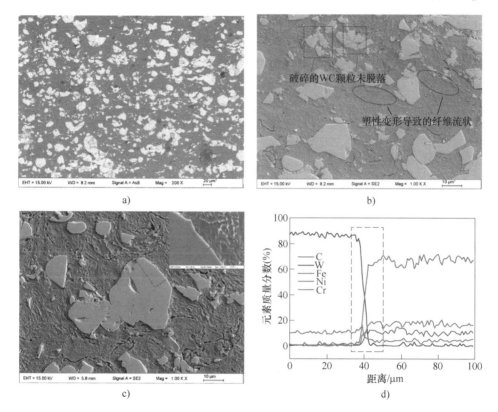

图 2-52　超音速激光沉积 WC/SS316L 复合涂层相关图形

a）WC/SS316L 复合涂层横截面低倍图　　b）WC/SS316L 复合涂层横截面高倍图

c）SLD 涂层界面结合形貌　　d）SLD 涂层界面元素的线扫描分析

（5）复合涂层的性能评估

1）复合涂层的显微硬度。在 CS 过程中高速飞行的颗粒撞击基体瞬间，动能转化的热能来不及扩散，产生绝热剪切失稳，从而产生强烈的塑性变形实现有效沉积，强烈的塑性变形会使材料出现加工硬化现象，导致硬度提高。虽然 SLD 在 CS 过程中引入激光对颗粒和基体进行了加热，但该加热过程时间较短，不足以导致材料发生回复和再结晶，消除加工硬化现象，因此 SLD 涂层中的 SS316L 黏结相依然保持较高的显微硬度。如图 2-53 所示（图中"BZ"表示结合界面），涂层中 SS316L 黏结相的平均硬度为 516HV0.3，而 SS316L 基体的硬度为 220HV0.3，涂层的硬度为基体硬度的 2.35 倍。由图 2-54 可知，涂层中 SS316L 的衍射峰与原始粉末相比，出现了宽化，而 XRD 衍射峰的宽化往往与晶粒细化及微观应变等因素相关。这也是 SLD 涂层中颗粒塑性变形导致晶格畸变强化的一个佐证。

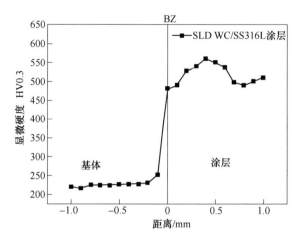

图 2-53 超音速激光沉积 WC/SS316L 涂层的显微硬度曲线

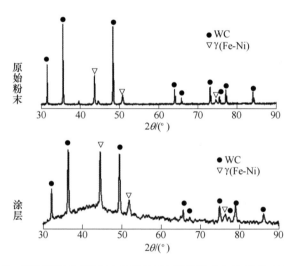

图 2-54 超音速激光沉积 WC/SS316L 原始粉末与涂层的 XRD 图谱

2）复合涂层的磨损性能。图 2-55 所示为超音速激光沉积与激光熔覆 WC/SS316L 涂层在相同载荷作用下的滑动摩擦系数随时间的变化曲线。从图中可以看出，激光熔覆涂层的摩擦系数大且曲线波动幅度也较大，最终平均摩擦系数为0.9，而超音速激光涂层的摩擦系数小且曲线较为平稳，稳定后的平均摩擦系数为0.65。由此可知，超音速激光涂层的摩擦系数较激光熔覆涂层降低了 28%。

从图 2-56 中可以看到，超音速激光涂层与激光熔覆涂层的磨痕宽度分别为629.16μm 和 859.71μm，且磨痕中均存在深色（1 和 3）和浅色（2 和 4）两种区域，并且激光熔覆涂层中的浅色区域远多于超音速激光涂层。对磨痕中的深色和浅色区域进行 EDS 元素分析，结果如图 2-57 所示。从图中可以看出，浅色区域中氧元素含量很高，而深色区域中几乎没有氧元素。这说明磨痕中的浅色区域由涂层试样在磨损测试中氧化所致。激光熔覆试样浅色区域较多的原因是激光熔覆涂层具有较高的摩擦系数（图2-55），在磨损测试过程中会产生更多的摩擦热，从而导致涂层表面氧化严重。两种涂层磨痕的局部放大形貌如图2-56b、d所示。图2-56b所示为超音速激光涂层，从图中可以看出，涂层表面有一些较浅的犁沟，并无大的剥

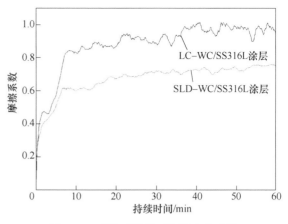

图2-55　摩擦系数随时间的变化曲线

落区。这主要是由于在磨损过程中有细小的 WC 颗粒从涂层中剥落，随着摩擦副的转动对黏结相造成刮伤。但总体来看，涂层的磨痕较浅，表现出较高的耐磨性。而在激光熔覆涂层中，表面存在着许多由黏着磨损引起的剥落坑，并且在摩擦副

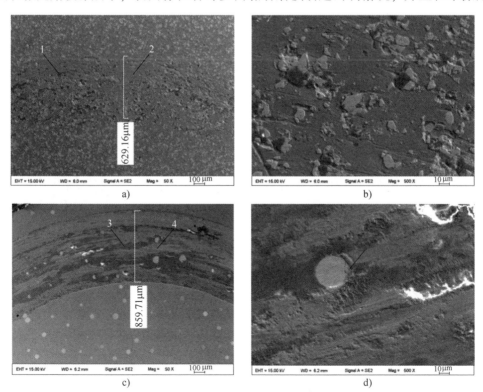

图2-56　磨痕显微形貌

a）SLD 涂层　b）SLD 涂层局部放大区域　c）LC 涂层　d）LC 涂层局部放大区域

作用下剥落的涂层材料在移动的过程中遇到高硬度的 WC 颗粒后被阻挡，从而汇聚在 WC 颗粒周围，黏着磨损被打断。在持续的磨损过程中脆硬的 WC 颗粒发生了碎裂，如图 2-56d 中的箭头所指。

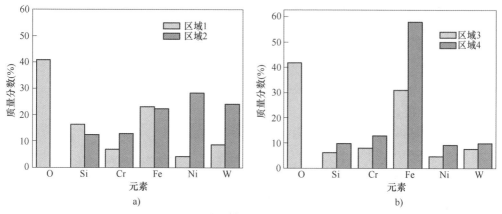

图 2-57　涂层磨痕的 EDS 元素分析

a) SLD 涂层　b) LC 涂层

超音速激光涂层的耐磨性之所以优于激光熔覆涂层，是由于 WC 颗粒在超音速激光涂层中的含量高且分布均匀。而且通过激光辐照的作用，WC 颗粒与黏结相之间由机械结合转变为机械结合与冶金结合共存，增加了陶瓷相与黏结相的结合强度。以上因素的共同作用有效地增加了摩擦过程中 WC 颗粒与摩擦副的接触面积，提高了涂层的耐磨性。而在激光熔覆涂层中，尺寸较小的 WC 颗粒在熔池中完全被烧损，并且由于熔池的对流运动，尺寸较大的 WC 颗粒在涂层中分布又极不均匀，无法在磨损的过程中降低涂层与摩擦副的黏着倾向，表现出较低的涂层耐磨性。

3）复合涂层的耐蚀性。在超音速激光沉积 SS316L 涂层中，作为黏结相的 SS316L 颗粒由于激光辐照软化及后续撞击颗粒的夯实作用，其结合较为致密，而且在沉积的过程中黏结相颗粒发生剧烈的塑性变形，颗粒内部的位错密度会增加，击穿电位随变形量的增加（即位错密度的增加）而正移，从而提高其耐蚀性，同时，该局部区域的组织成分也较为均匀，所以被腐蚀的程度也较为轻微。在分布着 WC 颗粒的局部区域，一方面，由于 WC 颗粒未能与 SS316L 颗粒形成完全致密的结合，腐蚀液通过这些结合部位间的孔隙直接进入涂层内部；另一方面，由于 WC 颗粒与 SS316L 黏结相的电位不同，在此处可形成原电池，而 WC 颗粒的化学稳定性优于 SS316L，所以此处的黏结相会优先腐蚀。失去了黏结相对 WC 颗粒的把持作用，不仅会使部分 WC 颗粒从涂层上直接脱落形成凹坑，还会使涂层内部的 WC 颗粒直接裸露出来。同时，随着黏结相的腐蚀，WC 颗粒周围的压应力得到释放，由于撞击而形成的贯穿裂纹成为腐蚀的新通道，腐蚀液沿着 WC 颗粒的界面及其内部裂纹直接渗入涂层内部从而加速了涂层的失效，图 2-58 所示为超音速激光沉积 WC/SS316L 复合涂层经过电化学性能测试后的显微形貌。

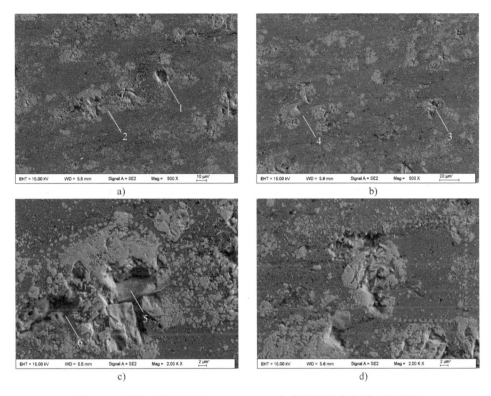

图 2-58 超音速激光沉积 WC/SS316L 复合涂层的电化学腐蚀形貌

a) 涂层边缘部位腐蚀形貌 b) 涂层中间部位腐蚀形貌
c) 图 a 中 2 处局部放大区域 d) 图 b 中 4 处局部放大区域

2.3.5 钴材料沉积

1. 超音速激光沉积 Stellite 6 涂层

钴基合金由于具有优异的耐高温、耐磨损、耐腐蚀性能，被广泛应用于汽轮机叶片、热压模、燃烧或排气系统中高温部件及石化和发电厂中的阀门密封等件中，其中 Stellite 6 合金因其具有良好的综合性能，成为钴基合金中应用最为广泛的硬面合金。Stellite 6 合金的熔点为 1285 ~ 1395℃，密度为 8.46g/cm³，硬度为 39 ~ 43HRC，极限抗拉强度为 896MPa。Stellite 6 具有和 Co-28Cr-4.5W-1.1C 近似的成分组成，其中 Cr 元素不仅有助于提高抗氧化、抗热腐蚀性能，还能够形成 M7C3 和 M23C6 型碳化物弥散分布于枝晶间，加之 Mo、W 元素形成的 MC 或 M6C 型碳化物共同对合金起强化作用，使得 Stellite 6 合金具有优异的耐磨损性能。

（1）涂层的宏观形貌 在超音速激光沉积过程中，由于激光辐照加热，颗粒沉积所需的临界沉积速度降低，可实现沉积的颗粒数量增多，大量颗粒均匀沉积，沉积的颗粒在涂层表面分布更为均匀，颗粒均匀地沉积使得涂层均匀生长，涂层表面趋于平整。涂层表面已沉积颗粒经激光软化的程度越高，其塑性变形能力越强，沉积的颗粒嵌入涂层表面更深，软化的颗粒在后续颗粒的撞击夯实作用下剧烈变形，颗粒间缝隙压合，颗粒间存在的孔隙、缝隙逐渐消失，可进一步降低已沉积涂层表面的起伏程度。考虑到后续颗粒撞击过程中的颗粒变形和摩擦将产生热量，该热量可能使得已沉积颗粒表层温度提升到材料开始熔化的温度，导致已沉积颗粒接触界面熔合。

图 2-59 所示为激光沉积温度在 1270℃ 时，超音速激光沉积 Stellite 6 涂层的表面形貌。超音速激光沉积涂层表面致密，与颗粒间常存在空隙的冷喷涂涂层表面不同，这得益于激光对涂层表面的软化提高了后续颗粒的撞击夯实效果。由图 2-59 可知，涂层表面凹凸不平，由沉积颗粒和反弹颗粒留下的球形凹坑组成。在冷喷涂中，只有颗粒速度达到临界沉积速度才能实现沉积，不具有足够撞击速度的颗粒反弹将在涂层表面留下撞击坑。

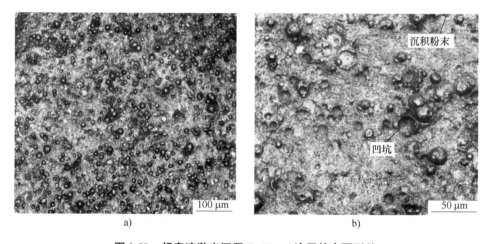

图 2-59　超音速激光沉积 Stellite 6 涂层的表面形貌

a）宏观表面形貌特征　b）微观表面形貌特征

（2）涂层的显微组织　超音速激光沉积 Stellite 6 涂层的显微组织如图 2-60 所示，图中中上部为基体，中下部为涂层，超音速激光沉积涂层组织结构呈现出颗粒固态沉积特征，其组织结构由碰撞剧烈变形的颗粒堆叠形成。在超音速激光沉积涂层中，单个颗粒在被撞击处呈现剧烈变形，而在撞击处颗粒变形程度较小，甚至仍保持半圆形形貌。这种颗粒变形形貌与热喷涂和冷喷涂涂层中的不同。在热喷涂涂层中，颗粒加热到熔化或部分熔化，颗粒软化程度高，而已沉积涂层因基体的自激冷却而具有较低的温度，沉积的颗粒在撞击处凹陷变形而被撞击的涂层表面变形较小，这表明相对较热、较软的颗粒沉积到冷、硬的基体或涂层上。在冷喷涂技术中，颗粒在自身撞击和后续颗粒撞击下剧烈变形，呈现细长横向形态，表明撞击颗粒与被撞击颗粒间没有温度差异所带来的变形差异。在超音速激光沉积过程中，颗粒主要在被撞击处凹陷变形，这表明激光辐照使已沉积涂层表面充分加热软化，撞击过程中，相对较冷、硬的颗粒嵌入较热、软的涂层表面。

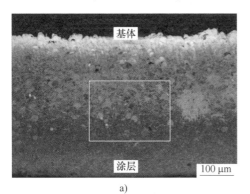
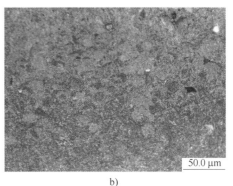

图 2-60　超音速激光沉积 Stellite 6 涂层的显微组织

a）显微组织低倍图　b）显微组织高倍图

超音速激光沉积涂层中 Stellite 6 颗粒内呈现细小的树枝晶结构，这与原始粉末在气雾化制备过程中形成的内部结构完全一致，如图 2-61 所示，这表明超音速激

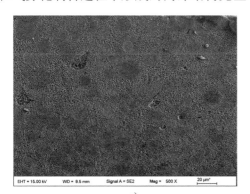
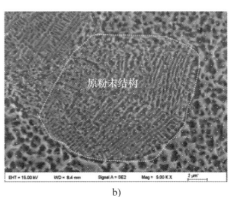

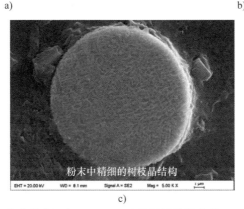

图 2-61　超音速激光沉积 Stellite 6 涂层及原始粉末的 SEM 显微组织

a）涂层截面形貌　b）涂层内 Stellite 6 颗粒内部结构　c）喷涂前 Stellite 6 颗粒内部结构

光沉积技术仍然具有固态沉积的特征，激光的加入仅仅是用于软化基体，降低临界沉积速度，进而降低运行成本，不会改变冷喷涂固态沉积的优势，使涂层中颗粒原始内部组织结构得以保留。

（3）涂层的物相成分　图2-62所示为超音速激光沉积Stellite 6涂层与原始粉末的XRD图谱，由图可知，超音速激光沉积Stellite 6涂层中的主要物相有面心立方（fcc）的固溶体Co和$Cr_{23}C_6$相。将超音速激光沉积涂层XRD图谱与原始粉末XRD图谱进行对比发现，超音速激光沉积涂层中没有新的物相生成。此外，对比发现相同角度处涂层的衍射峰较原始粉末的衍射峰更宽。在冷喷涂技术中，颗粒高速撞击剧烈变形易导致晶格畸变，进而导致冷喷涂涂层衍射峰出现宽化现象。超音速激光沉积技术保留了冷喷涂技术中的固态沉积特性，颗粒的剧烈变形也会导致晶格畸变，因而出现衍射峰宽化现象。由超音速激光沉积涂层物相分析可知，超音速激光沉积技术中激光辐照的引入不但能保留颗粒内部结构，而且不会改变颗粒的主要物相，激光辐照的引入并不会改变冷喷涂技术固态沉积的优势。

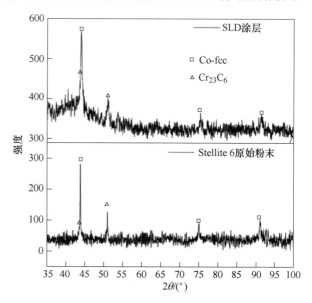

图2-62　超音速激光沉积Stellite 6涂层与原始粉末的XRD图谱

（4）沉积效率　图2-63所示为在氮气压力与温度、扫描速度、喷涂距离、送粉率等工艺参数保持一致时，仅调整激光沉积温度获得的Stellite 6涂层的截面形貌，由图可知，在激光辐照作用下，Stellite 6颗粒成功沉积形成了连续、致密的涂层，涂层与基体界面结合紧密。观察基体发现，基体中存在一定深度的热影响区。激光辐照到基体时，激光光波电磁场迫使基体表层材料中的自由电子剧烈振动，剧烈振动的自由电子与晶格碰撞产生阻尼而把光能传给晶格，使基体表面薄层被加热，表层吸收的热量向基体内部传导，基体温度由浅及深呈梯度分布，当温度高于相变温度时，材料组织发生变化形成热影响区。试验中激光对沉积区域的辐照温度均高于基体材料45钢的奥氏体转变温度，因此，基体温度梯度中，温度高于奥氏体转变温度区域中的材料将奥氏体化，冷却后组织形态发生变化，形成热影响区。试验中发现单一冷喷涂技术不能实现Stellite 6颗粒的有效沉积，引入激光辐照后，选取合适的激光沉积温度不仅可以实现颗粒的有效沉积，而且能形成高质量致密涂层。结合基体具有一定深度的热影响区可以推断激光辐照基体时，基体材料产生了一定程度的奥氏体化，形成了奥氏体相，该奥氏体相与基体相比具有更好的塑性，被颗粒撞击时更易发生塑性变形，有利于颗粒嵌入基体中实现沉积。

涂层峰值高度变化规律如图 2-63f 所示，涂层峰值高度随激光沉积温度的升高而逐渐增加。从图中可以看出，在其他工艺参数保持不变时，沉积温度从 1210℃

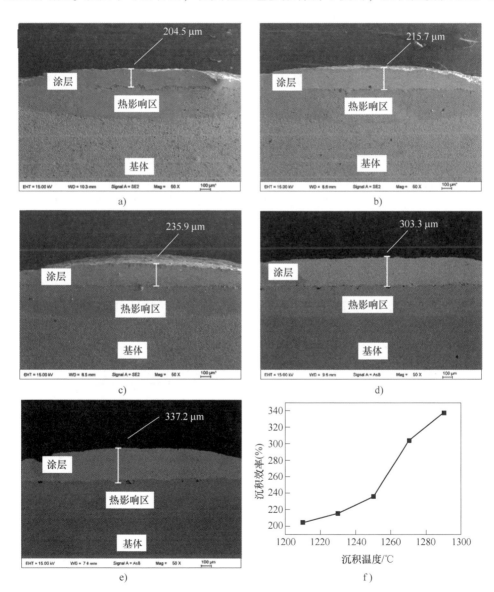

图 2-63 不同激光沉积温度下超音速激光沉积 **Stellite 6** 涂层截面 **SEM** 形貌及涂层峰值高度变化规律

a）1210℃ b）1230℃ c）1250℃ d）1270℃ e）1290℃ f）涂层峰值高度变化规律

升至1290℃时，涂层峰值高度增加了65%，这表明提高沉积温度可以改善超音速激光沉积涂层的沉积效率。

（5）涂层的软化特性 在超音速激光沉积过程中，喷涂颗粒与沉积区材料高速撞击，产生剧烈的塑性变形。塑性变形过程中，材料产生加工硬化现象。颗粒剧烈撞击产生的加工硬化现象使得涂层的显微硬度增加，因此不同沉积温度制备的超音速激光沉积 Stellite 6 涂层的平均显微硬度均高于铸造 Stellite 6 块材。一些研究学者在用冷喷涂技术制备的铝、铜涂层中也发现了冷喷涂涂层硬度大于原始材料硬度的现象，并将该现象归因于颗粒撞击过程中产生的加工硬化效应。相较于单一的冷喷涂技术，超音速激光沉积技术引入了激光辐照，激光辐照对涂层具有加热软化效应。因此，超音速激光沉积涂层最终的硬度取决于软化效应与加工硬化效应间相互竞争的结果。涂层中加工硬化效应与涂层内颗粒塑性变形的剧烈程度有关，喷涂粉末撞击速度和撞击能量越高，撞击过程中塑性变形越剧烈，产生的加工硬化效果越显著。激光辐照对已沉积涂层的加热强度不同，当已沉积涂层被加热到接近材料熔点的温度时，材料内原子的活动能力得以提高，甚至位错也开始产生滑移、攀附等变化，进而抵消部分位错，使得涂层软化，这种软化作用随着沉积温度的升高逐渐增强，从而导致涂层的显微硬度逐渐降低。Li B 等在超音速激光沉积铜涂层中也发现了涂层显微硬度随着激光沉积温度的增加而降低的现象，认为激光辐照的软化作用降低了涂层的显微硬度。

（6）涂层的性能评估

1）涂层的硬度评估。图2-64所示为利用超音速激光沉积技术与激光熔覆技术制备的 Stellite 6 涂层横截面层深方向显微硬度分布曲线，由图可知，超音速激光沉积 Stellite 6 涂层的平均硬度比激光熔覆 Stellite 6 涂层的平均硬度提高约44.8%。这主要是因为在超音速激光沉积技术中，涂层是依靠喷涂颗粒的高速撞击产生剧烈的塑性变形从而相互结合形成的。高速颗粒的不断撞击对涂层具有加工硬化作用，提高了涂层的硬度。而在激光熔覆中，粉末颗粒完全熔化，不存在加工硬化现象，因此其显微硬度低于超音速激光沉积涂层。超音速激光沉积热影响区硬度最高为473HV0.2，而激光熔覆热影响区硬度高达670HV0.2。基体热影响区硬度差异与热影响区

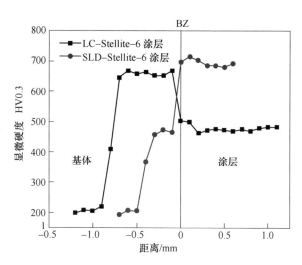

图2-64 超音速激光沉积与激光熔覆
Stellite 6 涂层的显微硬度曲线

组织有关，高热量输入的激光熔覆热影响区组织以马氏体为主，而低热量输入的超音速激光沉积热影响区组织是马氏体和残留的原基体组织，硬度比完全马氏体组织更低。对比热影响区硬度变化趋势可知，超音速激光沉积热影响区比激光熔覆热影响区窄，这表明超音速激光沉积技术对基体的热影响范围小于激光熔覆技术。

2）涂层的耐磨性评估。图 2-65 所示为利用超音速激光沉积技术和激光熔覆技术在低碳钢管表面制备的 Stellite6 涂层的摩擦系数。在 3kW 激光功率下，可以以40mm/s 的横向速度在基体上形成沉积涂层，从而达到 2.2kg/h 的沉积速率。Stellite 6 的沉积涂层无裂纹结构、孔隙率低且与基体的结合强度高。这些性能是在不熔化原料或对基体造成永久性损坏和变形的情况下实现的。涂层的粒度为亚微米级（200～400 nm），与激光熔覆涂层相比，磨损试验性能得到了改善。研究发现，用激光熔覆技术生产的 Stellite 6 涂层的摩擦系数约为超音速激光沉积涂层的 2.4 倍。

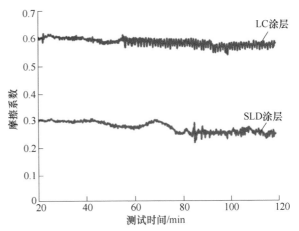

图 2-65　超音速激光沉积（SLD）和激光熔覆（LC）Stellite 6 涂层的摩擦系数

由图 2-66a、b 可知，超音速激光沉积涂层的磨痕宽度小于激光熔覆涂层的磨痕宽度。对比图 2-66c、d 发现，激光熔覆涂层磨痕中的犁沟较超音速激光沉积涂层中的更为明显。总体来说，超音速激光沉积涂层的耐磨性略微优于激光熔覆涂层。由于低热量输入，超音速激光沉积涂层可以保留原始颗粒细小的组织结构，细小的组织结构具有细晶强化作用，从而使超音速激光沉积涂层的强度更高。此外，超音速激光沉积涂层的平均显微硬度优于激光熔覆涂层，超音速激光沉积涂层的高强度和高硬度对磨球侵入涂层的抵抗能力更强，耐磨性优异。

此外，对图 2-66c 所示区域 A、B 进行 EDS 面扫描分析，结果显示区域 A 的氧含量远大于区域 B，同时钴的含量远小于区域 B。这说明在干滑动过程中，磨屑经摩擦副高压挤压形成一薄层，该薄层因摩擦生热而与氧气反应形成具有低摩擦系数的氧化膜。由超音速激光沉积涂层摩擦系数变化规律可知，超音速激光沉积涂层的摩擦系数变化稳定，说明该氧化膜与涂层黏结牢固，该氧化膜将涂层与摩擦副隔开，起到一定的保护和减磨作用，磨损机制为黏着磨损和磨粒磨损。相比而言，激光熔覆涂层的摩擦系数波动剧烈、频繁，同时磨痕中存在大量犁沟，表明具有粗大枝晶结构和低硬度的激光熔覆涂层难以有效抵抗摩擦副的入侵，涂层材料在测试过程中被大量去除，磨损机制为磨粒磨损。

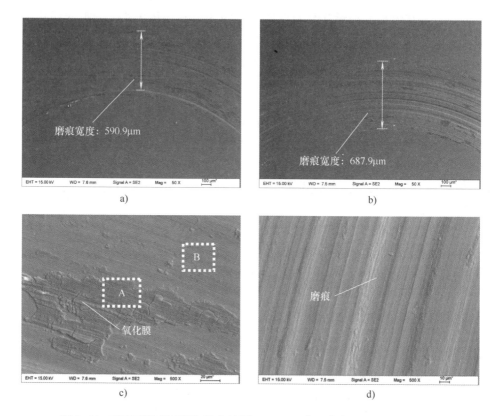

图 2-66 超音速激光沉积和激光熔覆 Stellite 6 涂层磨痕 SEM 形貌对比图
a）超音速激光沉积涂层磨痕低倍图 b）激光熔覆涂层磨痕低倍图
c）超音速激光沉积涂层磨痕高倍图 d）激光熔覆涂层磨痕高倍图

3）涂层的耐蚀性评估。在冷喷涂技术这类固态沉积方式制备的涂层中，由于颗粒完全依靠塑性变形堆叠沉积形成涂层，涂层中颗粒间易存在空隙，在电化学腐蚀过程中，腐蚀溶液易通过颗粒间空隙抵达涂层与基体界面，腐蚀基体，使得冷喷涂涂层丧失对基体的保护作用。在激光熔覆技术中，粉末与基体表层共同熔化，形成熔池，熔池冷却凝固形成致密的涂层，致密的涂层在电化学腐蚀中能对基体起到较强的保护作用。

图 2-67 所示为超音速激光沉积和激光熔覆 Stellite 6 涂层极化曲线，由图可知，超音速激光沉积涂层的腐蚀开路电位 E_{corr} 为 $-548mV$，高于激光熔覆涂层的腐蚀开路电位（$E_{corr} = -582mV$）。当极化电位进一步升高至 $-250mV$ 左右时，激光熔覆涂层极化曲线出现转折点。在转折点以上极化电流迅速增加，说明激光熔覆涂层中出现了点蚀，局部活性点构成腐蚀微电池加速了激光熔覆涂层的腐蚀。相比而言，超音速激光沉积涂层的极化电流维持在较低范围内，表明固态沉积的超音速激光沉积涂层致密，能为基体提供有效的耐蚀性保护。

得益于激光辐照对沉积区域的软化，在超音速激光沉积涂层中，被颗粒撞击的区域变形剧烈，形成致密涂层，由涂层表面形貌可知，超音速激光沉积涂层表面并无冷喷涂涂层中常见的颗粒间空隙。因此，超音速激光沉积涂层能有效抵御腐蚀溶液的入侵，保护基体。与激光熔覆技术相比，超音速激光沉积涂层的腐蚀开路电位更正，这是因为激光熔覆过程中基体中 Fe 元素将涂层过度稀释，使得涂层中 Co、Cr 元素的含

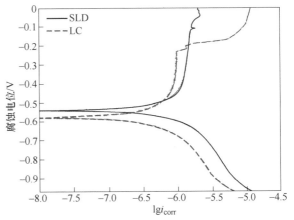

图 2-67　超音速激光沉积和激光熔覆
Stellite 6 涂层极化曲线

量降低，这损害了 Stellite 6 材料的耐蚀性。相比而言，超音速激光沉积技术因具有固态沉积的优势，能避免基体对涂层的稀释，保留原始 Stellite 6 粉末的成分与组织结构，保持了 Stellite 6 原始材料优异的耐蚀性。

4）涂层的抗气蚀性能评估。超音速激光沉积工艺能保留原始粉末的微观组织、物相结构，并且在沉积过程中出现加工硬化的特点，涂层的显微硬度通常较高，有利于抗气蚀性能的提高。利用超声波振动气蚀设备对激光熔覆和超音速激光沉积 Stellite 6 涂层的常温抗气蚀性能进行测试，气蚀试验原理及试样如图 2-68 所示。介质溶液为质量分数为 3.5% 的 NaCl 溶液。

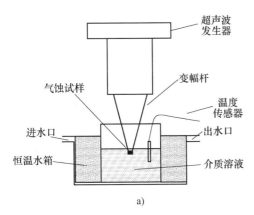

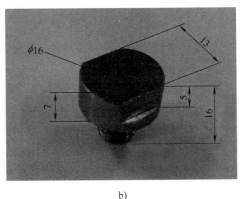

a)　　　　　　　　　　　　　　　　　　b)

图 2-68　气蚀试验原理及试样

a）气蚀试验原理　b）气蚀试样

图 2-69a 所示为 14 h 内试样的气蚀累积损耗量和气蚀时间的关系曲线，由图可知，两种激光功率下制备的超音速激光沉积涂层的累积损耗量曲线斜率均小于

激光熔覆涂层的曲线斜率。对比两种激光功率下制备的超音速激光沉积涂层的气蚀曲线可以发现，激光功率为 1000W 的超音速激光沉积涂层的斜率要低于激光功率为 1100W 的超音速激光沉积涂层的斜率。这种情况表明在相同的气蚀试验条件下，激光功率为 1000W 时制备的超音速激光沉积涂层具有最优的抗气蚀性能，激光熔覆涂层的抗气蚀性能最差。图 2-69b 所示为超音速激光沉积与激光熔覆 Stellite 6 涂层的气蚀速率曲线，从图中可以明显观察到激光熔覆涂层的气蚀速率远高于超音速激光沉积涂层。激光熔覆涂层的气蚀速率曲线在前 4h 处于上升阶段，4~14h 处于稳定阶段，由于其孕育阶段较短，图中无法观察到，属于非常典型的气蚀速率曲线。而超音速激光沉积涂层的气蚀曲线在测试时间范围内基本趋于稳定，只会在小范围内发生小幅度波动，类似于典型气蚀曲线中的孕育期，但一般的孕育阶段不会出现这种波动，因此超音速激光沉积涂层的气蚀过程表现出了独有的特征。通过累积损耗量曲线和气蚀速率的对比，可以明显说明超音速激光沉积 Stellite 6 涂层比激光熔覆 Stellite 6 涂层具有更好的抗气蚀性能。

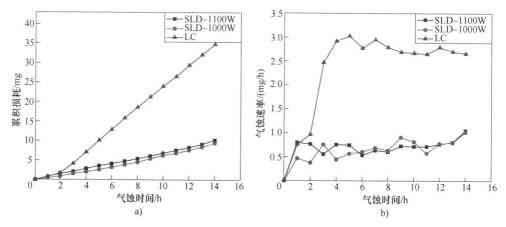

图 2-69　气蚀累积损耗量和气蚀速率与气蚀时间关系曲线

a）气蚀累积损耗量曲线　b）气蚀速率曲线

图 2-70 所示为不同气蚀时间下超音速激光沉积 Stellite 6 涂层与激光熔覆 Stellite 6 涂层的宏观气蚀形貌对比，从图中可以看出，激光熔覆涂层经过 2h 气蚀试验后就已经出现明显的气蚀破坏现象，并随着气蚀时间的增加，涂层表面气蚀进一步加剧，6h 后试样表面因完全气蚀失去了原有的因抛光而呈现的金属光泽。超音速激光沉积涂层经过 2h 气蚀试验后没有出现明显的变化，经 4h 气蚀试验后可以观察到多条平行直线，这是在制备大面积气蚀试样时单道涂层之间的搭接线，随着气蚀时间的进一步增加，涂层表面缓慢地失去金属光泽，在涂层的表面逐渐可以观察到气蚀斑点，当气蚀试验超过 12h 时，涂层表面才开始呈现大面积的气蚀形貌，但仍然较激光熔覆涂层的气蚀轻微。

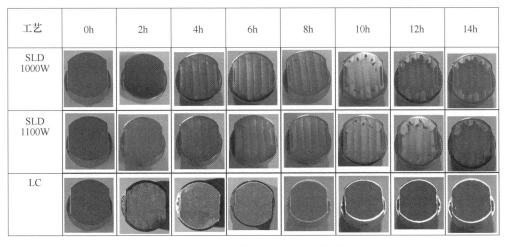

工艺	0h	2h	4h	6h	8h	10h	12h	14h
SLD 1000W								
SLD 1100W								
LC								

图 2-70　不同气蚀时间下涂层表面宏观形貌

图 2-71 所示为气蚀 14h 超音速激光沉积 Stellite 6 涂层不同位置微观形貌，图 2-71a、b 所示分别为放大 1000 倍、5000 倍涂层搭接界线的气蚀破坏形貌，可以看到搭接处的两侧气蚀破坏程度相差非常大，其中一侧的原始平面表层已彻底消失，而另一侧仍保留部分原始平面。图 2-71c 所示为放大 5000 倍的单道搭接涂层的中部气蚀形貌，可以观察到，之前的气蚀针孔和因结合不良的粉末颗粒整颗剥落形成的凹坑已扩大至相互交接，孤立出涂层原始平面，从而进一步使其剥落。图 2-71d 所示为放大 5000 倍的搭接界线的被搭接侧形貌，完全看不到原有的表面痕迹，呈现出无规则的海绵状结构，类似气蚀 7h 的激光熔覆的涂层微观组织结构，呈现出气蚀稳定阶段的形貌。图 2-71e、f 所示为"黑点"的微观形貌，可以看到"黑点"的范围有所增加，并且形成了较深的凹坑，涂层表现出气蚀下降阶段的形貌。

2. 超音速激光沉积 WC/Stellite 6 复合涂层

WC 具有高红硬性，低热膨胀系数，且与钴基合金的浸润性好，常加入 Stellite 6 合金中，形成既有 Stellite 6 合金优异的综合性能又有陶瓷相耐磨损等优点的金属基复合涂层。然而在热喷涂和激光熔覆等高热输入的涂层制备过程中，WC 极易分解并溶解于金属复合涂层中。WC 分解出的碳元素与氧反应，生成 CO、CO_2，使得涂层中极易产生气孔。同时，WC 的溶解不仅降低了涂层中强化相的含量、损害涂层耐磨性能，还使得涂层中钨、碳元素含量增加，在涂层凝固过程中析出碳化物分布在黏结相中，降低了金属基合金的韧性，增加了涂层开裂敏感性。冷喷涂是一种低热量输入的涂层制备方法，可有效避免热喷涂和激光熔覆等"热加工过程"中热致不良影响。但由于冷喷涂技术难以沉积高硬度材料，冷喷涂 WC 复合涂层通常选用 Co、Ni 纯金属或 CoCr、NiCr 等低硬度材料黏结相共同沉积，这些低硬度黏结相对 WC 颗粒的支撑和保护作用较弱，影响了复合涂层的性能。而超音速激光沉积技术在保持冷喷涂优势的同时，可对 WC/Stellite 6 复合涂层进行有效的沉积。

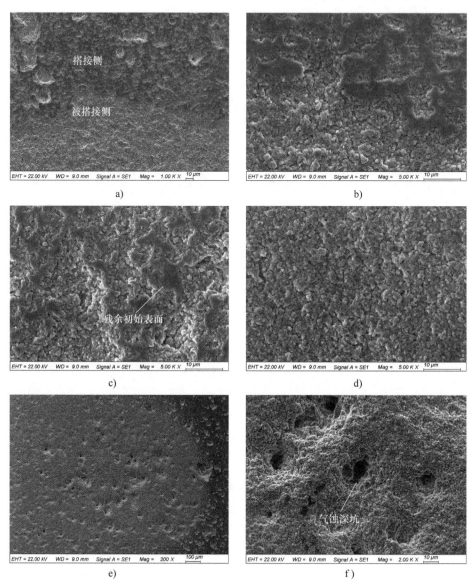

图 2-71　气蚀 14h 超音速激光沉积 Stellite 6 涂层不同位置微观形貌

a）搭接位置，放大 1000 倍　b）搭接位置，放大 5000 倍　c）单道涂层中部，放大 5000 倍
d）被搭接侧位置，放大 5000 倍　e）黑点位置，放大 200 倍　f）黑点位置，放大 2000 倍

（1）复合涂层的宏观形貌　对超音速激光沉积和激光熔覆的 WC/Stellite 6 复合涂层宏观特性进行分析，如图 2-72 所示，由图可知，激光熔覆复合涂层中存在大量气孔和少量未熔 WC 颗粒，且未熔 WC 颗粒大部分分布在涂层底部。这是因为

在激光熔覆过程中，激光束与输送的粉末汇聚在基体表面，激光能量将粉末和部分基体加热熔化形成熔池，WC 颗粒在熔池中易分解，分解产生的碳元素与熔池中的氧反应形成 CO 或 CO_2。当激光移开后，熔池通过基体自激冷却实现快速凝固，凝固过程中未能及时逸出的气体便残留在涂层中形成气孔。图 2-72a 中箭头所指为气体逃出熔体过程中形成的通道。对于未完全溶解的 WC 颗粒，由于其密度较 45 钢的密度大，易沉于熔池中，底部偏聚的 WC 不仅难以对涂层表面起到保护作用，而且易造成应力集中，增加涂层开裂倾向。

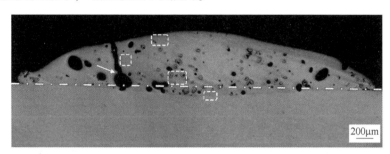

a)

b)

图 2-72　激光熔覆与超音速激光沉积复合涂层截面形貌

a）激光熔覆复合涂层　b）超音速激光沉积复合涂层

经图像分析软件测量，激光熔覆涂层中剩余 WC 含量远低于原始粉末中 WC 含量，这表明大量 WC 颗粒分解熔入涂层中。在超音速激光沉积过程中，颗粒飞行速度和激光扫描速度高，大大缩短了 WC 颗粒与激光相互作用的时间，同时将激光加热温度设定为材料熔点的 30% ~ 80%，热输入低，这都保证了颗粒在沉积过程中保持固态，从而避免了 WC 颗粒的分解和溶解及气孔的产生。经图像分析软件测得，超音速激光沉积涂层中的 WC 含量远高于激光熔覆涂层中的 WC 含量。

（2）复合涂层的显微组织　图 2-73 所示为超音速激光沉积复合涂层显微组织 SEM 形貌图及 W 元素分布。超音速激光沉积复合涂层由固态颗粒碰撞变形堆叠而成，呈现固态沉积特征。复合涂层中 Stellite 6 颗粒的变形行为与超音速激光沉积 Stellite 6 涂层中颗粒的变形行为类似，冷硬的 Stellite 6 颗粒嵌入经激光软化的已沉积 Stellite 6 黏结相中（图2-73a 中箭头所指）或撞击到 WC 颗粒偏聚区，通过挤压 WC 颗粒相对流动及嵌入软化的 Stellite 6 颗粒中实现有效沉积。而 WC 颗粒多通过嵌入黏结相 Stellite 6 实现沉积。

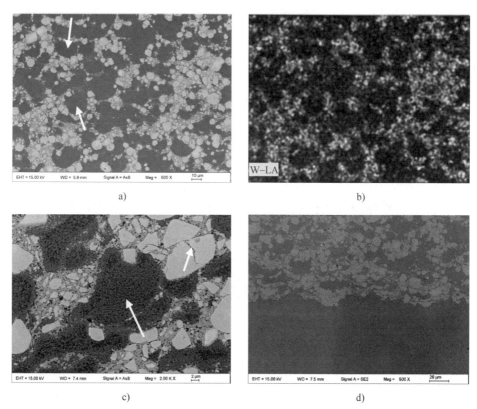

a) b)

c) d)

图 2-73　超音速激光沉积复合涂层显微组织 SEM 形貌图及 W 元素分布
a）涂层组织　b）W 元素分布　c）涂层局部　d）涂层与基体界面

　　图 2-73b 所示为图 2-73a 所示的 W 元素 EDS 面扫描结果，在 Stellite 6 颗粒区域为黑色说明黏结相中无 W 元素，图 2-73c 中箭头所指为超音速激光沉积涂层中 Stellite 6 颗粒内部结构，经腐蚀后 Stellite 6 颗粒内部呈现细小的枝晶结构，这与 Stellite 6 原始粉末内部结构一致，表明超音速激光沉积过程中，激光能量输入量精确控制在仅软化沉积区域而不过度熔化颗粒的程度，保留了颗粒原始内部组织结构，保持冷喷涂固态沉积的优势。图 2-73d 所示为复合涂层与基体界面，超音速激光沉积复合涂层与基体间呈现机械咬合结合状态，界面无熔化现象，界面处存在大量的 WC 颗粒，WC 颗粒撞击激光辐照软化的基体表面嵌入其中，形成界面起伏，增加涂层与基体的接触面积，使涂层与基体界面结合紧密。

　　（3）复合涂层的物相成分　图 2-74 所示为超音速激光沉积复合涂层扫描电镜背散射照片，对图中方框区域进行能谱测量，测试位置 1 选在 WC 颗粒中心区域，该区域在背散射图中最亮，测试位置 2 选在同一 WC 颗粒的亮度较暗的边缘区域，测试位置 3 位于白亮 WC 颗粒间区域，测量结果见表 2-8。在 WC 颗粒中心区域未检测到 Co、Cr 元素，存在的元素为 W、C，且其原子比与 WC 相接近。在 WC 颗粒边缘，测试结果显示 W 元素含量下降，并出现 Cr、Co 元素，暗示颗粒边缘 W 元素向外扩散，同时存在于黏结相中的 Co、Cr 向 WC 颗粒内扩散，但元素扩散量不大。在 WC 颗粒间，测试结果显示在 Co、Cr 元素含量增加的同时 W、C 元素含量降低，在该区域内存在着 WC 颗粒碰撞摩擦产生的碎屑，该区域可能是 Stellite 6 颗粒黏结相表面粘满碎屑的区域，测量到大量的 Co、Cr 元素极有可能是碎屑缝隙中 Stellite 6 颗粒黏结相中元素的表征。

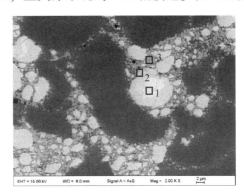

图 2-74　超音速激光沉积复合涂层扫描电镜背散射照片

表 2-8　超音速激光沉积 WC-30 复合涂层能谱分析结果（摩尔分数）

位　置	元　素			
	W	C	Cr	Co
1	55.95%	44.05%	—	—
2	33.79%	61.53%	1.89%	2.79%
3	15.34%	33.14%	21.51%	30.01%

Stellite 6 粉末在 1250.7℃ 时开始熔化，制备涂层的激光沉积温度设定为 1270℃，同时颗粒高速撞击过程中因摩擦和剧烈塑性变形在局部区域产生的热量，使得 Stellite 6 颗粒表层部分区域温度大大高于 Stellite 6 粉末的开始熔化温度，Stellite 6 颗粒表层部分熔化，与 WC 颗粒接触后实现元素微米尺度的相互扩散渗透。但值得注意的是，在超音速激光沉积过程中激光扫描速度快，激光辐照能使颗粒表面温度瞬间提高，但颗粒沉积速度快，后续颗粒快速覆盖，使得激光对单个颗粒的能量输入有限，同时颗粒高速撞击过程中因摩擦和剧烈塑性变形产生的热量仅仅处于颗粒表层，因此颗粒内部的温度仍然低于熔化温度，元素扩散仅仅处于颗粒表面微米尺度范围内，涂层中黏结相能够保持原有颗粒内部组织结构。

图 2-75 所示为超音速激光沉积复合涂层及原始粉末的 XRD 图谱，由图可知，超音速激光沉积复合涂层的物相主要有面心立方的固溶体 Co、WC 和 $Cr_{23}C_6$ 相。对比超音速激光沉积复合涂层 XRD 图谱与原始粉末 XRD 图谱发现无新的物相被测出，未测出新的物相也从另一方面说明超音速激光沉积复合涂层中元素扩散形成

的物相的含量低。在超音速激光沉积过程中，Stellite 6 颗粒的熔化仅仅发生在颗粒表层，故元素扩散形成的物相含量有限。

（4）WC 粒径对复合涂层的影响　选择两种不同粒径尺寸的 WC 粉末，一种是平均粒径为 12.03μm 的小尺寸 WC 粉末，另一种是平均粒径为 32.48μm 的大尺寸 WC 颗粒，WC 与 Stellite 6 粉末按 WC 的体积分数为 30% 配比，进行超音速激光沉积。其结果如图 2-76 所示。

当沉积温度在 1210～1290℃ 范围内时，两种粒度 WC 复合涂层的沉积效率都随沉积温度的升高而升高，但小尺寸 WC 复合涂层沉积效率的增加趋势更显著，较大尺寸 WC 复合涂层的沉积效率提高了 75%～221%。小尺寸 WC 复合涂层中 WC 含量随沉积温度的升高呈上升趋势，质量分数范围为 33.6%～38.9%，而大

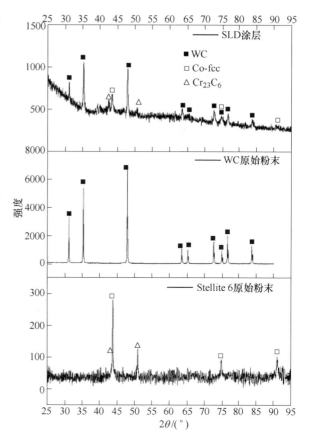

图 2-75　超音速激光沉积复合涂层及原始粉末的 XRD 图谱

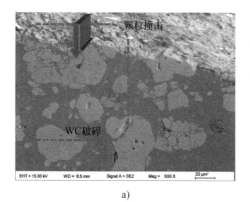

a)

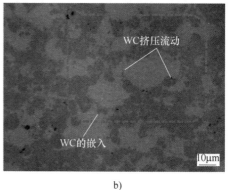

b)

图 2-76　超音速激光沉积中 WC 颗粒尺寸对 WC 破碎变形机制的影响

a）大尺寸 WC 颗粒破碎　b）小尺寸 WC 颗粒挤压移动变形

尺寸 WC 复合涂层中 WC 含量的变化趋势不明显，呈波动状态，质量分数范围为 27.8%～32.5%。大尺寸 WC 复合涂层中 WC 颗粒破碎情况严重，且 WC 分布不均匀，而小尺寸 WC 复合涂层中 WC 颗粒均匀分布于黏结相中，且破碎现象较少。对比以上两种粒度 WC 复合涂层可知，小尺寸 WC 复合涂层比大尺寸 WC 复合涂层在涂层沉积效率、WC 含量、分布及破碎情况等方面更具优势。

（5）WC 粉末配比对复合涂层的影响　在超音速激光沉积过程中，WC 含量不同的沉积粉末的沉积行为不同，当沉积温度在 1210～1290℃ 范围内时，不同 WC 粉末含量制备的 WC 复合涂层的峰值高度均随沉积温度的升高而升高，但不同 WC 粉末含量制备的复合涂层的峰值高度差异小，WC 粉末含量对涂层峰值高度的影响小。WC 粉末含量增加将改变涂层中 WC 的分布特征，随着 WC 粉末含量由 10%（体积分数，下同）增加到 30%，复合涂层中 WC 分布形态由均匀弥散分布逐渐转变为 WC 分布较为均匀，仅有少量 WC 聚集，当 WC 粉末含量高达 50% 时，复合涂层中 WC 偏聚严重，甚至出现分层现象；涂层中 WC 含量随着粉末中 WC 含量的增加而增加，在粉末中 WC 含量低于 30% 时，涂层中 WC 含量增量与粉末中强化相含量增量相当，而 WC 粉末含量进一步提升，涂层中 WC 含量的提升幅度比粉末中强化相含量的增幅低。综合考虑，粉末中 WC 含量过高时，虽然涂层中 WC 含量较高，但 WC 大量偏聚，甚至分层，使得涂层在不同区域存在极大的性能差异，而粉末中 WC 含量较低时，涂层中 WC 含量过少。

（6）复合涂层的性能评估

1）复合涂层硬度及断裂韧度评估。图 2-77 所示为超音速激光沉积复合涂层在 50kg 载荷下的典型维氏硬度压痕形貌。超音速激光沉积涂层中大载荷压痕周围无裂纹出现，这也进一步证实超音速激光沉积技术固态沉积保持了颗粒原始组织结构和韧度。在冷喷涂金属基复合涂层中，颗粒与颗粒界面通常被认为是涂层中结合最薄弱的地方，压痕所致裂纹通常沿着该界面扩展延伸。在现有维氏硬度计最

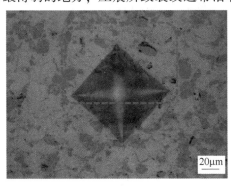
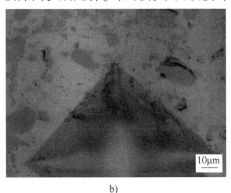

a)　　　　　　　　　　　　　　　b)

图 2-77　超音速激光沉积复合涂层在 50kg 载荷下的典型维氏硬度压痕形貌

a）超音速激光沉积复合涂层压痕　b）超音速激光沉积复合涂层压痕细节

大载荷情况下，超音速激光沉积涂层无裂纹出现，表明涂层内颗粒间，尤其是强化相与黏结相颗粒间结合牢固。超音速激光沉积涂层内颗粒间结合强度的改善得益于激光辐照对沉积区域的加热作用，这使得涂层中颗粒与颗粒间的结合机理由以冷喷涂的机械结合为主转变为机械结合与冶金结合共存。

2）复合涂层耐磨性评估。采用球盘式摩擦磨损试验仪测试激光熔覆和超音速激光沉积 WC/Stellite 6 复合涂层的常温摩擦磨损性能，摩擦副为 Si_3N_4 球，测试时间为 120min。图 2-78 所示为涂层测试过程中实时记录的涂层摩擦系数变化曲线，超音速激光沉积涂层和激光熔覆涂层的平均摩擦系数分别为 0.618、0.834。由图 2-78 可知，超音速激光沉积涂层的摩擦系数在开始阶段先升高到 0.724 后快速下降并稳定到 0.615，稳定后的曲线整体变化平稳、波动较小。与此相比，激光熔覆涂层的摩擦系数在开始阶段先升高到 0.708 后快速下跌，之后缓慢升高，且曲线波动较大。在激光熔覆涂层磨损试验中，摩擦系数的剧烈波动暗示在涂层磨损试验过程中出现频繁的材料剥离现象。

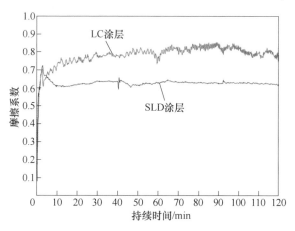

图 2-78 超音速激光沉积与激光熔覆复合涂层摩擦系数随时间变化的曲线

图 2-79 所示为超音速激光沉积与激光熔覆 WC/Stellite 6 复合涂层磨痕形貌对比，由图可知，与超音速激光沉积复合涂层磨痕相比，激光熔覆复合涂层的磨痕更宽且更深。图 2-79a、c 所示的超音速激光沉积涂层表面弥散均匀分布着大量 WC 颗粒，磨痕两边稀疏与涂层表面差异不大，中间暗黑色区域磨损严重，由图 2-79c 可知，此处为涂层磨痕最深处。相比而言，激光熔覆复合涂层表面 WC 强化相很少且磨痕均匀，其磨痕较深，如图 2-79b、d 所示。对比图 2-79c、d 所示非磨痕涂层表面形貌可知，超音速激光沉积复合涂层的表面更为粗糙，这是因为在制样过程中，由于超音速激光沉积涂层中 WC 含量高且分布均匀，在试样表面抛光过程中，WC 颗粒间 Stellite 6 黏结相被去除而突出 WC 强化相，这些突出的 WC 强化相在摩擦磨损试验中与磨球表面接触，受到磨损。

测量两涂层磨痕截面轮廓，测得结果如图 2-80a 所示。超音速激光沉积与激光熔覆复合涂层磨痕宽度分别为 411.9μm 与 641.8μm，磨痕最大深度分别为 3.94μm 与 22.6μm。对比发现，测量处激光熔覆涂层磨痕宽度约为超音速激光沉积涂层磨痕宽度的 1.56 倍，而其最大磨痕深度约为超音速激光沉积涂层的 5.73 倍。测量三处磨痕截面积获得磨痕平均截面积，将其与磨痕圆周长度相乘获得各涂层体积磨损量，其结果如图 2-80b 所示，超音速激光沉积涂层磨损体积为 0.0078mm³，而激光熔覆涂层磨损体积为 0.0628mm³，由此可知激光熔覆涂层的磨损体积是超音速激光沉积涂层的 8.05 倍。

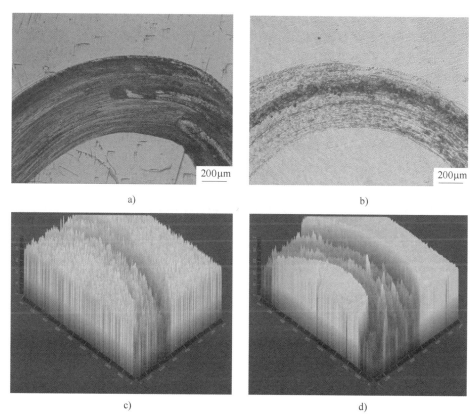

a)　　　　　　　　　　　　b)

c)　　　　　　　　　　　　d)

图 2-79　超音速激光沉积与激光熔覆 WC/Stellite 6 复合涂层磨痕形貌对比

a）超音速激光沉积涂层磨痕　b）激光熔覆涂层磨痕　c）超音速激光沉积涂层
磨痕三维图　d）激光熔覆涂层磨痕三维图

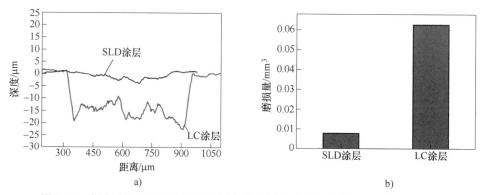

a)　　　　　　　　　　　　b)

图 2-80　超音速激光沉积与激光熔覆复合涂层磨痕截面轮廓及体积磨损量对比

a）涂层磨痕截面轮廓对比　b）涂层体积磨损量对比

图 2-81 所示为超音速激光沉积复合涂层磨损 SEM 形貌。其中图 2-81b、d 为图 2-81a 中方框区域的放大图，图 2-81c 为图 2-81b 中方框区域的放大图。超音速激光沉积涂层表面磨痕较浅，在放大倍数较低时甚至难以观察到磨痕两侧的破坏形貌，对该磨痕两侧放大观察发现涂层表面仅存在少量较浅的犁沟，虽然涂层中固态沉积的 WC 聚集在一起，但在该处均未发现 WC 剥落形成的凹坑。放大涂层磨损严重的区域发现此处犁沟较深，在图 2-81c 中箭头所指区域，WC 颗粒间黏结相被去除，弥散分布的小尺寸 WC 颗粒凸出形成 WC 骨架，与磨球接触，抵抗磨损，表明黏结相与强化相结合牢固。此外，涂层中无裂纹，这得益于超音速激光沉积中沉积颗粒仅在表层存在元素互渗，而不会改变颗粒内部结构与成分。这既能使黏结相颗粒结构、成分无差别地保留到涂层中，保证黏结相的韧性；又能在增强相与黏结相界面实现扩散冶金结合，提高黏结相与强化相的结合强度，增强黏结相对强化相的把持能力。

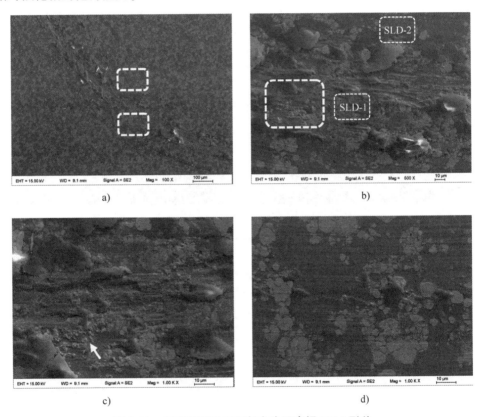

图 2-81 超音速激光沉积复合涂层磨损 SEM 形貌

a) 涂层磨痕形貌　b)、c)、d) 涂层磨痕形貌细节

3) 复合涂层三点弯曲性能评估。采用协强 CTM8050 型微机控制电子万能材料试验机对涂层与基体进行三点弯曲测试，测试示意图如图 2-82 所示。激光熔覆与

超音速激光沉积复合涂层三点弯曲载荷随位移的变化曲线如图 2-83 所示，由图可知，超音速激光沉积复合涂层三点弯曲测试中最大载荷为 38.9N，是激光熔覆复合涂层最大载荷的 77%（50.4N），与完全熔化冶金制备的激光熔覆复合涂层相比，固态沉积制备的超音速激光沉积复合涂层在激光照射的作用下强化了颗粒间结合，使得涂层断裂强度接近激光熔覆试样。在超音速激光沉积复合涂层中，载荷下降平缓，表明裂纹产生后在涂层中扩展较为缓慢。这进一步说明激光熔覆过程中，WC 溶解于黏结相中，大量碳化物以枝晶间共晶体的形式析出，并广泛分布于黏结相基体中，导致黏结相韧性降低，抵抗裂纹扩展的能力不足，涂层在三点弯曲过程中快速脆断。

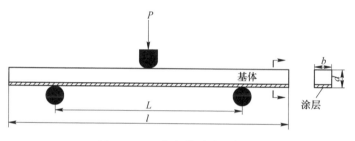

图 2-82　三点弯曲测试示意图

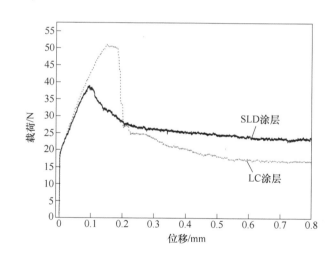

图 2-83　激光熔覆与超音速激光沉积复合涂层三点弯曲载荷随位移的变化曲线

图 2-84 所示为超音速激光沉积复合涂层断面 SEM 形貌，整个断口粗糙不平，且无 WC 强化相整体剥落形成的凹坑，仅观察到少量的 Stellite 6 颗粒的球形形貌，如图 2-84a 中箭头所指。

由图 2-84b 所示的断口细节可知，超音速激光沉积涂层断口中可分辨出 WC 强

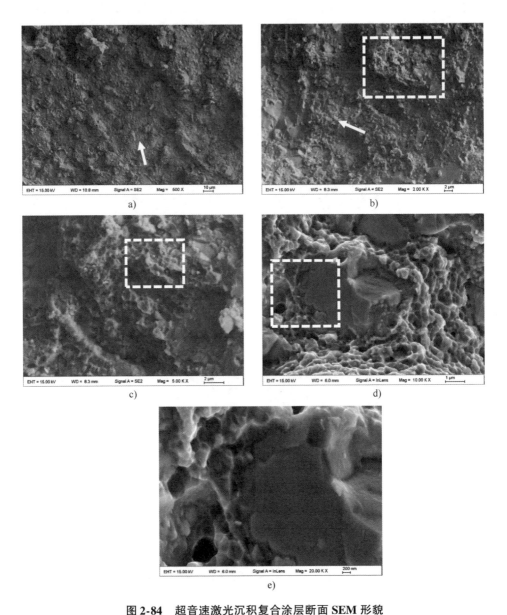

图 2-84　超音速激光沉积复合涂层断面 SEM 形貌

a）断面整体　b）断面局部　c）断面韧窝形貌　d）断面中强化相形貌

e）断面中强化相与黏结相界面形貌

化相区域和 Stellite 6 黏结相区域，两区域具有截然不同的断口形貌。在强化相区域，由于 WC 硬度高、脆性大，该区域呈典型的脆性解理断面。而在黏结相区域表面分布大量微小韧窝，如图 2-84c 所示，表明该区域经历了塑性变形过程，呈现韧性断裂特征。值得注意的是，通常在冷喷涂涂层中颗粒间结合以机械结合为主，结合强度弱，在断裂过程中，裂纹沿着颗粒间弱结合界面扩展形成断口。而在超音速激光沉积涂层中断裂形貌多为布满韧窝的平整形貌，表明裂纹的扩展不再沿着颗粒界面而是穿过颗粒。这得益于超音速激光沉积中激光辐照使得 Stellite 6 颗粒表层部分区域温度高于 Stellite 6 粉末的熔化温度，颗粒间存在微米尺度的元素互渗，提高了黏结相对强化相的黏合能力。

图 2-84d、e 所示分别为断口中 WC 强化相及 Stellite 6 强化相与黏结相界面形貌。由图 2-84e 可知，界面处无裂纹产生，界面结合牢固，且与激光熔覆涂层断口相比，无解理脆断的过渡层存在。对比两涂层强化相周边区域的断口形貌可知，与激光熔覆涂层中强化相周围黏结相区域的解理脆断的平滑断口形貌不同，在超音速激光沉积复合涂层中与强化相颗粒相邻的黏结相断口仍布满韧窝，呈现韧性断裂特征。这证明了与激光熔覆中的 WC 强化相周围脆性结合层不同，超音速激光沉积涂层中强化相和黏结相仅仅在界面处存在微米尺度的元素互渗，而在各颗粒内部仍然保留原始颗粒的组织结构。这种界面处元素微量互渗，既巩固了黏结相对强化相的黏合能力，又不会改变黏结相的组织结构和性能。

2.3.6　镍材料沉积

1. 超音速激光沉积 Ni60 涂层

镍基自熔性合金粉末 Ni60 是使用最广泛的 Ni-Cr-B-Si 合金之一，常用于传统的激光熔覆和热喷涂。在 Ni 基自熔合金中添加 Si、B、Cr 等元素能有效将其熔点降至 1050~1080℃，并将合金的硬度提升到 58~62 HRC（647~734HV）。Ni60 涂层具有优良的耐磨性、耐蚀性和抗高温氧化性。通常用以下沉积技术制备 Ni60 涂层：火焰喷涂、电弧喷涂、等离子喷涂、激光熔覆等。通过以上热喷涂工艺制备的 Ni60 涂层具有氧化严重、孔隙率高、组织分布不均匀、结合力差、沉积效率低等问题。冷喷涂是利用低温超音速气体加速金属粉末，使其冲击在合适的基体上塑性变形以形成涂层。目前，冷喷涂主要用于沉积相对柔软、热敏和氧化敏感材料，难以沉积高硬度颗粒。超音速激光沉积技术在冷喷涂的基础上引入激光辅助，克服了冷喷涂难以沉积高硬度颗粒的困难，同时弥补了冷喷涂在沉积效率、致密度和结合强度等方面的不足，可制备相对高性能的 Ni60 涂层。

（1）涂层的宏观形貌　利用超音速激光沉积技术，在 45 钢上制备了不同沉积温度下的 Ni60 涂层，并利用扫描电子显微镜（SEM）对不同沉积温度下制备的 Ni60 涂层的表面形貌进行了分析，结果如图 2-85 所示，左侧图为表面宏观形貌，右侧图为表面微观形貌。由图 2-85a、b 可知，在 960~980℃的沉积温度下，涂层表面出现了数量较多的球形凹坑，并有明显的起伏，这表明在该沉积温度下，Ni60 颗粒已开始软化，塑性变形能力得到提高，颗粒间的相互碰撞产生了球形凹坑。随着沉积温度的提高，涂层表面的球形凹坑没有明显减少，但是表面的起伏现象得到了改善，如图 2-85c、d 所示。随着沉积温度的进一步提高，当达到 1040℃时，涂层表面的球形凹坑和起伏明显减少，如图 2-85e 所示。随着沉积温度的提高，激光不仅能有效地软化 Ni60 颗粒，还能减少涂层表面的球形凹坑和起伏，起到改善涂层表面形貌的作用。

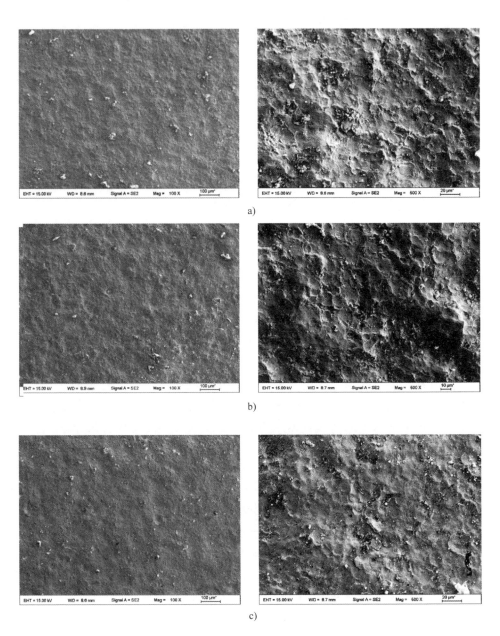

图 2-85 不同沉积温度下制备的 Ni60 涂层表面的 SEM 形貌

a）960℃ b）980℃ c）1000℃

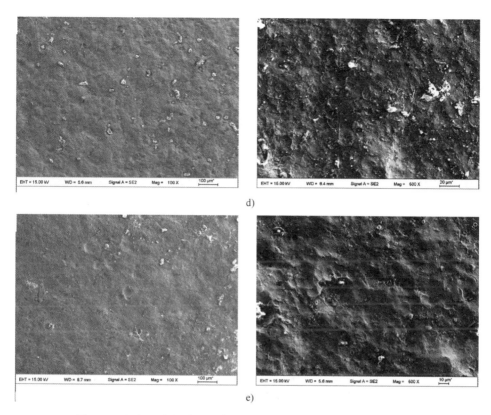

图 2-85　不同沉积温度下制备的 Ni60 涂层表面的 SEM 形貌（续）

d）1020℃　e）1040℃

进一步利用超景深三维显微镜测试了在 960~1040℃制备的 5 个涂层的表面粗糙度，依次为 Ra46.36μm、Ra41.65μm、Ra37.47μm、Ra33.24μm、Ra29.51μm，如图 2-86 所示。结果表明，随着沉积温度的升高，涂层的表面粗糙度值逐渐降低，进一步证明了超音速激光沉积技术不仅能实现 Ni60 颗粒的沉积，还能改变涂层的表面形貌。

（2）沉积效率　在冷喷涂试验中，喷涂粉末的颗粒尺寸在 10~50μm 之间，尺寸不一的颗粒在冷喷涂喷管中的加速效果不同，因此在碰撞基体之前具有不同的撞击速度，只有超过临界沉积速度的颗粒才能有效沉积形成涂层。在超音速激光沉积过程中，激光加热软化颗粒改变其塑性变形能力，降低其临界沉积速度，从而增加能有效沉积的颗粒的比例，最终实现涂层沉积效率的提高。如图 2-87 所示，当激光加热温度为 960℃、980℃、1000℃、1020℃、1040℃时，涂层平均厚度分别为 141μm、249μm、377μm、386μm、467μm，可见随着温度的升高，厚度也在增加。当激光加热温度为 960℃时，Ni60 颗粒虽然得到了一定软化，但只有那些尺寸较小的颗粒（其撞击速度超过了临界沉积速度）实现了有效沉积。当激光加热

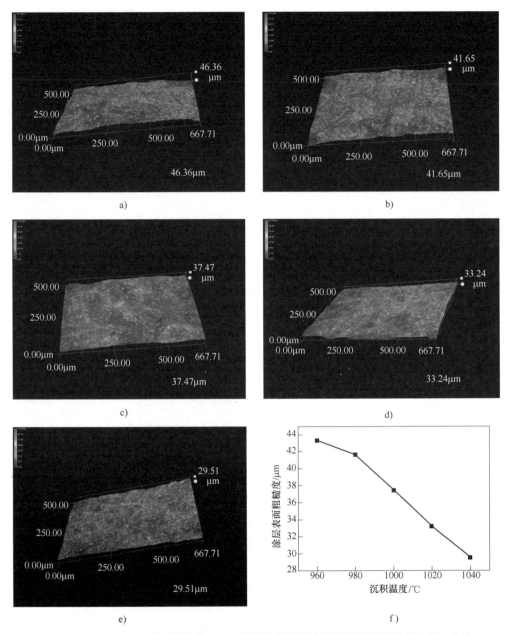

图 2-86 不同沉积温度下制备的 Ni60 涂层的表面粗糙度及其随沉积温度的变化曲线

a) 960℃ b) 980℃ c) 1000℃ d) 1020℃ e) 1040℃

f) 表面粗糙度随沉积温度的变化曲线

温度升至 980℃时，Ni60 颗粒得到了进一步软化，其临界沉积速度继续降低，因此有更多颗粒（小尺寸颗粒及一部分大尺寸颗粒）的撞击速度超过了临界沉积速度，实现了有效沉积，表现为涂层厚度的增加。当激光加热温度继续升高时，这种效果越来越显著。特别是激光加热温度为1040℃时，沉积温度接近 Ni60 合金的熔点，激光对颗粒的软化效果更显著，绝大部分颗粒更易发生绝热剪切失稳而沉积，加之少量直径较小的 Ni60 颗粒表面微熔，两者的共同作用进一步导致涂层厚度突增。

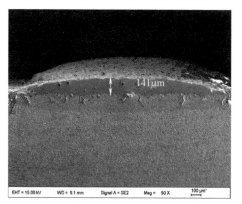 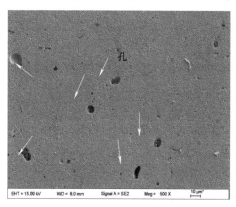

a)

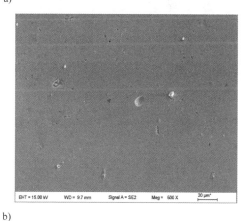

b)

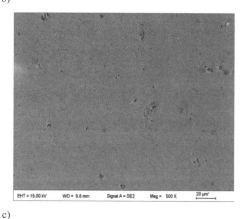

c)

图 2-87　不同沉积温度下制备的 Ni60 涂层截面宏观形貌和显微组织特征

a) 960℃　b) 980℃　c) 1000℃

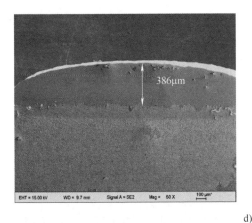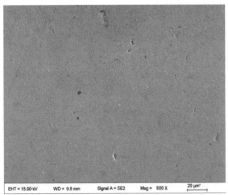

d)

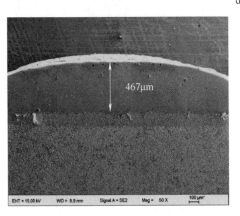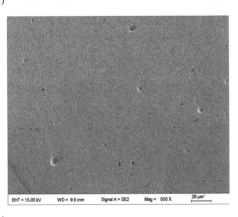

e)

图 2-87 不同沉积温度下制备的 Ni60 涂层截面宏观形貌和显微组织特征（续）

d）1020℃ e）1040℃

（3）涂层的物相成分 XRD 图谱（图 2-88）显示 SLD Ni60 涂层主要由 γ-Ni、$FeNi_n$、Cr_mC_n、Cr_3B、Ni_3Si_2 相组成，其中 Cr_mC_n 和 Cr_3B 为镍基自熔性合金的主要强化相，LC Ni60 涂层中的相组成不同于 SLD Ni60，出现了新相 Fe_5C_2。SLD Ni60 涂层中相组成和衍射峰特征与 Ni60 粉末一致。对比分析结果进一步证明了超音速激光沉积技术保留了冷喷涂技固态沉积的特点，激光的引入仅仅起到软化颗粒和基体的作用而不会改变颗粒的物相。

（4）涂层的性能评估

1）涂层的显微硬度。如图 2-89 所示，SLD Ni60 涂层的显微硬度变化较小，分布均匀，涂层硬度和基体硬度在结合界面处有突变，而 LC Ni60 涂层的显微硬度明显低于 SLD Ni60 涂层，且显微硬度从表面到基体呈梯度下降的趋势，结合界面处的显微硬度呈逐步下降趋势，这与基体的稀释造成的成分过渡有关。显微硬度从结合界面（BZ）到基体方向的变化趋势也表明 SLD 沉积过程热影响区较 LC 小。

SLD Ni60 涂层硬度高的原因是涂层不受基体的稀释影响，保持原有 Ni60 组织特性，涂层中有更多 Cr_3B、Cr_mC_n 弥散地分布在 γ-Ni 固溶体中。

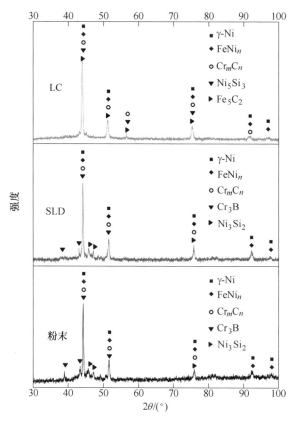

图 2-88　Ni60 粉末、SLD Ni60 涂层和 LC Ni60 涂层的 XRD 对比图谱

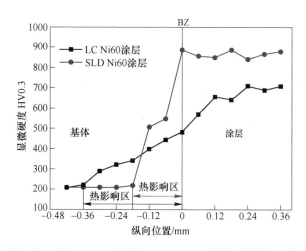

图 2-89　SLD Ni60 涂层和 LC Ni60 涂层的显微硬度对比

2）涂层的耐磨性。图 2-90 所示为 SLD Ni60 涂层和 LC Ni60 涂层摩擦系数随时间的变化曲线，从图中可以看出，SLD Ni60 试样的摩擦系数比 LC Ni60 试样小得多且更稳定。滑动 60min 后，SLD Ni60 试样的平均摩擦系数约为 0.68，而 LC Ni60 试样的平均摩擦系数为 0.82。两个涂层试样的磨损体积和最大磨痕深度见表 2-9，显然 SLD Ni60 试样的磨损体积仅为 LC Ni60 试样的一半，且最大磨痕深度也较 LC Ni60 小。这表明 SLD Ni60 涂层有更好的耐磨性。

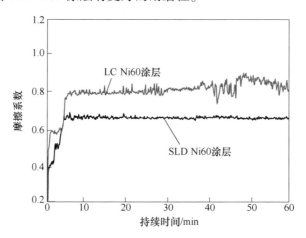

图 2-90 SLD Ni60 涂层和 LC Ni60 涂层摩擦系数随时间的变化曲线

表 2-9 SLD Ni60 涂层和 LC Ni60 涂层的摩擦磨损测试结果

涂 层 类 型	磨损体积/mm³	最大磨痕深度/μm
SLD Ni60 涂层	0.46 ± 0.06	21.3 ± 3.1
LC Ni60 涂层	0.98 ± 0.08	30.6 ± 2.8

对两种涂层样本的磨痕表面进行 SEM 观察，并对涂层中的不同区域进行 EDS 探测，如图 2-91 所示。图 2-91a~d 所示分别为两个涂层样本磨痕表面形貌的低倍和高倍图片，从低倍磨痕图 2-91a、b 可以看出，SLD Ni60 样本磨痕宽度较 LC Ni60 样本窄，且磨痕表面较平滑；而 LC Ni60 样本磨痕表面起伏较大，且磨痕表面残留大量的深色黏附物。从高倍磨痕图 2-91c、d 可以看出，SLD Ni60 涂层的磨痕细小，而 LC Ni60 表面磨痕以较深的犁沟特征和挤压塑性变形特征为主。分析以上结果可知，SLD Ni60 涂层的磨损以磨粒磨损为主，而 LC Ni60 涂层的磨损为磨粒磨损和黏着磨损。对图 2-91a、b 所示涂层不同区域进行 EDS 分析，发现深色区域 2 和 4 中含有 Ni、Cr、Fe、Si、C 和 O 元素，而在浅色区域 1 和 3 中未检测出 O 元素，且区域 2 和 4 的 O 含量很高，因此我们认为 LC Ni60 样本在磨损过程中发生了严重的氧化。图 2-91 也表明 LC Ni60 样本的摩擦系数较高，会产生更多的热量，从而导致磨损过程所产生的磨屑在磨损热的作用下发生氧化，并黏附在磨痕表面。EDS 结

果也显示 SLD Ni60 样本中的 Fe 元素含量明显低于 LC Ni60 样本，LC Ni60 涂层制备过程发生基体的稀释会导致涂层中 Fe 含量的升高，结合磨损分析结果，Fe 含量的升高也会进一步降低涂层的抗氧化性能，进而降低涂层的耐磨性。

3）涂层的耐蚀性。电化学腐蚀是指有电解质溶液接触的腐蚀，其特征是金属

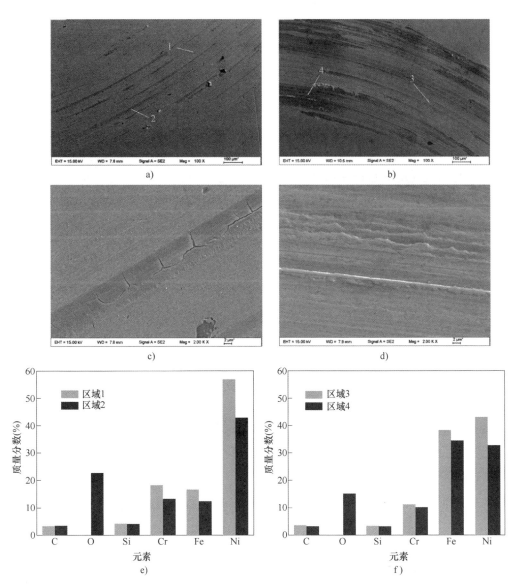

图 2-91　磨痕表面 SEM 图及磨痕表面深色区域、浅色区域 EDS 元素含量分析

a）SLD Ni60 样本磨痕低倍图　b）LC Ni60 样本磨痕低倍图　c）SLD Ni60 样本磨痕高倍图　d）LC Ni60 样本磨痕高倍图　e）SLD Ni60 样本 EDS 数据分析　f）LC Ni60 样本 EDS 数据分析

原子在阳极区失去电子，腐蚀介质的分子在阴极得到电子，并且伴有电流产生。金属电化学腐蚀的实质就是在浸入电解质溶液的金属表面上形成了腐蚀原电池。

从 SLD Ni60 和 LC Ni60 样本电化学腐蚀的极化曲线（图 2-92）可以看出，两个样本在腐蚀动力学上有一些不同，SLD Ni60 样本的阳极曲线具有较大的斜率且

钝化区较小，LC Ni60 样本的阳极曲线斜率与 SLD 样本相似但钝化区较大，SLD 钝化膜比 LC 钝化膜更容易修复。SLD Ni60 样本的腐蚀电位（$E_{corr} = -0.78V \pm 0.016V$）比 LC Ni60 样本高，而腐蚀电流密度（$i_{corr} = 2.049A \cdot cm^{-2} \pm 0.04 \times 10^{-5}A \cdot cm^{-2}$）比 LC Ni60 样本小，极化阻抗（$R_p = 1115 \pm 22.1$）比 LC Ni60 样本大，LC Ni60 样本表现出更强烈的腐蚀行为，这也暗示在 $1mol \cdot L^{-1}$ 的 H_2SO_4 溶液中，SLD Ni60 样本的腐蚀动力比 LC Ni60 样本弱，具有较好的耐蚀性。

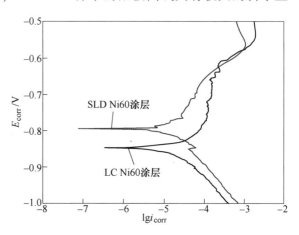

图 2-92　SLD Ni60 涂层和 LC Ni60 涂层在 $1mol \cdot L^{-1}$ H_2SO_4 溶液中的极化曲线

（5）涂层的沉积机理

1）涂层颗粒界面熔化机制。冷喷涂研究中，颗粒和基体在沉积过程中均发生剧烈塑性变形，塑性能转化为热能导致绝热升温，可能使结合界面达到熔点而发生熔化现象。李长久等在 Zn 涂层中观察到熔化现象，经过理论分析证明了颗粒结合界面发生熔化的可能性，只有低熔点材料才会在结合界面的局部区域发生熔化现象。涂层中出现的中间相也证明了界面熔化的发生，Wank 等采用冷喷涂技术在 AZ91 镁合金基体上制备了 Zn 涂层，通过透射电镜观察发现涂层与基体的结合界面存在亚微米或者纳米级中间相 $MgZn_2$、$Mg_5Zn_2Al_2$ 等，这是由结合界面碰撞升温熔化生成的。以上分析表明低熔点合金在冷喷涂过程中界面会发生熔化，超音速激光沉积 Ni60 合金的过程中，激光辐照的引入再加上 Ni60 本身是镍基自熔性合金，熔点较低（1020 ~ 1050℃），这些都为 Ni60 涂层颗粒界面熔化提供了条件。从图 2-93a 可观察到涂层中 Ni60 颗粒固态沉积的组织特征，颗粒结合界面清晰。然而，涂层中部的 Ni60 颗粒没有结合界面，颗粒间组织相互熔合，呈现粗大特征，越靠近结合界面的组织越粗大。对粗大组织进行 EDS 元素测试分析，结果如图 2-93b 所示，图中未被腐蚀的白色区域 A 的 C、Si、Cr 元素含量高于腐蚀区域 B，Fe、Ni 元素含量低于区域 B。这证明超音速激光沉积技术能够在不改变颗粒组织的前提下实现颗粒的固态沉积。

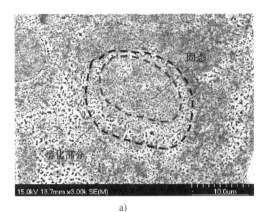 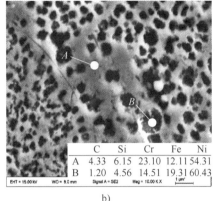

	C	Si	Cr	Fe	Ni
A	4.33	6.15	23.10	12.11	54.31
B	1.20	4.56	14.51	19.31	60.43

a)　　　　　　　　　　　　　　b)

图 2-93　SLD Ni60 涂层显微组织特征

a）沉积组织形态　b）界面熔化组织 EDS 分析

2）涂层颗粒沉积变形机制。虽然使用超音速激光沉积技术实现了高硬度合金 Ni60 颗粒的有效沉积，但目前还不清楚 Ni60 颗粒在激光辐射辅助下的沉积变形机制。通过对 SLD Ni60 涂层截面显微组织进行分析，已知 Ni60 颗粒塑性变形的固态沉积特性，结合界面发生熔化。图 2-94 所示为 SLD Ni60 涂层的表面腐蚀形貌特征，由于 SLD 是固态沉积，沉积涂层不发生冶金反应，低倍腐蚀形貌表现出韧窝状特征，类似于表面喷丸形貌，表面残留未腐蚀的 Ni60 颗粒，而涂层内部腐蚀形貌中的球形凹坑表明沉积过程中颗粒的冲击特征，高倍腐蚀形貌显微特征也表明涂层中存在孔隙，颗粒间存在结合界面，残留的颗粒形貌表明沉积过程中颗粒发生形变。

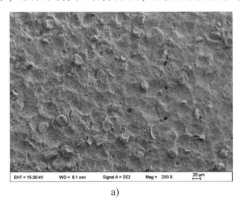 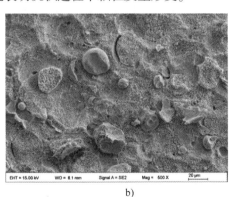

a)　　　　　　　　　　　　　　b)

图 2-94　SLD Ni60 涂层的表面腐蚀形貌特征

a）SLD Ni60 涂层低倍腐蚀形貌　b）SLD Ni60 涂层高倍腐蚀形貌

3）涂层/基体的结合机理。超音速激光沉积 Ni60 涂层与基体结合情况良好，涂层与基体结合界面处有明显的塑性流变引起的颗粒与基体结合界面发生的材料相互机械混合现象，如图 2-95 所示。涂层与基体结合部位有明显的卷曲和漩涡状塑性流变特征，这与 Grujicic 等提出的微米尺度的机械结合是冷喷涂涂层主要形成机制的研究结论相一致，他们结合数值模拟结果，认为颗粒与基体及颗粒之间的界面会发生材料相互混合的现象，界面材料混合示意图如图 2-95a 所示。SLD Ni60 涂层与基体间塑性流变的发生主要是由于 Ni60 颗粒和基体材料在激光加热作用下得到有效软化，材料剧烈变形，Ni60 颗粒高速碰撞基体过程中，接触应力极高，在这种极端高压和高应力作用下，加上激光加热效应，两者的界面材料易发生绝热剪切失稳，材料像黏性流体一样发生流变变形。在流变过程中，界面材料流变速度不一致，从而引起 Kelvin-Helm-holtz 效应，产生如图 2-95b、c 所示的亚微米尺度卷曲和漩涡，材料混合互锁，从而形成良好的界面结合。

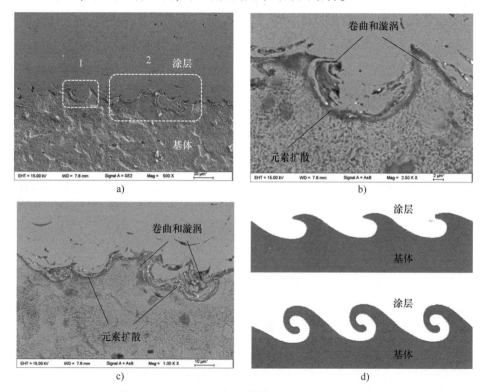

图 2-95　SLD Ni60 涂层/基体界面结合机制分析

a）涂层/基体结合界面　b）界面区域 1 塑性卷曲　c）界面区域 2 塑性卷曲　d）涂层/基体界面卷曲混合示意图

Ni60 颗粒在沉积过程中发生绝热剪切失稳现象，再加上激光辐射的影响，颗粒的结合界面发生熔化现象。对涂层/基体结合界面垂直方向进行 EDS 元素测试，结果显示 Fe、Ni、Cr 和 Si 元素在涂层与基体结合界面处呈现渐变现象，表明涂层与基体结合界面存在由冶金结合引起的元素扩散，证明了涂层与基体的结合为机械结合和冶金结合共存。

▶▶ **2. 超音速激光沉积金刚石/Ni60 复合涂层**

与许多材料相比，金刚石具有较高的热导率、较低的摩擦系数和较高的耐磨性，使其成为耐磨应用的理想材料。然而，金刚石工具非常昂贵，在诸如研磨和精加工工具中应用还存在困难和挑战。金刚石砂轮中的金刚石磨料嵌入轮子周边的金属或聚合物基质中，在研磨过程中，如果黏合材料的强度不足以固定金刚石，金刚石将从基体上脱落，黏合层将与工件直接接触。目前，制备金刚石涂层的最大挑战是在高温和氧化开放环境下金刚石将转化为石墨。激光熔覆技术也常用于生产金刚石和金属基质的复合涂层，但激光熔覆过程中金刚石的烧蚀和石墨化现象严重。冷喷涂的低温固态沉积特征为金刚石涂层的制备提供了新思路，但冷喷涂受限于材料硬度，只能沉积相对柔软的材料。超音速激光沉积技术可以制备高硬度 Ni60 合金涂层，因为镍基合金与金刚石有良好的润湿性，可以采用 Ni60 合金作为金刚石的黏结相来制备金刚石/Ni60 复合涂层，Ni60 涂层本身就有良好的耐磨性，由于金刚石的加入可使涂层的耐磨性得到进一步提升。

（1）复合涂层的宏观形貌　在超音速激光沉积过程中，激光能量束与喷管成 30°角，喷管垂直于基体喷射出沉积颗粒，激光同步向沉积区域辐射以软化颗粒和基体，这就造成沉积区域激光能量分布不均匀。激光照射侧温度相对更高，粉末颗粒软化更充分，沉积颗粒数量更多，因此沉积效率相对更高，进一步造成涂层单侧突起的现象。图 2-96 所示为不同沉积温度下金刚石/Ni60 复合涂层的截面形

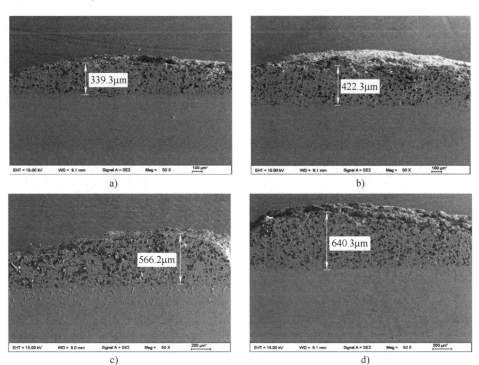

图 2-96　不同沉积温度下金刚石/Ni60 复合涂层的截面形貌

a）900℃　b）920℃　c）940℃　d）960℃

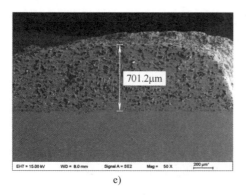
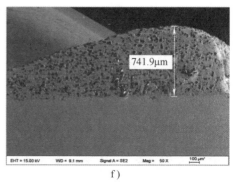

e)   f)

图2-96　不同沉积温度下金刚石/Ni60复合涂层的截面形貌（续）

e) 980℃　f) 1000℃

貌，从图中可以看出，复合涂层的厚度随着沉积温度的升高而增加，当沉积温度超过940℃时，复合涂层呈现明显的突起现象，温度越高突起现象越明显。

（2）复合涂层的显微组织　在SLD制备金刚石/Ni60复合涂层中，金刚石颗粒均匀分布在Ni60基材中，如图2-97所示。涂层和基体之间的黏合非常紧密，黏合机制主要是机械结合。金刚石颗粒牢固地嵌入Ni60基材中。复合涂层中的大多数金刚石颗粒被完全保留，这可能是由于通过激光加热软化的Ni60颗粒对金刚石颗粒有包裹作用。

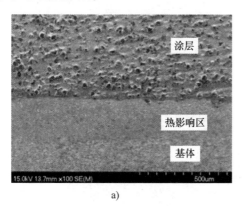
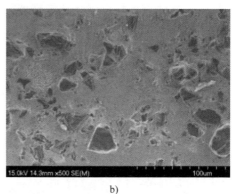

a)   b)

图2-97　SLD制备金刚石/Ni60复合涂层截面显微组织特征

a) 结合区域　b) 涂层中金刚石颗粒分布

（3）复合涂层的物相成分　图2-98所示为金刚石/Ni60复合涂层和原始粉末的XRD分析对比结果，金刚石/Ni60复合涂层的相组成为金刚石、Ni、FeNi、Cr_mC_n、Ni_mSi_n，与原始粉末的相组成保持一致，这表明金刚石未石墨化，也进一步证明了超音速激光沉积保留了冷喷涂固态沉积的特征。

（4）复合涂层的耐磨性　摩擦学是研究相对运动的相互作用表面及有关理论和实践的科学，摩擦磨损也是材料失效的三种主要形式（磨损、腐蚀、断裂）之一，由于摩擦磨损发生在相互接触和有相对运动的固体表面之间，因此接触体表面状况、样本性能对摩擦磨损的研究十分重要。金刚石具有极高的硬度、高耐磨性、高热导率、低摩擦系数、切削刃锋利、抗黏性好等优点，是精密加工刀具、难加工材料刀具、磨具磨料的首选材料。选用金刚石颗粒作为强化材料，高硬度合金 Ni60 作为黏结材料，耐磨性优异的非金属材料和金属材料的复合，将显著提高复合材料的耐磨性。图 2-99 所示为 SLD Ni60 涂层与 SLD 金刚石/Ni60 涂层摩擦系数随时间的变化曲线，由图可知，SLD 金刚石/Ni60 复合涂层的摩擦系数远低于 SLD Ni60 涂层，此外，在复合涂层表面没有明显的划痕和材料损失造成的凹槽，也没

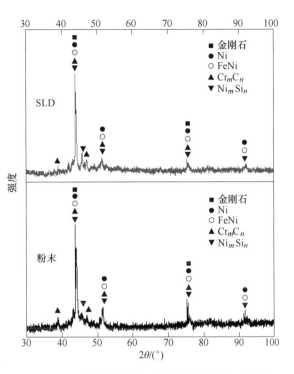

图 2-98 SLD 制备复合涂层与原始粉末相组成对比

有发生磨损现象。但对磨球发生了严重的磨损，其表面有明显的磨削痕迹，说明摩擦试验过程中镶嵌于涂层的不规则金刚石颗粒如无数锋利的切削刃，切削对磨副 Si_3N_4 陶瓷球，使对磨副发生了严重的磨损。在 SLD 沉积过程中，金刚石颗粒保持原有相结构，Ni60 合金作为金刚石颗粒的黏结相显著提高了金刚石颗粒在涂层

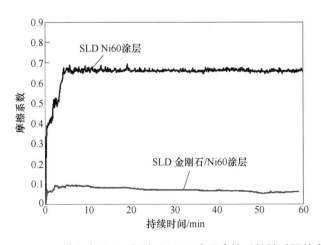

图 2-99 SLD Ni60 涂层与 SLD 金刚石/Ni60 涂层摩擦系数随时间的变化曲线

中的结合力，减少了超音速激光沉积复合涂层中硬质颗粒的脱落，使金刚石颗粒如无数锋利的切削刃牢固地镶嵌于涂层中，使涂层具有优良的抗磨削性能。

▶ 3. 超音速激光沉积 Ni60/Ni 复合涂层

Ni60 颗粒硬度较高，由于沉积过程中颗粒塑性变形不充分，涂层中存在一定的孔隙，高硬度涂层内应力的累积和涂层/基体间硬度存在差异易导致涂层产生裂纹。因此，考虑在复合粉末中添加 Ni 颗粒，一方面可以弥补 Ni60 颗粒的变形不足，提高涂层的致密性；另一方面软硬颗粒的搭配可以降低涂层的开裂敏感性，Ni 颗粒可以像海绵一样缓冲涂层内应力。

（1）复合涂层的显微组织　Ni60/Ni 复合涂层的厚度与 Ni60 涂层相比有所提高，因为低硬度 Ni 颗粒较 Ni60 颗粒容易沉积，既可以提高涂层的致密性，又可以作为黏结相提高 Ni60 颗粒的沉积效率。图 2-100a 所示为涂层截面宏观形貌，图 2-100b 所示为涂层/基体结合区，可以观察到大量 Ni 颗粒分布在涂层中，涂层与基体的交界处有 Ni 颗粒富集。如图 2-100c、d 所示，Ni 颗粒发生剧烈的塑性变形，填充在 Ni60 颗粒间，提高了涂层的致密性。Ni60 颗粒和 Ni 颗粒有明显的结合界面，前者的变形要小于后者。

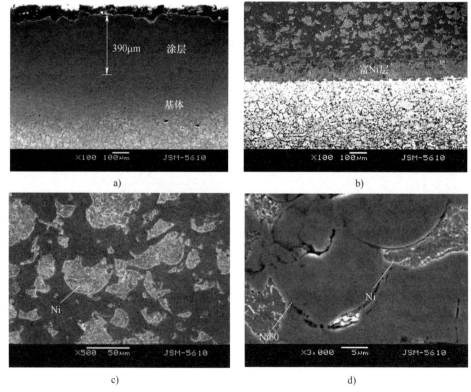

图 2-100　SLD Ni60/Ni 复合涂层显微组织形貌

a）涂层截面宏观形貌　b）涂层/基体结合区　c）涂层显微组织特征　d）涂层中颗粒变形特征

（2）Ni 富集层分析　研究表明，冷喷涂过程一般分为三个阶段：第一阶段为颗粒撞击基体表面，不发生沉积；第二阶段为颗粒与基体相结合；第三阶段为颗粒与已沉积涂层相互作用。Ni 颗粒的硬度低于 Ni60 颗粒，在初始撞击阶段，Ni 颗粒更容易发生塑性变形而沉积，因此在涂层与基体结合界面会先形成富含 Ni 的过渡层，过渡层的存在有利于提高涂层与基体的结合强度，提高涂层的抗冲击性，缓解高硬度涂层与基体因硬度差异而造成的开裂敏感性。

2.4　超音速激光沉积技术的工业应用

2.4.1　超音速激光沉积阀门密封表面改性

阀门是装备制造业的重要部件之一，也是流体输送系统中主要的控制部件，广泛应用于化工、石化、石油、造纸、采矿、电力、食品、制药、给排水、机械设备配套、电子工业、城建等领域，包括球阀、蝶阀、闸阀、截止阀、调节阀等多个种类。阀门的密封性能是阀门最重要的技术性能指标，阀门密封部位（如启闭件与阀座两密封面间的接触处、填料与阀杆和填料函的配合处、阀体与阀盖的连接处等）的物理、化学及力学性能直接决定着阀门的质量和性能。制备适应特定工况条件的表面涂层（如耐磨、耐蚀涂层等）是目前阀门改性的一个重要方面。

目前用得较多的表面耐磨、耐蚀涂层材料通常采用热喷涂、激光熔覆等方法来制备，但这些制备方法需要较高的热量将涂层材料或基体材料熔化，因此会导致涂层材料出现分解、氧化、相变、晶粒长大等不良现象。同时，较高的热输入还会使涂层和被处理工件的热影响区加大，容易导致涂层和工件变形开裂，特别是处理大面积薄工件时，工件变形翘曲的现象尤为严重。

镀硬铬法是另一种常用的提高材料表面硬度的涂层制备方法，虽然能够避免热喷涂、激光熔覆等方法在处理大面积薄工件时容易出现的热致不良影响，但涂层太薄，一般只有 0.05~0.15mm，且不适合表面比较复杂的工件。此外，镀铬工艺的环境污染问题较严重，大大限制了镀铬工艺的发展和应用。

冷喷涂是一种依靠固态颗粒高速碰撞基体后发生强烈塑性变形而沉积形成涂层的一种新型喷涂技术，避免了热喷涂、激光熔覆等高温制备过程中发生的成分组织变化及对被处理工件的不良热影响，同时冷喷涂还具有较高的沉积效率，所制备涂层的厚度可达 1mm 以上，远远高于镀硬铬法。但是目前冷喷涂主要用于制备塑性较好的涂层，如 Al、Cu、Ti 涂层等，难以制备高硬度耐磨涂层，特别是在大面积工件上沉积高强度材料涂层时，需要用价格高的氦气作为工作载气，生产成本较高。此外，冷喷涂涂层与基体的结合机制主要是机械结合，涂层/基体结合力较低，涂层容易剥落。超音速激光沉积结合了激光与冷喷涂的优势，已在蝶阀密封圈、闸阀阀板等关键部件的表面改性得到了应用，如图 2-101 和图 2-102 所示。经检测，表面改性层致密，无气孔和裂纹等缺陷，涂层与基体结合牢固，零件无变形。与以往的电镀、热喷涂工艺相比，该技术解决了涂层薄、变形大、易脱落等问题。对激光复合改性密封面阀门成品性能进行测试，改性处理后的阀门运行稳定，耐磨损、耐擦伤，启闭次数大大增加，阀门寿命显著提高。

a)   b)

图 2-101 超音速激光沉积蝶阀密封圈表面改性效果

a）未处理密封圈 b）沉积后密封圈

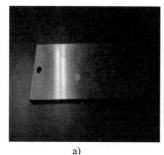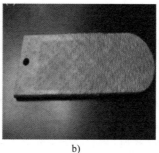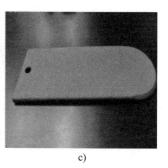

a)   b)   c)

图 2-102 超音速激光沉积技术制备大面积薄阀板表面改性效果

a）未处理阀板 b）Ni 基涂层 c）Fe 基复合涂层

▶▶ 2.4.2 超音速激光沉积叶片进气边表面改性

汽轮机末级叶片工作在湿蒸汽腐蚀介质环境下，同时承受极高的离心力、蒸汽作用力、激振力及水滴冲刷的共同作用，容易在进气边顶部及出气边根部产生水蚀。汽轮机末级叶片水蚀所形成的锯齿状毛刺会造成应力集中和减小叶型根部截面的面积，不仅使叶片气动性能下降，还容易在锯齿形的尖角处形成裂纹源直至叶片断裂，造成重大的安全事故及经济损失。因此，提高叶片性能以减少水蚀发生成为保证汽轮机运行可靠性的关键方法之一。

Stellite 6 合金由于具有良好的耐海水腐蚀性能，已被广泛应用于汽轮机叶片表面的抗气蚀涂层。传统的 Stellite 6 合金片镶嵌技术虽然能提高叶片的抗气蚀性能，但由于镶嵌的合金片与基体结合强度不足，在叶片高速运转过程中容易脱落，对整个机组的安全运行造成极大的威胁。而采用激光熔覆制备 Stellite 6 合金涂层的方法虽然能够解决结合的问题，但由于该过程热输入量大，容易引起叶片的变形及涂层材料的物相改变。

因此，采用超音速激光沉积技术在叶片表面制备抗气蚀涂层，一方面可以降低热输入量，另一方面可以提高结合强度，汽轮机叶片超音速激光沉积 Stellite 6 抗气蚀涂层如图 2-103 所示。经检测，超音速激光沉积 Stellite 6 涂层仍然保持了原始材料的物相和性能，具有优良的抗气蚀性能。

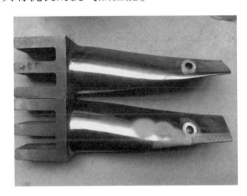

图 2-103　汽轮机叶片超音速激光沉积 Stellite 6 抗气蚀涂层

参 考 文 献

［1］MORIDI A，HASSANI-GANGARAJ S M，GUAGLIANO M，et al. Cold spray coating：review of material systems and future perspectives ［J］. Surface Engineering，2014，30（6）：369-395.

［2］XIE Y C，YIN S，CHEN C Y，et al. New insights into the coating/substrate interfacial bonding mechanism in cold spray ［J］. Scripta Materialia，2016，125：1-4.

［3］BOLESTA A V，FOMIN V M，SHARAFUTDINOV M R，et al. Investigation of interface boundary occurring during cold gas-dynamic spraying of metallic particles ［J］. Nuclear Instruments & Methods in Physics Research，2001，470（1）：249-252.

［4］BRAY M，COCKBURN A，O'NEILL W. The laser-assisted cold spray process and deposit characterization ［J］. Surface and Coatings Technology，2009，203（19）：2851-2857.

［5］ASSADI H，KREYE H，GÄRTNER F，et al. Cold spraying-A materials perspective ［J］. Acta Materialia，2016，116：382-407.

［6］袁林江. 激光辅助加热温度对颗粒沉积影响的数值模拟研究 ［D］. 杭州：浙江工业大学，2012.

［7］路远航. 超音速激光沉积 Stellite 6 颗粒与基体碰撞变形行为数值研究 ［D］. 杭州：浙江工

业大学，2013.

[8] 赵兵. 超音速沉积 Stellite 6 颗粒与激光复合工艺的数值模拟研究 [D]. 杭州：浙江工业大学，2015.

[9] 刘景松. 基于 ABAQUS 模拟超音速激光沉积 Stellite 6 颗粒碰撞特征 [D]. 杭州：浙江工业大学，2016.

[10] 姚建华，吴丽娟，李波，等. 超音速激光沉积技术：研究现状及发展趋势 [J]. 中国激光，2019，46（3）：9-19.

[11] 李波，吴丽娟，张欣，等. 超音速激光沉积 Ti6Al4V 涂层的微观结构及耐蚀性能 [J]. 中国表面工程，2018，31（5）：159-166.

[12] 李鹏辉，李波，张群莉，等. 超音速激光沉积与激光熔覆 WC/SS316L 复合沉积层显微组织与性能的对比研究 [J]. 中国激光，2016，43（11）：76-83.

[13] YANG L J, LI B, YAO J H, et al. Effects of diamond size on the deposition characteristic and tribological behavior of diamond/Ni60 composite coating prepared by supersonic laser deposition [J]. Diamond and Related Materials, 2015, 58：139-148.

[14] LI B, JIN Y, YAO J H, et al. Solid-state fabrication of WC p-reinforced Stellite-6 composite coatings with supersonic laser deposition [J]. Surface and Coatings Technology, 2017, 321：386-396.

[15] 金琰，李波，张欣，等. 金属基复合材料 WC/SS316L 超音速激光沉积行为及电化学失效机理 [J]. 中国激光，2018，45（1）：90-96.

[16] 酉琪，章德铭，于月光，等. 激光辅助冷喷涂技术应用进展 [J]. 热喷涂技术，2018，10（2）：15-21.

[17] 赵国锋，王莹莹，张海龙，等. 冷喷涂设备及冷喷涂技术应用研究进展 [J]. 表面技术，2017，46（11）：198-205.

[18] 刘世铎. 超音速激光沉积 WC/Ni60 复合涂层组织及耐磨损性能研究 [D]. 兰州：兰州理工大学，2018.

[19] LUPOI R, SPARKES M, COCKBURN A, et al. High speed titanium coatings by supersonic laser deposition [J]. Materials Letters, 2011, 65（21）：3205-3207.

[20] GORUNOV A I. Features of coatings obtained by supersonic laser deposition [J]. Journal of Thermal Spray Technology, 2018, 27（7）：1194-1203.

[21] GORUNOV A I, GILMUTDINOV A K. Investigation of coatings of austenitic steels produced by supersonic laser deposition [J]. Optics & Laser Technology, 2017, 88：157-165.

[22] JONES M, COCKBURN A, LUPOI R, et al. Solid-state manufacturing of tungsten deposits onto molybdenum substrates with supersonic laser deposition [J]. Materials Letters, 2014, 134：295-297.

[23] LI B, YANG L J, LI Z H, et al. Beneficial effects of synchronous laser irradiation on the characteristics of cold-sprayed copper coatings [J]. Journal of Thermal Spray Technology, 2015, 24（5）：836-847.

[24] KULMALA M, VUORISTO P. Influence of process conditions in laser-assisted low-pressure cold spraying [J]. Surface& Coatings Technology, 2008, 202（18）：4503-4508.

[25] SUN J F, HAN Y, CUI K. Innovative fabrication of porous titanium coating on titanium by cold spraying and vacuum sintering [J]. Materials Letters, 2008, 62 (21): 3623-3625.

[26] TLOTLENG M, AKINLABI E, SHUKLA M, et al. Microstructural and mechanical evaluation of laser-assisted Cold Sprayed Bio-ceramic Coatings: Potential Use for Biomedical Applications [J]. Journal of Thermal Spray Technology, 2015, 24 (3): 423-435.

[27] BIRT A M, CHAMPAGNE V K, SISSON R D, et al. Statistically guided development of laser-assisted cold spray for Microstructural Control of Ti-6Al-4V [J]. Metallurgical and Materials Transactions A, 2017, 48 (4): 1931-1943.

[28] OLAKANMI E O, TLOTLENG M, MEACOCK C, et al. Deposition mechanism and microstructure of laser-assisted cold-sprayed (LACS) Al-12wt. % Si coatings: effects of laser power [J]. JOM, 2013, 65 (6): 776-783.

[29] OLAKANMI E O. Optimization of the quality characteristics of laser-assisted cold-sprayed (LACS) aluminium coatings with taguchi design of experiments (DOE) [J]. Materials and Manufacturing Processes, 2016, 31 (11): 1490-1499.

[30] KOIVULUOTO H, MILANTI A, BOLELLI G, et al. Structures and Properties of Laser-Assisted Cold-Sprayed Aluminum Coatings [J]. Materials Science Forum, 2017, 4074: 984-989.

[31] LUPOI R, COCKBURN A, BRYAN C, et al. Hardfacing steel with nanostructured coatings of Stellite-6 by supersonic laser deposition [J]. Light: Science & Applications, 2012, 1 (5): e10.

[32] LI C J, LI W Y, FUKANUMA H. Impact fusion phenomenon during cold spraying of zinc [C] //Thermal Spray 2004: Advances in Technology and Application, Proceedings. Materials Park: Asm International, 2004: 335-340.

[33] LI W Y, ZHANG C, GUO X P, et al. Study on impact fusion at particle interfaces and its effect on coating microstructure in cold spraying [J]. Applied Surface Science, 2007, 254 (2): 517-526.

[34] WANK A, WIELAGE B, PODLESAK H, et al. High-resolution microstructural investigations of interfaces between light metal alloy substrates and cold gas-sprayed coatings [J]. Journal of Thermal Spray Technology, 2006, 15 (2): 280-283.

第 3 章

——

电磁场激光复合表面改性技术与应用

3.1　概述

▷3.1.1　电磁场激光复合表面改性技术的机理与特点

　　基于激光熔覆过程的高温快速冶金的特点，其气孔、夹杂、裂纹等难以避免。现有抑制缺陷的措施大多从激光工艺参数入手，但各工艺参数之间又配合紧密，改变某一工艺参数易引起其他工艺参数的变动，需进行大量的试验来探索各工艺参数的匹配性，从而确定最优的工艺参数，这样非常耗时，且效率低下。而且，激光工艺参数的调节只能改变熔覆层熔池的外部传热边界，无法控制熔池内部流体的运动方向，难以对熔覆组织中晶粒的形态、尺寸、晶体取向和孔隙缺陷进行灵活、有效的控制，获得性能更优的零件。

　　随着科学的发展，外部能场逐渐被引入到激光制造中。在激光加工制造过程中，同时添加外部的物理场，调节熔池的传热传质行为，影响金属的凝固过程，从而达到抑制缺陷、改善材料性能的目的。添加的物理场常见的有超声振动、磁场、电场等外场，与激光作用的熔池相互作用，以传递能量的方式驱动液态金属产生强迫对流，从而对熔池中的缺陷进行控制。随着电磁装备的快速发展，为了更好地控制和改善金属凝固组织，电场、磁场等物理场逐渐被引入金属的凝固过程，利用电磁场所引入的热效应和体积力效应，可以对熔融金属进行非接触加热、搅拌和形状控制，可大幅改善激光熔覆部件的性能。相比其他能场，电磁场由于其具有产生装置简单、调控形式多样、效果好等优点，逐渐成为激光制造加工过程中主要的外加物理场。

　　目前，在电磁场辅助激光复合表面改性的研究中，主要以单一磁场为主，可分为稳恒磁场和交变磁场。在激光加工制造过程中施加稳恒磁场，能够有效抑制激光熔池中的强烈对流，这是因为在稳恒磁场作用下，所形成感应洛伦兹力的方向与熔池流速方向时刻相反，使熔池对流速度降低。在激光加工制造过程中施加交变磁场，将在液态金属内部产生交变感应电流，磁场与感应电流作用产生电磁力，交变电磁力促使熔池产生正反两个方向的旋转运动，加剧熔池中的对流运动，改变熔池中传质和传热过程。通过在熔池区域同时耦合电场和磁场，形成电磁复合场，可获得大小、方向、频率可调的恒稳或交变电磁力，驱动或阻碍熔覆层熔池的对流运动，影响其凝固过程，从而达到调控其凝固组织的目的。

▷3.1.2　国内外电磁场辅助激光熔覆技术研究现状

▷1. 国外电磁场辅助激光熔覆技术研究现状

　　国外在关于电磁场辅助激光熔覆方面，早期大多利用仿真计算方法，研究外加电磁场对熔池流体运动的影响，特别是深入分析了利用稳态磁场对熔池传热传质效果的调控作用。O. Velde 等对稳态磁场作用下的激光合金化过程进行了熔池流体和传质效果的数值分析，其结果表明，随着稳态磁场磁感应强度的增加，当磁感应强度达到 2 T 时，Marangoni 对流中的主漩涡和次生漩涡被抑制，合金化熔池表面的对流速度降低，从而使作为合金化元素的溶质都集中在近表浅层。Brian H 等利用 p-version LSFEM（p 型最小二乘有限元法）技术分析了熔池的流场和热场，研究熔池凝固过程中晶粒的生长和外加磁场之间的关系，发现在稳态磁场磁感应强度大于 1T 时，熔池的流速明显减缓，从而导致晶粒生长形式发生变化。德国联邦材料测试研究所（BAM）的 Bachmann 和德国不来梅射线研究所（BIAS）的 Gatzen 等学者对电磁场辅助条件下的激光焊接过程进行了深入的建模仿真，通过创新的电磁场施加形式，阐释了新型的电磁场作用机理。Gatzen 首先建立了稳态磁场作用下激光焊接熔池对流的 CFD（计算流体力学）模型，揭示了稳态磁场可对熔池对流起到抑制作用的机理，该学者同时利用低频交变磁场控制铝合金激光送丝焊中熔池流体的运动，研究了溶质元素的分布和磁场频率及大小之间的关系，使焊丝中的硅元素呈周期性分布，起到了很好的抗裂纹作用。Bachmann 等分别研究了稳态磁场和高频电磁场对激光焊接过程的影响机理，该学者利用仿真技术研究了稳态磁场作用下铝合金深熔焊的熔池动力学行为，并通过试验验证了计算结果。其研究结果表明，在稳态磁场中，熔池流动感应产生的洛伦兹力的方向与熔池流动方向相反，即熔池的流动时刻受阻。在磁感应强度为 0.5 T 的稳态磁场作用下，铝合金焊接熔池的对流被洛伦兹力所"缓冲"，该研究结果与 Gatzen 的研究结果一致。同时，计算结果显示在上述稳态磁场辅助条件下，熔池内部的主要传热过程由对流转变为传热，焊缝表面宽度减小，焊缝截面的"酒杯型"发生改变，而且焊接过程中的飞溅现象也得到了抑制。Bachmann 还研究了交变磁场对铝合金和奥氏体不锈钢激光全熔透焊缝的影响，其使用电磁铁提供交变磁场，当磁感应强度为 200～300mT，频率为 1～10kHz 时可明显减轻熔池的滴落现象。这是因为交变磁场提供的电磁力可平衡焊缝熔融金属的静水压力，减轻了穿透焊过程中由于重力作用造成的焊缝底部金属的滴落现象。Fritzsche 等设计了一种特殊的交变磁场发生装置，该装置由双 U 形铁心、一次线圈、二次线圈、电容器和 2.5kW 功率放大器组成，其中一次线圈由变压器原理调整二次线圈的电压与电流，二次线圈与电容器形成谐振电路。Fritzsche 等利用该装置研究了交变磁场对标准压铸铝合金 AlSi9MnMg 部分熔透激光焊接材料孔隙率和表面粗糙度的影响。其研究结果表明，在交变磁场的作用下，铝压铸件的孔隙率明显降低，且压铸件表面更加光滑。随着交变磁场磁感应强度的增加，孔隙率降低高达 76%，焊缝强度提高了 78%。

≫ 2. 国内电磁场辅助激光熔覆技术研究现状

国内常见的电磁场辅助激光焊接和熔覆过程中，一般采用单一磁场，其类型可分为稳恒磁场、交变磁场或旋转磁场。主要研究外加磁场与熔池熔体相互作用所产生的洛伦兹力驱动液态金属对流运动，从而影响熔池内的溶质分布、组织和性能。刘洪喜等通过特殊设计的电路及作用线圈制作了交变磁场发生装置，并用该装置研究了不同磁感应强度对激光熔覆铁基涂层宏观形貌和显微组织的影响。基于电磁学及金属凝固原理，揭示了激光熔覆涂层的固化过程和磁场诱发熔覆涂层柱状树枝晶向等轴晶转变的主要机制。试验结果表明，在交变磁场的作用下，熔池液态金属表面产生的趋肤效应和交变电磁力使凝固后熔覆层的表面形态呈波浪式，熔高和横截面积均随磁场电流的增加而减小，但熔宽变化不大。熔池内部产生的电磁力驱动熔体流动使树枝晶熔蚀和机械折断，游离的破碎枝晶成为新的形核核心，增加了形核率，从而促使熔覆层顶部组织由树枝晶向等轴晶转变。随着磁场电流的增加，等轴晶区扩大，但涂层底部的组织变化不明显。杨东升等对电磁辅助激光熔覆硬质颗粒进行了研究，发现电磁搅拌对熔覆层的微观组织有一定影响，电磁搅拌能细化熔覆层中的 WC 组织，并使其分布均匀化。同时电磁搅拌能明显细化熔覆层过渡区中的树枝晶组织，并对熔覆层中的裂纹和气孔有一定的抑制作用，改善熔覆质量。蔡川雄等采用电磁搅拌激光熔覆技术在 45 钢表面合成 Fe-Cr-Si-B-C 复合涂层，研究了外加交变磁场对涂层微观组织和物相结构的影响。研究结果表明，外加交变磁场可降低激光熔池固-液界面前沿液相的温度梯度并增加非均质形核率，促使粗大、方向性很强的柱状晶转变为均匀、细小的等轴晶，并能够消除熔覆层内的气孔和裂纹等缺陷，但其对熔覆层物相组成的影响不大。常温干摩擦磨损试验表明，外加磁场所制备涂层的耐磨性能得到明显提高，其磨损失重仅为未加磁场的 43%，且摩擦系数波动较小。以上将旋转磁场或交变磁场引入激光熔覆，能有效地消除气孔、裂纹等熔覆层缺陷，细化熔覆组织，均匀化硬质相分布。但是，旋转磁场在熔池中所形成的交变洛伦兹力的作用方式与超声振动所引起的机械振动力相似，只能起到均匀化组织或成分的作用，无法实现对组织、成分或者硬质相进行梯度分布的差异化调控。

胡勇等利用数值模拟方法对稳态磁场作用下激光熔池中的传热及流动行为进行了前期研究，但稳态磁场对熔凝层表面波纹的抑制机理仍未明确。同时由于现有的试验过程监测方法难以记录熔池内部温度和流速的变化，特别是在附加了电磁场的条件下，熔池内部的传热传质行为变得更为复杂，难以采用试验进行深入分析。为此，建立了稳态磁场辅助激光熔凝的二维（2D）瞬态计算模型，该模型中耦合了传热、对流、相变和电磁场等多物理场的偏微分方程组，并通过一种移动网格（ALE）的方法，表征了熔凝层表面的波动状态。通过多物理场仿真软件 COMSOL Multiphysics 求解了上述方程组，获得了稳态磁场的磁感应强度与熔凝熔池内部温度场、流场和熔凝层表面形貌之间的影响规律。同时，利用试验证实了稳态磁场对激光熔凝层表面波纹的抑制作用。王梁等利用稳态磁场辅助激光熔凝，在不改变激光工艺参数的条件下，抑制了熔凝层表面的波纹。同时，建立了考虑熔池内部的传热、对流、相变、电磁力和熔池表面形貌的多物理场耦合仿真模型。通过对比试验结果讨论了在稳态磁场的作用下，熔凝层熔池内部温度场和流场的变化规律及表面波纹的抑制原理。结果显示，稳态磁场所提供的洛伦兹力为抑制熔池对流的阻力，其方向与熔池对流方向时刻相反。随着磁感应强度的增加，熔池内部的整体流速逐渐降低，但温度场的变化不明显。当稳态磁场的磁感应强度大于 0.5 T 时，熔池形状发生变化，熔凝层表面的波纹高度明显降低，但金相组织基本不变。王维等建立了描述电磁搅拌辅助激光熔凝过程的电磁场和流场的三维数学模型，采用有限元和有限体积结合的方法实现激光熔池中电磁场与温度场及流场的耦合模拟分析，研究了电磁场对激光熔池流场与温度场的影响。结果表明，电磁力在水平面上呈周向分布，切向电磁力的大小从熔池边缘到中心递减；在旋转磁场的作用下，熔池内温度略有降低，温度梯度减小；熔池内液体趋向旋转运动，速度场分布与电磁力相似；熔池纵向环流增加，使熔池内的熔体对流加剧，有利于传热，加快冷却；励磁电流的大小对电磁场和熔池流场有明显影响。

3.2　电磁场激光复合表面改性设备

3.2.1　电磁场发生系统

电磁场激光复合表面改性技术能够具有优势主要依赖于电磁场发生系统。而电磁场发生系统根据电磁场产生的形式可分为永磁体式电磁场发生系统和导磁线圈式电磁场发生系统；根据磁场是否随时间变化可以分为恒定磁场发生系统和交变磁场发生系统；根据磁场频率可以分为低频交变磁场发生系统和中高频交变磁场发生系统；根据产生磁场的空间分布特点，可分为搅拌磁场发生系统、同轴磁场发生系统和水平磁场发生系统；根据磁场与激光的相对运动状态可分为相对固定式和相对运动式，以满足不同场合的需求。

1. 永磁体式电磁场发生系统

如图 3-1 所示，永磁体式电磁场发生系统能够在两块永磁体之间产生恒定的磁场，通过调整永磁体大小及块数来控制磁场大小；也能够产生往复变化的交变磁场，其作用形式是步进电动机通过带轮或其他构件驱动永磁体旋转，从而使永磁体之间的磁场随时间正反变化，通过调整两永磁体之间的距离来控制磁感应强度，通过控制步进电动机的转速来调节交变磁场频率。其装置设备制作简单，成本较低，但是其磁感应强度及频率调节不便且范围有限，同时永磁体的产磁能力会在使用过程中削减，且因永磁体存在居里温度，激光产热也会削弱永磁体的导磁性能。

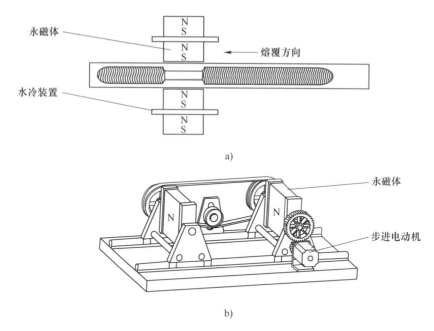

a)

b)

图 3-1 永磁体式电磁场发生系统

a）恒定磁场 b）交变磁场

⟫ 2. 导磁线圈式电磁场发生系统

图 3-2 所示为导磁线圈式电磁场发生系统，其相比于永磁体式电磁场发生系统，更加灵活可控，可以通过控制供磁电流的波形来产生所需要磁场，如恒定磁场、交变磁场及脉冲磁场等。其作用形式是向导磁线圈通入特定波形电流，通过电磁感应产生所需要的磁场。通过调整供磁电流波形、幅值、周期来调控磁场。

导磁线圈式电磁场发生系统的装置设备制作烦琐，成本较高，其磁感应强度、频率可连续调节且产磁能力大，可通过改变供磁电流波形来产生所需要的各种磁场，灵活可控，且不会受到激光产热的影响。

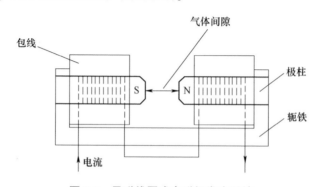

图 3-2 导磁线圈式电磁场发生系统

⟩⟩ 3. 低频交变磁场发生系统

如图 3-3 所示，低频交变磁场发生系统的电磁线圈一般采用较多匝的漆包线绕制而成，向线圈中通入呈一定相位差的交流电，从而产生相应方向的交变磁场，其频率及磁感应强度可以通过交流电源频率和大小来调节，其磁场频率一般为 0 ~ 100Hz。

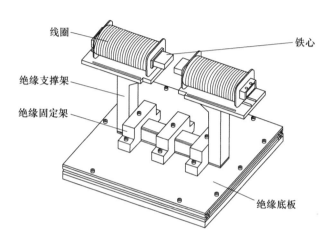

图 3-3　低频交变磁场发生系统

⟩⟩ 4. 中高频交变磁场发生系统

如图 3-4 所示，中高频交变磁场发生系统中铁心线圈可以等效为参数复杂的大电感，为使此电感中流过一定大小的正弦高频电流，电感两端需施加几百至几千伏交变高压，而该高压难以由电源直接产生，将铁心线圈与耐压电容串联构成串联谐振电路作为功率电路的负载，利用串联谐振电路谐振点的特性，实现向电感两端施加高压。电源通常采用正弦波信号发生器和功率放大器搭建，通过调节信号发生器即可改变交变磁场的频率，其磁场频率一般为 1 ~ 24kHz。

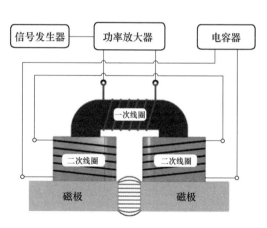

图 3-4　中高频交变磁场发生系统

⟩⟩ 5. 搅拌磁场发生系统

如图 3-5 所示，搅拌磁场发生系统既可以由永磁体构成，也可以由电磁线圈构成。其产生形式是电动机带动永磁体转动产生旋转的磁场，或是在电磁线圈中通入三相交流电，在搅拌器中产生旋转的磁场。旋转磁场的大小与方向分别由电动机转速及永磁体块数或者输入电流的大小和周期决定，当激光熔池中的金属溶液与磁感线切割时会产生感应电流。感应电磁场与金属溶液相对运动从而产生电磁力，金属溶液在电磁力的搅拌作用下产生强烈的运动。

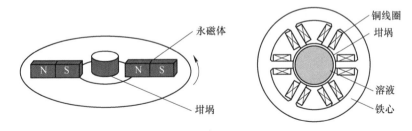

图 3-5　搅拌磁场发生系统

▶▶ 6. 同轴磁场发生系统

如图 3-6 所示，同轴磁场发生系统产生的是与激光束同轴的磁场，其一般均由电磁线圈产生，有稳态及交变同轴磁场发生系统。其一般作用形式为磁场发生装置与激光头固定，通过调节电流大小来改变磁感应强度，同时使激光束始终作用于磁感应强度最大的位置。

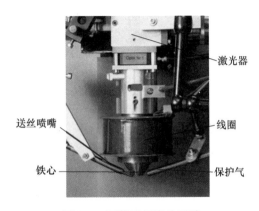

图 3-6　同轴磁场发生系统

▶▶ 3.2.2　电磁与激光能场耦合装置

电磁与激光能场耦合装置是一个复杂的系统，主要包括以下几个部分：

1）激光器（CO_2 激光器、Nd∶YAG 激光器、半导体激光器、光纤激光器等）和光路系统。产生并传导激光束到加工区域。

2）送粉设备（送粉器、粉末传输通道和喷嘴）。将粉末传输到熔池。

3）激光加工平台。多坐标数控机床或智能机器人按照编制的数控程序实现激光束与成形件之间的相对运动。

4）电磁发生装置。在熔池区域产生电场和磁场，从而控制熔池液体流动。

除了上述必须的装置外，还可配有以下辅助装置：

1）气氛控制系统。保证加工区域的气氛环境达到一定的要求。

2）监测与反馈控制系统。对成形过程进行实时控制，并根据监测结果对成形过程进行反馈控制，以保证成形工艺的稳定性。

工作步骤：将清洗过的试样置于工作台上，用直流电源连接试样两端，试样两侧是稳态磁场发生装置，激光头的运动是通过机械手臂控制的，在激光头上装有同步送粉嘴，在激光器出光时，直流电源同时供电，因此在试样处存在一个稳态磁场和恒定电流，在电磁复合场的相互影响下，熔池会受到一个定向洛伦兹力的作用，如图 3-7 所示。

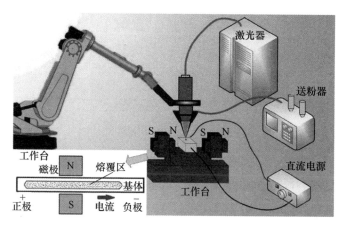

图 3-7 电磁与激光能场耦合装置

3.2.3 电磁耦合装置现状

目前，BAM 实验室对电磁耦合激光熔覆的研究比较深入，其采用的电磁耦合装置如图 3-8 和图 3-9 所示。稳态磁场耦合激光熔覆装置的两个永久磁铁固定安装在工件的两个侧面上，一个由铁磁钢制成的水冷板安装在其间，用来防止磁铁被加热到居里温度以上，激光束沿着试样长轴方向进行焊接，在激光束后方提供了保护气体，并采用挡板来阻挡操作过程中的大量飞溅物。

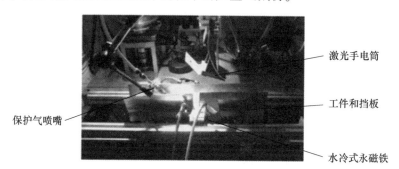

图 3-8 稳态磁场装置

交变磁场耦合激光熔覆装置中由导磁材料组成的棱柱磁极直接安装在两个线圈下方，与 U 形铁心直接接触，且磁极之间的距离可连续调节至 20mm，激光头与垂直方向成 18°夹角，且在磁铁后方有一个保护气喷嘴。通过固定激光器和电磁铁移动试样来在试样表面形成焊缝，且试样上表面与磁极的距离为 2mm。

图 3-9　交变磁场装置

昆明理工大学、沈阳航空航天大学、南昌航空大学、沈阳工业大学、江苏大学等自行设计了交变磁场耦合激光熔覆装置，其大多采用结构简单、成本低的永磁式电磁搅拌结构，如图 3-10 所示，主要由电动机调速装置、传动机构、磁铁转盘机构、工作台机构四部分组成。每对磁极间的径向距离可调，由步进电动机带动转盘旋转以实现磁场的旋转。通过控制步进电动机的脉冲频率来控制磁场旋转速度。

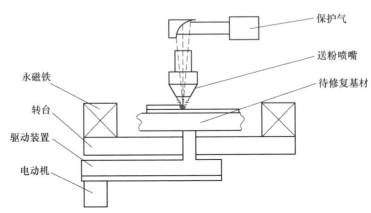

图 3-10　磁场搅拌装置安装示意图

浙江工业大学等自行设计了随动式电磁场耦合激光熔覆装置，如图 3-11 所示，由铁心、线圈、电刷、升降台、绝缘板和连接件等组成，磁场模块和电场模块通过连接件与激光头固定，且两者之间相互绝缘。激光熔覆过程中，磁场模块随激光头移动，使磁场作用于整个熔覆过程，且熔池内的磁场更加均匀，同时电场模块通过电刷给试样通电。

浙江工业大学等自行设计了电磁复合场耦合激光熔覆装置，如图 3-12 所示。熔覆时激光束作用于试样上表面，光斑中心、粉斑中心需与试样纵向对称面重合。

其中浙江工业大学采用的复合场中的磁场为稳态磁场，由电磁铁提供，复合场中的电场为稳态电场，可由直流电流提供。

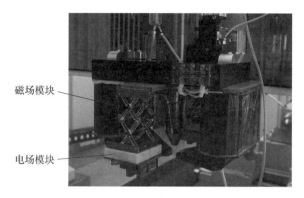

图 3-11　随动式电磁场耦合激光熔覆装置

a)　　　　　　　　　　　　　　　b)

图 3-12　电磁复合场耦合激光熔覆装置
a）稳态磁场装置　b）稳态电场装置

南京航空航天大学等自行设计了脉冲电流耦合激光熔覆装置，如图 3-13 所示。由于脉冲电流较大，基体与铜电极用厚陶瓷板隔开。

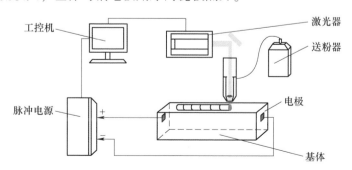

图 3-13　脉冲电流耦合激光熔覆装置

3.3　电磁场对激光熔池流体的影响及调控机理

3.3.1　单一稳态电磁场对熔池流体的影响

电磁场理论由一组经典的麦克斯韦方程组描述，其用来描述空间中电磁场的基本变化规律，适用于场强连续变化的空间，微分表达式如下：

$$\begin{cases} \nabla \times \boldsymbol{H} = \boldsymbol{J} + \dfrac{\partial \boldsymbol{D}}{\partial t} \\ \nabla \times \boldsymbol{E} = -\dfrac{\partial \boldsymbol{B}}{\partial t} \\ \nabla \cdot \boldsymbol{B} = 0 \\ \nabla \cdot \boldsymbol{D} = \rho \end{cases} \tag{3-1}$$

式中，$\boldsymbol{H}$ 为磁场强度；$\boldsymbol{D}$ 为电位移；$\boldsymbol{E}$ 为电场强度；$\boldsymbol{J}$ 为电流密度矢量；$\boldsymbol{B}$ 为磁感应强度；ρ 为自由电荷体密度；t 为时间。

此外，为了得到上述方程的解，需补充电磁参数的本构方程，分别为电、磁特性本构关系和欧姆定律，即

$$\boldsymbol{B} = \mu \boldsymbol{H} \tag{3-2}$$

$$\boldsymbol{D} = \varepsilon \boldsymbol{E} \tag{3-3}$$

$$\boldsymbol{J} = \sigma(\boldsymbol{E} + \boldsymbol{u} \times \boldsymbol{B}) = \sigma \boldsymbol{E} + \sigma(\boldsymbol{u} \times \boldsymbol{B}) = J_{\text{Ext}} + J_{\text{Int}} \approx J_{\text{Ext}} \tag{3-4}$$

式中，μ 为磁导率；ε 为介电常数；σ 为电导率；u 为导电体相对移动速度（此处即为熔池流速）；J_{Ext} 为外加电场的电流密度；J_{Int} 为熔池流体流动切割磁感线产生的感应电流密度。

施加单一稳态磁场时，外加电场强度 $E = 0$，激光熔覆时熔池内部存在 Marangoni 对流和自然对流。流体在稳态磁场内产生感应洛伦兹力，所产生的感应洛伦兹力的方向与流体的运动方向相反，因此感应洛伦兹力产生强烈的电磁阻尼效应，使得熔融液体因之产生额外的动力黏度：

$$\eta_{\text{EM}} = \sigma B^2 L^2 \tag{3-5}$$

式中，η_{EM} 为电磁场引入的动力黏度；L 为磁场气隙半宽。

为了表征所述动力黏度，一般采用 Hartmann 数（Ha）衡量该电磁阻尼的大小：

$$Ha^2 = \frac{\eta_{\text{EM}}}{\eta} = \frac{\sigma B^2 L}{\eta} \tag{3-6}$$

式中，η 为流体动力黏度。

图 3-14 所示为不同稳态磁场作用下熔池表面流速的变化情况，图中红色实线为熔池表面的温度分布状态。由图 3-14 可知，在激光束作用范围内，熔池中心偏

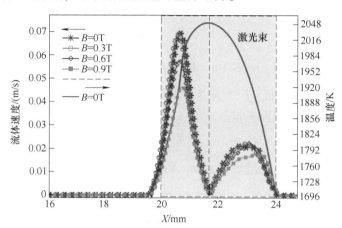

后方处的温度最高，而此处熔池的流速接近于0。这是因为熔池的表面张力由表面温度梯度引起，熔池表面温度最高处的温度梯度为0，此处的流速为最低。在熔池中心的前后方，在表面 Marangoni 对流作用下，具有较高的流速，即图中呈现的"双峰"。当稳态磁场的磁感应强度为0 T 时，不存在感应洛伦兹力，熔池表面的流速最高。当稳态磁场的磁感应强度逐步提升时，熔池表面的最高流速从 0.070m/s 下降至 0.045m/s。该结果进一步证实了稳态磁场引起的感应洛伦兹力可对熔池运动起到显著的阻尼作用，导致熔池流速的整体下降。

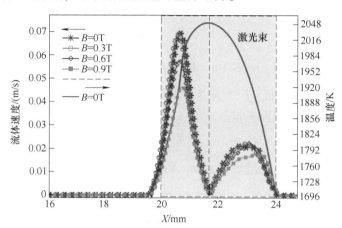

图 3-14 感应洛伦兹力对熔池表面流速的影响

3.3.2 电磁复合场辅助激光熔覆模型

电磁辅助激光熔覆过程中，基体发生熔化、增材、流动、凝固等物理过程。在激光熔凝固液相变统一模型的基础上，边界处采用网格变形以模拟增材过程，同时在熔池中考虑电磁场的作用。采用二维（2D）瞬态有限元模型，求解域大小为 30mm × 5mm，求解软件为 COMSOL Multiphysics 5.3a ®。为了提高计算效率，在合理的计算精度范围内，做出如下假设：

1）熔池流体为不可压缩的牛顿流体，流动模型采用层流模型。

2）计算所选取的截面为基体的轴对称面，熔池厚度方向的传热可忽略，因此采用 2D 模型。

3）熔池流体浮力采用 Boussinesq 假设。

4）由于保护气的密度远小于金属流体密度，因此不考虑环境气体对熔池表面的剪切应力。

计算模型所采用的控制方程如下。其中质量守恒方程为

$$\nabla \cdot \boldsymbol{u} = 0 \tag{3-7}$$

式中，$\boldsymbol{u}$ 为流体速度。

动量守恒方程为

$$\rho \frac{\partial \boldsymbol{u}}{\partial t} + \rho(\boldsymbol{u} \cdot \nabla)\boldsymbol{u} = \nabla \cdot \left\{ -p\boldsymbol{I} + \eta \left[\nabla \boldsymbol{u} + (\nabla \boldsymbol{u})^{\mathrm{T}} \right] \right\} + \boldsymbol{F}_{\mathrm{Buoyancy}} + \boldsymbol{F}_{\mathrm{Darcy}} + \boldsymbol{F}_{\mathrm{Lorentz}}$$

$$(3\text{-}8)$$

式中，ρ 为密度；p 为压力；$\boldsymbol{I}$ 为单位矩阵；η 为动力黏度；$\boldsymbol{F}_{\mathrm{Buoyancy}}$、$\boldsymbol{F}_{\mathrm{Darcy}}$、$\boldsymbol{F}_{\mathrm{Lorentz}}$ 分别为热浮力源项、Darcy 源项、洛伦兹力源项。

洛伦兹力源项由外部磁场、内部感应电流及外加电流共同作用产生，其表达式为

$$\boldsymbol{F}_{\mathrm{Lorentz}} = \boldsymbol{j} \times \boldsymbol{B} \tag{3-9}$$

$$\boldsymbol{j} = \sigma(\boldsymbol{E} + \boldsymbol{u} \times \boldsymbol{B}) = \boldsymbol{j}_1 + \sigma \cdot (\boldsymbol{u} \times \boldsymbol{B}) \tag{3-10}$$

式中，$\boldsymbol{j}$ 为总电流密度矢量；$\boldsymbol{j}_1$ 为外加电流密度矢量；$\boldsymbol{B}$ 为磁感应强度矢量；$\boldsymbol{\sigma}$ 为电导率；$\boldsymbol{E}$ 为外加电场强度矢量。

能量守恒方程为

$$\rho c_p \frac{\partial T}{\partial t} + \rho c_p \boldsymbol{u} \cdot \nabla T = \nabla \cdot (k \nabla T) \tag{3-11}$$

式中，c_p 为比热容；T 为温度；t 为时间；k 为热传导系数。

熔覆界面运动的计算采用网格变形方法，定义边界网格法向方向的变形速率等于材料的增长速率，熔覆层的表面控制方程可表示为

$$h_{\mathrm{v}} = \beta v_{\mathrm{p}} / \rho(\sqrt{2\pi}\delta) \exp\left[-\frac{(x-\mu)^2}{\delta^2} \right] \tag{3-12}$$

式中，h_{v} 为熔池界面的增长速率；β 为补偿系数；v_{p} 为送粉率；μ 为喷嘴中心在 x 方向上的坐标；δ 为粉末落入熔池系数。

如图 3-15 所示，计算域采用四边形结构化网格，网格的最大尺寸为 0.4mm，采用 PARDISO 直接求解器，时间步长采用向后差分法（BDF）由软件自动调整，单道熔覆 30mm 需要的总求解时间约为 6h。

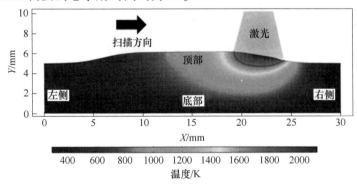

图 3-15 计算域网格的示意图

▶ 3.3.3 电磁复合场对熔池流场、温度场的影响

如图 3-16 所示，在无外场时，熔池流体在表面张力梯度力的作用下，从中心沿熔覆层表面向左、右两个方向运动，在重力作用下沿固液界面运动至熔池底部，又由于受到热浮力的作用向上运动，所以形成左右环流，最高流速达 0.1m/s。磁感应强度为 0.6 T，电流密度为 5×10^6 A/m²，洛伦兹力向上时熔池纵截面流场最高流速约为 0.03m/s，较未施加外场时降低 70%。磁感应强度为 0.6 T，电流密度为 5×10^6 A/m²，洛伦兹力向下时表面最高流速为 0.06m/s，较未施加外场时降低 40%，较施加向上洛伦兹力时增加 50%。

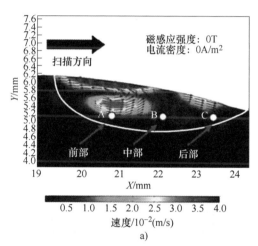

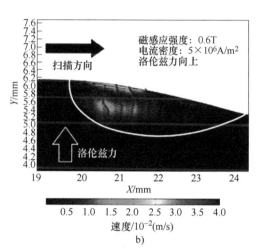

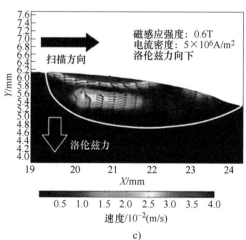

图 3-16 电磁场耦合下熔池流场的分布图

a）磁感应强度为 0T　b）磁感应强度为 0.6T，电流密度为 5×10^6 A/m²，洛伦兹力向上

c）磁感应强度为 0.6T，电流密度为 5×10^6 A/m²，洛伦兹力向下

图 3-17 所示为电磁复合
场引入的感应洛伦兹力对熔
池表面流速的影响。当磁感
应强度同样为 $B = 0.9T$ 时，
不同的电场方向决定了定向
洛伦兹力的方向。当定向洛
伦兹力向上时，熔池最高流
速要稍大于仅附加稳态磁场
时的情况。反之，当定向洛
伦兹力向下时，熔池最高流
速要稍低于仅附加稳态磁场
时的情况。由此可知，定向

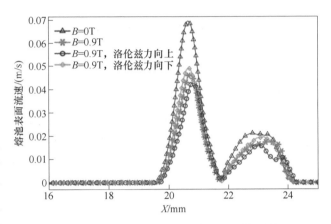

图 3-17 电磁复合场对熔池表面流速的影响

洛伦兹力的方向对熔池流速有一定的影响，但其作用效果不明显。根据前面的分
析，此处所施加的定向洛伦兹力为竖直方向的体积力，只能改变熔池内部的自然
对流，难以影响作为熔池运动主要驱动力的 Marangoni 对流。

图 3-18 所示为不同电磁复合场参数下，熔池纵截面的温度场分布状态（$t = 3.9s$）。与电磁复合场作用下熔池流速出现较大差异的现象不同，无论在单纯稳态

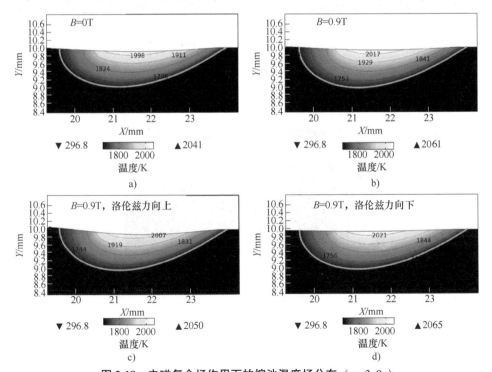

图 3-18 电磁复合场作用下的熔池温度场分布（$t = 3.9s$）

a）$B = 0T$ b）$B = 0.9T$ c）$B = 0.9T$，洛伦兹力向上 d）$B = 0.9T$，洛伦兹力向下

磁场作用下，还是在不同方向的定向洛伦兹力作用下，熔池大小及其内部的温度分布差异甚微。当未附加电磁复合场时，熔池表面最高温度为2041K；当仅附加稳态磁场（$B = 0.9T$）时，熔池近表面温度上升至2061K；当进一步分别附加上、下两个方向的定向洛伦兹力时，熔池表面的最高温度分别为2050K和2065K。由此可知，施加电磁复合场对熔池温度的影响很小。该现象表明，熔池内部的传热过程由热传导占主导。虽然电磁复合场的加入对熔池内部热对流过程有较大的影响，但仍然难以影响熔池内部的温度分布。同时可以发现，当定向洛伦兹力的方向向下时，熔池近表面的温度最高。这是因为该条件下，定向洛伦兹力与重力同向，熔池流体处于"超重"状态。此时，自然对流作用最强，使得密度较低的高温熔体易于集中在熔池表面，对熔池近表面的温度产生细微影响。上述分析结果表明，电磁复合场的施加几乎不影响熔池的尺寸和凝固时间。

3.3.4 电磁场对激光熔覆表面形态的影响及控形作用

在激光扫描过程中，熔池表面流体由熔池中心高温区向边缘流动，这导致一部分熔液被带往熔池的边缘，使熔池表面出现高低落差。在连续激光扫描过程中，此类熔池液面的波动被快速凝固的熔池所保留。此类现象在激光熔凝层中较为明显，因为熔池表面的起伏波纹与其表面的流速直接相关。

激光熔凝过程中，其表面鱼鳞状的波纹起伏与熔池的流速相关。图3-19a所示为不同磁感应强度条件下，熔凝层表面波纹的仿真计算结果。图3-19b所示为利用超景深显微镜，在无磁场辅助条件下对激光熔凝层表面波纹进行测量得到的结果。对比图3-19a、b中未附加稳态磁场条件下熔池的表面波纹形貌可知，两者在起伏高度和跨度上都较为接近，证明了熔凝层表面波纹的仿真结果是可靠的。由图3-19可知，当磁感应强度为0.4 T时，稳态磁场对熔凝层表面波纹的抑制效果已经较为明显，说明熔池流速对熔池表面形貌的影响较为敏感，在较小的磁感应强度条件

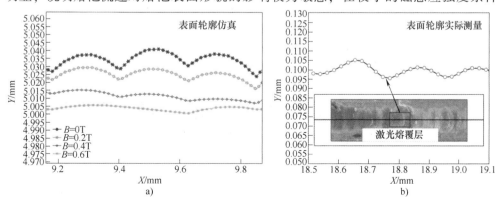

图 3-19 熔凝层表面波纹的仿真计算结果与实际测量结果对比

a）仿真计算结果 b）实际测量结果

下，已经能实现较为明显的调控效果。

图 3-20a 所示为熔凝层表面宏观形貌，图 3-20b 所示为对该熔凝层表面的波纹进行高度扫描的重构信息，图中左边虚线框中为未附加磁场区域，右边虚线框中为附加磁场区域，磁感应强度为 0.6T。由图 3-20 可知，在未附加磁场区域，熔凝层表面存在明显的起伏波纹，当进入磁场区域后，熔凝层表面的波纹变得均匀且平滑，波纹的高度也迅速降低。仿真计算和试验结果显示，在稳态磁感应强度为 0.6 T 时，熔凝层表面起伏较未附加磁场状态下降约 70%，可大幅减少后续加工时间。

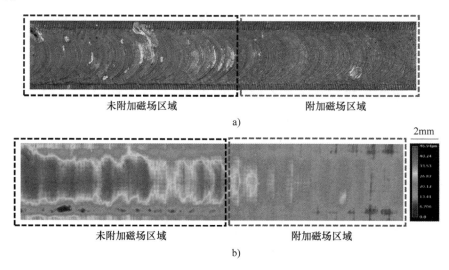

图 3-20   稳态磁场作用下熔凝层的表面形貌

a）宏观形貌   b）高度轮廓信息

图 3-21 所示为不同洛伦兹力方向下，熔覆层横截面的形貌，由图可知，当洛伦兹力方向向上时，熔覆层截面呈中央隆起状态，且底部存在较多孔洞。当洛伦兹力方向向下时，熔覆层截面呈扁平状态。这是因为定向洛伦兹力的方向不同，使其分别处于"失重"和"超重"两种状态，导致其截面形状有较大区别。

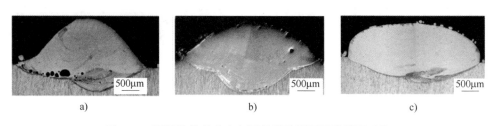

图 3-21   不同洛伦兹力方向下的单道熔覆层横截面形貌

a）洛伦兹力向上   b）无复合场   c）洛伦兹力向下

3.4　电磁场对激光熔注过程中颗粒分布的调控行为

▷▷3.4.1　稳态磁场对熔池中 WC 颗粒的作用机理

为了改善激光熔覆件的性能，采用增加第二相强化颗粒的方法实现颗粒增强强化效果，是激光熔覆常用的强化方法。颗粒强化有两种方法：一是原位析出颗粒强化，依靠熔覆过程自身的冶金反应生成硬质颗粒相实现颗粒强化；二是外加颗粒强化，在熔覆过程中同步加入难熔颗粒实现强化，此法称为激光熔注。

在激光熔注不规则 WC 颗粒的过程中，将 WC 颗粒的运动分解为两个过程，第一个过程是 WC 颗粒克服表面张力进入熔池的过程，第二个过程是 WC 颗粒在熔池中的运动。当 WC 颗粒的半径为 R，密度为 ρ，在进入熔池前的运动方向与水平方向的夹角为 α 时，根据相关文献中的模型，到达熔池表面的初速度 v_0 必须超过临界速度 v_c，此时 WC 颗粒才能顺利进入熔池。临界速度 v_c 为

$$v_c = \sqrt{\frac{3}{2\sigma_{lv}R\rho}(\sigma_{lv} + \sigma_{lp} - \sigma_{pv})} \tag{3-13}$$

式中，σ_{lv} 为液/气表面张力；σ_{lp} 为液/固表面张力；σ_{pv} 为固/气表面张力。

固液界面处于平衡状态时，由杨氏方程得

$$\frac{\sigma_{pv} - \sigma_{lp}}{\sigma_{lv}} = \cos\theta \tag{3-14}$$

式中，θ 是固/液界面的润湿角。

将式（3-14）代入式（3-13）得

$$v_c = \sqrt{\frac{3\sigma_{lv}}{2R\rho}(1 - \cos\theta)} \tag{3-15}$$

式中，v_c 为临界速度；R 为颗粒半径；ρ 为颗粒密度。

在熔池中 WC 颗粒的初速度为

$$v_1 = v_0 - v_c \tag{3-16}$$

式中，v_0 为颗粒到达熔池表面的初速度；v_1 为进入熔池后 WC 颗粒的初速度；v_c 为临界速度。

进入熔池的 WC 颗粒将以初速度 v_1 在重力 G、浮力 F_B、熔池拖曳力 F_D 的作用下做减速运动，如图 3-22 所示（其中 F_x、F_y 为 F_D 的分量）。

激光熔注过程中，WC 颗粒

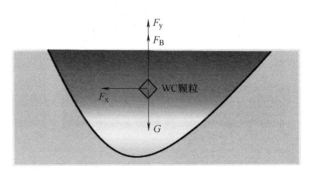

图 3-22　WC 颗粒在熔池中的运动受力情况

在熔池中的受力状态将决定其在熔池中的运动状态，这是影响熔注层中 WC 颗粒分布的关键因素。

3.4.2　稳态磁场对 WC 颗粒分布的影响

图 3-23 所示为在保持激光工艺参数不变的情况下，磁感应强度分别为 0T、0.4T、0.8T、1.2T 时的熔注层横截面 WC 颗粒分布图。由图 3-23 可知，在磁感应强度逐渐增加的同时，熔注层中 WC 颗粒逐渐"沉入"熔注层的底部。为了避免熔注层横截面截取试样具有偶然性，需要截取熔注层一定长度的纵截面对 WC 颗粒的分布进行分析。图 3-24 所示为相同工艺参数下磁感应强度分别为 0T、0.4T、0.8T、1.2T 时的熔注层纵截面 WC 颗粒分布图，从图 3-24 中可以看到，WC 颗粒在熔注层纵截面的分布规律与横截面的分布规律较为一致，并且 WC 颗粒的分布与熔注层的长度无关，因此在熔注层的中部截取一段进行计算分析，定量分析结果如图 3-25 所示。图 3-25 中，左侧图为熔注层颗粒分布图，右侧图为熔注层中不同部位 WC 颗粒分布的比例。分析可知，随着稳态磁场磁感应强度的增加，熔注层下部的 WC 颗粒面积占整个熔注层的比例不断增加，WC 颗粒明显向熔注层底部富集。

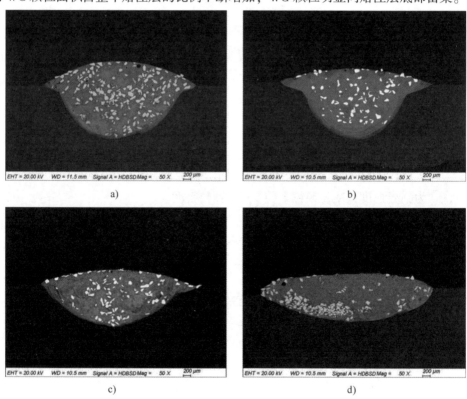

图 3-23　不同磁感应强度下熔注层横截面 WC 颗粒分布

a）0T　b）0.4T　c）0.8T　d）1.2T

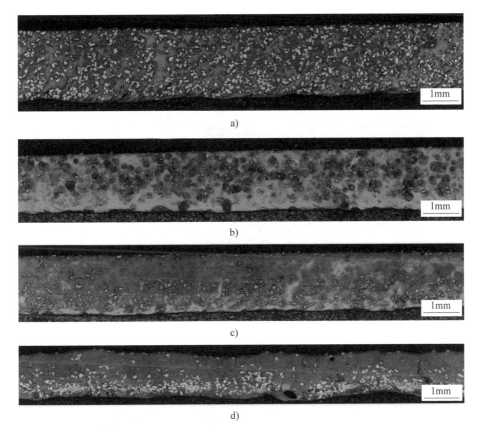

图 3-24 不同磁感应强度下熔注层纵截面 WC 颗粒分布

a）0T　b）0.4T　c）0.8T　d）1.2T

颗粒所受溶池拖曳力的表达式为

$$F_\text{D} = \frac{1}{6}\pi d_\text{p}^3 \rho_\text{p}\left(\frac{1}{\tau_\text{p}}\right)(v_\text{f} - v_\text{s}) \qquad (3\text{-}17)$$

式中，F_D 为颗粒所受的熔池拖曳力；d_p 为颗粒直径；ρ_p 为熔池金属熔体密度；τ_p 为颗粒松弛时间；v_f 为流体流速；v_s 为颗粒流速。

WC 颗粒在熔池中的运动如图 3-26 所示，在 WC 颗粒进入熔池后，未施加稳态磁场时，熔池流体由于受到表面张力梯度力的驱使，在表层由熔池中心沿液面向两侧下方运动。因此，WC 颗粒在注入过程中，将受到侧向即水平方向液态拖曳力 F_x 的作用，在拖曳力的作用下，WC 颗粒在熔池中被"搅拌"均匀；当施加磁感应强度为 1.2T 的稳态磁场时，熔池中流动的金属液体在垂直于磁场的方向能产生感应电流，该电流与稳态磁场相互耦合产生与熔池运动时刻相反的感应洛伦兹力，因此熔池速度被抑制，流速 v_f 减小。由式（3-17）可知，熔池的拖曳力 F_D 减小，因此水平方向流体拖曳力 F_x 也相应减小，导致其侧向速度降低，又由于 WC 颗粒

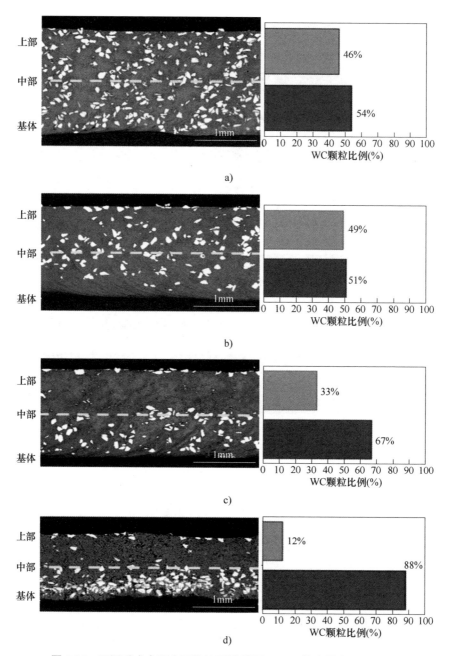

图 3-25　不同磁感应强度下熔注层纵截面 WC 颗粒含量定量分析图
a）0T　b）0.4T　c）0.8T　d）1.2T

易穿透熔池液面，使其易直接注入熔池底部。同时，由式（3-15）可知，在 WC 颗粒半径 R、密度 ρ 一定的情况下，σ_{lv} 是决定熔池临界速度 v_c 的关键因素，而 σ_{lv} 可以通过提高熔池的温度来降低。施加稳态磁场可以提高熔池的温度，熔池温度提高，导致 σ_{lv} 降低，由式（3-15）和式（3-16）可知，WC 颗粒进入熔池的初速度 v_1 提高。结合 WC 颗粒在进入熔池时的初速度 v_1 的提高和在熔池中的运动状况，得到了施加稳态磁场时，WC 颗粒主要分布在熔注层底部的试验结果。

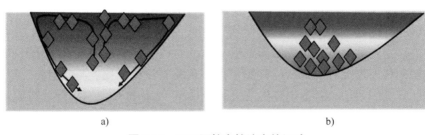

a）　　　　　　　　　　　　b)

图 3-26　WC 颗粒在熔池中的运动

a）未施加稳态磁场　b）施加 1.2 T 稳态磁场

随着磁感应强度的增加，熔注层上、中、下不同区域中 WC 颗粒的含量逐渐变化，熔注层上部的 WC 颗粒含量逐渐减少，而熔注层下部的 WC 颗粒含量逐渐增加。WC 颗粒分布的改变主要受熔池流动改变的影响，稳态磁场产生的感应洛伦兹力可以抑制熔池流动，进而改变 WC 颗粒注入熔池后的运动轨迹。

▷ 3.4.3　稳态磁场对 WC 熔注层微观组织的影响

▷ 1. WC 熔注层相分析

在激光熔注 WC 的试验中，由于 WC 颗粒形状及受到激光熔池加热，WC 颗粒会发生溶解扩散，同时和基体金属发生冶金反应。因此，需要检测并分析熔注层中的物相成分。

图 3-27 所示为不同磁感应强度下激光熔注层 XRD 图谱。其中四组试验采用相

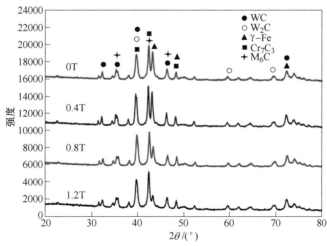

图 3-27　不同磁感应强度下激光熔注层 XRD 图谱

同的激光工艺：功率为 1600W，扫描速度为 4mm/s，送粉率为 10g/min。由图 3-27 可知，未施加稳态磁场时，熔注层由 WC、W_2C、M_6C、Cr_7C_3、γ-Fe 等物相成分组成。其中 γ-Fe 固溶体为熔注层的基体相，Cr_7C_3、M_6C 等物相由 WC 颗粒溶解后与基体反应生成。稳态磁场的施加并未影响熔注层中的物相组成，但是随着稳态磁场磁感应强度的增加，γ-Fe 的衍射峰明显降低，WC、W_2C、M_6C、Cr_7C_3 的衍射峰明显升高。这是因为随着稳态磁场磁感应强度的增加，熔池的温度不断升高，WC 颗粒溶解的程度增加，因此 WC 和 W_2C 的衍射峰会发生变化。与此同时，随着 WC 颗粒溶解程度的增加，熔池中产生大量的溶质 W 元素和 C 元素，导致更容易形成 M_6C 组织，同时提高基体相的固溶度，因此 M_6C 和 γ-Fe 的衍射峰会发生变化。

▶ 2. WC 熔注层组织分析

稳态磁场可以灵活地调控颗粒与元素在熔注层的分布，而颗粒与元素的差异性分布必然会导致熔注层组织的差异性分布，因此需要对不同颗粒与元素分布的 WC 熔注层进行组织分析。此处将熔注层按上、中、下三个区域分别进行组织结构的分析讨论。

图 3-28、图 3-29 及图 3-30 所示分别为施加稳态磁场前后熔注层上部、中部与下部的显微组织图。图 3-28a 所示为未施加稳态磁场时熔注层上部显微组织，从中可以看出，熔注层上部主要由鱼骨状的共晶组织组成，并伴随产生较多的十字花状的过共晶组织；图 3-28b 所示为施加稳态磁场时熔注层上部显微组织，从中可以看出，熔注层上部主要由大量树枝状白色过共晶组织组成。图 3-29a 所示为未施加稳态磁场时熔注层中部显微组织，从中可以看出，熔注层中部组织由片层状的鱼骨状组织组成；图 3-29b 所示为施加稳态磁场时熔注层中部显微组织，从中可以看出，熔注层中部组织主要由树枝状白色过共晶组织组成，但相对于熔注层上部，熔注层中部的树枝状组织变短变粗。

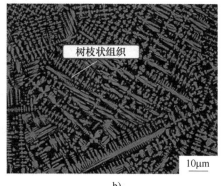

a) b)

图 3-28 施加稳态磁场前后熔注层上部显微组织

a）未施加稳态磁场 b）施加 1.2 T 稳态磁场

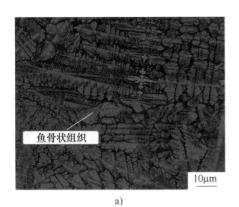 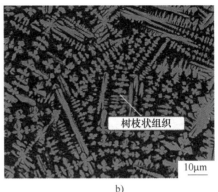

a)   b)

图 3-29　施加稳态磁场前后熔注层中部显微组织

a）未施加稳态磁场　b）施加 1.2 T 稳态磁场

图 3-30a 所示为未施加稳态磁场时熔注层下部显微组织，从中可以看出，熔注层下部组织主要由鱼骨状共晶组织组成，相对于熔注层中部，熔注层下部的鱼骨状组织数量减少；图 3-30b 所示为施加稳态磁场时熔注层下部显微组织，从中可以看出，熔注层下部的组织主要由十字花状过共晶组织组成。

 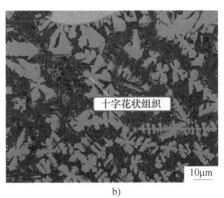

a)   b)

图 3-30　施加稳态磁场前后熔注层下部显微组织

a）未施加稳态磁场　b）施加 1.2 T 稳态磁场

图 3-31 所示为熔注层中三种不同形态的显微组织，从中可以发现，熔注层主要包括三种不同形态的组织：十字花状组织、树枝状组织、鱼骨状组织。为了探究不同形态下的元素组成，对不同组织形态的元素含量进行分析，能谱分析结果见表 3-1。由表 3-1 可知，图 3-28、图 3-29 和图 3-30 中鱼骨状共晶组织、十字花状组织及树枝状过共晶组织同时存在 Fe、C、W、Ni、Cr 等元素，且 W 元素含量对比情况为十字花状组织 > 树枝状组织 > 鱼骨状组织。通过表 3-1 列出的能谱分析的结果及熔注层的物相分析可知，上述不同形态的熔注层组织均是 Fe_3W_3C 等 M_6C 型

碳化物。这些不同形态的碳化物是 WC 颗粒溶解后与基体相固溶的产物，基体相中固溶 W 元素与 C 元素含量的不同导致了组织形态的差异。

 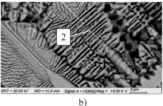 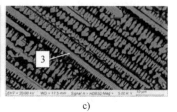

a)　　　　　　　　　　　　b)　　　　　　　　　　　　c)

图 3-31　熔注层不同显微组织形态

a）十字花状组织　b）鱼骨状组织　c）树枝状组织

表 3-1　图 3-31 中不同组织 1、2、3 点的能谱分析结果（质量分数）

元　素	C	Cr	Mn	Fe	Ni	Mo	W
点 1	14.50%	6.14%	0.23%	18.05%	2.33%	1.43%	57.32%
点 2	16.32%	8.76%	0.45%	26.25%	3.59%	2.37%	42.26%
点 3	18.03%	6.65%	0.36%	18.85%	2.97%	1.57%	51.57%

由以上的分析可知，基体相中固溶 W 元素与 C 元素的含量变化会导致微观组织形态的转变，当 W 元素与 C 元素的含量增加时，熔注层微观组织从亚共晶组织形态转变为共晶组织形态，最后演变为过共晶的组织形态。在熔注试验中，WC 颗粒进入熔池，颗粒在熔池中受热分解产生 W 元素与 C 元素，因而形成了 C 元素和 W 元素的富集区。根据 Fe-W-C 相图（图 3-32）及 Antoni-Zdziobek A 和 Riabkina-Fishman M 的研究可知，当熔池中 W 元素的质量分数为 35% ~ 52%，C 元素的质量分数为 2.8% ~ 3.8% 时，在注入的 WC 颗粒的微区发生如下反应（L 表示液相）：

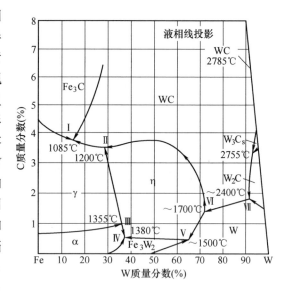

图 3-32　Fe-W-C 三元相图

$$L + WC + W \xrightarrow{1700\,℃} \eta \tag{3-18}$$

式中，η 相为 Fe_3W_3C。

熔池 WC 颗粒周围边缘为十字花状的组织及以 Fe_3W_3C 为主的过共晶组织。随着熔池中 W 元素和 C 元素不断地输运，两者的含量不断降低，同时熔池的温度也在逐渐降低，在平衡状态下熔池中发生以下反应（α 表示铁素体相，γ 表示奥氏体相）：

$$L \xrightarrow{1380\,℃} \alpha + Fe_3W_2 + \eta \tag{3-19}$$

$$L \xrightarrow{1085\,℃} \gamma + Fe_3C + WC \tag{3-20}$$

在液相中析出 η 相后，熔池液相中 W 元素和 C 元素的含量迅速降低，合金成分逐渐接近共晶成分。当体系中 W 元素的质量分数为 20% ~ 35% 时，熔注层中就会形成由 η 相和 γ-Fe 固溶体组成的鱼骨状共晶组织。未施加稳态磁场时，熔池内部流体剧烈运动，通过熔池的对流使 WC 颗粒分布较为均匀，WC 颗粒溶解产生的 W 元素和 C 元素通过熔池的对流和元素的扩散也均匀分布在熔注层中。W 元素和 C 元素在输运过程中的含量不断降低，同时温度也逐渐下降，最终形成了由 η 相和 γ-Fe 固溶体组成的鱼骨状共晶组织，如图 3-29a、图 3-30a 所示。由于熔注层上部的 WC 颗粒最后注入熔池中，WC 溶解产生的 W 元素和 C 元素向基体熔池扩散，由于熔注层上部冷却速度快，液态熔池停留时间短，W 元素和 C 元素来不及输运，使得熔注层上部的液相中 W 元素的含量增加，当 W 元素的质量分数为 35% ~ 52% 时，熔池中首先析出一次碳化物，一次碳化物在冷却过程中不断生长，逐渐转变为棒状组织、十字花状组织及树枝状组织。由于熔池上部的凝固速度快，因此最终形成了十字花状组织，如图 3-28a 所示。

稳态磁场的施加，不仅对熔池的流动产生了影响，同时也改变了熔池的传热情况，使熔池的温度升高，熔池中 WC 的溶解量增加，同时 WC 颗粒富集在熔注层下部，熔注层下部的 W 元素含量高于中部和上部。由式（3-19）可知，当体系中 W 元素含量较高时，熔注层析出的碳化物呈十字花状，并且熔池底部凝固较快，十字花状的组织来不及长大变粗，所以熔注层组织如图 3-30b 所示。随着 W 元素和 C 元素在中部和上部的含量逐渐降低，熔注层组织在中部和上部的一次碳化物首先析出并长大，成为棒状、十字花状或树枝状组织，同时由于施加了稳态磁场，使熔注层上部和中部温度上升，冷却速度减小，熔注层中部和上部的一次碳化物有更多时间长大，最终形成了树枝状组织，如图 3-28b、图 3-29b 所示。

为进一步分析 WC 颗粒在熔池中溶解析出的产物，揭示微区元素扩散的规律，对 WC 颗粒周围进行点能谱及线能谱分析，如图 3-33 所示。其中能谱点 1、4 位于 WC 颗粒内，能谱点 2、5 位于反应层，能谱点 3、6 位于熔注层枝晶区域，各区域的元素分布见表 3-2。由图 3-33a 可知，未施加稳态磁场时，WC 颗粒周围主要为鱼骨状的共晶组织。WC 颗粒周围发生了明显的溶解，包裹着一层过渡层。由表 3-2 可知，反应层即能谱点 2 内 W 元素与 Fe 元素比例相近，且该能谱点同时存在 C、Cr、Ni 等元素，结合 XRD 分析可知，该能谱点主要是 Fe_3W_3C 等 M_6C 型碳化物。能谱点 3 内 W 元素含量最低，Fe 元素含量最高，由此可知，该处为 γ-Fe 基体相，并且固溶了 W 元素、Ni 元素及 Cr 元素。图 3-34a 所示为未施加稳态磁场时，在图

3-33a 所示直线位置线扫描的结果，可知 W 元素含量在 WC 颗粒内最高，远离 WC 颗粒，W 元素的含量降低，但 W 元素的含量在扫描区域不断出现起伏，主要原因是不同组织的 W 元素含量不同，WC 颗粒 > 过共晶组织 > 共晶组织 > 亚共晶组织 > 基体相。同时结合组织形貌可知，熔注层中组织形态主要是由 W 元素含量决定的。

图 3-33b 所示为施加 1.2 T 稳态磁场时 WC 颗粒周围组织形貌，由图可知，WC 颗粒周围主要是十字花状的过共晶组织和基体相，组织的形态与图 3-33a 所示的完全不同。主要原因分析如下：一方面，相比于未施加稳态磁场情况，施加稳态磁场时熔注层熔池流动被抑制，因此 W 元素和 C 元素的扩散作用减弱，W 元素和 C 元素富集在 WC 颗粒的周围，图 3-34b 所示的线扫描中 W 元素的含量高于图 3-34a 可证明；另一方面，施加稳态磁场时 WC 颗粒的溶解量也会增加。综上所述，组织形态发生了明显的改变。

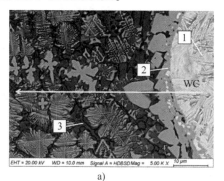 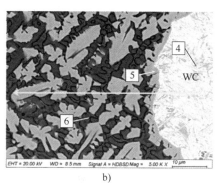

a)   b)

图 3-33　WC 反应层及周边组织能谱测试区域

a) 0T　b) 1.2T

表 3-2　熔注层不同区域元素分布（摩尔分数）

元　素	C	Cr	Mn	Fe	Ni	Mo	W
点 1	64.79%	—	—	—	—	—	35.21%
点 2	47.05%	6.74%	0.38%	20.25%	2.67%	0.73%	22.18%
点 3	25.00%	23.26%	0.85%	42.57%	3.87%	0.65%	3.80%
点 4	64.41%	—	—	—	—	—	35.59%
点 5	49.77%	6.04%	0.21%	19.48%	2.66%	0.57%	21.27%
点 6	41.09%	9.04%	0.75%	40.79%	6.10%	0.21%	2.02%

在激光熔注 WC 颗粒过程中同步施加 1.2 T 稳态磁场，由于颗粒分布状态和熔池对流运动的变化，W 元素和 C 元素的扩散作用减弱，富集在 WC 颗粒的周围，涂层顶部由细长的树枝状组织组成；在涂层中部，树枝状组织变短变粗；在涂层底部，转变为十字花状组织。

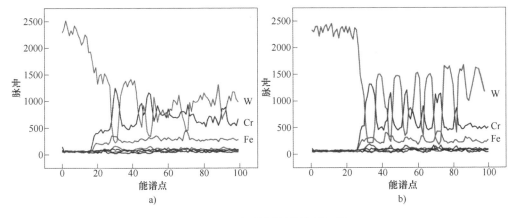

图 3-34　WC 颗粒周围能谱线扫描

a) 0 T　b) 1.2T

3.5　电磁场对激光熔覆过程中气孔的影响及排气作用

激光熔覆层气孔多为球形，主要分布于熔覆层的中下部。其形成原因主要是在激光熔覆过程中，保护气与环境中及粉末黏结的一部分水汽和 O_2 被搅入熔池，由于熔池冷却速度极高，析出的过饱和气体来不及上浮逸出而形成气孔，以及激光熔覆过程中熔合不良产生的气泡。从应力的角度看，这种球形气孔易于应力集中而诱发微裂纹。特别是在复杂极端载荷条件下，若气孔过多，则易于成为裂纹萌生源和扩展通道。因此，控制熔覆层的气孔率是保证熔覆层质量的重要方法之一。

3.5.1　洛伦兹力对熔池中气孔的作用机理

在增材过程中同步耦合电场与磁场，利用电磁场的协同作用在熔池中形成大小、方向、频率可调的恒稳洛伦兹力或交变洛伦兹力，通过该洛伦兹力可调节熔池流体的压力分布，实现对增材层气孔、异质相及组织的调控，其作用机理可用磁流体力学（MHD）理论解释。

磁流体力学是结合流体力学和电动力学的方法研究导电流体和电磁场相互作用的学科。因此，该模型由流体流动的控制方程和电磁场的相关定理组成，一般的控制方程由流体力学的质量守恒方程、动量守恒方程、能量守恒方程和电磁场中的麦克斯韦方程组构成：

$$\nabla \cdot (\rho v) = -\frac{\partial \rho}{\partial t} \tag{3-21}$$

$$\rho \frac{\mathrm{d}v}{\mathrm{d}t} = -\nabla p + \rho f + \boldsymbol{J} \times \boldsymbol{B} \tag{3-22}$$

$$J = \frac{1}{\mu} \nabla \times B \tag{3-23}$$

$$\frac{\partial B}{\partial t} = -\nabla \times E \tag{3-24}$$

$$E = -v \times B \tag{3-25}$$

$$\frac{\partial p}{\partial t} = -v \cdot \nabla p - \Gamma p \nabla \cdot v \tag{3-26}$$

$$\frac{\partial \rho}{\partial t} = -v \cdot \nabla p - p \nabla \cdot v \tag{3-27}$$

式中，v 为宏观流体速度；B 为磁感应强度；p 为压力；ρ 为密度；μ 为磁导率；E 为电场强度。

MHD 方程描述了系统状态随时间的变化。式（3-21）为微分形式的连续性方程，描述了流体流动中质量守恒的性质；式（3-22）为流体流动的运动方程，反映了流动过程遵守动量守恒的物理本质，等号左侧是密度与当地加速度的乘积，由速度的不定常引起，等号右侧第一项表示折算到单位体积流体上的表面力，第二项为作用在单位体积上的质量力，第三项为流体微元体在磁场作用下所受的电磁力，即洛伦兹力，式（3-22）中没有黏性项；式（3-23）为忽略了位移电流的安培定律；式（3-24）为反映磁场变化的法拉第电磁感应定律；式（3-25）为欧姆定律的特殊形式；式（3-26）和式（3-27）为当需要考虑带电流体状态变化时，反映带电流体的压力和质量密度随状态变化的热力学方程。带电流体的运动通过式（3-25）和式（3-26）改变磁场分布，而磁场则通过式（3-22）中的体积力源项改变流体运动，电磁力是流体控制方程与电磁场控制方程的联系纽带。

图 3-7 所示为电磁复合激光制造基本原理图，在基体零件中通入电流，并在激光作用区域内同步施加磁场。单一的稳态磁场调控方法所形成的洛伦兹力的方向非恒定（交变或随流体运动方向变化），无法在熔池中形成定向的洛伦兹力体积力。然而，当在激光熔池上同时施加正交的磁场和电场（$E \neq 0$）时，熔池将受到与磁场和电场均正交的洛伦兹力：

$$j = \sigma(E + u \times B) \tag{3-28}$$

式中，j 为电流密度矢量；B 为磁感应强度矢量；σ 为电导率；E 为电场强度；u 为熔池内部流速。

通过改变附加电场或磁场的方向及大小，可以调整所形成的定向洛伦兹力的方向及大小，从而在熔池内产生局部的超重或失重现象。通过这一效应可以改善熔池中的热质传输，比如通过施加与重力同向的洛伦兹力使熔池处于超重状态，便于排除熔池中的气体，并抑制熔池表面的起伏。

气泡运动计算过程中，单个离散气泡实时耦合熔池流体的速度，不考虑溶质元素的输运、气泡长大、气泡受到液体阻力产生的几何变形及气泡间的相互融合。同时假设析出形状为球形，根据试验测量空心粉内部气孔直径及试验气孔直径，

并结合仿真结果。图 3-35 所示为气泡
在熔池中的受力分析图，根据流体与气
泡的作用力与反作用力的关系，得到气
泡的运动方程如下：

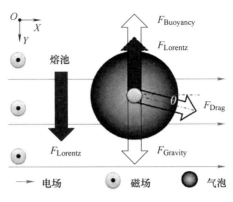

$$\frac{d(m_p v_p)}{dt} = F_{Drag} + F_{Gravity} + F_{Buoyancy} - F_{Lorentz}V$$

（3-29）

式中，m_p 为气泡质量；v_p 为气泡运动
速度；F_{Drag} 为流体拖曳力；$F_{Gravity}$ 为气
泡重力；$F_{Buoyancy}$ 为浮力；$F_{Lorentz}$ 为洛伦
兹力体积力；V 为气泡体积。

图 3-35　气泡受力分析示意图

3.5.2　洛伦兹力对熔池中气孔分布的影响

1. 洛伦兹力对平板激光熔覆过程中气孔分布的影响

试验材料及方法：电磁辅助激光熔覆试验所用的激光器为 2kW 光纤耦合半导
体激光器，运动机构为 ABB 工业机器人。通过在基体两侧施加稳态磁场（最大可
调场强 2T），同时在基体两端接入稳压直流大电源，施加恒定稳态直流电流（电流
密度固定为 $5 \times 10^6 \ A/m^2$）获得定向洛伦兹力。试验基材与熔覆粉末均为 Inconel
718，所用粉末为用气雾化法制备的球形粉末，粒径范围为 $50 \sim 150 \mu m$，其化学成
分见表 3-3。试样尺寸为 200mm × 20mm ×10mm，试验前经砂纸打磨并用丙酮清除
油污。将粉末置于 120℃ 的保温箱中干燥 2h。激光熔覆工艺参数：激光能量密度为
$1.35 \times 10^8 \ W/m^2$，扫描速度为 4.25mm/s，送粉率为 12g/min，保护气为氩气。将
经过熔覆后的试样沿扫描方向切开，经打磨抛光后在金相显微镜下观察纵截面的
气孔分布。

表 3-3　Inconel 718 试验基材与粉末的化学成分

元　　素	Fe	Cr	Ti	Al	Mo	Nb	C	Ni
质量分数	18.4%	19.7%	1.04%	0.64%	3.0%	5.17%	0.33%	51.72%

图 3-36a 所示为无洛伦兹力条件下熔覆层纵截面气孔分布图，从图中可以发现
熔覆层中存在少量规则的圆形气孔，其分布位置无明显的特征规律，尺寸为 $10 \sim$
$30\mu m$。文献中关于气孔形成的主要原因有：

1）保护气与环境中及粉末黏结的一部分水汽和 O_2 被搅入熔池，由于熔池冷却
速度极高，析出的过饱和气体来不及上浮逸出而形成气孔。

2）所采用的气雾化粉末内部存在空心粉。

图 3-36b、c 所示分别为洛伦兹力向上条件下 $B = 0.3T$、$B = 0.6T$ 时熔覆层纵

截面气孔分布图，随着磁感应强度增加，纵截面气孔数量由 37 个增加到 80 个，特别是在 $B = 0.6T$ 时出现了多个直径大于 $80\mu m$ 的气孔，且气孔在熔池底部偏聚。图 3-36d、e 所示分别为洛伦兹力向下条件下 $B = 0.3T$、$B = 0.6T$ 时熔覆层纵截面气孔分布图，随着磁感应强度增加，气孔数量明显减少，当 $B = 0.6$ T 时，可以得到无气孔、致密的熔覆层。

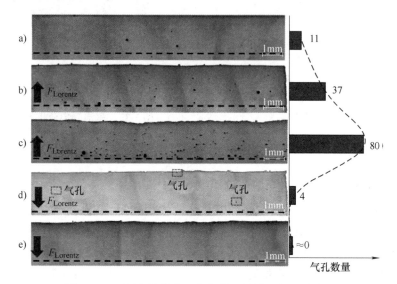

图 3-36 不同洛伦兹力工艺条件下熔覆层气孔分布图

a）磁感应强度 $B = 0T$ b）磁感应强度 $B = 0.3T$，洛伦兹力向上 c）磁感应强度 $B = 0.6T$，洛伦兹力向上
d）磁感应强度 $B = 0.3T$，洛伦兹力向下 e）磁感应强度 $B = 0.6T$，洛伦兹力向下

2. 洛伦兹力对槽类填充气孔分布的影响

试验采用机械工业中应用广泛的 316L 不锈钢板材，该材料无铁磁性且具有良好的耐腐蚀性能和力学性能。基体外形尺寸为 $200mm \times 20mm \times 10mm$，基体试样根据试验要求表面经机加工开槽，槽深为 3mm，夹角为 40°，用于激光再制造填充修复，具体尺寸和形状如图 3-37 所示。试验前，用砂纸对基体表面进行打磨，再用无水乙醇和丙酮依次清洗干净，去除油脂和污渍，以保持再制造过程中表面清洁，以免混入杂质。

试验采用的粉末材料选用气雾化制备的镍基粉末材料。图 3-38a 所示为 100 倍下镍基粉末的 SEM 形貌，由图可知，粉末基本为球形，且球形度相对较高，能保证粉末良好的流动性，避免了喷嘴的堵塞，利于熔化流动成形。图 3-38b 所示为镍基粉末 100 倍下的金相显微形貌，可了解到粉末内部截面情况。由图可以观察到存在粉末空心缺陷，在后续激光再制造过程中可能会影响修复层的孔隙率。同时，在试验之前将粉末材料在 120℃左右高温条件下进行烘干处理，减小吸潮对再制造质量可能带来的影响。

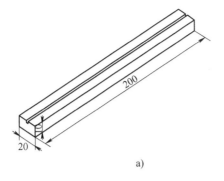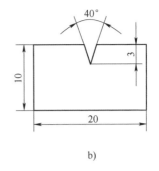

图 3-37　试验所用基体试样的尺寸和形状

a）三维尺寸示意图　b）横截面尺寸示意图

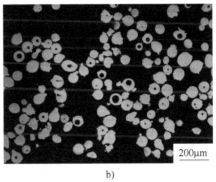

图 3-38　镍基粉末的显微形貌

a）电镜图　b）截面金相图

图 3-39 所示为对应低功率（1400W）、高扫描速度（10mm/s）、高送粉率（16g/min）三种不同工艺参数阈值条件下，附加电磁复合场（电磁复合场提供的电磁体积力与重力同向），在不同磁感应强度下的激光再制造修复 V 形槽的成形质量效果。由图 3-39 可知，低磁感应强度（400mT）下，修复区还有一些小孔隙，但是在高强度的磁场（1200mT）下，修复区已基本无孔隙。可以说，随着磁感应强度的提高，电磁力增大，气孔逐渐排除，底部边界处熔合不良现象明显得到改善甚至被完全抑制，内部的孔隙有逐渐被消除的趋势。由前述理论和仿真结果可知，电磁力使熔池纵向扩展深度加大，从而促使熔池流体对流，熔体向下的填充速度加快，在凝固之前能更好地与底部基体稀释，熔合更为良好。同时随着电磁力的增加，熔池对气孔的电磁挤压力增大，从而使小气孔能更快地逸出熔池。由此可知，电磁复合场的添加，在一定程度上减少了低功率、高扫描速度、高送粉率引起的成形质量缺陷，不仅可以保证低热输入量，还可以使修复区更为致密，成形质量更高，拓宽了激光功率、扫描速度、送粉率的参数选择范围，使快速修

复时能使用更低的激光功率或更高的扫描速度及送粉率，减小热输入量，提高修复区的性能。

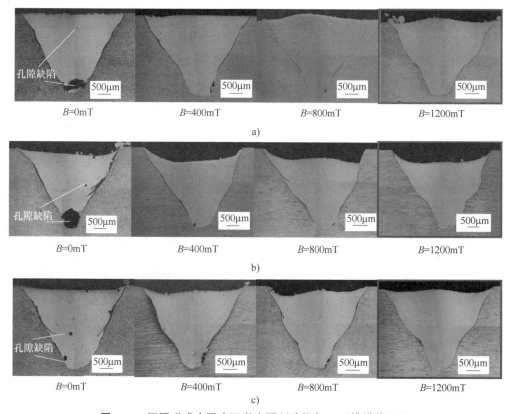

图 3-39　不同磁感应强度下激光再制造修复 V 形槽横截面图

a）激光功率阈值（1400W）　b）扫描速度阈值（10mm/s）　c）送粉率阈值（16g/min）

为了更进一步分析电磁场对低热输入下激光再制造修复 V 形槽过程中孔隙缺陷的调控情况，提取激光再制造修复 V 形槽沉积区，并对提取的横截面图像进行二值化处理，同时对孔隙的占比进行定量分析。由图 3-40 和图 3-41 可知，当未附加电磁复合场（$B=0$mT）时，三种激光工艺参数阈值（激光功率阈值、扫描速度阈值、送粉率阈值）对应的沉积层横截面由于有大量气孔和熔合不良，其孔隙率相对较高，依次为 4.023%、6.840%、1.242%，表明此条件下内部成形质量较差。当磁感应强度增加到 400mT 时，三种激光工艺参数阈值对应的沉积层横截面的孔隙率就已大幅度下降到 0.208%、0.112%、0.712%。沉积区内的气孔已基本排出，残留了少量的气孔，底部界面结合情况对比未附加电磁复合场（$B=0$mT）的横截面也有很好的改善，但仍然有部分区域未完全熔合，说明此时的电磁条件对孔隙缺陷的调控就已经很明显了，但仍不足以消除 V 形槽的孔隙缺陷，还可观察到孔隙。当磁感应强度增加到 800mT 时，对应的沉积层横截面的孔隙率下降到

0.104%、0.056%、0.086%，沉积区内部气孔由于受到的电磁挤压力增加，已基本无残留，但底部界面处仍然还有未熔合小区域。当磁感应强度增加至1200mT时，沉积层横截面表面通过显微镜已基本观察不到气孔和未熔合缺陷的存在，可认为此时孔隙率近似为零，因为从实际出发，仍然不排除有显微镜观察不到的极小孔隙存在，此时沉积层已达到十分致密的程度，致密度达到99.995%。总体来说，随着磁感应强度的增加，电磁力增大，低热输入条件下，激光再制造修复V形槽孔隙率有减小逐渐被消除的趋势，明显提高修复质量。

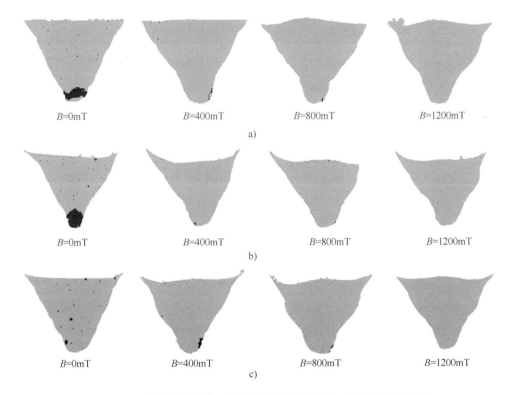

B=0mT B=400mT B=800mT B=1200mT

a)

B=0mT B=400mT B=800mT B=1200mT

b)

B=0mT B=400mT B=800mT B=1200mT

c)

图 3-40 不同磁感应强度对应的激光再制造修复 V 形槽沉积区形貌

a) 激光功率阈值（1400W） b) 扫描速度阈值（10mm/s） c) 送粉率阈值（16g/min）

在工艺参数阈值下，随着磁感应强度的增加，再制造修复区的孔隙率逐渐下降。且在磁感应强度 B=1200mT 时，所提供的电磁力影响效果明显，再制造修复区内部致密度达到99.995%。在低磁感应强度（B=400mT）区域，电磁复合场的添加对稀释区大小影响不大，在高磁感应强度（B=1200mT）区域，稀释率有略微增大的趋势，但这主要是由于修复区底部结合良好，其稀释区大小在合理范围内。

由平板熔覆和槽类填充两个试验可以看出，在不同大小洛伦兹力的作用下，熔覆层中的气孔分布发生了明显的变化。当施加向下的洛伦兹力时，熔池内的气泡数量和孔径大小均被抑制；当施加向上的洛伦兹力时，熔池内的气泡逸出更加困难，孔隙率和孔径大小随洛伦兹力的增加而增加。因此，利用洛伦兹力辅助激光熔覆，可有效地调控熔覆层内气孔分布。

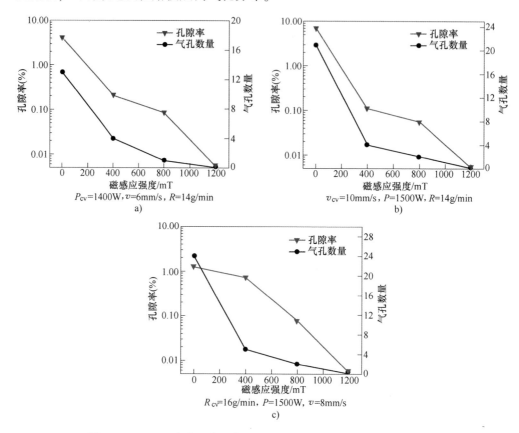

图3-41 不同磁感应强度下激光再制造修复V形槽沉积区的孔隙率

P_{cv}—激光功率阈值 v_{cr}—扫描速度阈值 R_{cv}—送粉率阈值 P—激光功率 v—扫描速度 R—送粉率

a) 激光功率阈值（1400W） b) 扫描速度阈值（10mm/s） c) 送粉率阈值（16g/min）

3.5.3 电磁场对气孔的调控及排气作用

激光熔覆过程中同时耦合稳态磁场和稳态电场在熔池中形成定向洛伦兹力，洛伦兹力的分布及大小会影响熔池的流速和气泡向上的"浮力"，通过改变洛伦兹力的分布及大小可调控气泡从熔池中逸出的情况及激光熔覆过程中熔池的排气能力。

1. 熔池内部洛伦兹力分布对气孔分布的影响

图3-42a所示为输入电流密度为 $5 \times 10^6 \mathrm{A/m^2}$，磁感应强度为0.6T，洛伦兹力向上（I号）条件下洛伦兹力分布图；图3-42b所示为输入电流密度为 $5 \times 10^6 \mathrm{A/m^2}$，磁感应强度为0.6T，洛伦兹力向下（II号）条件下洛伦兹力分布图，图中白色实

线为熔池轮廓线。图 3-42a 所示熔池表层洛伦兹力密度约为 $1.2 \times 10^5 \mathrm{N/m^3}$，底部洛伦兹力密度约为 $3 \times 10^5 \mathrm{N/m^3}$，底部至表层逐渐降低，这是因为熔池流体所受洛伦兹力由外加磁场与内部电流相互作用产生，高温流体集中于熔池表层，而熔体电阻率约为常温固态时的 20 倍，造成表层导电能力下降，使得电流更易从熔池底部通过，从而使表层流体所受洛伦兹力较小。图 3-42b 所示熔池表层洛伦兹力密度约为 $1.1 \times 10^5 \mathrm{N/m^3}$，底部洛伦兹力密度约为 $3 \times 10^5 \mathrm{N/m^3}$。尽管图 3-42a、b 所施加的洛伦兹力方向不同，但计算得到的熔覆层熔池液体的洛伦兹力数量级约为 10^5，相比重力体积力（$7.8 \times 10^4 \mathrm{N/m^3}$），外加洛伦兹力体积力的影响不可忽略。该体积力使得在 Ⅰ 号条件下熔池流体处于"失重"状态，Ⅱ 号条件下熔池流体处于"超重"状态。

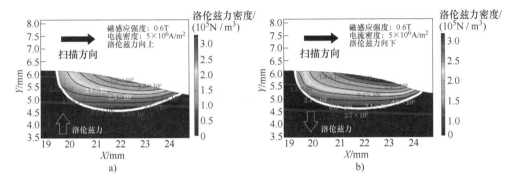

图 3-42 熔池内部洛伦兹力分布图

a）磁感应强度 $B = 0.6\mathrm{T}$，电流密度为 $5 \times 10^6 \mathrm{A/m^2}$，洛伦兹力向上

b）磁感应强度 $B = 0.6\mathrm{T}$，电流密度为 $5 \times 10^6 \mathrm{A/m^2}$，洛伦兹力向下

熔池流场分布特征：由前面的分析结果可知，熔池流场体积力状态发生变化，同时气泡在熔池中将受到流体拖曳力的作用，因此对熔池流场进行分析。图 3-43a 所示为无外场条件下，熔覆层纵截面速度场分布图，其中箭头代表速度矢量，箭头长度代表速度大小，白色曲线代表熔池轮廓线。熔池流体在表面张力梯度力的作用下，从中心沿熔覆层表面向左右两个方向运动，在重力作用下沿固液界面运动至熔池底部，又由于受到热浮力作用向上运动，所以形成左右环流，最高流速达 $0.1\mathrm{m/s}$，该流速与相关文献中的一致，说明此处速度场模拟的可行性。图 3-43b 所示为 Ⅰ 号条件下熔池纵截面流场分布图，图中最高流速约为 $0.03\mathrm{m/s}$，较未施加外场降低 62.5%，其主要原因为，外加稳态磁场所产生的感应洛伦兹力增加了流体的黏滞效应，所以熔池流场速度降低。图 3-43c 所示为 Ⅱ 号条件下熔池纵截面流场分布图，图中表面最高流速为 $0.06\mathrm{m/s}$，较未施加外场降低 25%，较施加向上洛伦兹力增加 50%。其主要原因是，熔池中外加电流产生的定向洛伦兹力与重力皆为体积力，当外加定向洛伦兹力向上时，熔池自然对流能力降低，不利于熔池表层流体沿凝固边界从表层向熔池底部输运。相反，当外加定向洛伦兹力向下时，

导致内部自然对流能力增强，弥补因磁滞黏性阻力造成的速度降低。

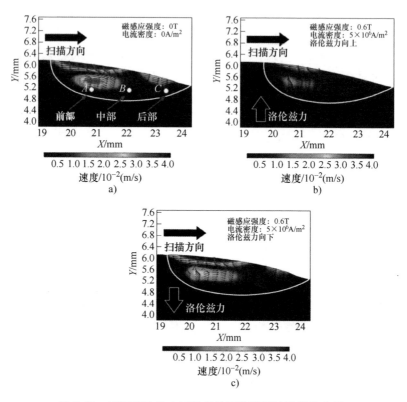

图 3-43 不同洛伦兹力工艺条件下熔覆熔池流场分布图

a）磁感应强度 $B = 0T$，电流密度为 $0A/m^2$ b）磁感应强度 $B = 0.6T$，电流密度为 $5 \times 10^6 A/m^2$，洛伦兹力向上
c）磁感应强度 $B = 0.6T$，电流密度为 $5 \times 10^6 A/m^2$，洛伦兹力向下

▶▶2. 洛伦兹力大小对气泡轨迹的影响

选取直径为 $30 \mu m$ 的气泡作为研究对象，然后分析不同洛伦兹力对其运动的影响。图 3-44a 所示为 A 点气泡轨迹图，当洛伦兹力向下时，气泡向上运动的能力增强，当磁感应强度增加至 0.6T 时，气泡摆脱了表层 Marangoni 对流的拖曳作用，从熔覆熔池中排出，其主要原因是稳态磁场的施加使得流体表层流速被抑制，降低了流体的拖曳作用。同时，向下的洛伦兹力增加气泡"浮力"，使得竖直方向向上的速度增加，有助于气泡从熔池中排出；当施加向上的洛伦兹力时，气泡运动方向发生转向，使其保留在熔覆层中。图 3-44b 所示为 B 点气泡轨迹图，当洛伦兹力向下时，随着磁感应强度增加到 0.6T，B 点气泡从熔池中逸出；当洛伦兹力向上时，特别是当磁感应强度较小时，气泡在熔池中做往复螺旋运动，其原因是向上的洛伦兹力使得气泡"浮力"降低，同时 B 点气泡位于熔池环流区域，受流体拖曳力的作用跟随流体运动，所以不易被凝固前沿捕获。图 3-44c 所示为 C 点气泡

轨迹图，同样，向下的洛伦兹力增强了气泡向上运动的能力，随着磁感应强度增加使得其运动更偏向上方，当洛伦兹力方向向上时，气泡运动方向随之改变。为了进一步说明洛伦兹力对气泡运动速度的调节作用，提取 A 点处气泡在磁感应强度为 0.6T 的条件下，其 Y 方向速度分布图如图 3-44d 所示，由图可知，当施加向下的洛伦兹力时，气泡在相同时刻点的速度值均较未施加洛伦兹力及向上洛伦兹力时高，证实了向下定向洛伦兹力具有加速作用。

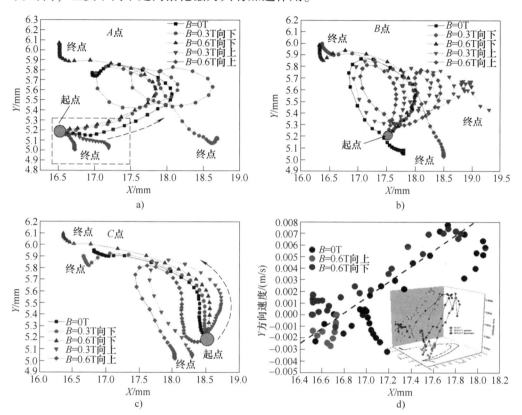

图 3-44   气泡在不同位置及不同洛伦兹力作用下的轨迹图
a) A 点位置   b) B 点位置   c) C 点位置   d) A 点位置气泡 Y 方向速度分布图

3.6   电磁场激光复合表面改性的工业应用

在诸多工业应用领域，往往零件的使用环境恶劣、工作时间长或者零件制造过程中出现偏差，导致零件受损或报废。而国家正在大力发展环保可循环产业，其低成本，节约材料的特点是再制造工程的优势，所以再制造工程得以成为科技和工业的新兴领域。再制造以恢复、提升及改造废旧零部件的性能为目标，使废旧零部件重新应用到工业生产中，具有节能、节材、减小环境污染等优势，是发展循环经济、建设节约型社会的重要举措。其中机械加工、电刷镀、堆焊、TIG焊、钎焊、热喷涂（火焰喷涂和等离子喷涂）等方法是传统的再制造手段，但此类方法在一定程度上存在着各自的使用局限或技术局限，不利于应用于批量化高成品率的再制造修复。

而随着科学水平和工艺水平的提高，市场对产品的性能要求和产品质量的要求越来越高。随着再制造应用领域的进一步拓宽，具有复杂结构、大尺寸的受损零部件的再制造加工问题逐步突显。传统再制造方法的加工显得越来越困难，成本也极大地提高，再制造的加工周期也被迫拉长。为应对越来越多的高复杂结构、大尺寸、高性能要求等标准的不断提高，研究者在开展了大量的研究工作之后，将激光加工的激光再制造技术作为装备金属零件尺寸和性能恢复与提升的先进技术方法。

激光再制造技术是以高能量激光束为能源对废旧零部件进行再制造加工的技术统称。激光再制造技术热变形小、热疲劳强度高、结合强度高。同时，激光再制造技术可对部件选定区域实施"近净成形"再制造，后续加工余量小，实现低成本、高效率、低能耗的重建修复，无须更换新的部件。但研究者在对激光再制造后零件的性能进行分析后发现，激光再制造后零件的个别指标能够达到同质材料的相应标准和规范，但总体上还是存在着一定的差距。其主要原因在于再制造技术成形机理的固有特性——"瞬态熔凝过程"所导致的部件内部的微观缺陷，如裂纹、气孔和孔洞等，其产生的原因包括工艺参数配置不当、内应力及熔合不良等。

激光再制造过程中的孔隙缺陷问题是由激光熔覆中其快速冷却和快速凝固的成形特点决定的，其实质是液态金属凝固期间未能及时逸出而残留在内部的气泡，或是金属流动过程中未熔合好而形成孔洞所引起的微观缺陷。气孔的存在不仅影响了修复区的性能，还会降低部件的耐腐蚀性能，最终缩短工件的使用寿命。而熔合不良造成的孔洞问题主要是受到工艺参数匹配下金属粉末熔化和流动的影响。

目前，为解决上述气孔或熔合不良等缺陷，大多采用调节激光工艺参数的方法。但各工艺参数间是相互联系与影响的，而且调节激光工艺参数本质上还是调节熔覆层熔池的外部传热边界，无法对熔池内部造成影响，不能从根本上解决熔覆缺陷的问题。如前文所述，研究者已经发现，在金属的凝固过程中引入电流、磁场等物理场可以有效地控制和改善金属凝固组织，利用电磁场所引入的热效应和体积力效应，可以对熔融金属进行非接触加热、搅拌和形状控制，可大幅改善激光再制造部件的性能。

下面介绍电磁场激光修复的三个典型应用场合，利用电磁场产生的定向体积力减少甚至消除气孔或熔合不良等缺陷。

▷▷3.6.1　铸铁件的电磁场激光复合修复

在机械设备中，泵壳、容器、法兰、填料箱本体及压盖等多采用铸铁制造，但在设备使用过程中由于材料本身的缺陷或使用工况较差，铸铁件很容易出现气孔、裂纹等缺陷，甚至发生折断而导致装备失效。为了对其进行再制造修复，对铸铁件的激光再制造修复技术的研究逐渐得到研究者的重视。

目前，零件的主要缺陷形式有铣槽缺陷（简称槽缺陷，是具有凹槽特点的一类缺陷，包括误加工的铣切沟槽、蚀坑、冶金孔洞缺陷及表面和内部裂纹等）。针对这类缺陷，激光再制造槽修复成为金属再制造的主流解决方案。

工程应用中，激光再制造在应用于表面槽缺陷修复过程中，多会伴随熔合不良、孔洞现象，尤其是槽的边界处，更容易形成孔隙缺陷。表面槽修复一般指的是对局部的受损区域进行加工前处理，提供激光再制造所需的相对规则的铣槽。不同形状的受损区域需不同形状的铣槽，尤其是为了不过多地破坏基体或者对于内部裂纹的修复，需要深宽比高的铣槽来满足修复性能要求，最后在铣槽区域利用激光再制造技术填充同材料或性能类似的金属。内部深裂纹的修复比表面浅裂纹修复要困难得多，考虑到本体材料合理剔除，需要更大的深宽比凹槽被引入，从而有更大的热输入量才能保证熔体与深凹槽结合良好。然而，在快速修复过程中，对修复区热输入的控制也是非常重要的。过大的热输入量一方面容易使修复区组织粗大，弱化修复区的综合力学性能；另一方面，会使热影响区扩大，进而对修复件本体的组织和性能产生较大的影响。更严重的是，过大的热输入量易使修复件产生较大的残余应力和变形。

已发现电磁力能够影响熔化和凝固过程，并已被用于在焊接和熔覆中改变熔体流动条件。Tsai Hai-Lung 等建立了电磁激光焊接过程中熔池的二维轴对称瞬态仿真模型，其计算结果表明，引入大小合适的电磁力可以在匙孔形成时增加熔池中液态金属的填充速率，使液态金属可以在短时间内从匙孔上部运动至底部，从而抑制气孔的形成。王梁等人采用数值模拟和试验相结合的方法，研究电磁场对碳化钨（WC）硬质强化颗粒在激光熔注过程中分布的影响，利用电磁力的作用，无须通过调整工艺参数即实现在激光熔注过程中 WC 硬质颗粒的功能梯度分布，成功获得了性能较优的功能梯度涂层。

针对现有激光沉积修复过程中存在的孔隙缺陷，在激光沉积修复过程中同步耦合稳态电场和稳态磁场，利用电磁复合场协同激光沉积技术，在修复区域产生定向洛伦兹力。作为一类外加体积力，起到驱动熔池内部流动，调控孔隙缺陷，提高修复件性能的作用。电磁场辅助激光沉积修复结果显示，在较低的激光热输入量条件下，V 形窄槽底部熔合不良造成的孔洞问题得到了有效调控，且修复区内部结构致密、无缺陷，同时性能得到提高，拓宽了激光工艺参数的应用范围。

以球墨铸铁为例，在研究铸铁件的再制造修复前，首先需要在球墨铸铁基体上研究多层激光熔覆工艺。对球墨铸铁激光熔覆气孔产生的机理进行分析可知，当熔覆层稀释率极低或者合金粉末含碳量较高时，能够有效避免熔覆层中出现气孔缺陷。但是，当合金粉末含碳量较高时，熔覆层容易出现一些脆硬相等，从而导致熔覆层开裂。故采用降低熔覆层稀释率的方法，研究球墨铸铁（QT-400）基体多层激光熔覆铁基合金粉末的工艺。选用表 3-4 给出的工艺参数，前一层熔覆完成后，机械手臂沿垂直方向升高 1.6mm（单层熔覆层高度），熔覆层数为三层。图 3-45 所示为 QT-400 基体多层激光熔覆整体形貌。从图中可以看出，熔覆层稀释率极小，熔覆区无裂纹，仅在底部有数量极少的小孔，且尺寸范围为 50 ~ 100μm。

表 3-4　QT-400 基体多层激光熔覆工艺参数

激光功率密度/（W/m²）	扫描速度/（mm/s）	送粉率/（g/min）	搭接率（%）	粉末材料
1.59×10^8	10	20	50	L$_1$ 粉末

图 3-45　QT-400 基体多层激光熔覆整体形貌

　　铸铁激光再制造过程中，由于球状石墨溶解并进入熔池中，修复区与热影响区之间的结合区容易出现一些硬质相，这是导致修复层开裂的主要原因之一。为了进一步研究该区域的显微组织，将结合区显微组织放大 1000 倍，如图 3-46 所示。结合区峰值温度可升至共晶点以上，属于熔池边缘的微熔区，包括熔池直接作用部分和溶质渗透稀释部分，因此结合区内仍有明显的组织过渡。基体附近巨大的冷速造成过冷度较其他区域更高，因此受到快速熔凝和材料稀释的双重作用，形成了特殊的组织形貌，可以看到结合区的组成相主要有莱氏体（Ld）、针状马氏体（M）、铁素体（F）、树枝奥氏体（A）和块状渗碳体（Fe$_3$C）等，物相复杂的主要成因是碳的存在形式，该区域有大量石墨球被溶解，而过冷则导致碳不能重新析出为石墨形态，因此分别溶入 α-Fe、γ-Fe 形成铁素体、奥氏体，或与 Fe 化合形成渗碳体，而速冷使得部分奥氏体未转化便与渗碳体形成共晶莱氏体，也有少量奥氏体转变为珠光体并于渗碳体共晶成二次莱氏体，形成了复杂的机械混合体。根据比例尺，图 3-46 所示的块状渗碳体、针状马氏体等硬质相尺寸为 20 ~ 80μm，尺寸较小。另外，结合区残留未溶解完全的球状

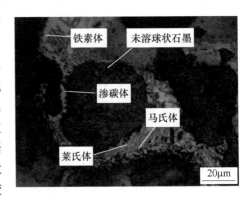

图 3-46　结合区放大 1000 倍显微组织

石墨。

球墨铸铁（QT-400）存在球状石墨，在共析温度以上加热时，随着保温时间的增加，石墨中的碳原子可源源不断地向奥氏体中扩散，使奥氏体的含碳量逐渐增加。冷却时，由于奥氏体中碳的平衡浓度要降低，因此又会伴随着碳原子向石墨高碳相沉积或析出。激光多层熔覆区界面以下属于热影响区，该区域未熔化，仅发生了固态相变，激光熔覆过程是急热急冷的处理过程，随着热量的传导，深度越深，热量作用的时间越短，当奥氏体冷却到 Ms 点（马氏体开始转变点）以下时，在热影响区的近界面处形成针状马氏体，如图 3-47 所示，热影响区的内层，加热温度和冷却速度持续降低，转变产物为隐晶马氏体及少量的屈氏体，具有优良的综合力学性能，属强化组织，随着层深的持续增加，激光的热量作用不足，基体组织没有显著变化。

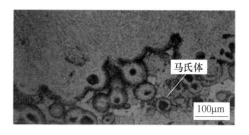

图 3-47　热影响区局部显微组织

下面对预制坡口的球墨铸铁件进行激光再制造修复，实现激光再制造技术在铸铁上的应用。QT-400 试板的规格为 $250\mathrm{mm} \times 150\mathrm{mm} \times 50\mathrm{mm}$，预制坡口尺寸如图 3-48 所示。

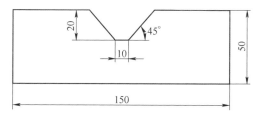

图 3-48　预制坡口尺寸

激光再制造修复过程如下：试验前，首先根据坡口尺寸和单道激光熔覆时熔覆层的宽度、高度及稀释率、搭接率，对机器人进行编程。其次，将铁基合金粉末置于干燥箱内，在 120℃ 下烘干半小时，然后将预制坡口表面用砂纸打磨去油去锈后再用酒精清理干净。修复时，将试板放在试验平台上，调整好同轴送粉喷嘴的起始位置。由于坡口呈倒梯形，每一层熔覆完成之后，下一层所要熔覆的宽度增加，熔覆起始位置也发生变化，因此需要重新调整熔覆起始位置，并根据所需的熔覆宽度增加搭接道数。每一层熔覆完成后，需要等待一段时间，这主要是为了防止试件温度过高产生较大的热应力，从而使基体变形，引起修复层开裂。图 3-49a 所示为修复后的外表面，从图中可以看出，其表面比较平整，经过着色探伤，结果并无裂纹和气孔。将试件沿宽度方向截开并抛光，如图 3-49b 所示，修复区稀释率极低，但仍与基体达到冶金结合，并留有一定的加工余量，整个修复区基本无气孔和裂纹出现，只有坡口斜边界面附近有个别小孔出现，这是因为在坡口斜面与底面相交的位置进行激光熔覆时，一部分粉末在斜面处熔化并与基体结合，另一部分粉末在底面熔化并与前一层熔覆层结合，容易出现上下层间的搭接不良，因此产生了很少量的气孔，气孔的尺寸大部分在 $50 \sim 100\mu\mathrm{m}$ 之间，偶然较大的孔的直径也小于200μm，远小于企业要求的气孔尺寸小于2mm的标准。

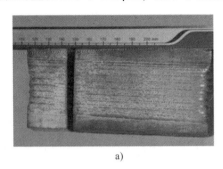 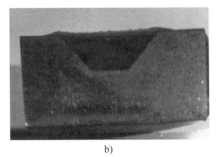

a)   b)

图 3-49　激光再制造修复后的实物照片

a) 外表面形貌　b) 横截面形貌

图 3-50 所示为无电磁复合场情况下的传统激光金属沉积 V 形窄槽底部结合不良的工艺临界值。通过大量的工艺窗口的探索性试验，获得了低功率（$P \leqslant$ 1400W）、高扫描速度（$v \geqslant 10$mm/s）、高送粉率（$R \geqslant 16$ g/min）的临界值。在此低热输入临界值条件下，在待修复 V 形槽底部尖角处的界面结合位置极易出现熔合不良现象，形成较大的孔洞，且随着临界值的改变，孔洞有逐渐增大的趋势，熔合不良现象更为严重，如图 3-50 所示。底部界面结合部位出现熔合不良孔洞缺陷主要是由于在低功率、高扫描速度或高送粉率情况下，熔池的热输入量降低，金属快速凝固，来不及填充流动到底部，对底部基体的稀释较小。同时也发现，由于熔池存在时间短，气孔来不及排出，修复区也仍然残留大量的气孔，这对于修复区的性能也是不利的。

在以上激光金属沉积 V 形窄槽工艺窗口的临界条件下，采用由浙江工业大学自行研制的电磁复合场耦合激光熔覆装置（图 3-12），在铸铁件修复过程中施加电磁复合场，通过施加不同磁场参数来解决低热输入下孔隙缺陷。图 3-51 所示为三种工艺参数临界值下，不同磁感应强度下激光沉积修复 V 形槽的孔隙率调控图。当未附加电磁复合场时，激光沉积 V 形窄槽的横截面由于有大量气孔和熔合不良孔洞，孔隙率都相对较高，依次为 4.023%、6.840%、1.242%。附加电磁场后，当磁感应强度增加到400mT 时，三种工艺参数临界值对应的沉积层横截面的孔隙率已大幅度下降到0.208%、0.112%、0.712%，说明此时的电磁条件对孔隙的改善作用就已经很明显了，但并未完全解决界面结合问题，仍然还可观察到相关孔隙的存在。随着磁感应强度的提高，电磁力增大，当磁感应强度增加至1200mT 时，沉积层横截面表面通过显微镜已基本观察不到孔隙的存在，可近似认为此时孔隙率为零，沉积层已达到十分致密的程度。总体来说，在低热输入条件下，随着磁感应强度的增加，电磁力增大，激光沉积修复 V 形窄槽孔隙率有减小且逐渐被消除的趋势，明显提高修复质量。分析其原因，主要是附加电磁复合场协同作用产生的电磁力与重力同向，使熔池纵向扩展深度增加，熔池作用区域变大，加快了熔体向下的填充速度，从而强化了熔体凝固前与底部基体稀释结合。

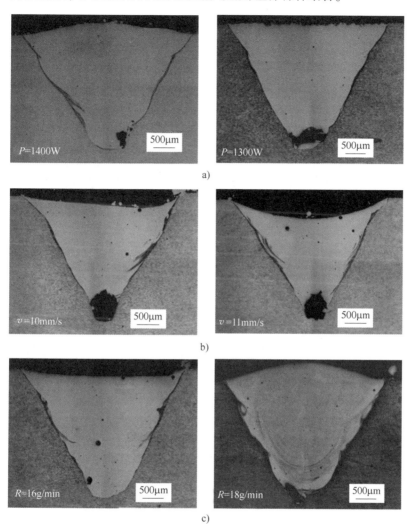

图 3-50　无电磁复合场时激光金属沉积 V 形窄槽底部结合不良的工艺临界值

a）激光功率 $P \leqslant 1400\text{W}$　b）扫描速度 $v \geqslant 10\text{mm/s}$　c）送粉率 $R \geqslant 16\text{g/min}$

孔隙的出现往往会影响修复区的力学性能。对气孔来说，其周围会密布着大量的微裂纹，是裂纹延展的源头。对未熔合形成孔洞缺陷来说，其对承载截面积的减小非常明显，应力集中比较严重，其危害性仅次于裂纹缺陷。室温下激光沉积 V 形窄槽的拉伸性能见表 3-5。拉伸试样有三种类型，分别为电磁场辅助优化后激光沉积的 V 形窄槽致密试样、传统激光沉积的 V 形窄槽缺陷试样和外加无激光加工处理的锻造母材的对照试样。经过电磁场辅助优化后的致密试样的修复区抗

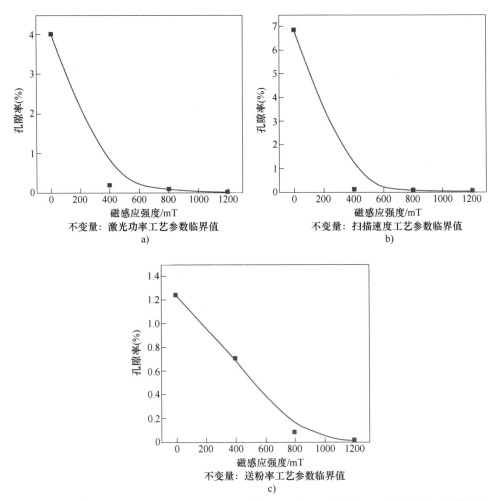

图 3-51　三种工艺参数临界值下，不同磁感应强度下激光沉积修复 V 形槽的孔隙率调控图

a）激光功率不变　b）扫描速度不变　c）送粉率不变

拉强度可达 596MPa，断后伸长率为 23.7%，且断裂部位位于基材区。对照基本锻造态的母材试样的抗拉强度（600MPa）和断后伸长率（25.3%），经过电磁场辅助优化后的激光沉积修复 V 形窄槽的抗拉强度可以达到原件材料的 99.3%。而对于无电磁场的传统激光沉积修复 V 形窄槽，其抗拉强度显著下降到 538MPa，且断裂位置位于修复区，断后伸长率小于 10%。

表 3-5　不同条件下激光沉积 V 形窄槽拉伸性能

试 样 类 型	抗拉强度/MPa	断后伸长率（%）	断 裂 位 置
电磁辅助激光沉积 V 形窄槽	596	23.7	修复区周围的基体
传统激光沉积 V 形窄槽	538	9.5	修复区
锻造态母材	600	25.3	母材

综上所述，在低功率、高扫描速度、高送粉率的低热输入条件下，激光沉积修复 V 形槽底部尖角处的界面结合位置极易产生熔合不良孔隙缺陷。而附加电磁复合场，随着磁感应强度逐渐增加，V 形窄槽孔隙率逐渐减小，且当磁感应强度控制在 1200mT 时，V 形窄槽修复区内基本无孔隙，可获得致密的修复区。通过电磁场的协同优化作用，可以克服传统激光工艺下的孔隙缺陷，拓宽传统激光沉积修复技术在低热输入下的工艺窗口范围。且由于添加电磁复合场改善了修复区的成形质量，修复件的拉伸性能显著提高。

▷▷ 3.6.2　高性能转子材料高性能表面改性

火力发电是目前重要的发电形式，具有性能稳定、供电质量高、技术成熟、适用范围广等特点。但火力发电会对环境造成巨大的危害，而超超临界燃煤火力发电技术可以有效减少污染物排放、降低能源消耗、提高燃煤利用率，是国际能源工业的主要发展方向之一。在火力发电中，热效率随着蒸汽参数的提高而上升。提高火力发电厂的蒸汽温度和压力，对其综合性能的要求也越来越高。目前，含 Cr 量为 9% ~ 12%（质量分数）的高 Cr 铁素体/马氏体耐热钢由于具有良好的强韧性、抗氧化性、抗腐蚀性和较高的持久强度、低膨胀性能，已被广泛应用在主蒸汽管道和汽轮机转子及叶片等关键部件。

如图 3-52 所示，汽轮机转子在服役过程中，其轴颈非常容易受损，这是制约其使用寿命的原因之一。其损伤原因主要有：

1）润滑系统中存在铁屑等杂质，运行过程中对轴颈表面产生损伤。

2）机组开停机时油膜失效导致轴瓦和轴颈之间摩擦。

3）机组运行时的振动损伤。

4）供油环境改变或载荷改变导致轴颈拉伤等。

而大型汽轮机转子的制造工艺复杂、成本高、周期长，转子受损后无法使用，修复远比替换要经济、环保。

易损部位

图 3-52　汽轮机转子

汽轮机转子作为超超临界汽轮机乃至整个发电机组设备中最关键的部件，随着其材料中 Cr 含量的提高，转子钢的导热性变低，影响了其表面润滑油油膜的铺展性，轴颈会发生烧熔现象，使得轴颈与轴承之间的摩擦特性变差，容易发生黏着、拉毛的异常磨损问题，在转子和轴承合金表面形成深浅、宽窄不一的凹槽，轻则引起轴系异常振动，重则导致转子断裂。防止汽轮机转轴轴颈在高速旋转过程中发生不正常磨损，成为汽轮机正常运行的技术关键。

针对超超临界汽轮机高铬铁素体/马氏体（含 Cr9% ~ 12%）耐热钢转子所出现的问题，研究者做出了大量的努力，同时也对转子表面改性方面进行了探究。毛雪平等在超超临界机组汽轮机材料发展状况中指出，传统含 Cr 量为 12% 的钢的不足之处在于导热性较差，为了防止轴颈发生烧熔现象，需要进行低 Cr 材料的堆焊。刘霞等在 X12CrMoWVNbN 转子表面以低合金耐热钢 2CrMo 焊丝作为填充金属，采用单丝埋弧堆焊方法在基体上堆焊了一定厚度的合金层，图 3-53 所示为转子模拟件的堆焊形貌。刘霞将堆焊层径向剖开，对试样进行了分析，发现埋弧堆焊稀释率大，如图 3-54 所示，堆焊层在离开母材表面 7 ~ 8mm 处含 Cr 量才低于 2%，接近堆焊填充金属的原始成分。此外，由于 2CrMo 堆焊层中的 C 当量比母材低，导致堆焊层金属的抗拉强度、硬度低于母材，但塑性、韧性高于母材，冲击韧性得到提高。

a)   b)

图 3-53   转子模拟件埋弧堆焊

a）堆焊过程 b）焊后形貌

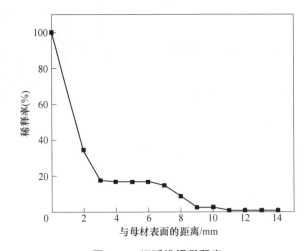

图 3-54   埋弧堆焊稀释率

一些研究者及研究所先后采取了嵌套、电镀、焊接轴头、氩弧焊等技术解决汽轮机轴颈部位摩擦性能恶化问题，但嵌套技术无法实现与基体的真正结合；电镀涂层薄且性能差；焊接轴头存在装配困难，难以准确定位的轴头容易使力量集中在焊缝上，造成焊缝开裂，质量堪忧；氩弧焊中氩气电势高，引弧困难，且会产生较多的紫外线及臭氧，污染环境，危害较大。

激光熔覆作为一种先进的表面改性技术，相较于埋弧堆焊等传统技术，具有稀释率低、热影响区小、与基体结合能力强、绿色无污染等优点，能够大大减少熔覆层数，节约工时和材料，提高转子轴颈表面改性效率。

下面对高性能转子进行激光再制造修复模拟，待熔覆转子模拟件材料为13Cr9Mo2Co1NiVNbN。表面改性选用的材料为1CrMo合金粉末，其粒度为45～109μm，作为熔覆材料对转子模拟件进行激光熔覆。

激光熔覆表面改性前先将转子模拟件中间部位进行开槽处理，开槽尺寸如图3-55所示，加工深度为12mm，底部宽度为20mm，凹槽上部宽度为44mm，凹槽表面经过加工，表面粗糙度达$Ra3.2\mu m$，使用丙酮清洗表面的油污，干燥后待用。

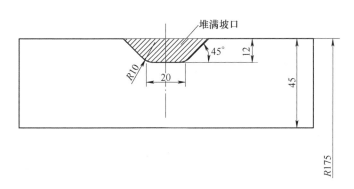

图3-55　转子轴模拟件激光熔覆图

电磁场辅助激光再制造修复过程如下：将激光熔覆用铁基合金粉末1CrMo置于烘箱内，在120℃下烘干2h。熔覆时以激光头固定、转子模拟件旋转的方式加工，照射位置为转子轴的顶端前方，同时采用随动式电磁场耦合激光熔覆装置（图3-11）给转子模拟件实物熔覆区域施加电磁复合场，磁感应强度为300～500mT，电流密度为5～8A/mm²。激光熔覆完成后对转子模拟件进行着色探伤、表面硬度测试及超声波无损探伤。

图3-56a所示为待激光熔覆的转子模拟件实物，激光熔覆过程如图3-56b所示。熔覆区域过高的热输入会导致转子变形，这对于精度要求极高的转子是不允许的。基于此，在试验过程中，对激光熔覆转子凹槽附近的部位进行温度检测，实时记录的温度检测值见表3-6。

 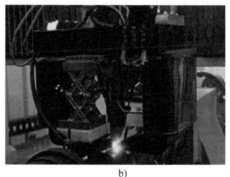

温度检测

a)   b)

图 3-56　转子轴模拟件激光熔覆

a）模拟件实物　b）激光熔覆过程

表 3-6　检测部位的温度变化

时间/min	0	2	4	6	8	10	12	14	16	18	20	22	24	26	28	30
温度/℃	24	50	59	63	67	74	77	81	84	87	92	93	96	99	95	82

通过激光熔覆过程中温度的实时监控，发现整个熔覆过程中（0～26min），检测部位的最高温度未超过100℃。激光熔覆后其检测部位的表面温度未见上升，并随着时间增加明显下降。正是由于激光熔覆技术具有加热集中、热影响区小的优势，激光熔覆区域附近基体的温度不高，对其旁部位的温度影响小，整个熔覆过程较为平稳、可控。

图 3-57a 所示为熔覆后的转子模拟件，从图中可以看出，熔覆层成形良好，表面平整。不计凹槽深度，熔覆层单边高度为4mm，高出目标尺寸3mm作为加工余量。对熔覆后的转子模拟件进行着色探伤，如图3-57b所示，结果显示无缺陷。由

a)   b)

图 3-57　激光熔覆后转子轴模拟件形貌

a）模拟件形貌　b）熔覆后着色探伤

于对表面精度要求高，不能使用维氏硬度、洛氏硬度等有压痕的硬度测试方法，因此采用 HTS-1000A 型数显里氏硬度计对转子模拟件及激光熔覆表面改性区域的硬度进行测试。测试方法：在转子模拟件最顶端随机取 3 点进行测试，之后将转子旋转 45°再在最顶端随机取 3 点进行测试，以此类推。转子转 8 次，每次 3 点，共 24 个测试点。测试结果显示，熔覆层各位置的硬度分布均匀，熔覆层的平均硬度达到 518HL（231HV）。熔覆后至转子模拟件完全冷却，对其熔覆层部位进行超声波无损探伤。结果显示，转子模拟件熔覆层仅存在少许点状缺陷，直径在 0.05 ~ 0.2mm 的范围内，该点状缺陷符合标准要求。

▶ 3.6.3　叶片等复杂薄壁件的电磁场复合激光增材修复

叶片作为汽轮机设备的关键零部件，对机组的经济性及安全性起着决定性的作用。汽轮机低压末级叶片的工作环境恶劣，末级叶片的工作区为湿蒸汽区，湿度为 9% ~ 14%，末级叶片圆周速度在 300m/s 以上。水分子因低压缸压力降低和过冷凝等结成水滴，在很高的轮周速度及离心力的作用下冲击动叶进汽侧，从而容易使叶片顶部进汽边产生汽蚀损伤。

统计资料表明，许多汽轮机组的事故均起因于叶片的失效。据美国电力研究协会（EPRI）统计报道，1977—1981 年间，由于汽轮机叶片失效而导致的全美电厂停机所造成的直接经济损失在 15.5 亿 ~18.4 亿美元之间。特别是近几年来受调峰降负荷运行影响，汽轮机运行工况较为恶劣，加剧了汽蚀现象的发生与发展。因此，叶片抗汽蚀能力的高低直接影响汽轮机的工作效率及安全运行。在汽蚀和疲劳等因素的共同作用下，叶片容易从进汽边开始损坏，当损坏到一定程度后整个叶片报废，需及时进行更换。叶片的造价很高，若能对局部冲蚀损坏的叶片进行修复重新应用，无疑将大大节省生产成本。

采用大功率半导体激光器对叶片进行修复，叶片修复区在进汽边附近，修复区域长为 100mm，宽为 30mm，如图 3-58 所示。激光器输出波长为 940 ~ 1060 nm，光斑尺寸为 12mm×2mm，扫描速度为 360mm/min，激光功率为 1100W。同时采用随动式磁场耦合激光熔覆装置给叶片修复区域施加磁场，如图 3-59 所示，电场采用电焊钳施加于叶片上，磁感应强度为 300 ~ 500mT，电流密度为 2 ~ 4A/mm^2。

修复位置

图 3-58　叶片修复位置

图3-59　叶片修复

图3-60所示为激光修复后的叶片，从图中可以看出，熔覆层成形良好，表面平整。对激光修复后的叶片取样进行显微硬度和耐汽蚀性能分析。

图3-60　激光修复后的叶片

通过对不同试样汽蚀面的扫描电镜形貌进行观察发现，基材的汽蚀面有许多分布不均匀、呈块状的汽蚀坑，形成一个个较深的孔洞，而在同样的汽蚀条件下，修复试样表面的汽蚀坑相对较浅，且分布相对均匀。这是由于叶片经激光修复和强化后，组织细化，元素分布均匀，无气孔、裂纹缺陷，对冲击凹坑的扩展具有很大的抑制作用，使叶片表面金属难以成片脱落。叶片经激光修复后的显微硬度、耐磨损性、耐汽蚀等性能比叶片基体有显著提高，可大幅提高叶片的使用寿命。

在激光修复工程应用中，其快速冷却和快速凝固的成形特点导致复合涂层仍然可能存在一些缺陷，如裂纹、气孔、熔合不良等。上述典型应用场合中，通过将外部施加电磁场产生的外加驱动力作用于熔池内部流体，调节了熔池传热、传质行为，对金属的凝固过程产生直接影响，消除了熔覆层中的缺陷，大幅改善了激光增材制造及再制造部件的性能。

参 考 文 献

[1] VELDE O, GRITZKI R, GRUNDMANN R. Numerical investigations of Lorentz force influenced

Marangoni convection relevant to aluminum surface alloying [J]. International Journal of Heat and Mass Transfer, 2001, 44 (14): 2751-2762.

[2] DENNIS B H, DULIKRAVICH G S. Magnetic field suppression of melt flow in crystal growth [J]. International Journal of Heat and Fluid Flow, 2002, 23 (3): 269-277.

[3] GATZEN M, TANG Z. CFD-based model for melt flow in laser beam welding of aluminium with co-axial magnetic field [J]. Physics Procedia, 2010, 5: 317-326.

[4] BACHMANN M, AVILOV V, GUMENYUK A, et al. About the influence of a steady magnetic field on weld pool dynamics in partial penetration high power laser beam welding of thick aluminium parts [J]. International Journal of Heat and Mass Transfer, 2013, 60: 309-321.

[5] BACHMANN M, AVILOV V, GUMENYUK A, et al. Numerical assessment and experimental verification of the influence of the Hartmann effect in laser beam welding processes by steady magnetic fields [J]. International Journal of Thermal Sciences, 2016, 101: 24-34.

[6] FRITZSCHE A, HILGENBERG K, TEICHMANN F, et al. Improved degassing in laser beam welding of aluminum die casting by an electromagnetic field [J]. Journal of Materials Processing Technology, 2018, 253: 51-56.

[7] 刘洪喜, 蔡川雄, 蒋业华, 等. 交变磁场对激光熔覆铁基复合涂层宏观形貌的影响及其微观组织演变 [J]. 光学精密工程, 2012, 20 (11): 2402-2410.

[8] 杨东升. 电磁搅拌辅助激光熔覆化纤切断刀的初步研究 [D]. 武汉: 华中科技大学, 2006.

[9] 蔡川雄, 刘洪喜, 蒋业华, 等. 交变磁场对激光熔覆Fe基复合涂层组织结构及其耐磨性的影响 [J]. 摩擦学学报, 2013, 33 (3): 229-235.

[10] 胡勇, 陈智君, 王梁, 等. 静态磁场对激光熔池传热及流动行为的调控作用数值模拟 [J]. 应用激光, 2014, 34 (6): 508-512.

[11] 王梁, 胡勇, 宋诗英, 等. 稳态磁场辅助对激光熔凝层表面波纹的抑制作用研究 [J]. 中国激光, 2015, 42 (11): 77-85.

[12] 王维, 刘奇, 杨光, 等. 电磁搅拌作用下激光熔池电磁场、温度场和流场的数值模拟 [J]. 中国激光, 2015, 42 (2): 48-55.

[13] GATZEN M. Influence of low-frequency magnetic fields during laser beam welding of aluminium with filler wire [J]. Physics Procedia, 2012, 39: 59-66.

[14] 刘洪喜, 纪升伟, 蒋业华, 等. 磁场辅助激光熔覆制备 Ni60CuMoW 复合涂层 [J]. 强激光与粒子束, 2012, 24 (12): 2901-2905.

[15] 王维, 刘奇, 杨光, 等. 电磁搅拌辅助钛合金激光沉积修复的电磁场模拟与验证 [J]. 红外与激光工程, 2015, 44 (9): 2666-2671.

[16] 钦兰云, 杨光, 卞宏友, 等. 电磁搅拌辅助激光沉积成形钛合金试验研究 [J]. 中国激光, 2014, 41 (3): 76-80.

[17] 余小斌. 电磁搅拌激光立体成形 GH4169 合金的组织和力学性能研究 [D]. 南昌: 南昌航空大学, 2015.

[18] 程洪茂. 电磁辅助激光修复 GH4169 合金的组织和力学性能研究 [D]. 南昌: 南昌航空大学, 2018.

[19] 钦兰云. 钛合金激光沉积修复关键技术研究 [D]. 沈阳：沈阳工业大学，2014.

[20] 丁浩. 交变磁场对钢/铝异种金属激光对接焊接头性能的影响 [D]. 镇江：江苏大学，2017.

[21] 谢德巧. 脉冲电流辅助激光快速成形镍基高温合金的工艺研究 [D]. 南京：南京航空航天大学，2014.

[22] VREELING J A, OCELIK V, PEI Y T, et al. Laser melt injection in aluminum alloys: on the role of the oxide skin [J]. Acta Materialia, 2000, 48 (17): 4225-4233.

[23] ANTONI-ZDZIOBEK A, SHEN J Y, DURAND-CHARRE M. About one stable and three metastable eutectic microconstituents in the Fe-W-C system [J]. International Journal of Refractory Metals and Hard Materials, 2008, 26 (4): 372-382.

[24] 徐滨士，董世运，朱胜，等. 再制造成形技术发展及展望 [J]. 机械工程学报，2012，48 (15): 96-105.

[25] 张安峰，李涤尘，梁少端，等. 高性能金属零件激光增材制造技术研究进展 [J]. 航空制造技术，2016 (22): 16-22.

[26] 王致坚，翟海波，刘宇，等. 激光再制造技术及其应用 [J]. 激光杂志，2010，31 (05): 35-37.

[27] 邢飞，唱丽丽，徐国建. 激光再制造关键技术及工程化应用 [J]. 2012，3 (3): 11-12.

[28] 王志坚. 装备零件激光再制造成形零件几何特征及成形精度控制研究 [D]. 广州：华南理工大学，2010.

[29] ZHOU J, TSAI H L. Effects of electromagnetic force on melt flow and porosity prevention in pulsed laser keyhole welding [J]. International Journal of Heat and Mass Transfer, 2006, 50 (11): 2217-2235.

[30] WANG L, YAO J H, HU Y, et al. Influence of electric-magnetic compound field on the WC particles distribution in laser melt injection [J]. Surface and Coatings Technology, 2017, 315: 32-43.

[31] 刘志良. 高铬铁素体耐热钢热稳定性研究 [D]. 淄博：山东理工大学，2010.

[32] 毛雪平，王罡，马志勇. 超超临界机组汽轮机材料发展状况 [J]. 现代电力，2005 (1): 69-75.

[33] 刘霞. 超超临界汽轮机中压转子轴径堆焊试验研究 [D]. 上海：上海交通大学，2007.

[34] GONG X F, YANG G X, FAN H, et al. Materials for ultra-supercritical steam turbines operating at the steam temperature above 600℃ [J]. Dongfang Electric Review, 2011, 25 (1): 7-13.

[35] 刘健铭. 基于汽轮机叶片材料17-4PH的激光修复与强化技术研究 [D]. 哈尔滨：哈尔滨工程大学，2018.

第 4 章

———

电化学激光复合表面改性技术与应用

4.1　概述

激光/（电）化学复合表面改性技术是利用激光及电化学等相关技术耦合改善表面性能的技术统称。根据电化学场的耦合方式可以分为异步和同步两大类，异步改性技术中包括激光刻蚀与微弧氧化复合改性技术、激光表面熔凝微弧氧化复合表面改性技术、激光表面熔覆微弧氧化复合表面改性技术、激光表面熔覆化学沉积复合改性技术等。除此之外，激光电化学复合的热力学沉积表面改性技术属于同步改性技术，该技术在电化学体系中引入高能激光束，激光照射改变了照射区域的电极状态、产生光电化学效应、热电化学效应和力电化学效应，进而影响光电化学反应电流和反应速度，加快金属离子的还原，改善改性层的沉积过程和质量。

本章将重点围绕激光复合溶胶凝胶法和微弧氧化复合激光强化技术开展论述。

4.2　激光诱导溶胶凝胶制备 TiC 复合增强涂层

4.2.1　激光复合溶胶凝胶改性技术概述

1. 溶胶凝胶法概述

溶胶凝胶法是指无机盐或有机金属化合物等前驱体通过水解与缩聚反应分别经过溶液、溶胶、凝胶等阶段，最终固化，再经热处理从而形成氧化物或其他固体化合物的方法。溶胶凝胶法具有许多独特的优点：

1）溶胶凝胶法中所用的原料被分散在溶剂中，从而形成了低黏度的溶液，能够在很短的时间内实现反应原料在分子水平上均匀混合性。

2）经过溶液均匀分散程序，微量的掺杂元素也能实现分子水平上的均匀分散。

3）后续化学反应容易进行。一般地，溶胶凝胶法制备材料的合成温度比高温固相反应的温度低得多，这是因为在溶胶凝胶体系中组分的扩散在纳米尺度内进行，而固相反应时组分的扩散是在微米尺度范围内进行的。因此前者所需的扩散激活能量和扩散路径更短，反应更容易进行。当然，溶胶凝胶法也存在一些缺点：一般整个溶胶凝胶过程所需的陈化时间较长，常需要几天或者几周；另外，在溶胶凝胶的后续反应中有可能释放出少量有毒气体。

1846 年，J. J. Ebelmen 首先进行了溶胶凝胶方面的研究。20 世纪 30 年代，W. Geffcken 采用溶胶凝胶法制备出了氧化物薄膜，为此种方法开了先河。直至1971 年德国学者 H. Dislich 采用溶胶凝胶法成功地制备出多组分玻璃之后，溶胶凝胶法正式在科学界掀起一股新潮，发展得到了质的飞跃。20世纪80年代初期，溶胶凝胶法被广泛应用于冶金粉末、超导材料、铁电材料、陶瓷材料、薄膜等的制备。

溶胶凝胶法以金属醇盐或金属无机盐为原料，通过水解、缩聚反应形成稳定的溶胶。其反应一般经过两个步骤，第一步为前驱体的水解反应过程，生成羟基化合物；第二步为羟基化合物的缩聚反应过程，经过上述水解缩聚后，形成透明且具有一定黏度的溶胶，其反应过程如下：

水解反应：

$$M(OR)_n + xH_2O \longrightarrow M(OH)_x(OR)_{n-x} + xROH \tag{4-1}$$

缩聚反应：

$$-MOH + HO-M- \longrightarrow -M-O-M- + H_2O \tag{4-2}$$

$$-M-OR + HO-M \longrightarrow -M-O-M + ROH \tag{4-3}$$

随着水解和缩聚反应的进一步进行，溶胶的黏度进一步增大，最终变成凝胶。然后凝胶通过干燥陈化，使反应剩余的溶剂及反应生成的水和醇从凝胶中挥发出去，最后得到干凝胶。溶胶凝胶的制备主要分两个步骤：

（1）溶胶的制备　溶胶是指极细小的固体颗粒分散在液体介质中的一种分散体系，其颗粒大小一般为1nm～1μm。制备溶胶的主要方法为分散法和凝聚法，其中分散法包括：

1）研磨法。主要有胶体磨和球磨机，用来将粒子研磨细小，一般只能将粒子磨细到1μm左右。

2）超声分散法。这种方法主要利用高频率的超声波达到分散的效果，操作简单，效率高，经常用于胶体的分散及乳状液的制备。

3）胶溶法。即把暂时聚集在一起的胶体粒子再次分散为溶胶。

而凝聚法主要有：

1）化学反应生成法。凡是能反应产生不溶物的水解反应、复分解反应和氧化还原反应都可以用来制备溶胶。

2）改变介质法。这种方法是利用同一物质在不同溶剂中的溶解度不同这一特性，使溶解于溶解度大的溶剂中的溶质，在加入溶解度小的溶剂后，由于溶解度的下降导致析出胶体粒子从而形成溶胶。

（2）凝胶的制备　胶体的特殊存在形式之一是凝胶。在合适的条件下，高分子溶液中或者是溶胶中的分散颗粒互相连接形成网络结构，这样导致网络结构中充满了分散介质，体系变为半固体状的没有流动性的胶冻，此时的物质即为凝胶。形成凝胶的方法有两种：干凝胶吸取亲和性的液体（溶剂）变为凝胶；在一定条件下溶液或者溶胶中的分散颗粒由于相互连接形成网络而成为凝胶（这一过程称为胶凝）。实际制备凝胶的第二种方法主要有：

1）改变温度，由于在不同温度下，物质在同一种溶液中的溶解度不同，通过升温和降温得到凝胶。

2）改变溶剂，用溶解度较小的溶剂代替溶胶中之前的溶剂可以使体系胶凝，从而获得凝胶。

3）加电解质，向溶剂中加入含有相反电荷的大量电解质也可以引起胶凝而获得凝胶。

4）进行化学反应，使高分子溶液或溶胶通过发生交联反应产生胶凝而形成凝胶。

▶▶ 2. 复合溶胶凝胶法制备陶瓷涂层

复合溶胶凝胶涂层制备工艺最早由 Barrow 等发明，是通过细陶瓷粉体和溶胶混合而形成复合浆料，然后与传统溶胶凝胶的制备方法一样，采用浸涂、喷涂或旋转等方法在基体表面制备预置涂层，最后煅烧处理得到涂层。复合溶胶凝胶的工艺为加入到复合浆料中的大颗粒陶瓷粉体被溶胶小颗粒所包覆，当浆料预置于基体上形成预置涂层后（图4-1），溶胶颗粒既包覆着陶瓷粉体大颗粒，同时也与基体紧密相连。图4-1 中，r 表示加入的陶瓷粉体颗粒的半径，d 表示由溶胶得到的颗粒直径。通过计算两种颗粒之间的体积比，可以估算出陶瓷粉体的合适加入量。用这种方法制备的厚涂层属于复合结构，由涂层主体和分散于其中的陶瓷粉体组成。这种方法的特点在于由溶胶制得的涂层主体、陶瓷粉体及基体之间结合紧密。并且当溶胶和粉体属于同种材料时，所制得的涂层具有和整体材料相同的优越性能。

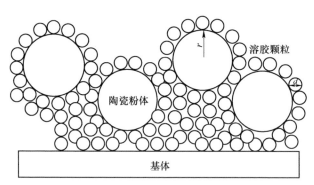

图 4-1　复合溶胶凝胶预置涂层包覆模型示意图

复合溶胶凝胶涂层法的基本原理与普通溶胶凝胶法基本相同，用复合溶胶凝胶法制备得到的涂层具有很多优点：

1）具有传统溶胶凝胶法的一切优点。

2）可以避免产生裂纹。当制备涂层较厚时，若采用传统溶胶凝胶法，由于有机物和溶剂不易溢出，导致涂层中产生缺陷出现裂纹。而采用复合溶胶凝胶工艺制得的厚涂层可以有效防止裂纹的产生，其原因在于：一是一种结合紧密的网络结构形成于涂层内部；二是溶胶中由于加入陶瓷粉体使相同条件下溶剂的体积分数大大减小，这样涂层在干燥和煅烧时由凝胶膜的收缩而产生的应力会大大减小，从而有效降低开裂倾向。

3）涂层比用传统溶胶凝胶法制备的涂层厚，其厚度为 5～200μm。

4）引入了一种材料间的新组合。传统溶胶凝胶法一般限于陶瓷氧化物的制备，而复合溶胶凝胶法中陶瓷粉体的选择范围更大，包括碳化物、氧化物及氮化物。

5）制得的涂层性能可与整体材料相媲美。

▶ 3. 激光复合溶胶凝胶改性技术概述

自 2006 年开始，Lin Li 教授团队对激光复合溶胶凝胶法制备陶瓷涂层的技术有了一些开创性的研究，在 EN-43 钢表面利用 Nd:YAG 激光器结合溶胶凝胶的方法制备出 4～5μm 厚的 Si/O/C 低摩擦无裂纹涂层，对比 CO_2 激光器所制备出的涂层，其表面硬度、致密度和耐蚀性均显著提高。采用高功率半导体激光器，以不同工艺参数作用于预先涂覆在低碳钢/EN-43/316L 基板上的二氧化钛凝胶、尿素和石墨的混合浆料，获得了与基体有良好冶金结合的 TiN 陶瓷强化涂层，涂层厚度可达 20～30μm，强度高达 22～27GPa。在氧化硅溶胶凝胶中加入氧化铬和碳化硅粉末，经激光作用，在 EN-43 钢表面原位生成亚微米级尺寸的 SiC 和碳化物 M_7C_3；通过激光熔覆事先预置在 EN-43/316L 钢基板上的由 B_4C、Ti-6Al-4V 和用溶胶凝胶法制备的纳米颗粒 Ti$(OH)_4$组成的混合粉末，原位合成了纳米结构的金属基硼化物复合涂层（MMC），抗磨损能力有了很大的提高；采用溶胶凝胶法制备出的氧化铝和氧化钛、尿素和石墨混合均匀的粉末预置于低碳钢基板，用高功率半导体激光器扫描得到 TiAlN 陶瓷涂层，其涂层与基体有良好的冶金结合，可提高涂层和基体间的界面结合强度，有较高的硬度和表面质量。

Y. Adraider 等将铝醇盐作为前驱体、异丙醇作为溶剂、冰乙酸作为络合剂制备 Al_2O_3 溶胶，将其预置于 SS316 钢基体后立即用波长为 248nm 的 KrF 准分子激光作用，沉积得到的 Al_2O_3 涂层的硬度值是干凝胶制备涂层的 4 倍，弹性模量为其 1/10，之后他们又使用浸渍法将 Al_2O_3 溶胶凝胶涂在不锈钢基体上得到干凝胶涂层和湿态的溶胶涂层，再用脉冲掺镱光纤激光在连续波（波长 $\lambda = 1064nm$）模式与不同的能量密度下辐射，获得了力学性能优良的 α-Al_2O_3 涂层。使用锆（IV）叔丁醇作为前驱体，异丙醇和水的混合物作为溶剂，用溶胶凝胶法合成氧化锆，用浸渍法涂到不锈钢基体，采用光纤激光器连续辐射，获得了四方晶格的氧化锆涂层。

M. Masanta 等采用自蔓延高温合成、溶胶凝胶和激光技术相结合的方法获得了 TiB_2-TiC-Al_2O_3-SiC 涂层，硬度和耐磨性得到提高，同时采用相同的复合方法对比了溶胶凝胶法制得的纳米 TiO_2 和市售微米级 TiO_2 所制得的 TiB_2-TiC-Al_2O_3 涂层，最终发现溶胶凝胶法所制得的涂层性能更优。

A. J. López 等分别采用高功率半导体激光辐射预先在铝基体上制备的溶胶凝胶 SiO_2 涂层，获得了更好的耐蚀性，硬度大幅提高，耐磨性更好。

同时，研究者对激光复合溶胶凝胶法制备生物活性陶瓷也做了一些研究。N. Mirhosseini 等用半导体激光辐射预置在 Ti-6Al-4V 基体上利用溶胶凝胶法制备的硅酸钙粉体，在表面获得了生物活性涂层。R. A. Bini 等以硝酸钙和磷酸作为前驱体用溶胶凝胶法制备了磷灰石，预置于钛基体表面并用 Nd：YVO_4 激光器辐照，最终得到羟基磷灰石（HA）和 β-磷酸三钙（β-TCP）涂层，该涂层具有良好的生物活性。E. S. Ghaith 等将纳米羟基磷灰石（HA）和 TiO_2 溶胶混合后预置于 316L 不锈钢表面，并用 30W Nd：YAG 激光器对表面进行辐照，最终得到生物活性涂层。

溶胶凝胶复合激光熔覆法可以制备高硬度、高耐磨性和高抗氧化性的陶瓷强化涂层，改变溶胶凝胶法制备的前驱体粉末的成分可以得到不同的陶瓷强化相，从而可以将陶瓷涂层应用于不同的场合。但目前采用溶胶凝胶复合激光熔覆法制备陶瓷涂层仍有一些问题亟待解决，例如，溶胶凝胶法制备前驱体粉末工艺优化、粉末预置方法优化、涂层原位反应机理、陶瓷涂层强化机制需进一步明晰，以及获得大厚度、高强韧的涂层制备技术等。可以预料，未来该技术的材料适用范围更广，溶胶凝胶复合激光熔覆将用来制备更多性能优良的陶瓷涂层。

TiC 具有密度低、强度高、弹性模量高、抗氧化、耐磨及耐腐蚀等优异的物理化学特性。同时，Ti 元素资源较丰富，较易获得，因而在复合材料中获得了广泛的应用。TiN 和 TiB_2 常被用来单独作为或者同时作为陶瓷复合增强涂层中的增强相。TiN-TiB_2 复合材料可以应用在需要具有高硬度的切割刀具、需要具有高温强度的喷气发动机及需要具有良好导热性和导电性的高性能电子系统。因此，下面将重点针对 TiC、TiN、TiB_2 的激光复合溶胶凝胶法制备展开论述。

4.2.2 激光诱导溶胶凝胶制备陶瓷增强涂层的试验方法

1. 溶胶凝胶法制备前驱体

采用激光复合溶胶凝胶法制备 TiC 增强陶瓷涂层，其前驱体粉末为 TiO_2 和 C 的混合粉末。采用激光复合溶胶凝胶法制备 TiN、TiB_2 陶瓷涂层，其前驱体粉末为 TiO_2、BN 和 C 的混合粉末。在溶胶凝胶过程中，加入 BN 和 C 的混合粉末，可使前驱体粉末混合均匀、结合紧密，以利于接下来在激光处理过程中充分反应。同时，溶胶凝胶法生成的 TiO_2 表面为非晶态，这将使反应所需要的温度更低，反应过程更迅速，原位合成的陶瓷增强颗粒更为细小。以下为制备该粉末的配方、工艺流程及装置。

（1）二氧化钛粉体的制备　目前制备二氧化钛粉体的方法大致可分为气相法、液相法和固相法三种。

1）气相法。气相法是通过气体或者利用各种方法将物质变成气体，使其在气体状态下产生物理变化或化学反应，最后在冷却过程中凝聚长大形成微粒的方法。气相法通常是在高温下瞬间完成的，对反应器的构造、设备的材质、加热及送料方式等有很高的要求。气相法主要包括气相氧化法、真空蒸发-冷凝法、氢氧火焰法及气体燃料燃烧法等。

气相氧化法主要采用 $TiCl_4$ 为原料，N_2 作为载气，O_2 作为氧源。通过高温反应，四氯化钛和氧气生成纳米二氧化钛。其反应方程式如下：

$$TiCl_4(g) + O_2(g) \longrightarrow TiO_2(s) + 2Cl_2(g) \tag{4-4}$$

施利毅、李春忠等人将 N_2 作为载气，载入 $TiCl_4$ 蒸气，预热至435℃后进入反应器，然后将 O_2 预热到870℃后也通入反应器，两者在900～1400℃的温度下反应生成了纳米 TiO_2 粒子。该方法的优点是自动化程度高，可制备出优质的粉体。

真空蒸发-冷凝法是在真空反应器中通入惰性气体，在保持一定压力的条件下对蒸发物质进行真空加热蒸发，然后液氮将蒸气冷凝成超细粉体。1987年，Siegles 等采用这种方法成功制备了纳米级二氧化钛。通过这种方法可以制备出高纯度的纳米二氧化钛，不同的压力和温度下可以制备不同尺寸的纳米粒子。

氢氧火焰法是通过把 $TiCl_4$ 气体通入到氢氧火焰中，通过气相水解反应得到纳米二氧化钛粒子。反应方程式如下：

$$TiCl_4(g) + 2H_2(g) + O_2(g) \longrightarrow TiO_2(s) + 4HCl(g) \tag{4-5}$$

气体燃料燃烧法是把一定量的 CO 和 O_2 通入燃烧器内充分燃烧，通过所产生的高温富氧气流与高温 $TiCl_4$ 蒸气快速反应生成 TiO_2。采用气体燃烧法合成纳米 TiO_2 时，CO 燃烧后的 O_2 流温度很高，因此反应十分迅速，反应停留时间短，生成的 TiO_2 颗粒粒度小。姜海波等研究了通过 CO 燃烧制备纳米 TiO_2 的技术，制备得到了粒度小于100 nm 的纯金红石型或锐钛型和金红石型混合的纳米 TiO_2。

气相法制备的纳米 TiO_2 粉体纯度高、粒度小、表面活性大、分散性好，反应快速且能实现连续生产，缺点是工艺复杂、能耗大、成本高。相比之下，液相法制备纳米 TiO_2 粉体的合成温度低、原料来源广泛、成本较低、设备和工艺简单且适合大规模生产，是制备纳米 TiO_2 粉体的常用方法。

2）液相法。液相法是通过溶解金属醇盐使其呈离子或分子状态，然后通过蒸发、结晶、升华、水解等过程或者通过加入合适的沉淀剂，使金属离子均匀沉淀或结晶出来，最后通过脱水或热分解得到粉体。液相法可以分为水解法、溶胶凝胶法、微乳液法、水热法、沉淀法等。

水解法一般是将四氯化钛溶液稀释到一定浓度，再添加少量稀硫酸用来抑制其水解，最后在磁力搅拌的条件下沸腾回流生成锐钛矿型纳米二氧化钛。

溶胶凝胶法是一种制备二氧化钛广泛采用的方法。它是将钛醇盐或钛的无机盐作为原料，经过水解和缩聚反应得到溶胶，再进一步缩聚为凝胶，最后通过干燥、煅烧凝胶得到二氧化钛粒子。唐电等以钛酸丁酯为原料，溶剂选用乙醇，蒸馏水用于水解，盐酸、磷酸、氨水和聚乙二醇作为催化剂，将钛酸丁酯、乙醇和蒸馏水按 1∶15∶1 的比例进行投料，在室温下反应，凝胶 70h，60℃下烘干，最后在马弗炉中煅烧得到 TiO_2。该方法制备得到的二氧化钛纯度高，煅烧温度较低，反应易于控制，杂质生成少，工艺操作简单，易于工业化生成。

微乳液法是制备纳米粒子的理想方法，微乳是由水、油、表面活性剂三者组成的一种热力学稳定体系。其中表面活性剂包裹水形成微水池，并在油中均匀分散，通过控制微水池的大小来控制超微颗粒的尺寸。施利毅等人采用微乳液法将含有 $TiCl_4$ 反应物和氨水的两个微乳液混合，通过胶团微粒碰撞得到了 TiO_2 纳米粒子。Manjari 等人采用此法用 $TiCl_4$ 中的 Ti 离子置换 Na-DEHSS 中的 Na 离子得到 Ti（DESS）$_4$，然后将上述物质作为反应物制备得到了纳米级的 TiO_2 微粒。

水热法是通过使化合物在密闭反应容器内，以水溶液作为反应介质，利用化合物在高温高压下离子活性增强和溶解度增大这一特性，从而使一般难溶或不溶的物质重新溶解并重结晶得到纳米粉体。赵文宽等人采用这种方法以钛酸丁酯为原料，得到了热稳定性高的锐钛矿型 TiO_2。该方法的优点在于得到的超细产品的分散性和纯度都很好，而且晶粒形状均匀，颗粒大小可控。其缺点是由于要经过高温高压的反应过程，对设备要求较高，生产的成本也较高。

沉淀法是通过化学反应使存在于溶液中的构晶离子从溶液中缓慢地释放出来，然后向其中加入沉淀剂，加入的沉淀剂并没有与沉淀组分发生化学反应，而是通过反应使沉淀剂在溶液中缓慢生成。

3）固相法。固相法合成纳米级 TiO_2 是利用固态物料热分解或固-固反应进行的，它包括氧化还原法、热解法和反应法等。由于此方法应用较少，在此不详细介绍。

此外，制备二氧化钛粉体还有机械粉碎法和电化学法等。机械粉碎法适合于大规模的工业化生产，能耗低，但污染程度高，只能得到 $1\mu m$ 左右的大颗粒，且产品在纯度、粒径分布和粒子外形上都较差。电化学法制备纳米材料，由于反应中没有引入其他杂质，产物纯度可以达到很高，但效率不高，无法工业化生产。

结合实验室条件及试验需要，本试验采用液相法中的溶胶凝胶法制备 TiO_2、BN 和 C 的复合粉体。

（2）前驱体配方分析 激光制备复合陶瓷增强的质量与制备的预置前驱体粉末的质量有很大的关系，因此需要对制备复合粉体的各配方的影响因素进行分析。

1）钛盐。钛盐为制备二氧化钛提供钛源，目前液相法制备二氧化钛所使用的钛盐主要有两大类，一类是钛醇盐，另一类是钛的无机盐。一般钛醇盐包括钛酸丁酯、钛酸异丙酯、异丙醇钛。钛的无机盐主要包括硫酸氧钛、四氯化钛。一般选用钛酸丁酯（Ti（OC_4H_9）$_4$）作为反应物为 TiO_2 提供钛源。

目前的研究结果显示，通过无机钛盐制备的二氧化钛粉体不仅具有较高的烧结活性，还可以用它来制备不同组分的氧化物陶瓷粉体。然而，采用无机钛盐易导致产生残留 SO_4^{2-}、Cl^- 等离子，这样最终只能得到纯度不高的产品。另外，无机钛盐成本高，因此这种方法不适用于大批量生产。由于采用钛醇盐制备二氧化钛是在水中发生水解反应，反应过程中很少引入杂质，同时由于可以在制备过程中直接从胶体溶液中分离得到二氧化钛，制备得到的粉体纯度高、颗粒细小。本试验后期使用的二氧化钛需要纯度高、颗粒细小，因此采用相对便宜的钛酸丁酯作为溶胶凝胶法制备二氧化钛的原料。

2）有机溶剂（无水乙醇）。无水乙醇在本试验中作为钛酸丁酯的溶剂，其加入量对凝胶时间有非常重要的影响。因为钛醇盐的水解反应非常迅速，无水乙醇在反应中作为溶剂能对钛酸丁酯的分散均匀性和流动性起着重要影响，随着无水乙醇量的增加，凝胶的时间延长。但是当无水乙醇的量过多时，钛酸丁酯的浓度会随之降低，反应形成的单体很难接触，成胶的时间会更加缓慢，甚至很难反应成胶。

3）去离子水。一般来说，随着加水量的增加，凝胶的时间会变短，但是当加水量达到一定值后，凝胶时间又会变长，这是因为加水量与新生成的溶胶的黏度和胶凝化时间关系密切。当加水量比水解化学剂量少时，溶液的黏度增大，胶凝时间缩短。但当加水剂量超过化学剂量时，黏度下降，凝胶的时间变长，这是由于过量的水稀释了缩聚物的浓度。

4）络合剂。溶胶凝胶法中加入络合剂是为了使钛粒子形成稳定的络合物，从而使溶液中游离钛粒子的浓度降低，这样不至于使水解与聚合的反应速度过快，以保证得到粒度合适的生成物。通常使用的添加络合剂包括柠檬酸、硝酸、盐酸、乳酸、苹果酸等。

5）表面活性剂。有研究人员发现，溶胶凝胶过程中钛酸丁酯水解时会先产生一次纳米颗粒，然后纳米颗粒相互碰撞慢慢长大为较大的颗粒。加入适量的表面活性剂可以降低粒子的长大速度，防止大颗粒的出现。一般有以下几种表面活性剂：阴离子表面活性剂、阳离子表面活性剂及非粒子型表面活性剂。

6）陶瓷材料与碳源。在制备 TiC 陶瓷增强涂层时，C 作为碳热还原反应的主要材料，其结构形态、晶粒尺寸对反应至关重要。以微米石墨为基体，添加不同配比的纳米石墨、碳纳米管作为原位反应法制备 TiC 陶瓷颗粒的碳源。石墨与碳纳米管的主要区别在于碳原子的结构形态，石墨一般是层片状晶体，碳纳米管呈管状。由于原子结构的差异，粉体比表面积不同，从而影响溶胶凝胶粉末的包覆状态，以及原位反应体系中的反应情况。以 45 钢为研究对象时，主要研究了微米石墨、纳米石墨和碳纳米管为碳源对复合涂层反应过程及涂层性能的影响。以 3Cr13 钢为研究对象时，主要研究了微米石墨和碳纳米管为碳源对复合涂层反应过程及涂层性能的影响。

在制备 TiN、TiB$_2$ 陶瓷涂层时，以 BN 和石墨作为凝胶复合粉体。加入的 BN 和石墨微粒属于微米级，粒径为 5 ~ 20μm。粒子过细容易产生聚团，粒子过大时，由于重力较大不易形成悬浮液，同样影响后续复合粉体的制备。颗粒的加入量主要考虑后期分解为氮原子和硼原子反应的需要，石墨颗粒的加入量主要考虑后期二氧化钛碳热反应的需要，因此需要根据反应方程式配比添加，当然也要考虑氮化硼和石墨颗粒的浓度，这是由于颗粒浓度太高容易导致颗粒之间的团聚，造成二氧化钛在其表面沉积不均匀，影响三者的混合均匀性。因此，必须合理选择石墨颗粒的粒度及溶剂量。

（3）前驱体制备影响因素　溶胶凝胶法制备粉体的主要影响因素如下：

1）温度。反应温度对溶胶凝胶反应过程有着重要影响。随着水解温度的升高，水解反应速率加快，胶粒动能变大，相互之间的碰撞次数增多，粒子更加容易团聚，缩合反应加快，这样凝胶时间会变短，溶胶也变得不稳定。温度低于40℃时，凝胶时间较长，胶粒长大明显；而温度超过50℃时，凝胶时间又太短，同时较高温度会导致产生多种复杂的水解-聚合反应，会生成含碳量高、不易挥发的有机物等产物，使生成的 TiO$_2$ 粉体的纯度下降。因此将反应温度控制在 20 ~ 40℃，即室温下即可。

2）搅拌速率。钛醇盐水解的过程中，溶液的搅拌速率对生成胶体的粒子尺寸有着重要影响。搅拌速率过快的情况下，尽管能够使反应物充分混合从而加快反应的速率，但胶体离子的快速运动会使粒子之间碰撞的概率大大增加，这样增加了粒子之间的团聚概率；搅拌速率过慢的情况下，不能使反应物之间充分混合从而相应地降低了水解反应速率，这样便导致缩聚反应成为主反应，也会增加粒子之间的团聚性。一般采用中速搅拌。

3）钛醇盐浓度。当钛醇盐浓度达到一定值后，继续增加其浓度会导致过饱和，从而使形核速度比胶粒的生长速度快，导致水解缩聚反应在短时间内就完成，这样产生的粒子由于得不到足够的生长出现团聚甚至沉淀现象；反之，当钛醇盐浓度下降到某一值时，会使水解速度和聚合速度降低，极大地增加了成胶时间。因此，试验中需要选用合适的钛醇盐浓度。

4）加水量。水量对溶胶凝胶过程中的成胶结构及粒度影响很大。水量过少会导致水解反应不够充分，同时使形成的胶粒黏度增大，胶凝过程在短时间内完成；水量过多会使胶粒的表面吸附多余的水，由于水分子与胶体表面羟基之间的氢键作用而产生桥接作用，影响颗粒在凝胶过程中的长大，出现严重团聚现象。

制备粉体的主要设备包括数显恒温磁力搅拌器、超声细胞粉碎机、过滤装置、电子天平等。其中超声细胞粉碎机用来制备石墨颗粒悬浮液，防止石墨颗粒聚团。溶胶凝胶法制备前驱体复合粉体的工艺流程如图 4-2 所示，试验中将无水乙醇分为两部分，一部分与钛酸丁酯和盐酸充分混合，得到溶液 A，另一部分与水及表面活性剂混合得到滴加溶液 B。将溶液 B 逐滴加入到溶液 A 中得到混合溶液，然后将得到的混合溶液在磁力搅拌器上搅拌，在搅拌的同时加入陶瓷与碳源，然后采用超声波细胞粉碎机分散，最后沉淀得到溶胶，溶胶陈化 12h 后转化为凝胶。将凝胶放入真空干燥箱中，恒温 150℃ 干燥 6h，然后将其研磨得到试验所用的复合粉体。

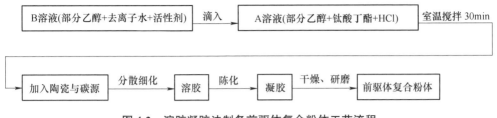

图 4-2　溶胶凝胶法制备前驱体复合粉体工艺流程

▶ **2. 前驱体粉末的预置**

由于溶胶凝胶法所制备的粉末黏度较大、粉末细小，通常采用预置的方法实现激光熔覆。用于激光熔覆的较好的预置层需要满足的基本条件大致有：预置层有一定厚度，熔覆后能够形成增强涂层；预置层致密、完整且与基体接触较紧密；预置材料中用以原位反应的各物相需接触紧密、均匀混合。

预置方法大致有以下几种：

（1）喷涂法　将火焰或者电弧作为热源将溶胶凝胶粉末迅速加热到熔化或半熔化状态，再经过高速气流或者焰流使其雾化，加速喷射在基体表面，此种方法得到的涂层的结合力弱，并且不能保证反应充分进行，所得涂层较薄。

（2）旋涂法　通过控制匀胶的时间、转速、滴液量及所用溶胶的浓度、黏度来控制成膜厚度，然后进行激光熔覆。此种方法所得的涂层极薄，并且涂覆的溶胶无法保证颗粒的包覆性，几乎无法得到 TiC 涂层。

（3）浸渍法　将基体放置于溶胶体内部浸涂、提拉，久置之后溶胶会陈化为凝胶，但悬浮的石墨与溶胶分离沉积到底部，不能形成 Ti（OH）$_4$ 与石墨均匀混合的凝胶预置层。

（4）粉末涂覆法　搅拌溶胶并同时加热，使其成为黏稠且混合均匀的凝胶，而后烘干碾磨得到干燥、质轻的粉末，再将粉末平铺于基体并压实，将酒精逐步滴入所铺粉末上，待酒精渗透润湿粉末后自然风干或吹干，即得到具有一定厚度且与基体有较强黏附力的预置层。该方法的特点是酒精逐步滴入的过程中将压实的粉末进一步黏合紧密，且分散了黏合过程中的应力。因此该方法为最优预置方法。

▶ **3. 激光熔覆方法**

使用光纤耦合半导体激光器，运动装置采用六自由度机器人，在密闭的充满保护气的装置中进行激光熔覆试验，激光熔覆系统如图 4-3 所示。激光器输出波长为 900 ~ 1030 nm，最大输出功率为 2kW，产生直径为 4mm 的圆形光斑。激光工艺参数：激光功率为 800 ~ 1500W、扫描速度为 1 ~ 7mm/s、氩气流量为 20L/min。

通过改变激光工艺参数，研究激光熔覆工艺参数对涂层组织及性能的影响，

 173

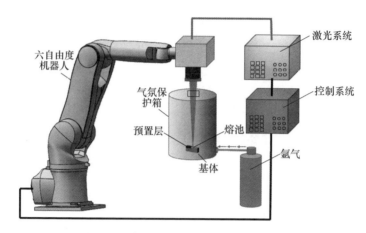

图4-3　激光诱导溶胶凝胶装置示意图

以及对选择原位反应的影响，并找到最优工艺参数；采用最优激光熔覆工艺参数对不同配比下的前驱体粉末进行激光熔覆试验，研究不同配比前驱体对涂层组织和性能的影响，研究不同陶瓷与碳源加入的作用及该激光工艺参数下原位反应的机理。

▶ 4.2.3　碳钢表面激光诱导溶胶凝胶制备 TiC 陶瓷增强涂层

▶ 1. TiO₂/C 复合凝胶涂层的制备

采用溶胶凝胶法制备前驱体粉末，溶胶凝胶工艺制备凝胶用到的材料为钛酸丁酯、无水乙醇、去离子水、碳源，用于激光熔覆原位反应的物质为 TiO_2 与 C 的混合物。采用溶胶凝胶法制备 TiO_2，可以降低激光熔覆过程中反应所需的活化能，使反应更加充分。TiO_2 具有不同的同质异构体，最常见的组织有锐钛矿和金红石两种，其中，锐钛矿结构为亚稳态相组织结构，会随着温度的升高转变为稳定的金红石组织。本研究通过溶胶凝胶方法制备的 TiO_2 为纳米级锐钛矿组织形式，性能远高于普通的粗晶材料。

图4-4 所示为添加纳米石墨时不同碳源下所制备的凝胶粉末的形貌，其中图4-4a 所示为微米石墨与 TiO_2 的复合粉末，其他为不同比例纳米石墨与微米石墨和 TiO_2 的复合粉末。图4-5 所示为添加碳纳米管时不同碳源下的凝胶粉末形貌，图4-5a 所示为微米石墨与 TiO_2 的复合粉末，其他为不同比例碳纳米管与微米石墨和 TiO_2 的复合粉末。

本节将对不同碳纳米管配比的粉末在一定工艺参数下进行探索，寻求最优的粉末配比，图4-5 所示为不同碳纳米管配比粉末的 SEM 图片，从图中可以看出碳纳米管、微米石墨和 TiO_2 粉末构成了纳米粉末包覆微米粉末的亚微米粉末结构，表明在用溶胶凝胶法制备粉末的过程中碳纳米管不仅仅是纯粹的物理混合，同时

图4-4 不同纳米石墨质量分数下的凝胶粉末形貌

a) 100% 微米石墨　b) 20% 纳米石墨 +80% 微米石墨　c) 40% 纳米石墨 +60% 微米石墨
d) 60% 碳纳米石墨 +40% 微米石墨　e) 80% 纳米石墨 +20% 微米石墨　f) 100% 纳米石墨

还起到了物理架构的作用。随着碳纳米管粉末的增多，裸露的碳纳米管随之增多，在 100%（质量分数）碳纳米管中更是形成了巨大的团聚状的球体，这种团聚现象会导致在激光熔覆过程中粉末以团聚状进行反应，从而导致超大硬质团在涂层中存在，使得涂层整体分布不均匀，故而需要避免这一现象，在适合的粉末配比下，同时避免涂层中的团聚现象和纳米粉末的烧损，获得最优的涂层。

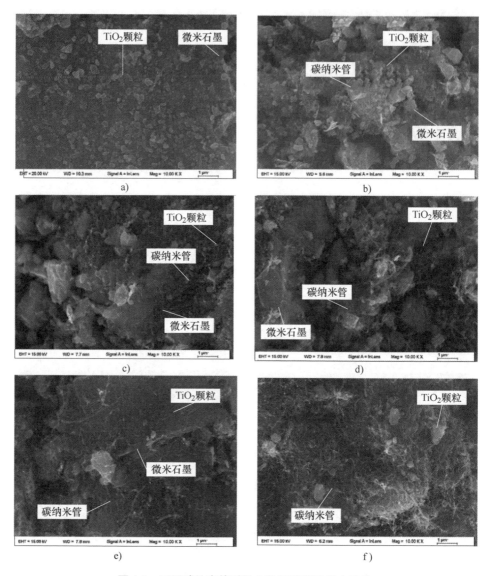

图4-5 不同碳纳米管质量分数下的凝胶粉末形貌

a）100%微米石墨 b）20%碳纳米管+80%微米石墨 c）40%碳纳米管+60%微米石墨
d）60%碳纳米管+40%微米石墨 e）80%碳纳米管+20%微米石墨 f）100%碳纳米管

⧉2. TiC复合涂层的工艺可控性研究

采用45钢作为基体，选择微米石墨、纳米石墨、碳纳米管为碳源，选用气流量分别为0L/min、10L/min，扫描速度分别为2mm/s、4mm/s、6mm/s、8mm/s，激光功率分别为600W、800W、1000W、1200W进行了工艺参数优化。表4-1列出了改变激光功率、扫描速度及气流量中的一个变量所进行的试验参数，以期得到最佳的激光工艺参数。

表 4-1 激光工艺参数及熔覆情况

试样	激光功率/W	扫描速度/(mm/s)	气流量/(L/min)	熔覆形貌和 TiC 颗粒含量
A1	600	2	10	颗粒集中于上部,颗粒较少
A2	800	2	10	涂层良好,颗粒密集
A3	1000	2	10	涂层良好,颗粒密集
A4	1200	2	10	熔池过深,颗粒较少
A5	1000	2	0	缺陷过多,颗粒较少
A6	1000	4	10	涂层良好,颗粒较少
A7	1000	6	10	熔池过浅,颗粒较少
A8	1000	8	10	熔池过浅,颗粒较少

研究发现,当扫描速度为 2mm/s 时,涂层的颗粒较多,分布也十分均匀,如图 4-6 所示。而当扫描速度增大到 4mm/s 以上时,涂层分布不均匀,并且颗粒含量也降低。这是因为扫描速度越大,熔覆时熔池受热时间越短,激光输入的热量不足以促进碳热还原反应而生成 TiC,因此 TiC 颗粒相对减少。

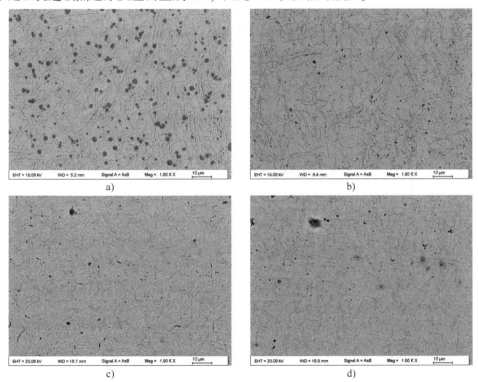

图 4-6 不同扫描速度下涂层横截面的组织形貌

a) 2mm/s b) 4mm/s c) 6mm/s d) 8mm/s

激光的能量密度为

$$E_s = P/Dv$$

式中，P 为激光功率；v 为扫描速度；D 为光斑直径。

因此综合激光功率与扫描速度对涂层组织形貌的影响，可以认为是激光的能量密度对涂层组织形貌产生影响，其影响如下：在确保 TiC 强化颗粒能够生成且能形成熔覆层的前提下，激光能量密度越低，熔覆层中得到的强化颗粒含量越高；激光能量密度越高，杂质相生成越多，且熔覆温度越高。由于 TiC 在生成时对激光能量的吸收率较基体高很多，当温度过高时，TiC 颗粒开始溶解，因此涂层内部 TiC 含量低。

图 4-7 所示为不同激光功率下涂层横截面的组织形貌。对比涂层发现，随着激光功率的升高，TiC 颗粒含量呈降低趋势。当激光功率为 600W 时，颗粒分布集中于涂层上部，并且有明显的团聚现象。当激光功率达到 1200W 时，则几乎无强化颗粒出现。这是因为随着激光功率升高，激光熔覆时熔池温度也会升高，原位生

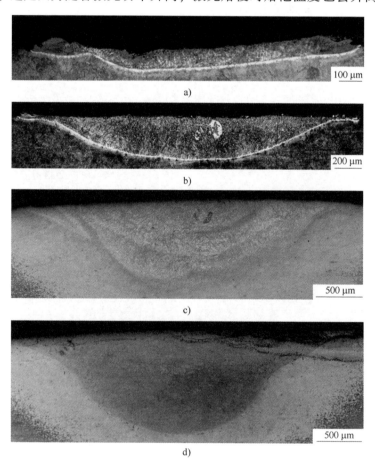

图 4-7　不同激光功率下涂层横截面的组织形貌

a) 600W　b) 800W　c) 1000W　d) 1200W

成的 TiC 颗粒在超过一定温度后会大量溶解，从而导致 TiC 颗粒减少，并且激光功率的升高有利于一些其他化学反应进行，生成了杂质相，这也是 TiC 颗粒减少的原因之一。由图 4-7 可知，激光功率为 800W 和 1000W 时所形成的熔覆层中 TiC 颗粒相对均匀，分布密集，从涂层形貌上来看厚度适中，避免了匙孔效应带来的缺陷，并且能够形成具有一定厚度的完整的涂层。

从熔覆层横截面形貌及强化相颗粒分布的角度出发，将激光功率为 800 ~ 1000W，气流量为 10L/min，扫描速度为 2mm/s 作为该工艺条件下的最优工艺。

图 4-8 所示为在激光功率为 800W、扫描速度为 2mm/s、保护气流量为 10L/min

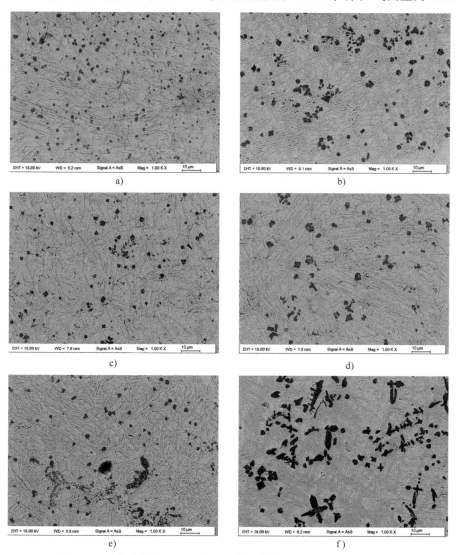

图 4-8　激光功率为 800W 时不同碳纳米管质量分数下的涂层形貌

a）0% 碳纳米管　b）20% 碳纳米管　c）40% 碳纳米管　d）60% 碳纳米管　e）80% 碳纳米管　f）100% 碳纳米管

时不同碳纳米管质量分数下的涂层形貌。可以发现，随着碳纳米管粉末的增加，TiC 颗粒总体呈增大的趋势，并且有向下团聚的趋势。TiC 的形貌也有了很大的改变，可以发现，在不含碳纳米管时，TiC 颗粒都呈不规则的小颗粒状，而随着碳纳米管的添入，越来越多的花瓣状 TiC 在涂层中生成，这可能是因为熔池所吸收的热能与粉末中的碳纳米管质量分数有关，因为在激光熔覆过程中碳纳米管对能量的吸收较基体高，致使激光束通过后熔体的相对凝固冷却速度有所减慢，形成了粗大的花瓣状析出物，而另一种可能是碳纳米管的增加导致了在熔覆过程中驱动 TiC 颗粒生长的熔融液体金属驱动力上升，故而形成较大的花瓣状 TiC 颗粒。

图 4-9 所示为激光功率为 800W 时不加碳纳米管和加入 100% 碳纳米管时涂层放大后的形貌，表 4-2 列出了各区域组织的 EDS 数据分析，可以认为黑色颗粒为 TiC，针状组织为高碳马氏体，白色区域为固溶体。其中 100% 碳纳米管涂层中的 TiC 颗粒更是能长大到 10μm 左右，并且呈花瓣状。这是由于在 100% 碳纳米管粉末中仅含纳米级的碳纳米管及 TiO_2，由于纯纳米粉末的表面能更大，表面活性更高，单个纳米粉末的存在极其不稳定，故而有吸附周围粒子而达到稳定的趋势，使得 100% 碳纳米管粉末在激光熔覆过程中更易团聚，从而丧失了纳米粒子的优异特性。

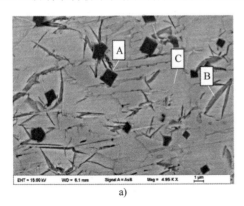 

a)　　　　　　　　　　　　　　　　b)

图 4-9　激光功率为 800W 时不同碳纳米管质量分数下的涂层放大后组织形貌

a）0% 碳纳米管　　b）100% 碳纳米管

表 4-2　图 4-9 所示各区域 0% 碳纳米管和 100% 碳纳米管涂层
化学成分（图 4-9a/图 4-9b，摩尔分数）

区　　域	Fe（%）	Ti（%）	C（%）	Si（%）
A	13.71/1.74	30.70/50.37	52.42/47.89	0/0
B	56.60/60.02	0/0.73	33.74/38.85	0.39/0.40
C	64.82/51.35	0/0.42	31.05/47.86	0.43/0.37

图 4-10 所示为激光功率为 1000W 时不同碳纳米管质量分数下的涂层形貌，与激光功率为 800W 时涂层形貌不同的是，激光功率为 1000W 时，随着碳纳米管比例的

增加，涂层中有花瓣状的 TiC 颗粒生成，并且碳纳米管含量越多，所生成涂层的 TiC 颗粒不仅粒径减小，而且涂层中分布的 TiC 颗粒也随之减少。其原因是随着碳纳米管粉末的增加，溶胶凝胶粉末中微米粉末的质量比减小，能量密度的增加导致纳米粉末更易在激光熔覆时烧损，从而减少了 TiC 颗粒的生成。而适当配比的碳纳米管溶胶凝胶粉末由于其为亚微米级的粉末，能够避免纳米粉末在激光熔覆时的汽化、飞溅等问题。经分析，在激光功率为 1000W 时，20% 碳纳米管粉末的涂层性能最优。

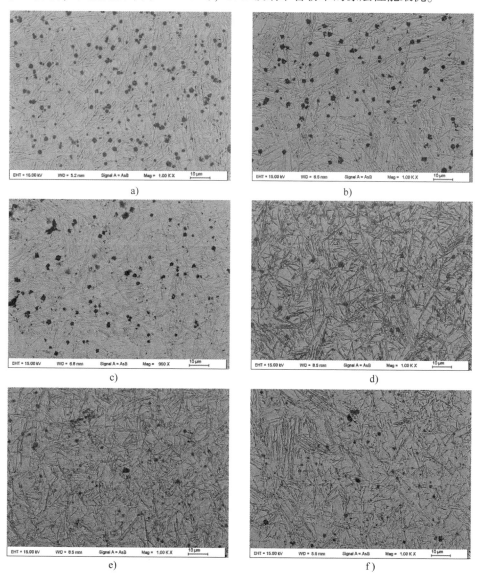

图 4-10　激光功率为 1000W 时不同碳纳米管质量分数下的涂层形貌

a）0% 碳纳米管　b）20% 碳纳米管　c）40% 碳纳米管

d）60% 碳纳米管　e）80% 碳纳米管　f）100% 碳纳米管

纳米石墨由于其有足够的比表面积和较大的表面能，且其表面上的原子处于严重缺陷位置，其活性很高，它们能够与其他原子结合得很好。此外，纳米石墨比碳纳米管和石墨烯更易于合成，价格低廉，易于制造。因此选取纳米石墨作为纳米添加材料，由于其特性和微米石墨十分接近，有望得到性能更加优良的 TiC 增强涂层。

图 4-11 所示为激光功率为 1000W 时不同纳米石墨质量分数下的涂层形貌，可

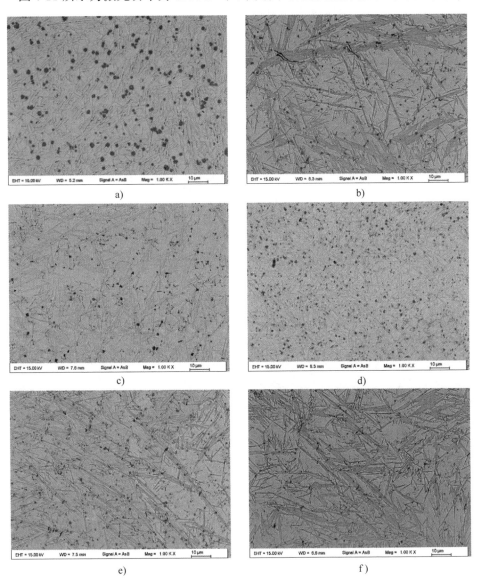

图 4-11　激光功率为 1000W 时不同纳米石墨质量分数下的涂层形貌
a）0% 纳米石墨　b）20% 纳米石墨　c）40% 纳米石墨
d）60% 纳米石墨　e）80% 纳米石墨　f）100% 纳米石墨

以看出激光功率为 1000W 时，添入纳米石墨的涂层中 TiC 颗粒有减小的趋势，明显比微米石墨的涂层小。纳米石墨的性能、密度、形貌等都与微米石墨相似，区别在于两者的尺寸。纳米级的粉末和 TiO_2 反应后更易生成纳米级的 TiC 颗粒，其中在 60% 纳米石墨比例的涂层下颗粒分布最为密集，并且颗粒的大小都为纳米级和亚微米级，而在 20% 和 40% 纳米石墨涂层中均发现了细小的裂纹，80% 和 100% 纳米石墨涂层中的颗粒较其他涂层明显减少，这是在高能量密度下纳米粉末的烧损导致的。综合来看，可能是在激光熔覆过程中不同配比的纳米石墨所构成的复合粉末的结构有所不同，当纳米石墨含量较低时，粉末中的间隙较大，容易产生细小的裂纹和缺陷，而当纳米石墨含量过多时，纳米粉末又会在激光熔覆的过程中烧损和飞溅，只有在适当的比例下所构成的亚微米结构的粉体才能够制备出最优的涂层，激光功率为 1000W 时 60% 纳米石墨涂层为最优。

▶ 3. TiC 复合涂层的显微组织分析

（1）激光功率为 800W 时纳米涂层分层现象分析　激光功率为 800W 时，部分添加纳米粉末后的涂层会出现明显的分层现象，现对其中两个涂层进行分析。图 4-12 所示为激光功率为 800W 时 100% 碳纳米管涂层 EDS 元素线扫描结果，可以发现，TiC 颗粒在涂层中出现了明显的分层现象，其中较大的 TiC 颗粒聚集于涂层下部，而上部都是一些弥散分布的较小的 TiC 颗粒。对涂层进行 EDS 元素线扫描测试，发现 Ti 元素有几处尖锐的峰，这是由于在扫描过程中有大颗粒 TiC 的存在，其中底部有剧烈的峰，Ti 元素的原子比高达 80%，这是底部团聚的结果。

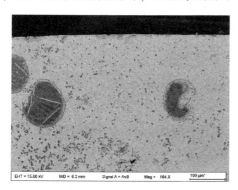 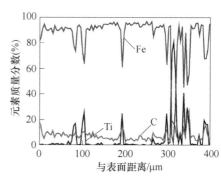

图 4-12　激光功率为 800W 时 100% 碳纳米管涂层 EDS 元素线扫描结果

在涂层中还出现了较大的球体，如图 4-13 所示，经 EDS 分析可以看出球体为 Ti 和 C 元素富集的区域，故判断此为团聚的超大 TiC 硬质相。形成超大硬质相的原因是碳纳米管有团聚的作用，在加入涂层中后促进了 TiC 颗粒的形成，半导体激光熔覆时部分溶胶凝胶粉末在未熔入熔池前就已经开始了反应，基体熔化后，超大 TiC 硬质相随着熔池的流动而进入熔池中，随机分布于涂层内部，其余未反应的预置材料进入熔池之后再进行反应形成细小弥散分布的 TiC 颗粒。另一个原因是当激光能量密度较低时，熔池流动不充分使得 TiC 颗粒无法弥散分布，从而导致大颗粒和超大硬质相会存留于涂层中。

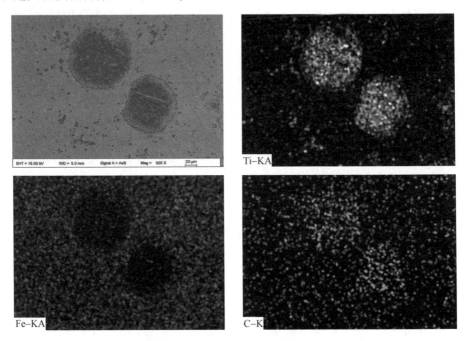

图 4-13　激光功率为 800W 时 100％碳纳米管涂层超大硬质颗粒元素面扫描结果

在纳米石墨涂层中，也发现了上述现象。图 4-14 所示为激光功率为 800W 时 60％纳米石墨涂层整体形貌，可以发现，在涂层中有一道很明显的分界线，上部多为固溶体，下部密集分布着针状马氏体和 TiC 颗粒。图 4-15 所示为涂层分界处组织形貌，由图可知，上部的 TiC 颗粒极为分散，并且颗粒细小，而下部的 TiC 颗粒明显比上部的 TiC 颗粒大，而且下部的针状马氏体十分密集。

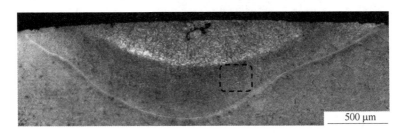

图 4-14　激光功率为 800W 时 60％纳米石墨涂层整体形貌

由此可以发现，在一定的激光能量密度下，纳米粉末的加入会导致涂层出现分层现象，TiC 颗粒随着涂层厚度的增加而变大，并且极易产生聚集的现象，这是因为在激光能量密度较低时，激光能量所带来的对熔池流动的驱动力不足，使得熔池无法充分对流，同时由于熔池底部的过冷度较上部大，在底部的 TiC 率先析出，同时开始凝固，导致 TiC 颗粒在底部富集，而上部则由于碳热还原反应不充分，导致颗粒稀少，所以出现了分层现象。

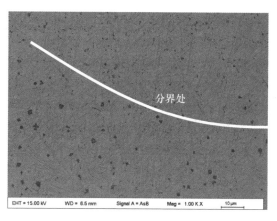

图 4-15　激光功率为 800W 时 60％纳米石墨涂层分界处组织形貌

（2）20％碳纳米管涂层组织形貌分析　图 4-16 所示为激光功率为 1000W、扫描速度为 2mm/s、气流量为 10L/min、碳纳米管质量分数为 20％时光学显微镜下的涂层整体形貌，所形成涂层的厚度可达 800μm，在经过 4％硝酸酒精腐蚀后熔覆层组织细小、均匀，并且呈现出良好的冶金结合，复合涂层和基体界面光滑，无裂纹和气孔，由于在光学显微镜下无法识别出 TiC 颗粒，故通过扫描电镜和 EDS 进行进一步的分析。

图 4-16　激光功率为 1000W 时 20％碳纳米管涂层整体形貌

图 4-17 所示为该工艺参数下涂层部分形貌，由图可知，涂层与基体能够达到冶金结合，无裂纹，大量 TiC 颗粒弥散分布于涂层中，通过 EDS 线扫描可知，Ti 元素的曲线变化不大，证明在激光熔覆过程中发生了对流传质，从而致使 TiC 颗粒

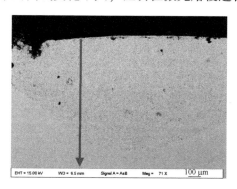
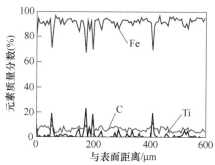

图 4-17　激光功率为 1000W 时 20％碳纳米管涂层 EDS 元素线扫描结果

能够均匀分布于涂层中，而曲线中明显出现了几处高峰，这是由于碳纳米管有助于 TiC 颗粒的长大，从而会在涂层中出现部分大颗粒。

图 4-18 所示为复合涂层上、中、下三个部分的显微组织，可以发现 TiC 颗粒在涂层中均匀分布，所生成的颗粒大小也相近，由于碳纳米管有促进反应的作用，所生成的 TiC 颗粒较大，并且越接近底部所生成的大颗粒和花瓣状 TiC 越多，靠近结合区更是能发现大小接近 10μm 的花瓣状 TiC，这与激光熔覆时的冷却速度有关，在激光熔覆过程中熔池底部率先凝固，散热最快，TiC 在原位生成后来不及弥散就存留在涂层中，而随着温度梯度的分布，在涂层的上部颗粒相对细小，分布均匀，故而有较高的表层硬度。

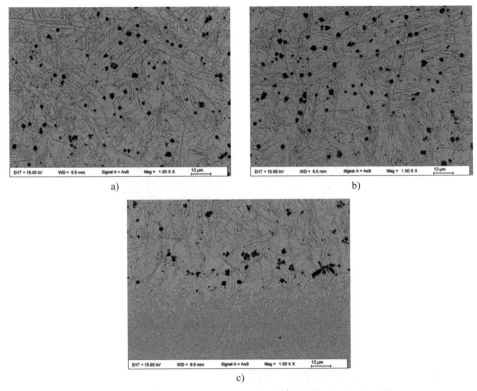

a) b)

c)

图 4-18   激光功率为 1000W 时 20% 碳纳米管涂层组织形貌
a）涂层上部   b）涂层中部   c）涂层下部

图 4-19 所示为涂层放大后的组织形貌，对涂层中的各个区域进行 EDS 分析，结果见表 4-3。黑色块状组织 A 为 TiC 颗粒，其中含有 Fe 元素是基体的影响所致，可见大 TiC 颗粒为 2~3μm，小颗粒为 1μm 左右。针状组织 B 应是 Fe_3C，由多余的 C 和 Fe 反应生成。固溶体 C 为不含 Ti 元素的涂层基体，这是由于 Ti 的亲氧性远大于 Fe 且稳定性高，Ti 元素几乎不会进入熔池形成 Ti 的固溶体，并且在碳热还原过程中未生成杂质相。可以初步认为碳纳米管复合粉末经激光作用后主要以三

种形式存在熔覆层中：

1）由于激光功率较高，作用时间短，基材迅速熔化，碳纳米管复合粉末以亚微米级的粉末结构进入熔池，促进了碳热还原反应的进行，形成复合涂层，对颗粒（图 4-19A 区域）进行 EDS 扫描后结合 XRD 图可以确定 TiC 颗粒在激光熔覆过程中原位生成。

2）碳纳米管转变为稳定的碳原子固溶在基体金属中。图 4-19 中的针状物质（B 区域）经 EDS 扫描后可判断为针状的高碳马氏体，这表明 C 元素以渗碳的方式固溶在针状马氏体中。

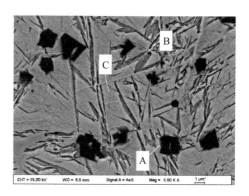

图 4-19　激光功率为 1000W 时 20%碳纳米管涂层放大后组织形貌

3）碳纳米管有很好的活性，两端是比较活跃的双键，很易张开，在激光的作用下，碳纳米管双键打开，且铁和碳有很好的亲和力，因此，形成了铁碳化合物。

表 4-3　激光功率为 1000W 时 20%碳纳米管涂层各区域化学成分（摩尔分数）

区　　域	Fe（%）	Ti（%）	C（%）	Si（%）
A	10.22	41.32	48.46	0
B	76.24	0.63	22.68	0.45
C	62.28	0	37.36	0.36

（3）60%纳米石墨涂层组织形貌分析　图 4-20 所示为激光功率为 1000W、扫描速度为 2mm/s、气流量为 10L/min、纳米石墨质量分数为 60%时光学显微镜下的涂层整体形貌，所形成涂层的厚度可达 1112μm，在经过 4%硝酸酒精腐蚀后熔覆层组织细小、均匀，并且呈现出良好的冶金结合，复合涂层和基体界面光滑，无裂纹和气孔，可以看出此时涂层十分致密，由于在光学显微镜下无法识别出 TiC 颗粒，故通过扫描电镜和 EDS 进行进一步的分析。

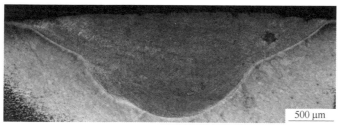

图 4-20　激光功率为 1000W 时 60%纳米石墨涂层整体形貌

图 4-21 所示为该工艺参数下涂层部分形貌，由图可知，涂层与基体达到冶金结合，无裂纹，大量细小的 TiC 颗粒弥散分布于涂层中，其中在涂层的底部生成了一颗较大的硬质相，这是由于在进入熔体之前 TiC 颗粒就已反应并且团聚，随着熔池的流动进入涂层中。通过 EDS 线扫描可知，Ti 元素的曲线变化不大，证明在激光熔覆过程中发生了对流传质，致使 TiC 颗粒均匀分布于涂层中，并且未出现明显的高峰，曲线分布相对平稳，此时的涂层中弥散分布着颗粒大小相近的 TiC 颗粒。

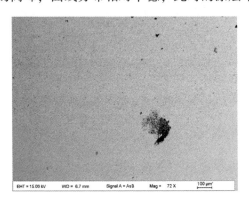 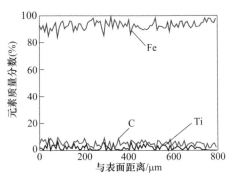

图 4-21　激光功率为 1000W 时 60％纳米石墨涂层 EDS 元素线扫描结果

图 4-22 所示为复合涂层上、中、下三个部分的显微组织，可以发现 TiC 颗粒在涂层中均匀分布，所生成的颗粒大小也相近，均为纳米级至亚微米级，并且涂层中密集分布着针状马氏体，所生成的针状马氏体和 TiC 颗粒共同增强了涂层的性能，使得涂层整体的平均硬度能够达到 915HV0.2，此时由于涂层整体的平均硬度过高，涂层中会生成一些微米级的细小裂纹。相较于碳纳米管增大颗粒的作用，纳米石墨反而起到了细化颗粒的作用，这是由于纳米石墨和微米石墨性质相近，并且活性比碳纳米管低，在涂层中不能促进 TiC 颗粒的长大，而在熔覆过程中由于纳米石墨构成了亚微米级的粉末结构，使得 TiC 在碳热还原反应中生成更多，并且所生成的 TiC 颗粒更为细小，在避免纳米粉末烧损的同时促进了纳米级至亚微米级 TiC 颗粒的生成。

图 4-23 所示为涂层放大后的组织形貌，对涂层中的各个区域进行 EDS 分析，结果见表 4-4。可以发现涂层中的组织大致与碳纳米管涂层中的相近，而颗粒明显比碳纳米管小，其中较大的颗粒为 1μm 左右，较小的颗粒仅为 300nm 左右，并且针状马氏体较碳纳米管涂层明显增多，且较为密集。

表 4-4　激光功率为 1000W 时 60％纳米石墨涂层各区域化学成分（摩尔分数）

区　　域	Fe（％）	Ti（％）	C（％）	Si（％）
A	16.63	33.02	50.30	0.05
B	72.50	0.51	26.51	0.48
C	58.13	0	41.54	0.33

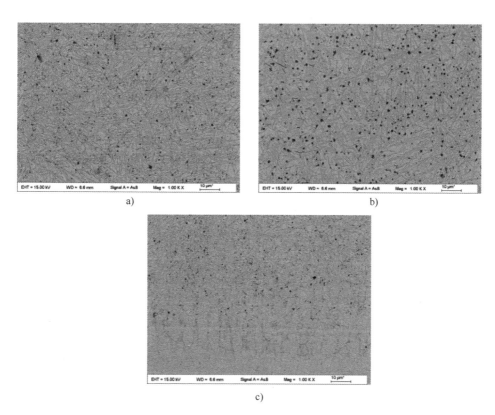

图 4-22　激光功率为 1000W 时 60％纳米石墨涂层组织形貌

a）涂层上部　b）涂层中部　c）涂层下部

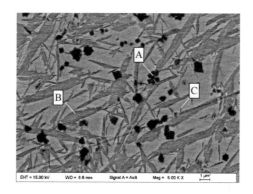

图 4-23　激光功率为 1000W 时 60％纳米石墨涂层放大后组织形貌

图 4-24 所示为在最优工艺参数下不同涂层表面的 XRD 图谱，可以发现，复合涂层中均有 TiC 相，并且只有 α-Fe 和 TiC 两相存在，这表明在此工艺参数下碳热还原反应很彻底，并没有多余的杂质相生成，也没有粉末剩余。同时可以看出加入纳米粉末的涂层中的 TiC 的衍射峰强度较微米石墨涂层明显增高，这证明了加入

纳米粉末促进了 TiC 颗粒的生成。

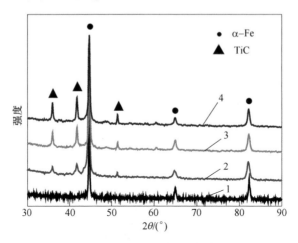

图 4-24   在最优工艺参数下不同涂层表面的 XRD 图谱

1—基体   2—微米石墨涂层   3—20% 碳纳米管涂层   4—60% 纳米石墨涂层

▷▷ 4. 激光作用过程中 TiC 的原位反应机理

（1）TiC 原位反应机理   TiC 合成过程是一个 TiO_2 碳热还原的过程，碳热反应按如下总反应式进行：

$$Ti(OH)_4 + 2C \longrightarrow TiC + 2CO + 2H_2O \tag{4-6}$$

反应方程式（4-6）的反应过程实际是经过一系列钛的低价态氧化物转变完成的，即 $TiO_2 \rightarrow Ti_nO_{2n-1}$（$n > 10$）$\rightarrow Ti_nO_{2n-1}$（$10 > n > 4$）$\rightarrow Ti_3O_5 \rightarrow Ti_2O_3 \rightarrow Ti_xO_y \rightarrow TiO \rightarrow TiC$。表 4-5 给出了碳热还原过程中各种钛的氧化物的晶体结构。

表 4-5   各种钛的氧化物的晶体结构

化学式	TiO_2	Ti_3O_5	Ti_2O_3	TiO	TiC
晶体结构	方形	单棱	棱形	面心立方	面心立方

从表 4-5 中可以看出，在 TiO_2 还原的各个阶段伴随着相变。而最后，在 $TiO \rightarrow TiC$ 的过程中，两者晶体结构相同，且晶格常数非常接近，故无相变，只是晶体结构中的氧原子被碳原子取代，最后得到 TiC。

目前国内外对氧化钛的碳热还原有两种不同的观点：

一种观点认为，C 是借助于 Boudouord 反应产生的 CO 气体与钛的氧化物进行反应还原的，其反应过程如下：

$$CO_2 + C \longrightarrow 2CO \tag{4-7}$$

$$\Delta G(T) = (166550 - 171.00T) \, J/mol$$

$$3TiO_2 + CO \longrightarrow Ti_3O_5 + CO_2 \tag{4-8}$$

$$\Delta G(T) = (106950 - 26.89T)\,\text{J/mol}$$

$$Ti_3O_5 + CO \longrightarrow 3Ti_2O_3 + CO_2 \tag{4-9}$$

$$\Delta G(T) = (82950 + 18.53T)\,\text{J/mol}$$

$$Ti_2O_3 + CO \longrightarrow 2TiO + CO_2 \tag{4-10}$$

$$\Delta G(T) = (191950 - 24.67T)\,\text{J/mol}$$

$$TiO + 3CO \longrightarrow TiO + 2CO_2 \tag{4-11}$$

$$\Delta G(T) = (-117700 + 194.67T)\,\text{J/mol}$$

第二种观点认为,其碳热还原过程由如下反应组成:

$$3TiO_2 + C \longrightarrow Ti_3O_5 + CO \tag{4-12}$$

$$\Delta G(T) = (273500 - 197.98T)\,\text{J/mol}$$

$$2Ti_3O_5 + C \longrightarrow 3Ti_2O_3 + CO \tag{4-13}$$

$$\Delta G(T) = (249500 - 152.47T)\,\text{J/mol}$$

$$2Ti_2O_3 + C \longrightarrow 2TiO + CO \tag{4-14}$$

$$\Delta G(T) = (358500 - 195.67T)\,\text{J/mol}$$

$$TiO + 2C \longrightarrow TiC + CO \tag{4-15}$$

$$\Delta G(T) = (215400 - 147.32T)\,\text{J/mol}$$

上述两种观点根据自身试验条件均有一定的准确性,当 TiO_2 颗粒与 C 颗粒均匀混合,两者之间有一定空间距离时,其反应机理符合第一种观点;当 TiO_2 颗粒表面被 C 包裹,两者之间距离为零时,其反应机理符合第二种观点。

此处采用醇盐水解法将两者混合,即在石墨的悬浮液中加入钛酸丁酯,充分水解,并搅拌均匀,然后过滤、烘干、碾磨制成粉末。该方法的优点是,石墨被 $TiO_2 \cdot 2H_2O$ 所包覆,两者间距离近似为零。因此,可以认为本试验中反应机理与上述第二种观点类似。

将复合粉末在基体上涂覆后,在高能激光作用下,预置层瞬时达到反应所需温度,混合粉末按上述第二种观点的过程发生碳热反应,原位形成碳化钛,反应非常迅速。

图 4-25 所示为反应(4-12)~反应(4-15)的吉布斯自由能随温度变化的关系。从图中可以看出,各反应的 $\Delta G(T)$ 随着温度升高而降低,高温有利于反应向生产碳化钛的方向发展。利用激光的高能量,瞬时温度可以达到 2000~3000℃,因此用于原位反应制备碳化钛非常有利。

在反应(4-12)~反应(4-15)中都生成了 CO 气体,有关研究表明,在反应过程中提高氩气流量,有利于降低 CO 的体积比,从而使反应向着有利于 TiC 生成的方向发展。图 4-26 所示为不同 CO 分压值 $p(CO)$ 时,反应(4-12)的吉布斯自由能与温度 T 的关系,从图中可以看出,随着 CO 分压的下降,开始反应温度也随之降低,有利于反应向正方向进行,研究表明反应(4-13)~反应(4-15)也有类似规律。因此,在激光强化过程中,适当提高氩气流量,降低保护箱中 CO 的分压，将有利于碳热还原反应顺利进行。

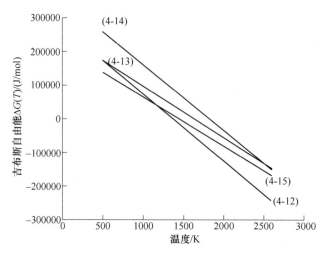

图 4-25 反应（4-12）~反应（4-15）的吉布斯自由能随温度变化的关系

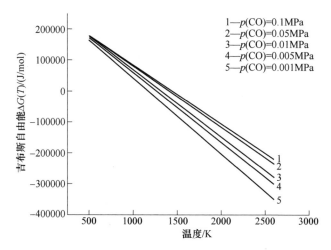

图 4-26 不同 CO 分压条件下，反应（4-12）的吉布斯自由能随温度变化的关系

（2）TiC 颗粒长大机制 图 4-27 所示为 TiC 的晶体结构，TiC 晶体的生长基元应为 Ti-C6 或 C-Ti6 的正八面体，其理想形态应为规则的八面体状。涂层中 TiC 晶体的形态除了受其界面能、相变熵等内在因素的影响外，还受凝固过程中 Ti、C 原子浓度、热量传输等热动力学条件的影响。此处的 TiC 颗粒主要出现了两种形态，一种为八面体状，另一种为花瓣状。由于激光复合溶胶凝胶法的特殊性，粉末以包覆状态进入熔池中，造成原子无法均布于熔池中，在凝固过程中 TiC 首先从原子浓度高的位置形核，形成较为分散、偶然性较高的分布特点。由于 α-Fe 的生长速度快，体积分数大，因此有些共晶凝固时的 α-Fe 会很快包覆在未能长大的 TiC 晶核周围，TiC 晶体生长的各向异性被抑制，需要通过固态扩散生长，生长速度缓慢，

不易分枝及选择性生长，形成了共晶 TiC 的颗粒状形貌，这种共晶 TiC 的形貌与其理想形貌相接近，呈现八面体的形貌特征。

随着反应时间的增加和凝固过程的进行，TiC 不断生成并形成晶核。由于该反应是放热反应，结晶的同时释放出大量的结晶潜热，加之激光熔覆过程中各种力的作用，沿熔覆方向熔池内的热传导具有一定的方向性，因此不断形成的 TiC 晶核在熔池内按树枝状方向继续形核。由于 TiC 晶核不断形成，晶核周围的 Ti、C 原子浓度不断降低，并且沿其晶核排列方向的浓度最低，生长速度也最慢。

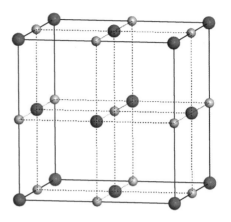

图 4-27　TiC 的晶体结构

如图 4-28 所示，微米石墨涂层中的粉末为 TiO_2 包覆微米石墨的复合粉体，由

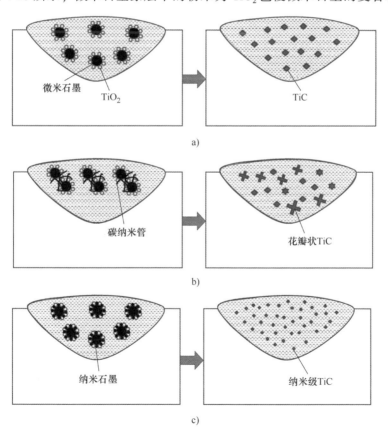

微米石墨　　TiO_2　　　　　TiC

a)

碳纳米管　　　　　　花瓣状TiC

b)

纳米石墨　　　　　　纳米级TiC

c)

图 4-28　不同涂层的反应示意图

a）微米石墨涂层　b）碳纳米管涂层　c）纳米石墨涂层

于激光的非平衡凝固过程，石墨迅速分解，与包覆于其上的 TiO_2 迅速反应，在凝固过程中由于颗粒分散，没有足够的钛源和碳源促进 TiC 晶体的生长，故而 TiC 在涂层中均以八面体的形貌特征存在；碳纳米管涂层中碳纳米管对复合粉体起到了粉末构筑的作用，碳纳米管能够桥联多个包覆团形成复合架构，在激光熔覆过程中不易冲散，从而给 TiC 的生长提供了必需的钛源和碳源，导致了 TiC 颗粒普遍偏大，甚至形成了花瓣状的 TiC 颗粒，但是由于在同一方向上的元素供给不足，故而不能形成枝晶，最终以花瓣状的 TiC 颗粒存在于涂层中；纳米石墨涂层中纳米石墨的加入使得粉末的包覆更为密集，增大了反应的比表面积，在冲散过程中由于纳米石墨没有团聚作用，使得粉末能够充分弥散，从而形成更为细小的八面体 TiC 颗粒。

▶ 5. TiC 复合涂层的性能与强化机制分析

以 45 钢为基体，采用微米石墨为碳源，对激光强化后试样强化层进行显微硬度值测定，并做出显微硬度曲线，如图 4-29 所示。可见涂层表面及以下 0.17mm 的范围内属于激光强化区（LHZ），接近表面最高硬度为 1150HV0.1，平均硬度约 950HV0.1，表面硬度采用洛氏硬度计进行测试，折算成维氏硬度为 1240HV。距表层 0.17 ~ 0.3mm 的区域为热影响区（HAZ），该区域接近强化区，是硬度分布的一个缓冲区域，其平均硬度为 620HV0.1，因此强化层深度为 0.3mm。距表层 0.3mm 以下为基体区域，其硬度逐渐接近基体。

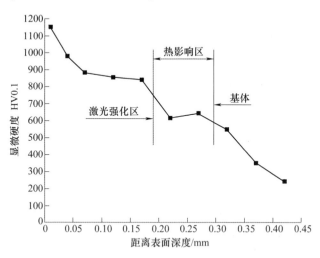

图 4-29　碳源为微米石墨时激光熔覆 TiC 强化层硬度分布

在溶胶凝胶粉末中添加一定量碳纳米管粉末后，会对涂层产生一定的影响。此处为了获得更大的强化层深度，对工艺参数进行了优化。图 4-30 所示为激光功率为 1000W 时添加不同配比碳纳米管后激光熔覆 TiC 强化层的硬度分布，可以发现 20%（质量分数）碳纳米管下涂层硬度最高，平均硬度为 800HV0.2 左右，其中表面硬度能够达到 1029HV0.2，强化层深度达到 1.3mm。

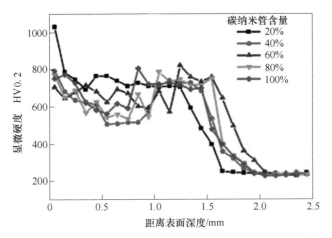

图 4-30　碳源中添加碳纳米管时激光熔覆 TiC 强化层硬度分布

以纳米石墨为碳源，1000W 下不同纳米石墨比例涂层的硬度变化曲线如图 4-31 所示，可以很明显地发现性能最优的涂层为 60% 纳米石墨涂层，平均硬度能够达到 915HV0.2，此时涂层中的 TiC 颗粒细小、均匀，在涂层中弥散分布，硬化层厚度更大，达到 1.5mm。而表面硬度仅为 900HV0.2，并未在表层达到很高的硬度，这是由于纳米石墨涂层中碳热还原反应充分，并且纳米石墨与微米石墨性质相近，对 TiC 团聚的促进作用小，使得 TiC 颗粒得以在涂层中弥散分布，从而导致了涂层的硬度变化不大。

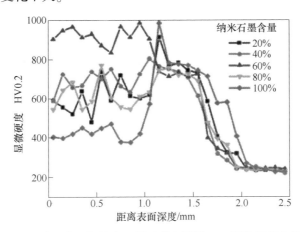

图 4-31　碳源中添加纳米石墨时激光熔覆 TiC 强化层硬度分布

对 45 钢基体、微米石墨最优涂层、20% 碳纳米管最优涂层、60% 纳米石墨最优涂层（参数：激光功率为 1000W、扫描速度为 2mm/s、气流量为 10L/min）进行摩擦磨损性能测试，不同涂层表面摩擦系数曲线如图 4-32 所示。由图可知，三个涂层摩擦系数都较基体低，基体的摩擦系数为0.9左右，微米石墨涂层的摩擦系数为0.73左右，20%碳纳米管涂层的摩擦系数为0.69左右，60%纳米石墨涂层的摩擦系数为0.63左右，可以发现后三个涂层的摩擦系数相差不大，其中60%纳米石墨涂层的摩擦系数最小，较基体降低了30%。图4-33所示为不同试样的磨损失重量柱形图。经2h干摩擦试验之后，基体失重量最大，达到0.0048g；微米石墨涂层失重量为0.0011g，耐磨性是基体的4倍；20%碳纳米管涂层失重量为0.0006g，耐磨性是基体的8倍；60%纳米石墨涂层失重量为0.0004g，耐磨性是基体的12倍。

经对金相组织的观察发现，增强颗粒TiC在涂层中的分布主要是在晶界处和晶粒内部。在晶粒内部的情况可能有两种：一种是形核剂，一般存在于晶粒的中心处，外层逐步包裹其他金属元素，最终形成一个完整的晶粒；另一种是沿固液界面所捕获的，

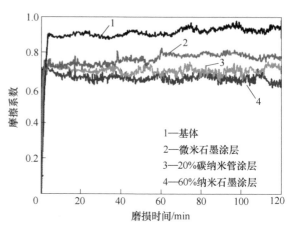

图4-32　不同涂层表面摩擦系数曲线

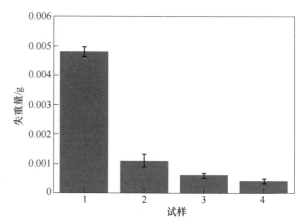

图4-33　不同试样的磨损失重量柱形图

1—基体　2—微米石墨涂层　3—20%碳纳米管涂层　4—60%纳米石墨涂层

一般存在于晶粒内部边缘处，这与凝固时颗粒与凝固界面的相互作用有关。

在涂层凝固过程中，由于原位生成的陶瓷粉体TiC与基体45钢的物理化学性质差异较大，一般情况下生成的陶瓷粉体固相颗粒进入金属液中能量升高，即在热力学上TiC颗粒将被推移，颗粒受到金属液黏滞力的阻碍，且金属液的流动速度越大，TiC颗粒所受到的阻力也越大。原位合成技术制备TiC增强铁基涂层，当TiC颗粒的含量增加时，一是增加了金属液的黏稠度，使凝固界面流体的流动速度降低，降低了增强颗粒的受凝固界面的临界推移速度；二是陶瓷粉体TiC颗粒作为45钢中α相的异质形核核心，由于其体积分数增加，大大增加了基体中晶粒的形核，晶粒变小，从而减小了TiC颗粒的绝对推移距离，这两方面的共同作用决定了陶瓷粉体TiC颗粒在45钢基体中的分布情况，从而细化晶粒，增强材料的性能。

激光复合溶胶凝胶法合成的 TiC 颗粒在涂层中弥散分布，有一部分存在于晶粒内部，达到内晶型分布。内晶型分布的原因主要是较快的凝固速度造成临界面（即固液界面）的推进速度大大增加，而存在于固液界面间的颗粒无法跟上固液界面的推进速度，从而导致颗粒在凝固时被"捕获"，即被保留在已凝固的固相中。此处通过激光复合溶胶凝胶法所制备的 TiC 颗粒在固液界面的驱动力主要来自于熔池的流动，而激光由于其具有快速冷却的特点，在凝固过程中固液界面的推动力远大于熔池对 TiC 颗粒的推动力，故而此时原位形成的 TiC 颗粒更易形成内晶型的强化相。增强相的内晶型分布会有效阻碍摩擦过程中的裂纹扩展，增加涂层的抗疲劳性能，提高涂层的耐磨性。

4.2.4　不锈钢表面激光诱导溶胶凝胶制备 TiC 陶瓷增强涂层

3Cr13 不锈钢是常用的刀具材料，具有较高的强度、硬度、耐磨性和耐蚀性，常被用在切削刀具、医疗器具和量具等零件上。然而，在极端环境下工作时，需要进一步提高该类不锈钢的表面耐磨损性能、耐腐蚀性能。在表面制备陶瓷涂层可以大幅提高 3Cr13 不锈钢的使用性能。国内外学者对激光熔覆制备 TiC-Cr$_7$C$_3$ 陶瓷增强涂层的研究已有重大的进展，但仍存在一些问题亟待解决。目前主流的制备 TiC-Cr$_7$C$_3$ 涂层的方法主要是通过直接加入颗粒经原位反应制备陶瓷增强涂层，但是采用该方法所得的涂层容易开裂，且无法控制涂层中生成颗粒的大小，TiC-Cr$_7$C$_3$ 颗粒粗大时对涂层的增强作用较小；添加碳纳米管制备 TiC-Cr$_7$C$_3$ 陶瓷涂层时，通常是直接加入碳纳米管，但碳纳米管具有自黏性，且粉末密度较小，在激光作用下易被冲击造成所得涂层不均匀，制备的陶瓷涂层较薄，无法满足工业生产的实际需要。

因此，此处将激光熔覆技术与溶胶凝胶技术相结合，在 3Cr13 不锈钢表面制备陶瓷增强涂层。在溶胶凝胶制备前驱体粉末过程中，添加不同配比的微米石墨和碳纳米管，通过该方法制备的前驱体粉末、微米石墨和碳纳米管可以作为 TiO$_2$ 的非均质形核点，使粉末达到分子、原子级均匀混合，增大反应物的接触面积，有利于原位反应的进行，将粉末预置于 3Cr13 不锈钢基体表面，采用激光熔覆技术可以制备出高硬度、高耐磨性和高耐蚀性的 TiC-Cr$_7$C$_3$ 强化涂层。该涂层可以用于刃具强化，对工模具进行表面强化，可大大延长工件的使用寿命。

1. TiO$_2$/C 复合凝胶涂层的制备

此处采用微米石墨和碳纳米管作为碳源，微米石墨与 TiO$_2$ 可以形成包覆状的片层结构，混合均匀。碳纳米管是一种具有管状结构的物体，比表面积比微米石墨大，碳原子主要为 sp^2 杂化，内部含有 C＝C 结构，可以降低反应所需的能量，在相同的激光能量下，可以加快反应进行的速率，原位反应生成更多的碳化物强化相。此处所用的碳源粒径大小为亚微米级和纳米级。相比传统的制备方法，更大的接触面积加速反应进行的同时，还会使生成的碳化物强化相颗粒细小，分布均匀。采用微米石墨与碳纳米管的质量比为 4∶1 的最优配比，制备的前驱体粉末中 TiO_2 与 C 的摩尔比约为 1∶6、1∶7 和 1∶8。

所制备的复合凝胶粉末形貌如图 4-34 所示，从图中可以看出，添加微米石墨与添加碳纳米管的前驱体粉末中都含有片层块状物质和白色颗粒物质，添加碳纳米管的前驱体粉末中还存在着暴露在表面的管状结构。通过对表 4-6 中的 EDS 数据进行分析可知，白色颗粒的主要成分为 Ti 元素和 O 元素，且原子比约为 1∶2，由此可知该物质为 TiO_2 颗粒；灰色片层块状物质的主要成分为 C，由此可知该物质为微米石墨；管状结构的主要成分为 C，结合碳纳米管的空间物理结构为管状结构可知，该物质为碳纳米管。

a)   b)

图 4-34　前驱体 SEM 图像

a）微米石墨　b）微米石墨 + 碳纳米管

表 4-6　粉末 EDS 结果分析（摩尔分数）

物　　质	元　　素		
	C	O	Ti
白色颗粒物	33.04%	47.49%	19.47%
灰色片层块状物	85.75%	12.34%	1.91%
管状物	94.67%	3.53%	1.79%

添加碳纳米管能够降低反应所需的活化能，且由粉末的 SEM 图像可以看出，添加碳纳米管不仅能起到化学作用，在粉体内部和暴露在表面的碳纳米管还会在前驱体粉末中起到物理架构的作用，暴露的管状结构在受热过程中会团聚形成团簇，团簇表面的活性较低，与其他物质的反应能力减弱，从而降低了反应进行的速率，使反应生成的气体更容易从熔池中排出，从而调控涂层的质量，获得高性能涂层。

⯮ 2. 前驱体粉末的配比优化研究

以微米石墨为碳源，优化了凝胶粉体中 TiO_2 与 C 的配比，当摩尔比 $n(TiO_2)$：$n(C) = 1 : 8$ 时，涂层中没有气孔存在，这是因为碳含量增大时，会促进原位反应生成 TiC，反应速率加快，气体更容易从熔池中排出。不同配比的微米石墨前驱体下激光熔覆层组织形貌如图 4-35 所示，三种不同配比的前驱体粉末所制备的涂层中均有颗粒相生成，且颗粒的粒径随着碳含量的增大而减小；随着碳含量的增大，涂层组织也呈现出细化的趋势，这是因为碳含量增大，在反应生成 TiC 后，C 仍有剩余，此时 C 会与熔池中的 Cr 元素结合生成 CrC，从而增大位错，达到晶粒细化的效果。

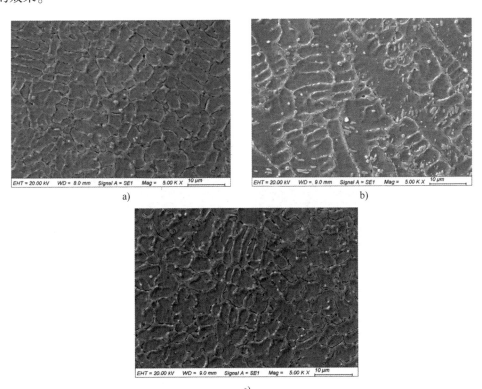

a)   b)

c)

图 4-35   不同配比的微米石墨前驱体下激光熔覆层组织形貌

a) $n(TiO_2) : n(C) = 1 : 6$ b) $n(TiO_2) : n(C) = 1 : 7$ c) $n(TiO_2) : n(C) = 1 : 8$

以微米石墨和碳纳米管为碳源，其优化过程如前所述，所加碳纳米管的质量分数为 20% 时，$n(TiO_2) : n(C) = 1 : 6$ 和 $n(TiO_2) : n(C) = 1 : 7$ 的条件下，前驱体所制备涂层中存在气孔，这是因为在熔池中，碳纳米管/微米石墨与 TiO_2 发生原位反应，生成了 CO 气体，由于激光快速冷却的特性，熔池中的气体来不及排出，在熔池中生成气孔。随着碳含量的增大，气孔减少，致密性提高，当 $n(TiO_2)$：

$n(C) = 1 : 8$ 时，涂层中没有气孔。涂层组织的 SEM 图像如图 4-36 所示，可见涂层中均由黑色颗粒相和灰白色网状组织生成，在涂层中呈弥散分布，且随着碳含量的增大，涂层中网状组织逐渐变小，颗粒粒径逐渐变小。随着碳含量的增大，涂层的组织有细化趋势，这是因为粉末中含有的碳纳米管在起着物理架构作用的同时，还会促进原位反应，生成更多的碳化物颗粒。

改变加入碳源的量，可以调控前驱体中 TiO_2 与 C 的摩尔比，从而改变反应的进行程度。碳含量增大一方面可以促进 Ti-C 体系、Cr-C 体系和 Fe-C 体系反应的进行，促进原位反应生成更多的碳化物强化相；另一方面，在激光熔覆过程中，激光辐照时会烧蚀部分 C，此时会提高反应温度，反应温度增加会对 Ti-C 体系、Cr-C 体系和 Fe-C 体系起到一定的催化作用，从而加速碳热还原反应的进行。激光熔覆技术具有快热快冷的特点，当反应速度增加时，熔池中生成许多细小碳化物强化相，强化相还没来得及长大时熔池已经凝固。因此，碳含量的增大，可起到细化晶粒组织的作用。

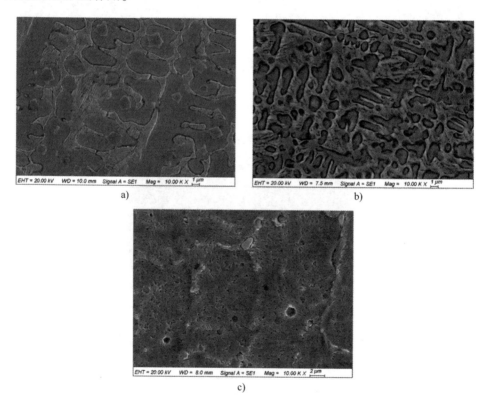

图 4-36　不同配比的碳纳米管下激光熔覆层组织形貌

a) $n(TiO_2) : n(C) = 1 : 6$　b) $n(TiO_2) : n(C) = 1 : 7$　c) $n(TiO_2) : n(C) = 1 : 8$

当 $n(TiO_2) : n(C) = 1 : 8$ 时，对比了分别以微米石墨、微米石墨 + 碳纳米管为碳源所得到的熔覆层横截面形貌，如图 4-37 所示。两个涂层均没有气孔缺陷，添加碳纳米管的前驱体粉末得到的涂层组织更加致密。

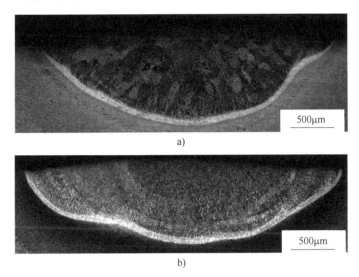

图4-37 $n(TiO_2):n(C)=1:8$ 时熔覆层横截面形貌

a）微米石墨　b）微米石墨＋碳纳米管

碳纳米管比微米石墨比表面积大，碳原子主要为 sp^2 杂化，含有碳碳双键结构，在反应过程中需要的能量相对较低，容易与其他物体反应，在相同的激光工艺参数下，会加快反应的进行，原位反应生成碳化物强化相，从而起到细化晶粒的作用。同时，碳纳米管是一种细小的管状粉末，受热易团聚，当 $n(TiO_2):n(C)=1:8$ 时，碳纳米管的含量相对增大，部分碳纳米管直接与 TiO_2 反应生成 TiC，另一部分碳纳米管受热形成团簇，团簇的表面活性较低，与 TiO_2 直接反应的能力减弱，随着温度进一步升高，团簇的碳元素在熔池中溶解，熔池中的钛元素与碳元素直接结合析出 TiC，此过程降低了反应的剧烈程度，使气体更容易从熔池中排出，从而获得高质量的涂层。

▶▶ **3. TiC 复合涂层的显微组织分析**

（1）微米石墨前驱体粉末下涂层显微组织分析　图4-38 所示为碳源是微米石墨时，不同配比前驱体下 3Cr13 不锈钢熔覆层表面 XRD 图谱，由图可知，三种配比下制备涂层的 XRD 图谱基本相同，涂层物相主要包括 γ-Fe、Cr_7C_3、TiC、$Cr_{23}C_6$。可以证明，在激光熔覆条件下，溶胶凝胶粉末通过反应原位生成了 TiC 和 Cr_7C_3 强化相，这两种强化相具有高硬度、高耐磨性和高耐蚀性的特点，从而得到了所需的铁基高硬度、耐磨、耐蚀涂层，涂层中还生成了 $(Cr,Fe)_7C_3$ 固溶强化相，对涂层起到了辅助强化作用，且从图4-38 中可以看出，前驱体粉末中 TiO_2 全部参与碳热还原反应，没有剩余。由化学计量法可知，添加的碳源含量大于化学计量比时的碳含量，因此，反应充分进行。

201

图 4-39 所示为不同配比前驱体下强化涂层的 SEM 图像，从图中可以看出，涂层主要由三种组织组成，包括颗粒物相 A、灰色网格状组织 B 和灰白色组织 C。对组织成分进行 EDS 点扫描分析（表 4-7）可知，弥散分布在涂层中的颗粒物相主要由 Ti 元素和 C 元素组成，结合 XRD 分析可知，该颗粒相为原位反应生成的 TiC 颗粒。灰色网格状组织 B 主要由 C 元素和 Cr 元素组成，且摩尔比接近 3∶7，结合 XRD 分析可知，该组织主要成分为 Cr_7C_3。对灰白色组织 C 进行分析可知，该组织中含有 C 元

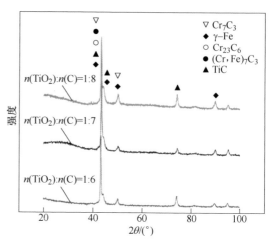

图 4-38 不同配比微米石墨下强化涂层表面 XRD 分析

素和 Cr 元素，并有大量的 Fe 元素，故推测该组织主要为 Fe、Cr 与 C 元素结合的

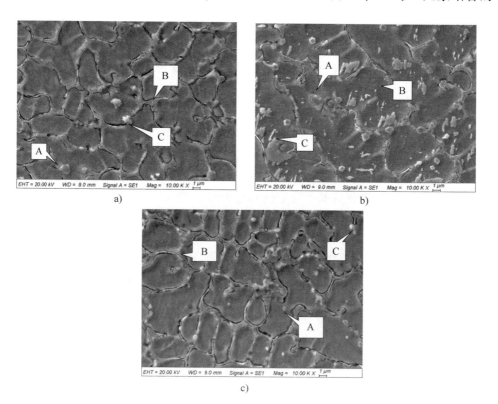

图 4-39 不同配比前驱体下强化涂层的 SEM 图像

a) $n(TiO_2)\colon n(C)=1\colon 6$ b) $n(TiO_2)\colon n(C)=1\colon 7$ c) $n(TiO_2)\colon n(C)=1\colon 8$

固溶体，由 XRD 物相分析结果可知，该组织为（Fe，Cr）$_7$C$_3$。由上面的结论分析可知，涂层中主要存在 TiC、（Fe，Cr）$_7$C$_3$ 和 Cr$_7$C$_3$ 三种组织。同时，还可以从图 4-38 中看出，当 $n(\text{TiO}_2):n(\text{C})=1:8$ 时，XRD 图谱中 TiC 的峰值相对较高，说明在此配比下生成的 TiC 相对较多。

表 4-7　不同配比前驱体下涂层中各组织 EDS 分析（摩尔分数）

区　域		元　素			
		C	Ti	Cr	Fe
$n(\text{TiO}_2):n(\text{C})=1:6$	A	32.53%	42.74%	6.48%	18.25%
	B	13.92%	5.62%	63.92%	16.54%
	C	20.25%	1.28%	18.54%	59.93%
$n(\text{TiO}_2):n(\text{C})=1:7$	A	28.64%	35.25%	11.75%	24.36%
	B	25.25%	4.28%	52.64%	17.83%
	C	24.26%	0.76%	20.31%	54.67%
$n(\text{TiO}_2):n(\text{C})=1:8$	A	34.13%	30.39%	18.12%	17.36%
	B	16.81%	1.09%	46.83%	33.27%
	C	24.04%	0.32%	18.26%	57.38%

（2）碳纳米管前驱体粉末下涂层显微组织分析　图 4-40 所示为添加 20% 碳纳米管时，不同配比前驱体粉末下 3Cr13 不锈钢熔覆层表面 XRD 图谱，由图可知，三种配比下制备涂层的 XRD 图谱基本相同，涂层物相主要包括 γ-Fe、Cr$_7$C$_3$、TiC、Cr$_{23}$C$_6$。这与前面碳源采用微米石墨粉末时相同，这说明改变碳源的种类并不影响

最终生成物。同时，从 XRD 图谱中可以看出，在激光熔覆条件下，溶胶凝胶粉末通过反应原位生成了 TiC 和 Cr$_7$C$_3$ 强化相，这两种强化相具有高硬度和高耐磨性的特点，从而得到了所需的铁基高硬度、耐磨涂层。且涂层中还有（Cr，Fe）$_7$C$_3$ 固溶强化相，该组织也可以对涂层起到一定的强化作用。当 $n(\text{TiO}_2):n(\text{C})=1:8$ 时，XRD 图谱中的峰值有所降低，这可能是涂层中存在纳米级颗粒，扫描过程中无法识别。这说明，不同碳源含量会改变涂层中生成强化相的含量，但不会改变涂层的相组成。

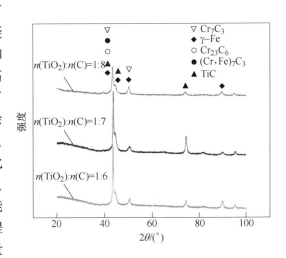

图 4-40　不同配比碳纳米管下
强化涂层表面 XRD 分析

图 4-41 所示为添加碳纳米管时，采用 $n(\mathrm{TiO_2}):n(\mathrm{C})=1:6$ 的前驱体粉末时 3Cr13 不锈钢熔覆层 SEM 图像和局部区域的 EDS 面扫图。由图可知，涂层中弥散分布着许多细小的黑色颗粒物质，结合 EDS 面扫图可以看出，该组织中富含 Ti 元素。涂层中还存在着许多灰色的网状结构，结合 EDS 面扫图可知，该组织富含 Cr 元素，且不含 Ti 元素，Fe 元素含量也较低。图 4-41 中深灰色区域含有大量的 Fe 元素，Cr 元素和 Ti 元素较少。

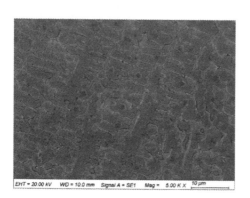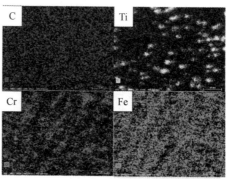

图 4-41　$n(\mathrm{TiO_2}):n(\mathrm{C})=1:6$ 时强化涂层的 EDS 面扫描分析（碳纳米管）

对各个配比前驱体下强化涂层中的组织进行进一步分析，如图 4-42 所示，可以看出三种配比下得到的涂层组织特征各不相同，表现为随着碳含量的增大，涂层组织更加细密。当 $n(\mathrm{TiO_2}):n(\mathrm{C})=1:6$ 时，涂层中分布着大量的粒径为 $2\,\mu\mathrm{m}$ 左右的黑色颗粒；当 $n(\mathrm{TiO_2}):n(\mathrm{C})=1:7$ 和 $n(\mathrm{TiO_2}):n(\mathrm{C})=1:8$ 时，涂层中颗粒粒径较小。对涂层中不规则颗粒 A、灰色板条网状组织 B 和灰白色组织 C 做 EDS 点扫描分析（表 4-8），由 EDS 点扫描和面扫描（图 4-43）分析可知，黑色颗粒 A 主要由 C 元素和 Ti 元素组成，且比例接近 $1:1$，结合 XRD 分析可知，为原位反应生成的 TiC 颗粒；灰色板条网状组织 B 主要由 C 元素和 Cr 元素组成，且比例接近 $3:7$，结合 XRD 分析可知，该组织主要成分为 $\mathrm{Cr_7C_3}$；对灰白色组织 C 进行分析可知，该组织中含有 C 元素和 Cr 元素，并有大量的 Fe 元素，故推测该组织主要为 Fe、Cr 与 C 元素结合成的固溶体，结合 XRD 分析结果可知，该组织为 $(\mathrm{Fe,Cr})_7\mathrm{C_3}$。由上面的结论分析可知，涂层中主要存在 TiC、$(\mathrm{Fe,Cr})_7\mathrm{C_3}$ 和 $\mathrm{Cr_7C_3}$ 三种组织。同时，通过对比还可以看出，随着碳含量增加，生成的 TiC 强化颗粒也更加细小，当 $n(\mathrm{TiO_2}):n(\mathrm{C})=1:6$ 和 $n(\mathrm{TiO_2}):n(\mathrm{C})=1:7$ 时，涂层中生成微米级（$1.68\,\mu\mathrm{m}$ 和 $1.12\,\mu\mathrm{m}$）的 TiC 颗粒；当 $n(\mathrm{TiO_2}):n(\mathrm{C})=1:8$ 时，涂层中生成亚微米级（$891\,\mathrm{nm}$）的 TiC 颗粒。因此，碳含量（碳纳米管和微米石墨）增加会细化涂层组织，更容易生成亚微米级的强化相。

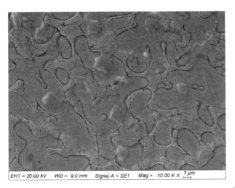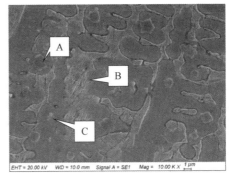

a)

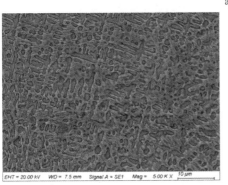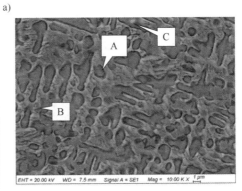

b)

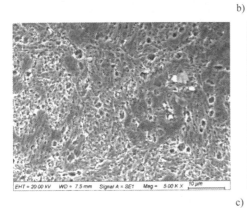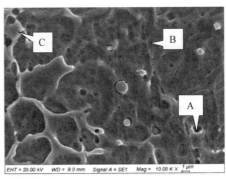

c)

图 4-42　不同配比前驱体下强化涂层的 SEM 图像

a) $n(TiO_2):n(C)=1:6$　b) $n(TiO_2):n(C)=1:7$　c) $n(TiO_2):n(C)=1:8$

表 4-8　不同配比前驱体下涂层中各组织 EDS 分析（CNTs）（摩尔分数）

区　　域		元　　素			
		C	Ti	Cr	Fe
$n(TiO_2):n(C)=1:6$	A	34.13%	41.18%	5.84%	18.85%
	B	14.47%	3.23%	66.37%	15.93%
	C	22.91%	1.17%	15.23%	60.69%

（续）

区　　域		元　　素			
		C	Ti	Cr	Fe
$n(TiO_2) : n(C) = 1 : 7$	A	30.29%	33.88%	10.29%	25.54%
	B	26.23%	2.21%	56.59%	14.97%
	C	26.11%	0.85%	15.71%	57.33%
$n(TiO_2) : n(C) = 1 : 8$	A	35.86%	28.25%	20.86%	15.03%
	B	16.33%	1.04%	47.54%	35.09%
	C	27.34%	0.29%	17.23%	55.14%

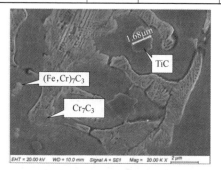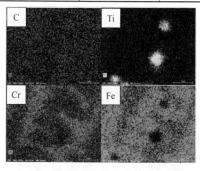

a)

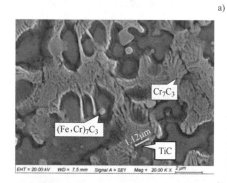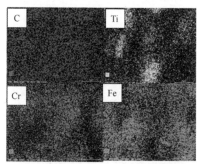

b)

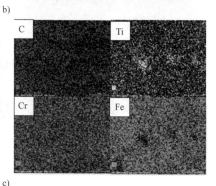

c)

图 4-43　不同配比碳纳米管下强化涂层的 EDS 面扫描分析
a)　$n(TiO_2) : n(C) = 1 : 6$　b)　$n(TiO_2) : n(C) = 1 : 7$　c)　$n(TiO_2) : n(C) = 1 : 8$

为了观察涂层中各组织元素的分布变化情况，对涂层中各组织进行 EDS 线扫描分析，如图 4-44 所示，在三种不同配比前驱体下所得到的涂层中，EDS 线扫描结果在颗粒物范围时，该组织的 Fe 元素含量降低，Ti 元素富集，C 元素与 Cr 元素几乎没有改变，可知该颗粒相 Ti 元素富集，结合前文的推论可知，该组织为 TiC。

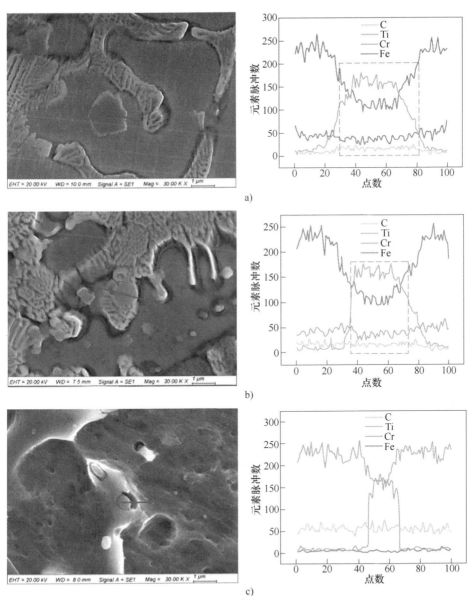

a)

b)

c)

图 4-44 不同配比前驱体下 TiC 颗粒的 EDS 元素线扫描结果

a) $n(\mathrm{TiO_2}) : n(\mathrm{C}) = 1 : 6$ b) $n(\mathrm{TiO_2}) : n(\mathrm{C}) = 1 : 7$ c) $n(\mathrm{TiO_2}) : n(\mathrm{C}) = 1 : 8$

图 4-45 所示为不同配比前驱体下得到的涂层中灰色板条网状组织的 EDS 线扫描结果，当 $n(\mathrm{TiO_2}):n(\mathrm{C})=1:6$ 时，线扫描结果显示在板条网状组织区域 Fe 元素含量下降，Cr 元素含量升高；当 $n(\mathrm{TiO_2}):n(\mathrm{C})=1:7$ 时，EDS 线扫描区域为板条状区域—基体—板条状区域，由线扫描结果可以看出，Fe 元素含量呈低—高

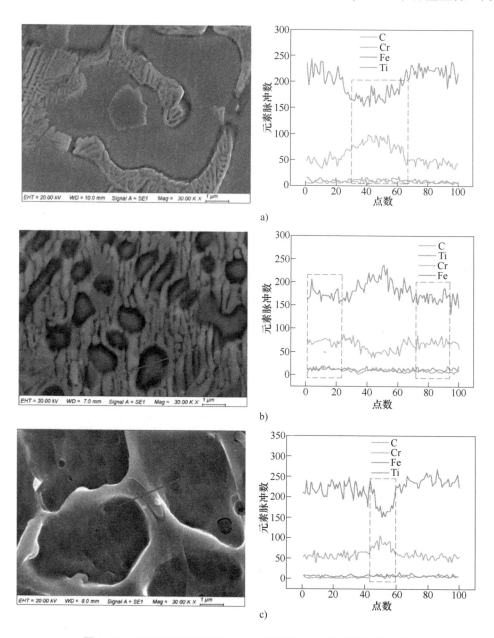

图 4-45 不同配比前驱体下 $\mathrm{Cr_7C_3}$ 颗粒的 EDS 元素线扫描结果

a) $n(\mathrm{TiO_2}):n(\mathrm{C})=1:6$ b) $n(\mathrm{TiO_2}):n(\mathrm{C})=1:7$ c) $n(\mathrm{TiO_2}):n(\mathrm{C})=1:8$

—低分布，Cr 元素的含量呈高—低—高分布；当 $n(TiO_2):n(C)=1:8$ 时，在灰色板条组织区 EDS 线扫描结果中，Cr 元素含量明显升高，Fe 元素含量明显下降。由此可知，板条状区域 Cr 元素含量较高，结合前文的推论可知，板条网状组织为 Cr_7C_3。

由前文中微米石墨和 20% 碳纳米管前驱体下涂层的组织分析可知，改变碳源配比，不会改变涂层中的生成物，涂层中都存在 γ-Fe、Cr_7C_3、TiC、$Cr_{23}C_6$ 这几种组织，但是碳源配比增大时，得到的涂层组织更致密，且涂层中所得的强化相粒径相对变小。同时，添加碳纳米管粉末的强化涂层中生成了更多的 TiC 颗粒，且得到的 Cr_7C_3 组织相对更加粗大，这说明碳纳米管更容易与 TiO_2 反应，且碳纳米管有助于强化相的长大。这是因为碳纳米管是具有管状结构的组织，且活性较高，在两端存在 C=C 双键结构，与 Ti 和 Cr 有很强的亲和能力，在激光熔覆过程中，容易生成碳化物，又因为管状结构受热时会卷曲，造成局部碳含量增大，TiC 还可以作为 Cr_7C_3 的非均质形核点，因此生成的 Cr_7C_3 强化相尺寸相对变大。

▶▶ 4. TiC 复合涂层的反应机理分析

（1）前驱体反应分析 溶胶凝胶法制备前驱体粉末是通过水解、缩合等化学反应将液相条件下的原料均匀地混合在一起，并形成稳定的溶胶状态；溶胶在静置陈化后，会转变成凝胶，此时溶剂失去流动性，主要存在三维网络空间结构的凝胶中。采用溶胶凝胶法制备前驱体混合粉末能够将微米石墨、纳米石墨和碳纳米管均匀包裹在凝胶中，凝胶经干燥、研磨后得到均匀的前驱体混合粉末。45 钢基体主要由 C 元素组成，而 3Cr13 不锈钢基体除了 C 元素，Cr 元素也是重要元素，在与碳源的反应过程中，C 除了与 Ti 发生系列反应生成 Ti 的化合物，还与 Cr 发生反应生成 Cr 的碳化物，情况更为复杂。因此下面将重点列出以 3Cr13 为基体时的反应过程，其碳源为微米石墨以及不同比例碳纳米管和微米石墨的混合粉体。

碳纳米管具有管状结构，表面光滑，蓬松且密度较小，在激光熔覆过程中，很容易被激光能量冲击飞溅，且由于其为有机相表层，很难与其他无机材料在达到混合均匀的同时还具有一定的结合性。采用溶胶凝胶法制备碳纳米管与 TiO_2 的混合前驱体粉末，可以制备 TiO_2 包覆微米石墨/碳纳米管的均匀混合粉末，此方法是改变碳纳米管的有机相表层，将之转变为无机相表层，从而改善了 TiO_2 与碳纳米管的结合性。此处所用的钛酸四丁酯是一种易水解的酯类，且会与无水乙醇发生缩合反应，主要反应过程如下：

水解：
$$Ti(OC_4H_9)_4 + xH_2O \longrightarrow Ti(OH)_x(OC_4H_9)_x + xC_4H_9OH \tag{4-16}$$

失醇缩合：
$$\equiv Ti\text{-}OH + Ti\text{-}OC_4H_9 \equiv \longrightarrow \equiv Ti\text{-}O\text{-}Ti \equiv + C_4H_9OH \tag{4-17}$$

失水缩合：

$$\equiv \text{Ti-OH} + \text{Ti-OH} \longrightarrow \equiv \text{Ti-O-Ti} \equiv + \text{H}_2\text{O} \tag{4-18}$$

从反应式可看出，在溶胶凝胶反应过程中存在许多 $\equiv$Ti-OH 和 $\equiv$Ti-O-Ti$\equiv$，这是一种具有网络状结构的物质。添加碳纳米管或微米石墨粉末后，TiO_2 会沉积在微米石墨/碳纳米管表面，此沉积过程为异相形核过程，该过程可以近似看作流体环境在平衬底上形成球冠型的胚团，反应的吉布斯自由能如下：

$$\Delta G(r) = \left[\frac{4\pi r^3}{3}\Delta g + 4\pi r\theta^2\gamma_{\text{sf}}\right](2 + \cos\theta)(1 - \cos\theta)^2/4 \tag{4-19}$$

式中，$\dfrac{4\pi r^3}{3}\Delta g + 4\pi r\theta^2\gamma_{\text{sf}}$ 为均相系统中溶质形核的吉布斯自由能；r 为晶核半径；Δg 为固液单位体积的吉布斯自由能差；γ_{sf} 为固液界面张力；θ 为衬底、晶体和流体三相交界处的接触角，$\theta \in [0, \pi]$。

则有

$$0 \leqslant (2 + \cos\theta)(1 - \cos\theta)^2/4 \leqslant 1$$

故式（4-19）中

$$\Delta G(r) \leqslant \frac{4\pi r^3}{3}\Delta g + 4\pi r\theta^2\gamma_{\text{sf}}$$

这说明异相形核相对均相形核更容易，且此处所添加的碳纳米管和微米石墨与溶胶中的 TiO_2 的浸润程度较大，即 θ 较大，故可以制备出 TiO_2 均匀包覆在微米石墨/碳纳米管上的前驱体粉末。溶胶凝胶法制备的前驱体粉末是一种分子级的均匀混合体，提高了反应生成 TiO_2 与微米石墨/碳纳米管的混合均匀性，且反应生成的 TiO_2 粒径较小，有利于后续在激光作用下发生原位反应生成 TiC 强化颗粒。

为深入研究前驱体粉体在激光作用下的反应机制，对前驱体粉末在热平衡条件下的加热过程进行 TG-DSC 热重分析与差示扫描量热：即在程序控制的温度下测量待测样品的质量与温度变化的关系及待测样品和参比物的功率差与温度变化的关系分析。TiO_2-C 体系的 ΔG-T 关系式见表4-9。TiO_2-C 反应体系从 894.5℃ 开始发生碳热还原反应，随着温度的升高，ΔG 减小，说明温度升高有利于碳热还原反应的进行；TiO_2-C 反应体系中各个反应的 ΔG-T 直线基本平行，说明在该体系中，C 与 TiO_2 逐步发生碳热还原反应，随着温度的升高，反应逐渐生成 Ti_3O_5、Ti_2O_3、TiO 和 TiC。

表4-9　TiO_2-C 体系的 ΔG-T 反应关系式

反应方程式	$\Delta G/(\text{kJ/mol})$	初始反应温度/℃
$3\text{TiO}_2 + \text{C} \longrightarrow \text{Ti}_3\text{O}_5 + \text{CO}$	$\Delta G = -202.48T + 236390$	894.5
$2\text{TiO}_2 + \text{C} \longrightarrow \text{Ti}_2\text{O}_3 + \text{CO}$	$\Delta G = -183.68T + 242165$	1045.4
$\text{TiO} + 2\text{C} \longrightarrow \text{TiC} + \text{CO}$	$\Delta G = -82.254T + 120147$	1187.7

反应方程式	$\Delta G/(kJ/mol)$	初始反应温度/℃
$3TiO_2 + 3C \longrightarrow TiC + 2CO$	$\Delta G = -113.26T + 173284$	1257
$TiO_2 + C \longrightarrow TiO + CO$	$\Delta G = -175.3T + 279472$	1321.2
$Ti_2O_3 + 5C \longrightarrow 2TiC + 3CO$	$\Delta G = -99.267T + 159652$	1335.3
$Ti_3O_5 + 8C \longrightarrow 3TiC + 5CO$	$\Delta G = -102.21T + 165551$	1346.7
$2Ti_3O_3 + C \longrightarrow 3Ti_2O_3 + CO$	$\Delta G = -145.65T + 253044$	1464.3
$Ti_3O_5 + 2C \longrightarrow 3TiO + 2CO$	$\Delta G = -161.67T + 300911$	1588.3
$Ti_2O_3 + C \longrightarrow 2TiO + CO$	$\Delta G = -166.87T + 316615$	1624.4
$TiO_2 + 2C \longrightarrow Ti + 2CO$	$\Delta G = -176.38T + 352390$	1724.9
$Ti_3O_5 + 5C \longrightarrow 3Ti + 5CO$	$\Delta G = -171.24T + 375742$	1921.2
$Ti_2O_3 + 3C \longrightarrow 2Ti + 3CO$	$\Delta G = -174T + 389237$	1964
$TiO + C \longrightarrow Ti + CO$	$\Delta G = -177.39T + 425162$	2123.8

图 4-46 所示为不同碳源的前驱体粉末 TG-DSC 曲线，其中图 4-46a 所示碳源为微米石墨，图 4-46b 所示碳源为 20% 碳纳米管 + 微米石墨。从图中可以看出，从室温加热到 200℃时，存在一条较为明显的失重曲线，这是因为在加热过程中，前驱体粉末持续干燥，粉末中的水分蒸发，从而质量减小；当温度从 200℃加热到 500℃时，此时存在一条较为明显的失重曲线，这是因为溶胶凝胶制备前驱体粉末的过程本质上是一个脱水反应过程，在溶胶时，由于受反应温度等各种其他因素的影响，粉体中的 H_2O 仍在分子间存在，当温度升高时，粉体细小均匀，此时继续发生脱水反应，水合 TiO_2 失去结晶水，在高温条件下，反应生成的水分蒸发，从而使粉体质量减小。图 4-46a、b 在温度上升到 1100℃之前，都存在一条较为平缓的吸热曲线，这是因为，通过溶胶凝胶法制备 TiO_2 时是在常温环境下，通过该方法制备的 TiO_2 的晶体结构为锐钛矿型，且包覆在微米石墨/碳纳米管表面。锐钛矿型 TiO_2 在受热时，会转变为金红石型 TiO_2，此过程为吸热过程，且质量不变，这与图中 400～800℃的 DSC 曲线一致。

图 4-46a 中，温度为 1168.2℃时存在一个较小不明显的放热峰，温度为 1204℃和 1335.3℃时存在一个较小的吸热峰。如图 4-46b 所示，在 1177.5℃时存在一个放热峰，这可能是由于添加碳纳米管后，前驱体粉末中存在由碳纳米管构筑的物理构架结构，管状的碳纳米管在某种程度上减缓了 TiO_2 的相变，在 1177.5℃时，碳纳米管受热卷曲，与此同时，物理构架结构被破坏，此时 TiO_2 的相变过程较为剧烈，与此对应，DSC 曲线中存在一个明显的放热峰；温度为 1093.5℃和 1338.7℃时存在一个明显的吸热峰，说明此时发生了剧烈的反应，且在此温度范围内，粉末质量减小，说明反应中有 CO 气体生成。通过对图中吸热峰和放热峰进行分析可知，碳纳米管可以促进前驱体粉末发生碳热还原反应。

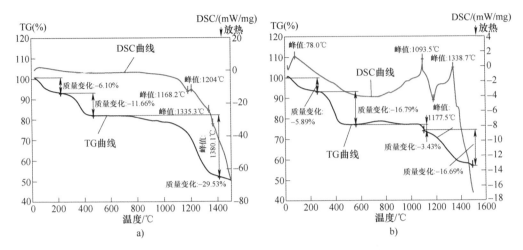

图 4-46 不同碳源的前驱体粉末 TG-DSC 曲线

a）微米石墨　b）20% 碳纳米管 + 微米石墨

（2）激光熔覆前驱体粉末原位反应过程分析　通过分析前驱体粉末的 TG-DSC 曲线及相关热力学分析，对 Fe-Ti-C 体系的碳热还原反应过程有了一定的了解。但是在 3Cr13 不锈钢表面用激光熔覆复合溶胶凝胶法制备强化涂层的过程中，由于基体中存在 Cr 元素，熔池中 Cr 元素会与 C 元素结合生成碳化铬强化相，在此过程中 Cr 元素会消耗 C 元素，从而影响 TiO$_2$-C 体系的反应结果，因此，此处将前驱体粉末与基体粉末均匀混合进行 TG-DSC 分析，其中 $n(TiO_2) : n(C) : n(Fe) = 1 : 8 : 1$。

图 4-47 所示为将基体粉末与前驱体粉末混合后，混合粉末的 TG-DSC 曲线，其中图 4-47a 所示碳源为微米石墨，图 4-47b 所示碳源为 20% 碳纳米管 + 微米石墨。与不添加 Fe 粉时相似，温度从室温加热到 400℃ 时，质量减小，此过程对应为在加热过程中，前驱体粉末持续干燥，粉末中的水分蒸发；当温度升高时，水合 TiO$_2$ 失去结晶水，在高温条件下，反应所生成的水分蒸发，从而粉体质量减小。图 4-47a 中温度为 1185.0℃ 时存在一个较小的放热峰，图 4-47b 中温度为 1189.2℃ 时存在一个较小的放热峰，由前文分析可知，这是前驱体粉末中由于粉体发生反应，被微米石墨包覆的 TiO$_2$ 露在表面，并发生相变，从锐钛矿相转变成金红石相。

图 4-47a 中，温度为 1278.2℃ 和 1185.0℃ 时存在两个吸热峰，图 4-47b 中温度为 1318.5℃ 和 1337.0℃ 时存在较明显的吸热峰。结合 TG 曲线可知，当温度为 1050 ~ 1400℃ 时，粉末质量减小，可知在此温度下发生了化学反应，生成 CO 气体，由于反应较为轻微。当温度为 1300 ~ 1400℃ 时，DSC 曲线中存在不明显的起伏，这可能是由基体 Fe 粉熔化，以及基体 Fe 粉中 Cr 元素与 C 元素结合生成 Cr$_x$C$_y$ 型碳化物造成的，由于基体 Fe 粉相对较少，且粉末中含 Cr 元素很少，故反应不明显。将图中 TG 曲线进行对比，可以看出，添加碳纳米管后，粉末的质量减小更多，这说明添加碳纳米管后，反应更加剧烈，且碳纳米管更容易参与反应，生成

的碳化物更多。

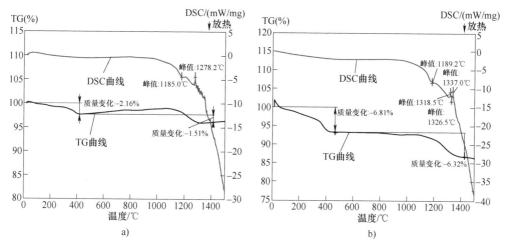

图 4-47 混合基体粉末后不同碳源前驱体粉末 TG-DSC 曲线
a) 微米石墨 b) 20% 碳纳米管 + 微米石墨

由热力学分析可知，物体化学反应的速度主要与吉布斯自由能有关，吉布斯自由能变与温度的函数关系如下：

$$\Delta G(T) = \Delta H - T\Delta S \tag{4-20}$$

式中，$\Delta G(T)$ 为标准吉布斯自由能变函数；ΔH 为标准反应焓变；ΔS 为标准反应熵变；T 为反应温度。

此处主要考虑存在三种体系的反应，分别为 Cr-C、Fe-C、Ti-C，化学反应方程式如下：

$$7Cr + 3C \longrightarrow Cr_7C_3 \tag{4-21}$$
$$\Delta G = (-174.401 - 0.0259T)\,kJ/mol\,(298K \leqslant T \leqslant 2171K)$$

$$3Fe + C \longrightarrow Fe_3C \tag{4-22}$$
$$\Delta G = (25.92 - 0.023T)\,kJ/mol\,(298K \leqslant T \leqslant 436K)$$
$$\Delta G = (26.67 - 0.025T)\,kJ/mol\,(436K < T \leqslant 1115K)$$
$$\Delta G = (10.34 - 0.01T)\,kJ/mol\,(1115K < T \leqslant 1808K)$$

$$TiO_2 + 3C \longrightarrow TiC + 2CO \tag{4-23}$$
$$\Delta G = (-139.555 - 0.01687T)\,kJ/mol\,(298K \leqslant T \leqslant 2808K)$$

从三个反应体系的吉布斯自由能可以很明显地看出，随着反应温度的增加，ΔG 减小，即升温可催化化学反应，激光熔覆过程中，三种反应体系的 ΔG 都小于 0，Ti-C 反应体系的 ΔG 小于 Cr-C 反应体系，由此可知，Ti-C 反应体系最容易进行反应。

在涂层中，TiC 相优先生成，Cr_7C_3 相次之，Fe_3C 相由于 Cr 的富集而较难生成，且大部分 Fe 元素主要与 Cr、C 元素结合生成过饱和固溶体 (Fe, Cr)$_7$C$_3$，通过 Themo-Calc 软件计算得到相的凝固析出曲线（图 4-48），在熔池凝固过程中，随着温度的降低，逐渐析出强化相，当温度在 1275 ~ 1323℃ 之间时，析出相为 MC 型强化相，结合 XRD、EDS 数据可知，该相为 TiC。当温度在 1267 ~ 1275℃ 之间时，TiC 相持续析出，同时还有 M$_7$C$_3$ 型碳化物生成，结合 XRD、EDS 数据可知，该相为 Cr$_7$C$_3$，由该温度范围内的曲线斜率可知，此凝固过程生成的强化

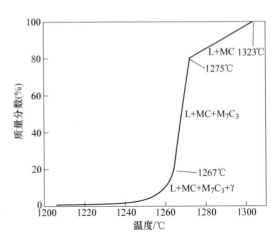

图 4-48　熔池中合金凝固析出曲线

相最多。当温度在 1200 ~ 1267℃ 之间时，熔池中还有 γ-Fe 生成。

TiO$_2$ 与 C 反应生成 TiC 的过程，是 TiO$_2$→TiO→TiC 的转变过程，TiO 和 TiC 同为面心立方的晶体结构，此反应过程是一个碳原子取代氧原子的过程。在此过程中，必然伴随着 C 元素的富集、转移，由于碳源采用的是微米石墨和碳纳米管，当 C 元素与 Ti 元素结合时，会生成微米级或亚微米级的 TiC 颗粒，这已经在 SEM 图像中得到证明。添加的碳纳米管具有管状结构，在受热过程中，部分直接与 TiO$_2$ 反应，另一部分则会受热团聚，形成复合架构。在熔池中，Ti 元素与 C 元素结合生成 TiC，但是碳纳米管的团聚物表面活性较低，随着团聚物的溶解，Ti 元素才能与 C 元素结合生成细小 TiC 颗粒；团聚物的生成造成局部碳含量增加，碳含量增加有利于原位反应的进行，促进碳化物强化相的生成和析出。

在 TiC 富集或形成大硬质相时，Cr$_7$C$_3$ 会以 TiC 作为有效的形核质点，并生核长大，在 TiC 周围，生成了 Cr$_7$C$_3$ 强化相。添加 20% 碳纳米管为碳源时，初生 (Fe,Cr)$_7$C$_3$ 碳化物和 Cr$_7$C$_3$ 会因为生成 TiC 强化相的粒径变小而细化。碳纳米管的加入使得生成的 TiC 粒径更小，进一步增强 TiC 非均质形核核心的作用，提高细晶强化的效果。同时，添加碳纳米管后，涂层中增强相变小，生成的强化相增多，因此，位错密度较高，即碳纳米管可以增强涂层中的位错强化，提高涂层的硬度和强度。

（3）原位反应动力学分析　原位反应的反应机制主要分为扩散机制和反应-扩散机制，扩散机制中扩散对反应产物具有决定性影响；反应-扩散机制中反应与扩散共同对反应生成的产物种类及产物的组织结构起作用，此处的反应机制为反应—扩散机制。

图 4-49 所示为不同碳源前驱体下涂层的动力学反应模型，对反应过程进行如

下假设：①激光熔覆过程中，熔池中各个区域的温度分布一致；②反应体系中每个组元在熔池中均匀分布；③反应过程中每个组元形状相同。在此假设下，此处的 C-Ti-Fe-Cr 反应体系的动力学过程如下：

1）激光熔覆过程中，由于高能量激光的作用，前驱体溶于熔池中，由于激光熔覆的高温作用，熔池中各原子的扩散能力较强，且由于原子的扩散能力与原子质量有关，质量越小扩散能力越强，因此，在熔池中 C 原子的扩散能力最强，Ti 次之，Cr 与 Fe 的扩散能力最弱。

2）由前文前驱体粉末 TG-DSC 曲线的分析可知，当温度上升到 895℃时，前驱体粉末中的 C 会与 TiO_2 发生碳热还原反应。随着反应-扩散作用的进行，前驱体粉末中微米石墨/碳纳米管溶于熔池中，并与 TiO_2 反应生成 CO 气体。

3）随着反应的继续进行，前驱体粉末中团聚卷曲的碳纳米管逐渐溶于熔池中，造成局部 C 元素含量增加，从而增大 Ti 元素与 C 元素的结合能力，生成 TiC 强化颗粒。

4）TiC 生成时，成为 Cr_7C_3 生核长大的非均质形核点，由于碳纳米管的加入会造成局部区域 C 元素含量增加，在促进更多 TiC 颗粒生成的同时，也会促进 Cr_7C_3 的生成。

5）当反应完全进行时，涂层中最终会反应生成 TiC 和 Cr_7C_3，由于 Ti、Cr、Fe 和 C 也会在熔池凝固过程中结合生成过饱和固溶体，因此反应体系中还会有 $(Cr，Fe)_7C_3$ 生成。

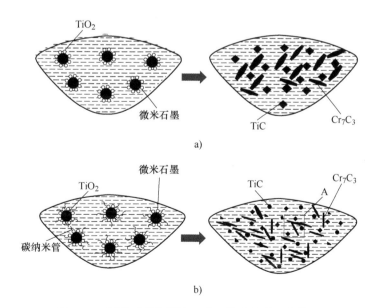

图 4-49 不同碳源前驱体下涂层的动力学反应模型
a）微米石墨 b）碳纳米管 + 微米石墨

▶️ 5. TiC 复合涂层的性能分析与强化机制分析

以 3Cr13 不锈钢为基体，研究了以微米石墨和碳纳米管作为前驱体粉末碳源时所获得的强化涂层的硬度曲线，如图 4-50 所示。由图可知，添加碳纳米管的前驱体粉末下得到的涂层硬度明显大于微米石墨涂层。且添加碳纳米管的前驱体粉末下得到的涂层次表面的硬度相对较高，涂层整体硬度由表至里有下降的趋势，而添加微米石墨的前驱体粉末下得到的涂层次表面的硬度则相对较低，涂层整体硬度由表至里呈上升趋势。当 $n(TiO_2):n(C)$ 为 1：8 时，碳纳米管涂层硬度较微米石墨涂层提升一倍。

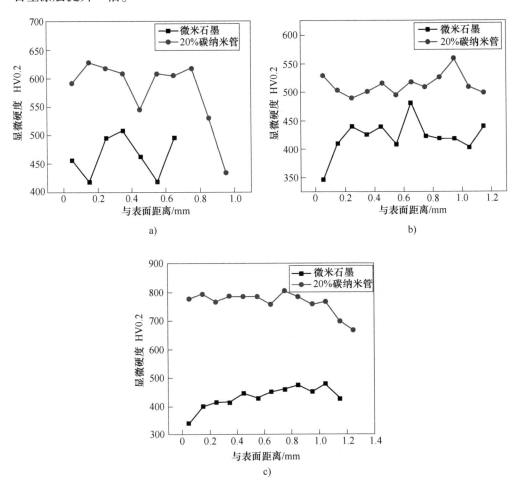

图 4-50　不同碳源前驱体下涂层的显微硬度分布曲线

a) $n(TiO_2):n(C)=1:6$　b) $n(TiO_2):n(C)=1:7$　c) $n(TiO_2):n(C)=1:8$

为模拟工具材料 3Cr13 的工作环境，对不同碳源的前驱体粉末对涂层的高温摩擦磨损性能的影响进行了分析。磨损试验温度为 400℃，转速为 350r/min，负加载荷为 1000g。图 4-51 所示为不同前驱体下涂层磨损失重量柱形图，由图可知，添加碳纳米管作为碳源的前驱体粉末下所得涂层的耐磨性较好，这主要与涂层硬度和涂层组织成分有关，添加碳纳米管后所得涂层硬度较高，生成 TiC 颗粒较多，且涂层中还原位生成了大量的碳化铬强化相，TiC 作为耐磨骨架可以提高涂层的耐磨性，碳化铬是一种高耐磨

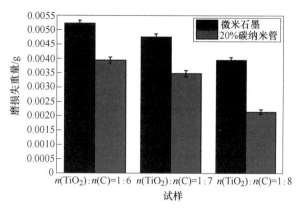

图 4-51 不同前驱体下涂层磨损失重量柱形图

相，也会大大提高涂层的耐磨性。同时，添加碳纳米管后，前驱体粉末的烧蚀现象会被抑制，从而在基体中溶入更多的碳元素，碳含量的增大，也可以提高涂层硬度和耐磨性。

对添加微米石墨和碳纳米管所得涂层的磨痕进行分析，如图 4-52 所示，当

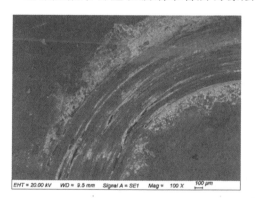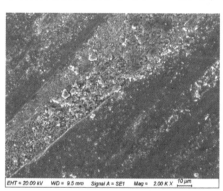

a)

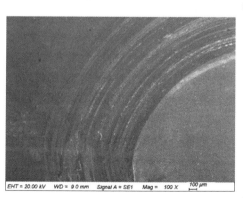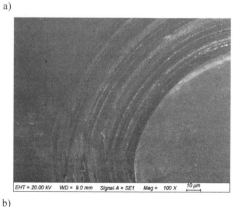

b)

图 4-52 $n(TiO_2):n(C)=1:8$ 时涂层磨损微观形貌

a）微米石墨 b）碳纳米管 + 微米石墨

$n(\text{TiO}_2) : n(\text{C}) = 1 : 8$ 时，微米石墨涂层磨损后存在大量的破碎氧化皮碎屑，涂层中的磨损机理为黏着磨损；添加碳纳米管的涂层磨损后涂层中存在大量黑色细小孔洞，由前文组织形貌分析可知，在该配比下的涂层中 TiC 颗粒主要为包裹状在基体中均匀分布，TiC 颗粒的存在会降低硬质磨球的磨削效果，起到提高耐磨性的作用，在磨球的作用下，涂层中的 TiC 颗粒会逐渐露出，在交变力的作用下，TiC 颗粒剥落，该过程的磨损机理为磨粒磨损。

通过对不同碳源的前驱体粉末对涂层耐磨性的影响进行分析可知，添加碳纳米管会大幅提高涂层的耐磨性，当 $n(\text{TiO}_2) : n(\text{C}) = 1 : 8$ 时，添加碳纳米管所得涂层的耐磨性是微米石墨涂层的 2 倍，基体的 4.5 倍。原因主要有两点：一方面，碳纳米管的加入减小了碳源的烧蚀作用，熔覆层中碳含量增加，硬度增大，且碳纳米管会促进碳化物强化相的生成，得到更多的 TiC 和碳化铬强化相，从而提高涂层的硬度，硬度提高，硬质磨球难以压入涂层从而对涂层进行犁削，只能对涂层进行反复的碾压，造成涂层表面氧化膜破损，涂层表面产生许多破碎氧化膜碎屑；另一方面，碳纳米管的加入，促进了涂层中耐磨相碳化铬和 TiC 的生成，耐磨性和高硬相会在磨损过程中起到支撑作用，降低磨球的磨削作用。因此，采用碳纳米管为碳源，激光熔覆得到的涂层可以大大提高基体的耐磨性，该方法可以用于工模具领域提高零部件的耐磨性，延长使用寿命，降低经济损失。

3Cr13 不锈钢作为工具材料应用于切削刀具和医疗器具领域，还需要有较高的耐蚀性。因此，此处模拟腐蚀环境，对所制备涂层的耐蚀性进行了研究。采用浓度为 0.35%（质量分数）的 NaCl 溶液作为腐蚀液，样品为工作电极，参比电极采用饱和甘汞电极（SCE），辅助电极为铂电极。

图 4-53 所示为不同配比碳纳米管的前驱体下涂层的极化曲线对比图，表 4-10 列出了不同配比碳纳米管的前驱体下涂层的电化学参数。当 $n(\text{TiO}_2) : n(\text{C}) = 1 : 6$ 时，涂层的腐蚀电位为 -0.4459V，腐蚀电流密度为 $2.135 \times 10^{-6}\,\text{A} \cdot \text{cm}^{-2}$。随着

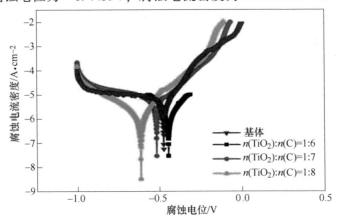

图 4-53　不同配比碳纳米管的前驱体下涂层的极化曲线对比

碳含量的增加，涂层的腐蚀电位降低，腐蚀电流密度同时降低，当 $n(TiO_2):n(C)=$ 1：8 时，腐蚀电流密度为 $1.317\times10^{-6}A\cdot cm^{-2}$，耐蚀性较基体提升 5.5 倍。这说明，随着碳含量的增加，涂层耐蚀性升高，涂层腐蚀速率变小。由前文的组织分析可知，碳含量增加会造成涂层组织变细，生成的碳化物强化相变小，而涂层的耐蚀性与晶粒大小有关，晶粒越小，涂层耐蚀性越差。又因为涂层中原位生成了 TiC、Cr_7C_3 强化相，耐蚀性较好，在一定程度上提高了涂层的耐蚀性能，因此随着碳含量的增大，涂层腐蚀电流密度先降低后增大。

表 4-10　不同配比碳纳米管的前驱体下涂层的电化学参数

试　　样	腐蚀电位 E_{corr}/V	腐蚀电流密度 $i_{corr}/A\cdot cm^{-2}$
基体	-0.4765	7.299×10^{-6}
$n(TiO_2):n(C)=1:6$	-0.4459	2.135×10^{-6}
$n(TiO_2):n(C)=1:7$	-0.5192	1.040×10^{-6}
$n(TiO_2):n(C)=1:8$	-0.6160	1.317×10^{-6}

由以上分析，可得出以下结论：

1）添加微米石墨为碳源时，碳含量增加，涂层硬度均匀，涂层上部由于激光烧蚀作用，碳含量较低，硬度较小；涂层下部由于激光作用过程中熔池存在对流传质的现象，碳含量较高，涂层硬度随之增大。涂层的耐磨性和耐蚀性随着碳含量的增加而升高。当 $n(TiO_2):n(C)=1:8$ 时，涂层硬度的增加较平稳，所得涂层的最高硬度为 480HV0.2，平均硬度为 450HV0.2，涂层磨损性能最高，磨损主要为黏着磨损和磨粒磨损，且在此配比下，由于涂层中 Cr_7C_3 强化相变多，涂层耐蚀性最高。

2）添加 20% 碳纳米管为碳源时，熔覆层硬度由表至里梯度递减。随着碳含量的增加，涂层硬度和耐磨性升高，当 $n(TiO_2):n(C)=1:8$ 时，涂层中平均显微硬度为 750HV0.2，最高可达 795HV0.2，常温耐磨性较基体提升 4.5 倍，较微米石墨涂层提高 1 倍。涂层的耐蚀性随着碳含量的增大波动较小，当 $n(TiO_2):n(C)=1:8$ 时，涂层的耐蚀性较好，腐蚀速率较低，耐蚀性较基体提高 6.8 倍。

3）在相同的碳含量下，添加碳纳米管所制备的涂层与添加微米石墨所制备的涂层相比，添加碳纳米管的涂层中原位生成的强化相更小，涂层致密性更好，涂层硬度和耐磨性提高，耐蚀性变化不大。

4.2.5　碳钢表面激光诱导溶胶凝胶制备 TiN-TiB$_2$ 复合陶瓷增强涂层

1. TiN-TiB$_2$ 复合粉体的制备

制备 TiO_2、BN 和 C 复合粉体的工艺流程如前所述，不同之处在于在溶胶中加入了 BN。图 4-54 所示为溶胶凝胶法制备得到的复合粉体的 XRD 图谱，从图中看到，复合粉体中含有 TiO_2、BN 及 C 三种相。其中 TiO_2 由溶胶凝胶过程中反应物钛酸丁酯水解并经过干燥处理得到，BN 和 C 为反应物水解过程中直接向溶液中加入。由此可以看出，凝胶干燥处理过程中 BN 和 C 没有受到影响，因此溶胶凝胶法制备得到了 TiO_2、BN 及 C 的混合均匀的粉末。

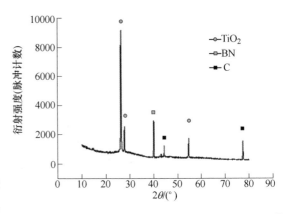

图 4-54　溶胶凝胶法制备得到的复合粉体的 XRD 图谱

▶▶ 2. TiN-TiB₂ 复合陶瓷层的制备工艺

使用 45 钢作为基体，将制备好的复合粉体碾磨、烘干后，直接将粉末均匀平铺在基体表面，稍微用力压紧，涂层厚度为 1 ~ 5mm。进行激光表面强化处理时，采用 12mm × 1mm 的矩形光斑，激光功率为 1200 ~ 2400W，扫描速度为 30 ~ 120mm/min，通过改变激光工艺参数，研究 TiN-TiB₂ 复合陶瓷层的制备工艺。

在激光强化制备复合陶瓷强化涂层中，对制备强化层有重要影响的因素主要有激光功率、激光扫描速度、粉末预置层厚度等。为了获得理想的激光强化工艺参数，总结前期试验过程与数据，进行如下一系列试验。

(1) 激光功率的影响　激光功率对陶瓷增强涂层的质量有着重要影响，因为它直接决定着涂层中各种强化相的生成，激光功率过大或过小都不利于良好质量涂层的形成。

表 4-11 给出了不同激光功率条件下的工艺参数，获得的强化层表面 XRD 分析图谱如图 4-55 所示。

表 4-11　不同激光功率条件下的工艺参数

试样编号	TiO_2、BN 及 C 的摩尔比	预置层厚度 /mm	激光功率 /W	扫描速度 /(mm/min)	试样表面相组成
1			1200		TiN、Fe、$FeTiO_3$、Ti_2O_3
2	4 : 2 : 5	3	1800	60	TiN、TiB_2、Fe、$FeTiO_3$、Ti_2O_3
3			2400		TiN、TiB_2、Fe、$FeTiO_3$、Ti_2O_3

图 4-55a 所示为 1 号试样（激光功率为 1200W）强化层表面 XRD 分析图谱。由于激光功率较小，激光输入能量较少，导致涂层与基体不能形成良好的冶金结合，出现严重的剥落现象。同时由于激光输出能量过小，基体表面熔化不够充分，形成熔池的时间短，预置粉末之间的反应来不及发生或只有少部分反应物发生反

应。只有自由能较低的 TiN 强化相及其他衍生相产生，强化相数量较少。

图 4-55b 所示为 2 号试样（激光功率为 1800W）强化层表面 XRD 分析图谱。强化层表面光滑，无凹坑和裂纹，呈金黄色。XRD 结果显示，强化层表面生成了 TiN、TiB_2 强化相，同时还含有 Fe、$FeTiO_3$、Ti_2O_3 等相。其中 Fe 为基体元素，TiN、TiB_2 为在激光的作用下由 TiO_2、BN 及 C 三者反应生成，少量的 Ti_2O_3 为激光处理过程中 TiO_2 与 C 的碳热还原反应不充分产生的。而一部分产生的 Ti_2O_3 和未反应的 TiO_2 与基体中的 Fe 作用生成 $FeTiO_3$，温度越高，该反应进行得越迅速，生成的 $FeTiO_3$ 越多。在此参数下，通过激光作用，反应生成的 TiN、TiB_2 强化相较多，而生成的 $FeTiO_3$、Ti_2O_3 较少，因此该参数较理想。

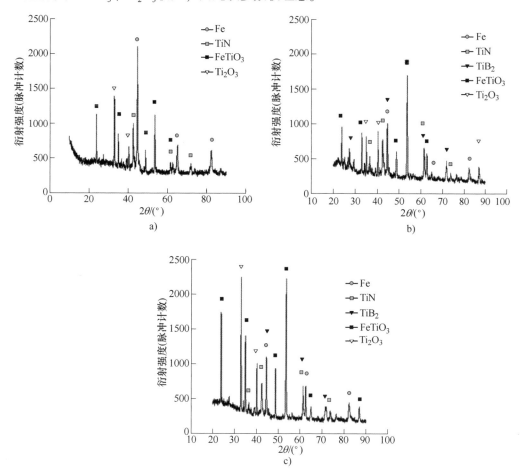

图 4-55　不同激光功率条件下强化层表面 XRD 分析图谱

a）激光功率为 1200W　b）激光功率为 1800W　c）激光功率为 2400W

图 4-55c 所示为 3 号试样（激光功率为 2400W）强化层表面 XRD 分析图谱。该强化层表面烧损严重，强化层表面物相与 2 号试样基本相同，但是可以明显看出

其强化相明显减少，而 $FeTiO_3$、Ti_2O_3 两相增多。这是由于激光功率过高，输入基体的能量过多，导致 $FeTiO_3$、Ti_2O_3 生成量增多，而强化相生成量相对较少。

（2）激光扫描速度的影响　激光处理过程中，能量密度可以表示如下：

$$\lambda = \frac{AP}{vD}$$

式中，λ 为激光能量密度；A 为激光吸收率；P 为激光功率密度；D 为光斑直径；v 为激光扫描速度。

当其他试验参数相同时，扫描速度大，单位面积上获得的能量少；反之，扫描速度小，单位面积上获得的能量大。表 4-12 列出了不同扫描速度条件下的工艺参数，获得的强化层表面 XRD 分析图谱如图 4-56 所示。

表 4-12　不同扫描速度条件下的工艺参数

试样编号	TiO_2、BN 及 C 的摩尔比	预置层厚度 /mm	激光功率 /W	扫描速度 /(mm/min)	试样表面相组成
4				30	TiN、TiB_2、Fe、$FeTiO_3$、Ti_2O_3
5	4：2：5	3	1800	60	TiN、TiB_2、Fe、$FeTiO_3$、Ti_2O_3
6				120	TiN、C、BN、Fe、TiO_2

图 4-56a 所示为 4 号试样（扫描速度为 30mm/min）强化层表面 XRD 分析图谱。该参数下基体表面明显烧蚀，说明在该扫描速度下，激光能量密度过大。对该强化层表面进行 XRD 分析，尽管发现有强化相 TiN、TiB_2 生成，但其数量较少，而 $FeTiO_3$、Ti_2O_3 两相非常明显。这是由于激光扫描速度过低，能量密度过高，强化层中反应生成大量的 $FeTiO_3$、Ti_2O_3。此外，温度达到了 TiN、TiB_2 生成温度，因此 TiN、TiB_2 也有少量生成。

图 4-56b 所示为 5 号试样（扫描速度为 60mm/min）强化层表面 XRD 分析图谱。其效果同 2 号试样。

图 4-56c 所示为 6 号试样（扫描速度为 120mm/min）强化层表面 XRD 分析图谱。基体表面基本没有变化，仅仅最外层有部分熔化。这可能是由于激光扫描速度过大，激光处理过程中能量密度过低，试样表面未能形成熔池，粉末之间基本没有反应。对该强化层进行 XRD 分析可以发现，该强化层主要相为 Fe，另外还有少量的 TiN、C、BN、TiO_2。这是因为该扫描速度过高，激光能量密度低，造成反应温度低，反应不能进行，导致少部分反应物留在了强化层表面，只生了极少量的 TiN 强化相。

（3）预置层厚度的影响　激光强化前，需要预先在 45 钢基体表面预置反应涂层，预置涂层时要保证厚度均匀。同时，涂层的厚度对激光强化的效果有非常显著的影响，甚至可对整个强化涂层的性能造成影响。涂层太薄，表面涂层反应物在激光的作用下飞溅、烧蚀，达不到原位反应生成复合陶瓷增强涂层的目的，而且熔化区过深，影响基体性能。涂层过厚，激光能量基本被涂层吸收，穿透到基体的能量较少，使得基体部位熔化很少，甚至没有熔化，达不到强化的目的。

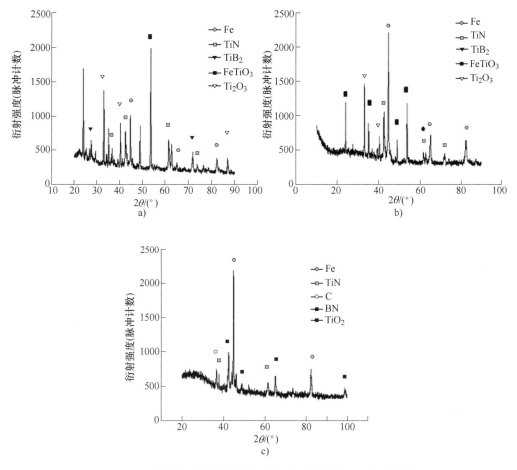

图 4-56　不同激光扫描速度条件下强化层表面 XRD 分析图谱

a）扫描速度为 30mm/min　b）扫描速度为 60mm/min　c）扫描速度为 120mm/min

　　表 4-13 列出了不同预置层厚度条件下的工艺参数，获得的强化层表面 XRD 分析图谱如图 4-57 所示。图 4-57a 所示为 7 号试样（预置层厚度为 1mm）强化层表面 XRD 分析图谱，由于涂层较薄，大量反应物被烧蚀掉，因此强化层形貌与激光熔凝类似。对其强化表层进行 XRD 分析发现，该强化层主要相为 Fe，同时还含有少量的强化相及 Ti_2O_3 和 $FeTiO_3$。这是由于涂层较薄，反应物大部分被烧蚀掉，仅有少量的粉末参与反应，因此生成的强化相较少。

　　图 4-57b 所示为 8 号试样（预置层厚度为 3mm）强化层表面 XRD 分析图谱，其效果同 2 号试样。图 4-57c 所示为 9 号试样（预置层厚度为 5mm）强化层表面 XRD 分析图谱，激光强化后表面熔化物少，大部分激光能量被涂层吸收，穿透预

置层后被基体吸收的能量少，达不到强化相生成的温度，影响强化层的形成。对该强化层进行 XRD 分析发现，强化层主要由 Fe、TiO_2、$FeTiO_3$ 三种相组成，强化效果差。

表 4-13   不同预置层厚度条件下的工艺参数

试样编号	TiO_2、BN 及 C 的摩尔比	预置层厚度 /mm	激光功率 /W	扫描速度 /(mm/min)	试样表面相组成
7		1			TiN、TiB_2、Fe、$FeTiO_3$、Ti_2O_3
8	4:2:5	3	1800	60	TiN、TiB_2、Fe、$FeTiO_3$、Ti_2O_3
9		5			Fe、TiO_2、$FeTiO_3$

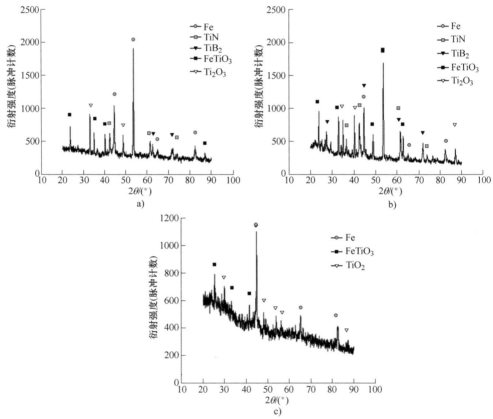

图 4-57   不同预置层厚度条件下强化层表面 XRD 分析图谱

a) 预置层厚度为 1mm   b) 预置层厚度为 3mm   c) 预置层厚度为 5mm

通过试验对比分析，发现在以下试验条件下，制备的强化层质量较好：预置层厚度为 3mm，激光功率为 1800W，激光扫描速度为 60mm/min。在该试验参数下，强化层由基体相 Fe，强化相 TiN、TiB_2 及少量衍生相 $FeTiO_3$、Ti_2O_3 构成，其中强化相较多，衍生相较少，强化层质量好。此外，还可以发现在其他试验参数不变的情况下，降低扫描速度或提高激光功率，由于激光能量密度过高，大量生成衍生相 FeTiO₃、Ti₂O₃，强化相生成量相对减少。而提高扫描速度或降低激光功率，由于激光能量密度不高，试验过程中没有达到反应需要的温度条件，强化层表面强化相生成量很少，且留有较多的 BN、TiO₂ 等反应物。预置层厚度过高使激光能量大部分被预置粉末吸收，被基体吸收的少，基体表面熔化区域狭小，基本没有生成强化相，而涂层厚度过小时，预置粉末被激光烧蚀严重，参与反应生成强化相的粉末减少，表层强化相形成量也相对较少。

3. TiN-TiB₂ 复合陶瓷层的显微组织分析

为了确定强化涂层中的生成相，对最佳参数试样进行了 X 射线衍射物相分析，图 4-58 所示为激光强化预置涂层后强化层表面的 XRD 图谱。由图可知，激光强化后，强化层表面主要由 TiN、TiB₂、Fe、FeTiO₃、Ti₂O₃ 组成，其中 TiN 和 TiB₂ 强化相的含量较高，说明强化层质量较好。Fe 的出现主要是受基体 45 钢的影响，TiN 和 TiB₂ 相为在激光作用下，预置粉末中 TiO₂ 与 BN、C 通过碳热还原反应原位合成；FeTiO₃ 和 Ti₂O₃ 相由于生成自由能较低，涂层中也生成了一部分。FeTiO₃ 是由在激光的高能量作用下预置粉末中的 TiO₂ 与 Fe 反应生成，而 Ti₂O₃ 是由于 TiO₂ 的碳热还原反应不完全产生的。

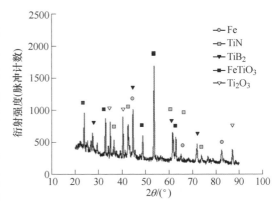

图 4-58　激光强化预置涂层后强化层表面的 XRD 图谱

图 4-59 所示为强化层截面在低倍光学显微镜下的形貌。由图 4-59a 可以看出，从上至下可分为熔覆层、热影响区及基体。熔覆层无孔洞、裂纹等缺陷，与基体

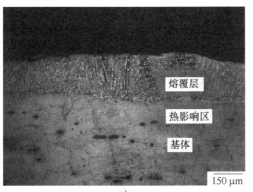

a)

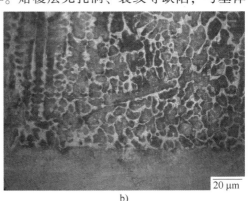

b)

图 4-59　强化层截面在低倍光学显微镜下的形貌

a）熔覆层全貌　b）熔覆层底部

结合由图 4-59b 可以看出，熔覆层中组织形貌为典型的枝晶和胞状晶，并且在枝间弥散分布很多细小颗粒和等轴析出物，由于激光具有快速加热和快速冷却的特点，涂层材料的熔化和凝固不处于平衡状态，熔覆层的组织具有快速凝固的特征，晶粒来不及长大，形成的组织细小且分布均匀。

图 4-60 所示为强化层截面在高倍电镜下的组织形貌。图 4-60a 所示为试样强化层表层区域形貌，从中可以明显看出，强化层中弥散分布有许多细小黑色颗粒。同时在白色基底上有许多浅灰色枝状物生成。图 4-60b 所示为试样强化层与基体结合处形貌图，从图中可以看出，强化层底部黑色颗粒明显少很多，这是由于生成的陶瓷增强颗粒的密度低于钢液的密度，在高温熔池剧烈的搅拌对流作用下，这些增强颗粒都会上浮，从而造成表层的增强颗粒多于底层。将图 4-60a 中的 A 区域放大得到图 4-60c，可以明显看到，强化表面嵌有粒径为 1～3μm 的黑色颗粒，分布较为均匀，同时有浅灰色枝状物析出。对 C 点黑色颗粒进行能谱分析，如图 4-61a 所示，可知该点主要由 C、N、Ti、Fe 四种元素组成，可以认为黑色颗粒为反应生成的 TiN 强化颗粒。出现 C 和 Fe 元素是受 45 钢基体的影响。将图 4-60c 中的 B 区域放大得到图 4-60d，对灰色析出物 D 处进行能谱分析，如图 4-61b 所示，可

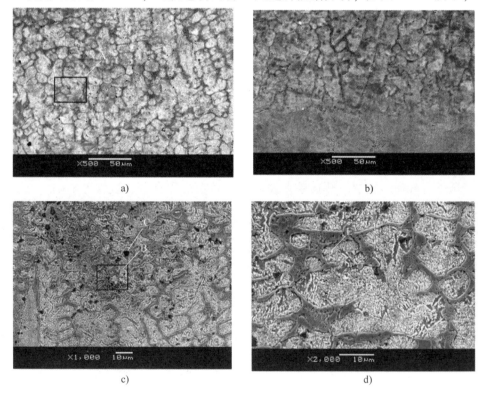

a)　　　　　　　　　　　　　　　　　b)

c)　　　　　　　　　　　　　　　　　d)

图 4-60　强化层截面在高倍电镜下的组织形貌

a）强化层全貌　b）强化层底部　c）A 区域放大图　d）B 区域放大图

知该枝状物除了正常的 C 和 Fe 元素外，还含有一部分 Ti 元素。由于能谱分析不易检测出质量较小的 B 元素，而 X 射线衍射分析结果表明，强化层中生成了 TiB_2，研究表明，TiB_2 一般呈须状，而在灰色枝状析出物上可以看出有很多细小须状物质，因此可以确定浅灰色物质中生成了 TiB_2。对白色基底 E 处进行能谱分析，如图 4-61c 所示，从图中可以明显看出，基体主要包含 Fe 和 C 元素，因此可以确定白色部分为 45 钢基体。

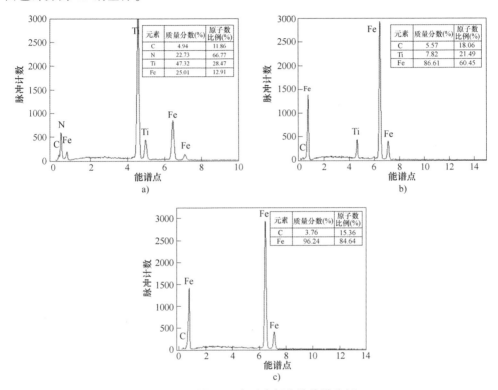

图 4-61　图 4-60 中对应部分的能谱分析

a）C 处能谱分析　b）D 处能谱分析　c）E 处能谱分析

4. TiN 和 TiB_2 的合成机理分析

TiN 和 TiB_2 的合成按照如下总化学反应方程式进行：

$$3TiO_2 + 3C + 2BN \longrightarrow TiB_2 + 2TiN + 3CO_2 \qquad (4-24)$$

首先是 TiO_2 与 C 在激光高能量作用下发生碳热还原反应，TiO_2 的还原反应被认为是按逐级反应进行的，即 $TiO_2 \rightarrow Ti_4O_7 \rightarrow Ti_3O_5 \rightarrow Ti_2O_3 \rightarrow TiO \rightarrow Ti$，类似于铁氧化物的还原反应顺序。其反应方程式如下：

$$4TiO_2 + C = Ti_4O_7 + CO \qquad (4-25)$$

$$3Ti_4O_7 + C = 4Ti_3O_5 + CO \qquad (4-26)$$

$$2Ti_3O_5 + C = 3Ti_2O_3 + CO \qquad (4-27)$$

$$Ti_2O_3 + C = 2TiO + CO \tag{4-28}$$

$$TiO + C = Ti + CO \tag{4-29}$$

同时 BN 在激光高能量作用下发生分解反应，生成 B 和 N_2。反应方程式为

$$2BN = 2B + N_2 \tag{4-30}$$

熔覆过程中生成的 Ti 元素充满熔池，同时 BN 在高温的作用下分解产生的 Ti 和 N 原子在熔池中扩散，与生成的钛发生化学反应，生成 TiN 和 TiB_2。在激光辐照加热过程中基体表层将发生熔化，通过对流和扩散作用与熔覆材料相互混合。增强相是通过如下化学反应生成的：

$$Ti + N = TiN \tag{4-31}$$

$$Ti + 2B = TiB_2 \tag{4-32}$$

TiN 和 TiB_2 的生成自由能远低于 BN，反应在热力学上可行。熔覆过程中 BN 分子获得能量，为 TiN 和 TiB_2 的生成提供动力学支持。TiN 的生成自由能最低，故应该首先生成。由于 N 与 Ti 形成化合物后，更使 B 原子富裕，B 原子代替 N 原子形成 TiB_2。在激光熔覆过程中，BN 先熔化，Ti 是典型的负电性元素，与 N 具有极大的亲和力，故熔覆层中首先形成 TiN。反应生成的 TiN 不断吸收周围的 Ti 和 N 长大，同时向周围排出 B 原子，熔池中游离的 B 和 Ti 便结合形成 TiB_2。

▶▶ 5. TiN-TiB₂复合陶瓷增强涂层性能研究

（1）激光强化层显微硬度分析　采用 HDX-100 型数字式显微硬度计对激光强化后试样强化层进行显微硬度值测定，并做出显微硬度曲线，如图 4-62 所示。从图中可以看出，表面及以下 0.38mm 的区域内属于激光强化区（LHZ），接近表面最高硬度为 956HV0.1，平均硬度约 850HV0.1，这是由于原位生成的强化相主要

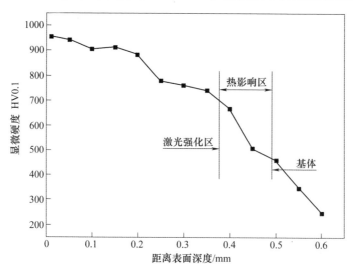

图 4-62　激光强化层硬度分布曲线

集中在强化层表层弥散分布；距表层 0.38~0.48mm 的区域为热影响区（HAZ），该区域紧邻强化区，是硬度分布的一个缓冲区域，这个区域的强化相较少，由于基材对涂层有稀释作用，基体中 Fe 较多，主要是激光作用下的细晶强化作用，其平均硬度为 590HV0.1；距表层 0.48mm 以下为基体区域，其硬度逐渐接近基体。

45 钢基体硬度为 240HV0.1 左右，熔覆层平均硬度约为基体的 3.5 倍，因此强化层硬度有明显提高。强化层硬度提高主要是由于：①在激光作用下，预置粉末在高温作用下发生反应原位合成了 TiN、TiB$_2$ 等强化相，并且最终弥散分布在基体表面形成了硬度较高的强化层；②熔覆层在激光强化作用过程中经历快速冷凝过程，这样起到了细化显微组织的作用，同时原位生成的增强相在与凝固组织相互作用的过程中也可以起到细晶强化的作用，增加了强化层的硬度；③激光作用下的快冷效应可以使合金元素在熔覆层的固溶度超过平衡浓度，达到一定的固溶强化效果。

（2）复合陶瓷层耐磨性分析 此处采用 WTM-2E 微型摩擦磨损试验机对 45 钢基体及最佳参数试样表面进行摩擦系数的测定。对磨材料选用直径为 3mm 的氮化硅陶瓷球，以点接触和小范围面接触作为其摩擦接触方式。测试条件为：载荷为 300g、转速为 800r/min、回转半径为 2mm、室温、大气环境、测试时间为 120min。测试前将各待测试样的表面用同号砂纸打磨平整。并采用 BS-224S 型电子天平对摩擦磨损试验前后的试样进行称重，计算其磨损量。分别对基体、最佳参数试样进行了测试，结果见表 4-14。

表 4-14 基体和强化层摩擦磨损测试前后摩擦系数和磨损量的比较

处 理 状 态	摩 擦 系 数	磨损前质量/g	磨损后质量/g	磨损失重/g
基体	0.68	1.5046	1.4908	0.0138
激光熔覆强化层	0.45	1.4310	1.4302	0.0008

从表 4-14 中可以看出，基体的摩擦系数为 0.68，高于强化层的摩擦系数；在经过 120min 的摩擦磨损试验后，基体的磨损失重为 0.0138g，强化层的磨损失重为 0.0008g，仅为基体的 1/17。

图 4-63 所示为基体和激光强化层的摩擦系数曲线，可以看出，随着磨损时间的延长，基体的摩擦系数呈增加趋势。激光强化获得的陶瓷增强涂层的摩擦系数随着磨损时

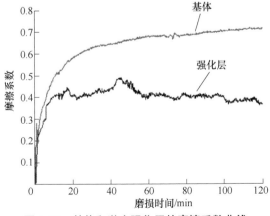

图 4-63 基体和激光强化层的摩擦系数曲线

间的延长趋于稳定，说明强化涂层具有较好的耐磨性能。

一般运行条件下，两金属工件的磨损过程分为三个阶段：磨合阶段、稳定磨损阶段、剧烈磨损阶段。

磨合阶段属于摩擦磨损测试开始阶段，此时试样表面较为粗糙，磨球与强化层表面刚接触时面积较小。随着摩擦磨损时间的延长，表面被磨得平滑，较软的测试试样表面发生塑性流动，接触面积慢慢变大，直到变为符合所作用载荷的平衡尺寸，这时进入稳定磨损阶段。稳定磨损阶段的接触面积变大，而且由于前阶段中金属材料的塑性变形而产生加工硬化，表面耐磨性相对增大。剧烈磨损阶段是指磨损速度和磨损率都急剧增大，工件表面的总磨损量超过机械正常运转要求的一定值后，摩擦副的间隙超过极限，工件的磨损加剧，精度降低、润滑状况恶化，温度升高，导致出现振动、冲击和噪声等现象，工件迅速失效。

此处在强化层中原位反应生成 TiN 和 TiB$_2$ 强化相，因此在磨损过程中，随着前期磨合阶段硬度较低的基体组织被磨损，原位生成的强化相逐渐在摩擦面上显露出来，此时，当强化层表面产生摩擦运动时，与磨球表面接触更多的是显露出来的增强颗粒 TiN 和 TiB$_2$，由于 TiN 和 TiB$_2$ 颗粒硬度高，耐磨性好，进入稳定磨损阶段后磨损量明显减小。涂层耐磨性的提高在于原位生成的陶瓷增强颗粒与基体结合良好，这样在磨损的过程中这些增强颗粒与基体一起协同变形，降低了涂层的剥落倾向，原位生成的 TiN 和 TiB$_2$ 细小增强相弥散分布在基体中，在磨损过程中的法向载荷作用下被挤压至基体深处，这样与基体结合得更加牢固，而基体对增强颗粒的支撑和附着作用阻碍了高硬质磨球对基体的剪切和犁削，同时，韧性良好的基体材料被挤压至两旁或前面。增强相产生很大的塑性变形，却仍留在基体上形成犁皱，在磨粒随后的作用下，堆积的材料重新被压平，经过多次塑性变形和碾压之后，在表面留下一些台阶和压坑，表面却没有明显出现由切削造成的沟槽。而且陶瓷增强颗粒的存在使基体组织的位错在变形过程中需要克服巨大的阻力，因此涂层的硬度及整体强度便极大提高了，使其抵抗磨削的能力增强，从而达到提高耐磨性的目的。因此可以看出，通过激光强化将陶瓷颗粒的高硬度与金属基体的高韧性相结合，可以大大提高材料表面的耐磨性。

4.3　电化学激光复合表面改性技术

在生物医用金属材料中，钛及钛合金因无毒、密度小、比强度高且弹性模量与人体骨骼较为接近，已逐渐成为人体硬组织修复与替换的首选材料。但其耐磨性差，生物活性不高且存在应力遮挡效应，限制了它的应用范围，常需要通过表面改性技术来改善表面相关性能。微弧氧化（Micro-arc oxidation，MAO）是在高电流高电压作用下，使材料表面原位生成陶瓷膜层的一种新型表面改性技术，这种技术可以提高钛合金材料的耐蚀性、耐磨性以及生物活性。然而，单一的表面处理技术存在许多的不足，已经不能满足多元化的实际应用需求。多重复合表面处理是表面处理技术研究的发展趋势。激光表面改性技术由于高能量密度产生极快的加热速度，同时功率输出精确可控且具有改性局域表面的可选择性，从而得到了广泛的应用。

▷▷ 4.3.1　激光刻蚀微弧氧化复合表面改性技术

激光刻蚀技术是利用激光的高能光束使零件表面熔化或汽化，以去除材料的表面处理技术。通过改变扫描路径和线间距等设计参数，可以在合金表面形成可控的微孔、沟槽、网格等结构，深度与宽度可通过调节激光功率、频率、脉宽等参数来控制。这种可重复性高、精确可控的表面处理技术不仅可以获得所需要的理想的表面形貌，而且可以减少种植体表面的污染。此外，材料表面的微结构特征是影响种植体生物相容性的重要因素之一，这些微孔、沟槽结构可以显著提高钛合金种植体的扭出力，使种植体更加稳定坚固，具有更高的生物黏附力、表面张力、表面亲水性、骨组织亲和力和适宜的电势能等优良性能。纯钛经激光刻蚀处理和微弧氧化处理后具有不同的表面性质，两种方法相结合后，纯钛表面不仅可以形成激光处理获得的较大的多微孔特征，而且具有经微弧氧化处理的微弧氧化膜的较小的多微孔结构，具有较好的耐磨性、耐蚀性（图4-64），这种新表面具

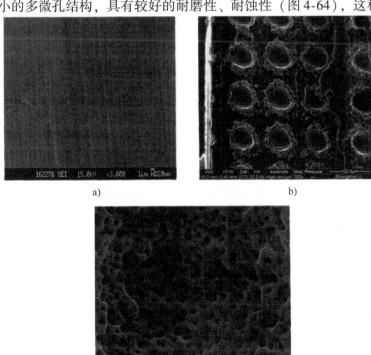

a)　　　　　　　　　　　b)

c)

图4-64　激光刻蚀微弧氧化复合表面改性表面形貌变化

a）原始表面　b）激光刻蚀　c）激光刻蚀微弧氧化

有一定的表面粗糙度（图4-65），富含钙、磷离子，不同的表面微孔特征会起到不同的"电流效应"作用，可以显著降低孔隙分布和孔隙构型，增加涂层与基体的有效接触面积，抑制涂层的断裂或剥落，有效提高微弧氧化涂层与金属基体的结合强度。这些表面性质都可以通过调节各种参数来改变。

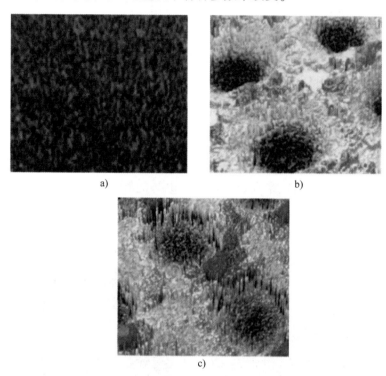

a)   b)

c)

图4-65　激光刻蚀微弧氧化复合表面改性表面粗糙度变化

a）原始表面　b）激光刻蚀　c）激光刻蚀微弧氧化

图4-66 所示为利用激光刻蚀技术在镁合金表面制备出的沟槽和网格结构，研

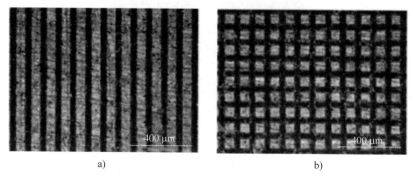

a)　　　　　　　　　　　　　　b)

图4-66　激光刻蚀沟槽及网格结构形貌

a）沟槽结构　b）网格结构

究该结构对微弧氧化成膜过程以及结合力强度的影响。表面的凹面和凸面微结构较多，有利于表面的电弧放电，突出部分的熔融氧化速度更快，同时激光刻蚀表面可以有效抑制微弧氧化膜的断裂或分层，从而减少剥离层的形成，表面剥离率显著降低。根据涂层的 SEM 截面形态和相应的 EDS 线扫描示意图（图4-67），原始表面的涂层主要由典型的疏松孔隙组成，尽管沟槽和网状纹理的平均厚度与原始基体涂层相近，但涂层上的微孔数量却减少了，横截面形态证实了在结构层表面上形成了致密且光滑的涂层。

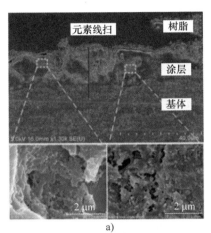
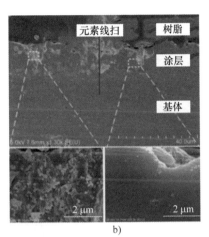
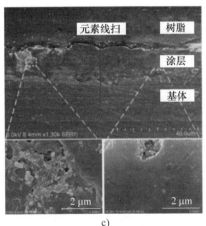

图 4-67　激光刻蚀微弧氧化截面形貌

a）原始表面　b）沟槽结构　c）网格结构

涂层的划痕测试结果如图 4-68 所示，激光刻蚀处理可以有效抑制 MAO 涂层的破裂或分层，从而减少剥离层的形成。原始表面、沟槽纹理和网状纹理的剥离率分别为 12.1% 、8.3% 和 3.7% ，激光刻蚀表面的剥离率降低了 68.6% 。如图 4-69 所示，这三种涂层表现出相似的断裂形态，并且破坏主要发生在 MAO 涂层内。三种涂层的拉伸试验结果显示，原始表面、沟槽纹理和网格纹理的黏合强度分别为 (33.2±1.8) MPa、(36.3±2.1) MPa 和 (40.6±2.0) MPa，网状纹理的黏合强度与原始的涂层相比，涂层增加了 35.7%。实际上，当 MAO 涂层承受拉伸载荷时，孔的分布和孔的构型将导致黏结薄弱。激光刻蚀创建的不同表面形态将发挥完全不同的"电效应"作用，这可以有效减少孔的分布和孔的构型。因此，在网格结构上观察到致密而光滑的结构，几乎没有孔，显著增加与基材的有效接触面积，并抑制 MAO 涂层的破裂或剥落。因此，激光刻蚀可以有效地提高 MAO 涂层与基底之间的结合强度。

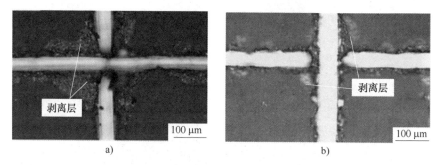

图 4-68　激光刻蚀微弧氧化涂层划痕试验后的表面形态

a）沟槽结构　b）网格结构

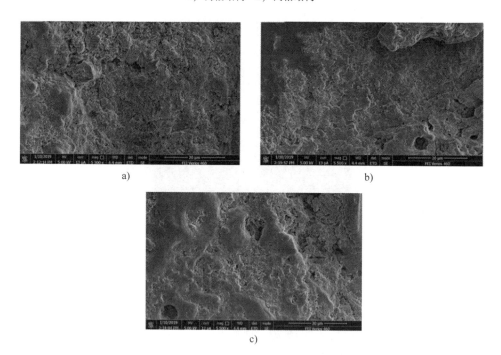

图 4-69　激光刻蚀微弧氧化涂层拉伸测试断裂形态

a）原始表面　b）沟槽结构　c）网格结构

三种涂层的电化学腐蚀参数见表 4-15，激光刻蚀后微弧氧化涂层的腐蚀电流密度（i_{corr}）与原样制备的涂层的腐蚀电流密度相近。但是，激光刻蚀后对比显示出较低的腐蚀电位（E_{corr}）（ -1.49V 和 -1.51V），这可能与涂层中 Mg 元素浓度的增加有关。

表 4-15 三种涂层的电化学腐蚀参数

电 参 数	原 始 表 面	沟 槽 结 构	网 格 结 构
腐蚀电流密度/A·cm^{-2}	9.27×10^{-7}	8.24×10^{-7}	8.91×10^{-7}
腐蚀电位/V	-1.48	-1.49	-1.51

4.3.2 激光表面熔凝微弧氧化复合表面改性技术

激光表面熔凝处理是利用激光束加热并熔化工件表面一定深度的表层材料，依靠基体的快速传热而快速凝固，在熔化区形成化学成分均匀的细晶组织。激光表面熔凝处理可以降低钛合金的表面粗糙度值，同时表面发生相变，使表面的硬度、耐蚀性和耐磨性均得到显著提高。图 4-70 所示为激光熔凝处理前后表面的显微组织图，可以看到经过激光熔凝处理后，合金表面主要以交错的细针状 α′马氏体和块状的 β 组织组成。这是由于表层金属在激光的作用下熔化并快速凝固，较高的冷却速度使得合金元素来不及扩散从而形成过饱和固溶体 α′马氏体。

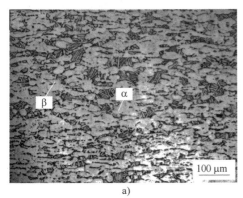

a)   b)

图 4-70 激光熔凝处理前后表面的显微组织图

a) 熔凝处理 b) 未处理

图 4-71 所示为激光预处理（LSM/MAO，LSM 表示激光表面熔凝）和未经处理（MAO）的钛合金氧化 1min 的表面形貌。氧化开始阶段，与未处理的试样相比，激光预处理后的试样表面形成的微孔洞更多，且尺寸较小。进一步观察氧化 15min 时的表面形貌变化情况（图 4-72），随着氧化时间的增加，两种试样微弧氧化膜的孔洞尺寸都有所增加，表面起伏程度增加。但是 MAO 涂层微孔的大小不一，个别

微孔明显增大，而 LSM/MAO 涂层微孔的大小相对比较均匀统一且尺寸较小。利用 Image proplus 6.0 软件对两者氧化涂层的孔隙率进行图像分析，结果表明 LSM/MAO 涂层的孔隙率为 17.1%，大于 MAO 涂层的孔隙率（11.3%）。综合上述结

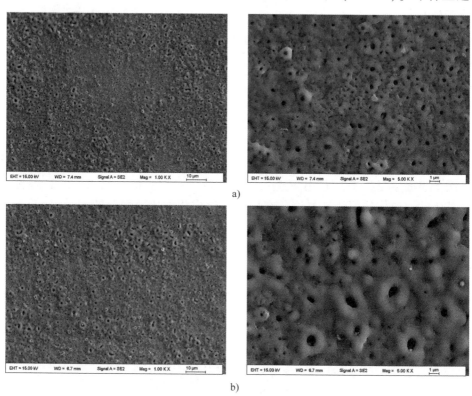

a)

b)

图 4-71　微弧氧化 1min 表面形貌

a）LSM/MAO　b）MAO

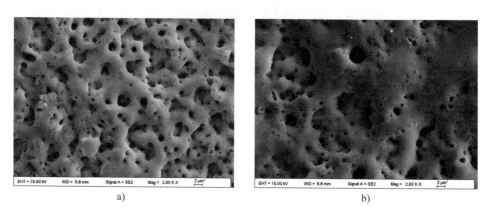

a)　　　　　　　　　　　　　　　　b)

图 4-72　微弧氧化 15min 表面形貌

a）LSM/MAO　b）MAO

果，从热力学角度考虑，微弧氧化反应加速的驱动力来源于大量晶界、亚晶界等晶体缺陷储存的大量额外能量。激光表面熔凝所产生的非平衡组织中含有高体积分数的晶界以及位错、孪晶、空位等缺陷，原子扩散能力增强，为微弧氧化提供了更多的能量和扩散通道，放电通道增多。同时细化的组织更有利于材料表面的元素扩散，提高电化学反应速度，从而在表面形成了更多的微孔。

图 4-73 所示为激光熔凝处理和未处理钛合金微弧氧化后表面氧化层的截面形貌，其中 LSM/MAO 涂层的厚度约为 36.1μm，MAO 涂层的厚度约为 20.9μm。可以看出 LSM/MAO 涂层更致密，这说明激光熔凝处理后表面组织晶粒细化，使得微弧氧化过程中放电通道更为均匀细小，进而生成的涂层较致密。

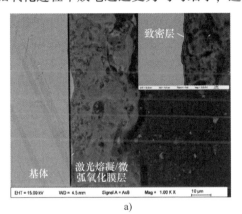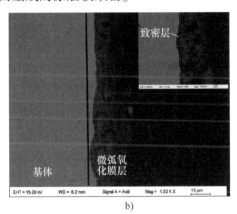

图 4-73 LSM/MAO 和 MAO 试样的截面形貌

a）LSM/MAO b）MAO

结合力是判断涂层质量的重要参数之一，通过划痕试验测量涂层与基体的结合力。图 4-74 所示为 LSM/MAO 和 MAO 涂层表面经过划痕试验后的形貌，可见两者都有涂层剥落，但是 LSM/MAO 的剥落程度较低，结合力较大。分析声信号，判断出 LSM/MAO 和 MAO 涂层的结合力分别约为 12N 和 10N。

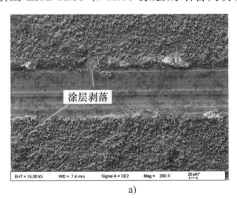

图 4-74 试样划痕形貌

a）LSM/MAO b）MAO

通过 EDS 分析 LSM/MAO 和 MAO 涂层中硅、磷元素的含量，结果见表 4-16。在相同的氧化条件下，LSM/MAO 涂层的硅、磷含量均高于 MAO 涂层，因此可以进一步说明激光表面熔凝所产生的细晶组织有利于微弧氧化过程中元素的扩散。

表 4-16　微弧氧化层的元素的相对含量（摩尔分数）

试　　样	Si	P	Ti	O
LSM/MAO	19.05%	0.78%	11.75%	65.71%
MAO	16.43%	0.55%	13.77%	67.16%

图 4-75 所示为两种涂层的 XRD 对比图，由图可以看出，LSM/MAO 和 MAO 涂层均出现了 TiO_2 衍射峰，与 MAO 涂层相比，LSM/MAO 涂层中金红石的相对含量稍微增加，可见激光表面熔凝前处理的引入并没有改变微弧氧化层的相组成，只是使得相的含量发生了一定的变化。

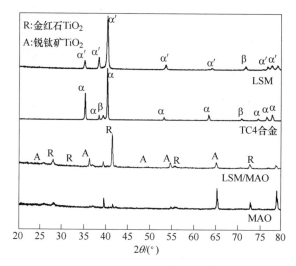

图 4-75　两种涂层的 XRD 对比图

▶ 4.3.3　非平衡相组织对微弧氧化层成膜的影响

图 4-76 所示为不同激光能量密度的激光表面熔凝处理后的显微组织形貌。经过激光表面熔凝处理后的合金主要由表面熔凝区、热影响区和基体三部分组成，表面熔凝区主要由交错的细针状 α′马氏体组成。

同时，熔凝区内并未发现枝晶和柱晶等典型的凝固组织，这是因为当达到相变点后，原始 β 相和原始 α 相转变为高温 β 相，随后发生熔化和快速凝固的过程，在凝固的初始阶段，会发生晶粒的形核和长大过程，沿着晶核长大的方向可能会形成柱状晶，但是在激光作用下的大量等离子体和金属蒸气会对熔池产生强烈的搅拌作用，而这种搅拌作用会使正在沿一定方向生长的柱晶和晶粒内形成的针状马氏体断裂或破碎，无原始的粗大柱状晶。相比之下，热影响区呈带状分布，位于表层熔凝区的下方，且有明显的界线。热影响区主要由原始 α 晶粒、原始 β 基体组织和细小的针状 α′马氏体组织组成，这是由于熔凝过程中由熔池传向该区域的热量使得一部分材料的温度升至了 β 相变温度以上，经快速冷却后转变为 α′马氏体。该区域的针状马氏体比表面熔凝区少，也更加细小。热影响区的温度相对较低，这样一来只有部分 α 相转变为高温 β 相，靠基体的热传导快速冷却后生成细小的针状 α′马氏体组织。随着激光能量密度的减小，针状马氏体逐渐变得细小，这主要是因为组织的生长速度增加，从而获得的熔凝组织变得细小。

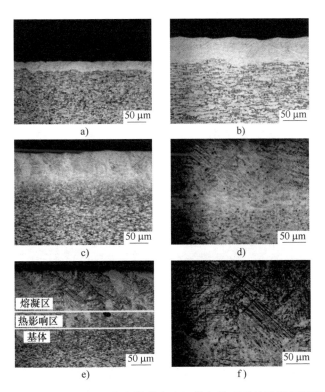

图 4-76　不同激光能量密度的激光表面熔凝处理后的显微组织形貌

a) 放大 200 倍 25J/mm²　b) 放大 500 倍，25J/mm²　c) 放大 200 倍，50J/mm²　d) 放大 500 倍，50J/mm²

e) 放大 200 倍，100J/mm²　f) 放大 500 倍，100J/mm²

对比分析相同微弧氧化工艺条件下不同激光能量密度熔凝处理和未处理的试样膜层在表面和截面形貌、元素、相组成上的差异，进而研究了非平衡相组织对微弧氧化成膜的影响。

四种试样微弧氧化时的电压-时间曲线如图 4-77 所示，四种试样的变化趋势基本一致，电压都是逐渐上升后缓慢趋于平稳，15min 时电压达到最大，分别为 253V、242V、234V 和 224 V。经过激光处理后的试样在微弧氧化时的电压均小于未处理的试样，并且随着激光熔凝处理的激光扫描速度的减小，终止电压逐渐上升。复合工艺的起弧时间提前，通电后很快起弧并迅速进入火花放电阶段，且起弧电压较之下降。同时火花放电时间缩短，提前进入有利于膜层生长阶段，并延长了该阶段的有效作用时间，对膜层的有效生长起到了积极作用。

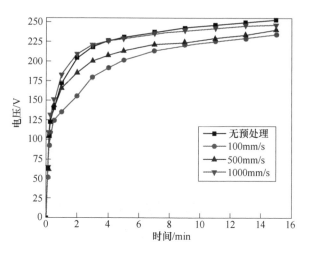

图 4-77　不同激光扫描速度下激光熔凝处理试样微弧氧化的电压-时间曲线

图 4-78 所示为四种试样表面形成微弧氧化涂层的表面形貌，相比于未处理的试样，试样经过激光表面熔凝后所形成的微弧氧化涂层的孔洞要更小且数量要更多。试样经过熔凝处理后，微弧氧化膜层实际上是生长在熔凝层之上，熔凝层与基体组织形态的不同是导致两者成膜差异的主要原因。

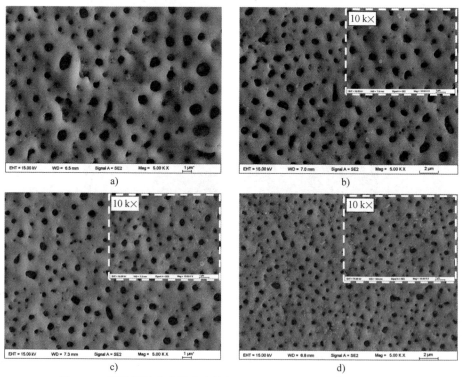

图 4-78　不同能量密度的激光熔凝处理后微弧氧化成膜的表面形貌

a）未处理　b）100J/mm² 　c）50J/mm² 　d）25J/mm²

较早的研究表明放电形成的孔的直径大小与能量密度有关，而能量密度等于总能量除以实际反应面积。晶界是微弧氧化反应的主要场所，它将直接影响反应面积的大小。熔凝层中含有大量的 α′马氏体组织，而这种组织往往具有高体积分数的晶界，能为微弧氧化提供更多的反应和扩散通道，所以激光熔凝处理后的试样在微弧氧化过程中的实际反应面积要大于未处理的试样。正因如此，在相同的微弧氧化工艺下，经过激光熔凝处理后的试样在微弧氧化过程中的表面能量密度要更小，形成的孔洞要更多且尺寸更小。X. Yin 等人同样发现细小的晶粒可以在微弧氧化过程中形成更多的放电通道。随着激光表面熔凝处理的激光能量密度的减小，所形成的微弧氧化涂层的孔洞孔径逐渐减小，孔洞数量逐渐增加，这主要是因为激光能量密度的减小意味着在成形过程中固相生长的速度更快，因此所获得的组织更小，使得其在微弧氧化过程中参与反应的面积更大，从而制备出的氧化膜的孔洞更多且尺寸更小。但是随着激光能量密度的降低，熔凝层的组织也是十分不均匀的，这也将导致所形成的涂层孔洞大小的均匀性降低，因此在激光能量密度为 $100J/mm^2$ 时所形成的涂层的孔洞大小最均匀。同时晶粒细化也可以减少涂层的裂纹，由此可以认为，经过激光熔凝前处理后，钛合金中的相重新分布、晶粒细化是使微弧氧化涂层截面孔洞和裂纹变少的主要原因。

氧化膜厚度方面（图 4-79），未处理试样及在激光能量密度分别为 $100J/mm^2$、$50J/mm^2$、$25J/mm^2$ 时激光熔凝后试样在相同工艺下所形成的氧化膜的厚度分别为 $1.865\mu m$、$1.920\mu m$、$2.852\mu m$、$3.182\mu m$。可见处理过的试样所形成的微弧氧化膜层的厚度明显高于未处理的试样。同时随着激光熔凝处理的能量密度下降，所形成的氧化膜的厚度也逐渐增加。

熔凝层的非平衡相组织除了具有高的体积分数外，还含有大量的晶体缺陷，缺陷产生的因素主要有：极高的冷却速率，这会使缺陷较多的保存在固态金属中；高的形核率和大量的马氏体相变导致晶界和界面的数量增多，使线缺陷的密度增加；马氏体内部富含的位错缺陷。晶体缺陷的激活能小，富含能量，能为微弧氧化提供额外的能量，促进微弧氧化反应的进行。因此，试样经过激光熔凝后，所形成的微弧氧化膜更厚。然而，熔凝处理的能量密度下降时，晶体的缺陷更多，从而形成更厚的氧化膜层，同时膜层也会因为孔洞的增多而变得疏松。除此之外，随着氧化时间的延长，涂层厚度增加使得放电较难发生，晶体缺陷起到的促进作用也很有限。

对比不同扫描速度下激光表面重熔熔凝处理的试样的微弧氧化涂层中元素含量的变化（图 4-80），可见经过熔凝处理的试样在生成氧化膜的过程中能进入更多的活性元素，这说明细晶组织更有利于微弧氧化过程中的原子移动和元素扩散。

激光增材制造钛合金有以下特性：

1）针状 α′马氏体组织具有高的体积分数，在微弧氧化中形成更多的反应通道，增加实际反应面积，形成的孔洞更多，且孔洞尺寸更小。同时，由于锻造合金在微弧氧化过程中的放电通道不统一，其氧化膜存在许多裂纹。

2）晶体缺陷为微弧氧化反应提供额外的能量，使得进入微弧氧化阶段的时间提前，相同时间下所形成的氧化膜层更厚。

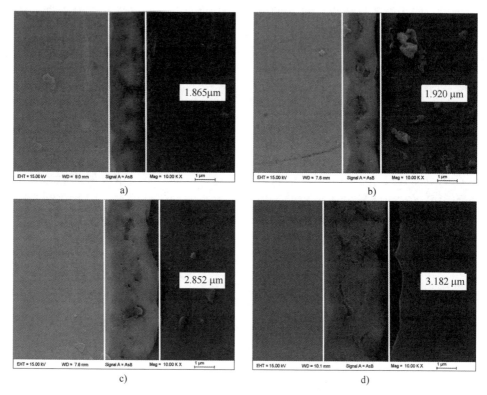

图4-79　不同能量密度的激光熔凝处理后微弧氧化成膜的截面

a）未处理　b）100J/mm² 　c）50J/mm² 　d）25J/mm²

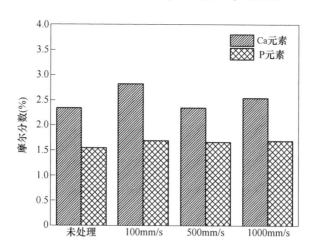

图4-80　不同扫描速度下激光熔凝处理后微弧氧化成膜的活性元素含量对比

3）细晶组织具有很高的活性，使得其表面元素的扩散能力增强，微弧氧化过程中 Ca、P 元素进入涂层更多。

将激光熔凝和微弧氧化两种技术复合，能有效提高钛合金表面的耐磨性、耐蚀性以及生物活性性能，并表现出比单一激光熔凝或微弧氧化处理更优的性能提升效果。这是由于激光熔凝处理在钛合金表面可获得表面粗糙度值较低的细晶层，细晶层在提高钛合金表面性能的同时，改善了后续微弧氧化膜层的均匀性和使用性能。另外，由于激光加工的可控性强，为此可通过激光处理工艺的改变制备不同的表面状态，进而控制微弧氧化成膜的特征。

4.4　激光增材制造钛合金的电化学氧化表面改性技术

4.4.1　钛合金增材制造电化学氧化表面改性技术

阳极氧化（Anodic oxidation）技术是利用电极反应和电场驱动使金属粒子和氧离子扩散，从而在阳极表面形成氧化膜涂层。它可在钛合金表面形成高度可控的纳米结构，从而提高金属表面的生物活性。K. C. Nune 等人利用阳极氧化技术 3D（三维）打印 Ti-6Al-4V 网格结构（图 4-81）。J. J. Damborenea 等人通过阳极氧化方法在激光选区熔化（SLM）成形的 TC4 合金的表面生长一层纳米多孔氧化物薄膜，厚度为 100 nm。后续测试表明，阳极氧化后的试样相比于未阳极氧化具有较低的溶出率，这意味着在血液流中减少释放的离子，从而提高了钛合金人体植入物的生物相容性。同时，他们还发现阳极氧化后 SLM 成形的 TC4 合金的耐蚀性提高了 2 倍。S. A. Yavari 等人研究了热处理参数对阳极氧化处理的试样的晶体结构和纳米形貌的影响，从而找到最优参数提高钛合金表面的生物相容性。中山大学 Xu 等人利用阳极氧化技术对 SLM 成形的钛合金植入体进行表面处理，有效提高植入体的生物活性和骨再生性能。

微弧氧化（MAO）技术是在电解液中通过电化学、热化学以及等离子体化学的共同作用在金属材料表面产生火花放电最终制备特异性氧化膜层。MAO 技术可以在医用生物金属材料表面构建富含 Ca、P 等离子的独特的氧化膜层，逐渐广泛应用于医用钛合金内植物材料的表面改性，尤其是在口腔种植体修复和骨科关节置换等领域，MAO 改性后的内植

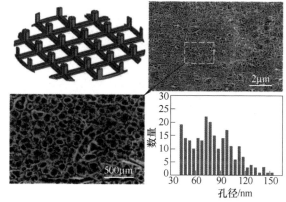

图 4-81　阳极氧化技术在 3D 打印
钛合金网格结构上的应用

物材料可以发挥出较好的生物学功能。Van Hengel 等人利用微弧氧化技术在 3D 打印钛支架上制备抗菌生物涂层（图 4-82）。北京大学第三医院 Peng 等人通过微弧氧化技术优化 SLM 成形钛合金植入体与人体骨的接触界面，从而提高 SLM 成形钛合金的骨整合能力，但是未考虑 SLM 成形的特征对微弧氧化成膜所带来的影响。

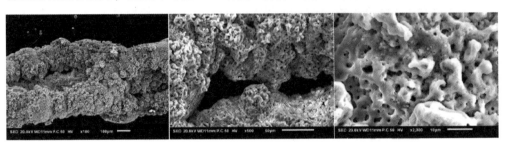

图 4-82　微弧氧化技术在 3D 打印钛支架上的应用

4.4.2　激光增材制造钛合金的微弧氧化过程

图 4-83 所示为激光选区熔化成形 TC4 合金经微弧氧化工艺处理后的表面形貌变化对比图。由图可知，在氧化 10s 时原始试样表面未出现明显变化。氧化 30s 时，试样表面出现大量细小的针状颗粒物（图 4-84），此时表面开始发生反应，致密层逐渐形成。氧化 1min 时，试样表面出现较大的凸起颗粒物，颗粒物质经 EDS 分析为高钙含量的结晶物，同时表面萌生出了大量未完全成形的微孔，表明在 1min 阶段，微弧氧化涂层开始逐渐形成。氧化 5min 时，试样表面仍有凸起的结晶物，同时也出现了大量形状多样的微孔，说明该阶段已处于微弧氧化的生长过程。氧化 10min 时，试样表面微孔孔径增大，存在大量形状不规则的微孔，同时凸起颗粒物减少，陶瓷膜继续生长。氧化 15min 时，凸起颗粒物完全消失，最终形成了具

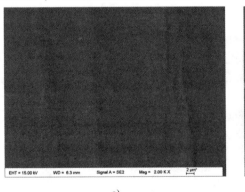
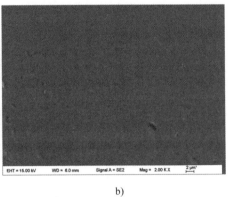

a)　　　　　　　　　　　　　　　　　　b)

图 4-83　激光选区熔化成形 TC4 合金在不同氧化时间下涂层表面形貌的生长特性

a) 0s　b) 10s

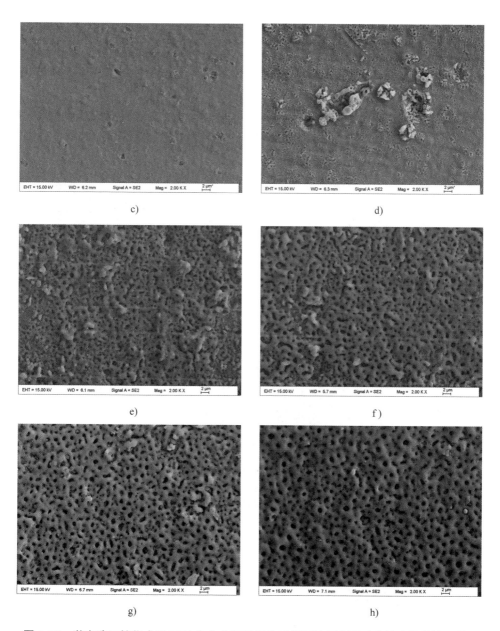

图 4-83　激光选区熔化成形 **TC4** 合金在不同氧化时间下涂层表面形貌的生长特性（续）

c）30s　d）1min　e）5min　f）10min　g）15min　h）20min

有大量不同孔径圆形微孔的光滑平整表面，陶瓷膜均匀地覆盖在整个试样上。氧化 20min 时，试样表面的微孔数量减少，微孔孔径增加，同时出现了微小的裂纹。

　　为了研究激光选区熔化成形 TC4 合金的微弧氧化涂层的元素分布情况，分别对涂层进行表面面扫和截面线扫 EDS 测试。图 4-85 所示为 SLM/MAO 涂层表面元素 EDS 面扫结果，可见 Ca 和 P 元素很均匀地分布在涂层平面。图 4-86 所示为涂层截面元素分布情况。由图可知，从基体向外，Ti 元素含量明显呈降低趋势，O、Ca 和 P 元素含量呈现增加的趋势，其中 Ca 和 P 元素的变化小于 Ti 和 O 元素的变化，Ca、P 元素在涂层内部分布较为均匀，在涂层最外部含量达到最大值。

图 4-84　氧化 30s 时涂层表面的形貌特征

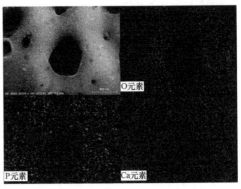

图 4-85　涂层表面元素 EDS 面扫结果

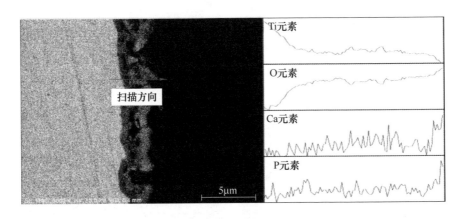

图 4-86　涂层截面元素分布情况

4.4.3　激光增材制造钛合金的微弧氧化成膜机制

1. SLM 成形和锻造成形 TC4 合金微弧氧化成膜差异对比

（1）电压-时间响应曲线对比　在最优微弧氧化工艺研究的基础上，对比研究 SLM 成形与锻造成形 TC4 合金微弧氧化过程的差异。图 4-87 所示为两种方式制备的 TC4 合金的微弧氧化电压-时间曲线。由图可知，两种 TC4 合金的电压-时间曲线的变化趋势基本一致，电压都是逐渐上升后缓慢趋于平稳，15min 时两者电压达到最大，SLM 成形的 TC4 合金终止电压为 188V，锻造成形的 TC4 合金终止电压为 201V。

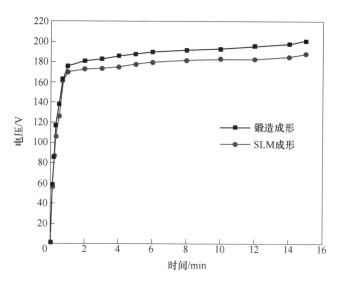

图4-87　两种方式制备的 TC4 合金的微弧氧化电压-时间曲线

（2）两种成形合金氧化膜微观形貌分析　图 4-88 所示为两种方式制备的 TC4 合金的表面显微组织，SLM 成形的 TC4 合金表面主要由交错的细针状 α′ 马氏体和块状 β 组织组成，而锻造成形的 TC4 合金主要为等轴态 α + β 组织，两者在显微组织形态上有巨大差异。

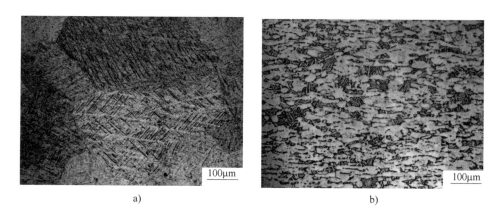

图4-88　两种方式制备的 TC4 合金的表面显微组织

a）SLM 成形　b）锻造成形

分别对两种成形合金的微弧氧化前期阶段和后期阶段的表面形貌变化进行观察。图 4-89 所示为两种方式制备的 TC4 合金氧化前期阶段（0.5～1min）表面形貌的对比。

247

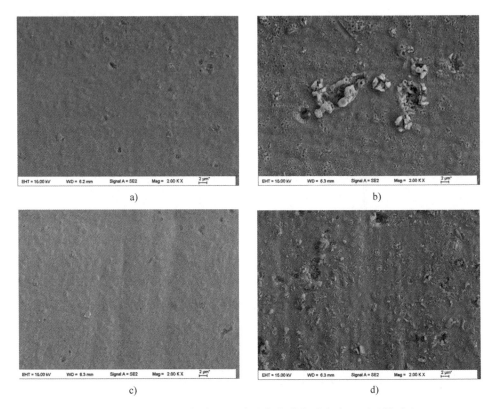

图 4-89　两种方式制备的 TC4 合金氧化前期阶段表面形貌的对比

a) 0.5min，SLM 成形　b) 1min，SLM 成形　c) 0.5min，锻造成形　d) 1min，锻造成形

由图 4-89 可见，在氧化前期阶段 SLM 成形的 TC4 合金出现了明显的微弧氧化多孔特征（图 4-89a、b）。从热力学角度考虑，晶体缺陷储存有大量额外能量是微弧氧化反应加速的驱动力，而 SLM 成形所产生的非平衡组织中含有位错、孪晶、空位等缺陷，因此，正是这些晶体缺陷加速 SLM 成形的 TC4 合金微弧氧化反应。同时还可以看到 SLM/MAO 涂层中产生的放电通道明显多于 MAO 涂层。

进一步观察氧化后期阶段（15min）两者的表面形貌变化情况（图 4-90）。随着氧化时间的增加，两种制备方式所制备的 TC4 合金的微弧氧化涂层的孔洞尺寸都有所增长，表面起伏程度增加。但是 MAO 涂层的孔的形状大小不一，而 SLM/MAO 涂层的孔洞的大小相对比较均匀统一且尺寸较小。较早的研究表明微弧氧化形成的孔的直径与能量密度密切相关，然而两者在微弧氧化过程中所加总能量都是相同的，这就证明孔径的差异应归因于不同材料的实际反应面积的差异。SLM 成形的 TC4 合金中含有大量的 α' 马氏体组织，而这种组织含有高体积分数的晶界，原子扩散能力强，能为微弧氧化提供更多的反应和扩散通道，从而使得 SLM 成形的 TC4 合金在微弧氧化过程中的实际反应面积要大于锻造成形的 TC4 合金。因此，

SLM 成形的 TC4 合金在微弧氧化过程中的能量密度更小，所形成的孔洞更多且尺寸更小。

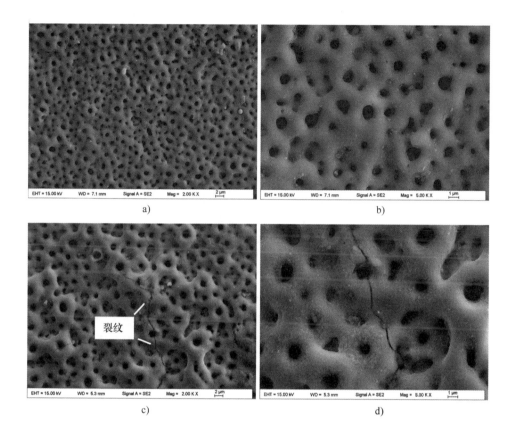

图 4-90　两种方式制备的 TC4 合金氧化 15min 后表面形貌对比图

a）放大 2000 倍，SLM 成形　b）放大 5000 倍，SLM 成形

c）放大 2000 倍，锻造成形　d）放大 5000 倍，锻造成形

同时还可以看到，锻造成形的 TC4 合金在微弧氧化后期形成的涂层出现了裂纹（图 4-90c、d），这是由于在微弧氧化过程中某些区域集中放电而某些区域放电较弱导致涂层生长不均匀，从而出现裂纹。Gu Y 等人研究了 TC4 合金经过超声波冷锻后微弧氧化成膜的特征，发现大量的晶界和位错会使得微弧氧化过程中产生放电通道均匀一致。因此，相比之下，SLM 成形的 TC4 合金的晶体缺陷使得放电通道统一，从而形成的微弧氧化涂层未出现裂纹。

（3）两种成形合金氧化膜厚度比较　图 4-91 所示为 SLM 成形和锻造成形的 TC4 合金在微弧氧化 15min 后所形成的涂层的截面形貌对比图，可看到两者厚度区别不大，SLM 成形的 TC4 合金所形成的氧化膜要略厚。这主要是因为 SLM 成形所形成的细晶组织加速了微弧氧化反应，使得相同时间内形成的氧化膜要略厚。

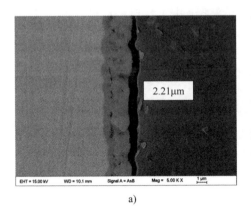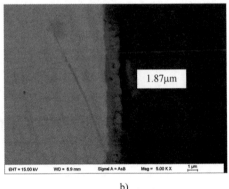

a)   b)

图 4-91　两种方式制备的 TC4 合金氧化 15min 后截面形貌对比图

a) SLM 成形　b) 锻造成形

(4) 两种成形合金氧化膜的成分和相结构对比分析　对两种成形方式所制备的 TC4 合金微弧氧化涂层进行元素分析，EDS 测试均不考虑 C 和 Na 元素，测试结果见表 4-17。

表 4-17　两种方式制备的 TC4 合金的微弧氧化涂层 EDS 测试结果 (摩尔分数)

成形方式	Ti	Al	V	O	Ca	P
SLM 成形	29.47%	1.57%	0.65%	64.63%	2.33%	1.35%
锻造成形	30.09%	1.92%	0.34%	64.50%	2.09%	1.06%

由表 4-17 可知，两种涂层所含的元素组成一致，都含有 Ti、Al、V、O、Ca、P 元素。但是在元素含量方面，SLM 成形的 TC4 合金微弧氧化涂层中的 Ca、P 元素含量略高于锻造成形的 TC4 合金微弧氧化涂层，研究表明，含有大量晶体缺陷的细晶组织加速了 Ca、P 和 O 元素在电化学反应过程中的扩散。因此可以说明 SLM 成形所产生的细晶组织更有利于合金表面化学反应和元素扩散。除此之外，还可以看到两种合金所制备的涂层所对应的 Ca、P 元素含量的比值分别为 1.72 和 1.97，都十分接近于人体骨骼成分中理论 Ca、P 元素含量的比值 (1.67)，SLM 成形的 TC4 合金微弧氧化涂层中更为接近。

图 4-92 所示为两种方式制备的 TC4 合金氧化 15min 后的 XRD 图谱，可以看到两种涂层中所含有的相均相同，都含有金红石和锐钛矿 TiO_2 相。但是从含量上分析，SLM/MAO 涂层中金红石相的含量高于 MAO 涂层，主要是因为相同氧化条件下，相比锻造成形的 TC4 合金，SLM 成形的 TC4 合金中大量的晶体缺陷中的额外能量可以为锐钛矿相向金红石相转变提供动力，因而得到更多且更稳定的金红石相。

图 4-93 所示为两种成形合金的氧化涂层 XPS (X 射线光电子能谱) 图谱，可

以看出与 EDS 的分析结果有较大差异，主要原因是利用 EDS 方法检测的涂层表面深度要远远大于 XPS，EDS 的检测深度为几微米，而 XPS 的检测深度只有几纳米。对比两种涂层的元素含量可知，SLM/MAO 涂层中 Ca 元素高于 MAO 涂层（表 4-18）。对于 Ca、P 元素含量的比值，SLM/MAO 涂层为 1.67，高于 MAO 涂层的 1.32，更接近于羟基磷灰石的理论比值。

图 4-94 所示为 SLM/MAO 涂层和 MAO 涂层的 P 2p、Ca2p 和 Ti 2p 的 XPS 图谱。由图可以看到，两种成形方式所制备的

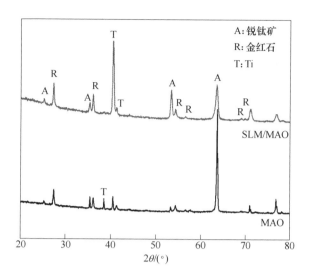

图 4-92 两种方式制备的 TC4 合金氧化 15min 后的 XRD 图谱

TC4 合金的氧化涂层的 P 2p 图谱可以分成三个峰，其峰值结合能分别为 134.4eV、133.8eV 及 132.9eV，依次可以对应于 $P_2O_7^{4-}$、HPO_4^{2-} 及 PO_4^{3-} 基团中 P 的特征峰位，这表明涂层表面可能含有 $P_2O_7^{4-}$、HPO_4^{2-} 和 PO_4^{3-} 基团的化合物。

对比 SLM/MAO 涂层和 MAO 涂层的 Ca2p 图谱，由于自旋轨道分裂，可以看到明显存在着一对分裂峰 Ca2p1/2 和 Ca2p3/2，其中 Ca2p3/2 是能量峰。这对峰的位置对应无机 Ca-O 化合物中的 Ca^{2+} 的特征峰位。SLM/MAO 涂层的图谱中 Ca2p3/2 在峰值处的结合能（347.2eV）正好对应于 CaHPO4 和 $Ca_{10}(PO_4)_6(OH)_2$ 中 Ca 的特征峰位，所以结合 P2p 图谱综合分析，认为涂层中的 Ca 元素是以 $CaHPO_4$、$Ca_{10}(PO_4)_6(OH)_2$ 和少量的 $Ca_2P_2O_7$ 化合物的形式存在的。值得一提的是，XRD 未检测到含 Ca 元素的物相，这可能是由于这些化合物在氧化涂层中含量较少。而 MAO 涂层的 Ca2p 图谱中，Ca2p3/2 峰值的结合能为 347.4eV，对应的产物应为 $CaHPO_4$ 和 $Ca_2P_2O_7$，可能存在着少量的 $Ca_{10}(PO_4)_6(OH)_2$。这就可以说明 SLM/MAO 涂层中 Ca、P 元素含量的比值更接近于羟基磷灰石的理论比值了。

对比 SLM/MAO 涂层和 MAO 涂层的 Ti 2p 图谱，可以看到 Ti 2p2/3 存在 2 个峰，结合能分别为 459.0eV、457.3eV。459.0eV 的峰位归属于 Ti^{4+} 的 TiO_2 的 Ti-O 结合能，457.3eV 的峰位归属于 Ti^{3+} 的 Ti_2O_3 的 Ti-O 结合能。SLM/MAO 和 MAO 涂层中 TiO_2、Ti_2O_3 占 Ti 的摩尔分数约为 74%、26% 和 71%、29%。钛合金微弧氧化的产物主要包括 TiO_2、Ti_2O_3 和 TiO，其中 Ti 的低价氧化物只能在距试样表面的几个原子层内当火花放电结束后由于快速冷却发生凝固而生成。但是随着微弧氧化的进一步进行，形成的氧化膜会被继续击穿而重新产生火花放电，从而导致

位于高温放电通道内的低价氧化物被进一步氧化成高价氧化物 TiO_2。从这方面分析,可知两种合金都不含 TiO,说明两种合金的氧化比较完全,但是相比之下,SLM/MAO 涂层中 Ti_2O_3 的含量低于 MAO 涂层,说明 SLM 成形的 TC4 合金在微弧氧化过程中的氧化更完全,产生了更多且稳定的氧化物 TiO_2。

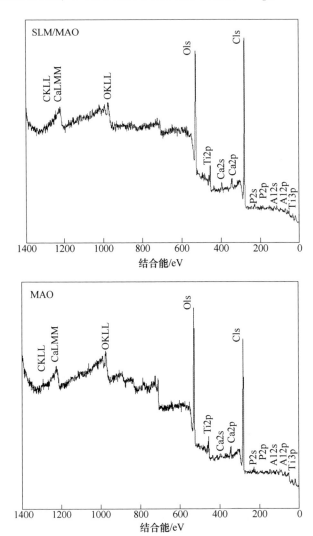

图 4-93　两种成形合金的氧化涂层 XPS 图谱

表 4-18　通过 XPS 测定的氧化涂层表面层的元素组成（摩尔分数）

试　　样	Ti	Al	V	Ca	P	O
SLM/MAO	6.02%	6.30%	0.72%	3.01%	1.82%	82.13%
MAO	5.64%	4.73%	0.39%	2.79%	2.10%	84.35%

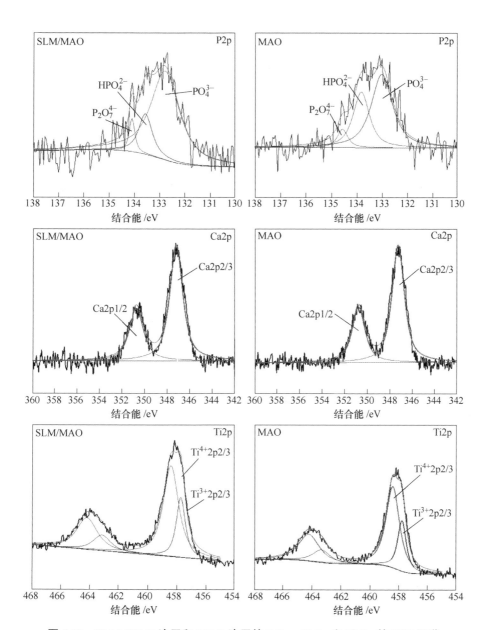

图 4-94 SLM/MAO 涂层和 MAO 涂层的 P 2p、Ca2p 和 Ti 2p 的 XPS 图谱

⏵⏵ 2. 热处理对微弧氧化成膜的影响

由于目前 SLM 成形的钛合金的热处理制度主要参考典型的钛合金形变热处理工艺，因此此处采用低于再结晶温度的普通退火对 SLM 成形的钛合金进行热处理，处理工艺如下：800℃下保温 2h，升温速率为 10℃/min，处理环境为真空，冷却方式为随炉冷却。图 4-95 所示为退火处理前后显微组织对比，可知这是由于退火温

度低于 β 转变温度和再结晶温度，在退火过程中 β 相向 α 相扩散转变较慢，整体组织变化不会太大，仅是针状 α′ 相的体积分数有所增加，α 板条发生一定的粗化。

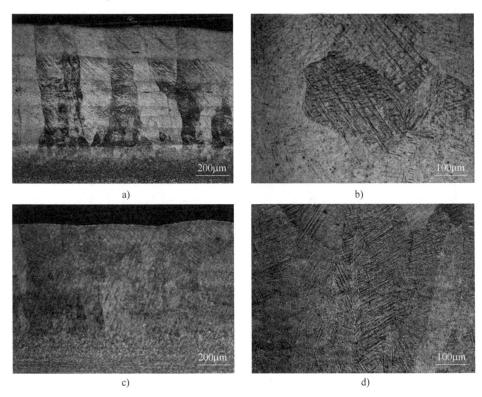

a)　　　　　　　　　　　　　　b)

c)　　　　　　　　　　　　　　d)

图 4-95　退火处理前后显微组织对比

a）放大 50 倍，原始态　b）放大 100 倍，原始态　c）放大 50 倍，退火处理　d）放大 100 倍，退火处理

图 4-96 所示为 SLM 成形的 TC4 合金退火前后微弧氧化成膜表面形貌对比，可以看到，经过普通退火处理后形成的微弧氧化涂层的孔洞更小，数量更多。

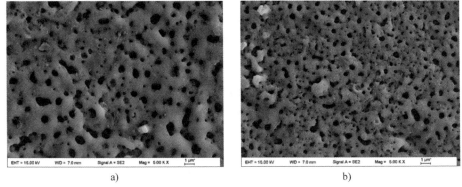

a)　　　　　　　　　　　　　　b)

图 4-96　SLM 成形的 TC4 合金退火前后微弧氧化成膜表面形貌对比

a）原始态　b）退火处理

结合显微组织分析，热处理后 SLM 成形的 TC4 合金，组织发生粗化，晶界密度减小，实际反应面积减小，因此相比于未热处理的试样，涂层形成的孔洞应该更少且更大，但是实际试验结果却相反。这就说明除了晶界密度外还有其他的因素影响着微弧氧化的过程。由前文可知，氧化膜生长主要是先形成小孔，小孔再逐渐融合形成大孔，孔洞的数量逐渐减小，而退火处理本质是有效地改善合金的晶体缺陷，达到完全消除残余应力的目的，从而使热处理后试样的晶体缺陷减少，无法为微弧氧化过程提供额外的能量，使得其在相同条件下涂层的生长落后于未处理的试样，进而形成的微弧氧化涂层的孔洞更小且更多。元素含量方面，经过普通退火处理形成的涂层中 Ca 和 P 元素的质量分数分别为 0.60% 和 0.35%，远低于未热处理的试样，这也就进一步说明 SLM 成形的 TC4 合金的非平衡相组织是具有较高的元素扩散能力及加速驱动微弧氧化反应的能力的。

4.4.4 激光增材制造钛合金的微弧氧化涂层性能

1. 耐蚀性

生物材料的耐蚀性是评价生物材料安全性的重要性能之一。下面将通过测定试样在人体模拟体液中的极化曲线来评价试样的耐蚀性，讨论微弧氧化对 SLM 成形 TC4 合金耐蚀性以及 SLM 成形特征对涂层耐蚀性的影响。

图 4-97 所示为 SLM 成形的 TC4 合金微弧氧化前后在仿生溶液 SBF 中的极化曲线，表 4-19 列出了相对应的电化学参数。

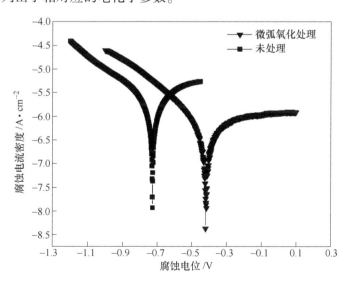

图 4-97　SLM 成形的 TC4 合金微弧氧化前后的极化曲线对比

由表 4-19 可知，原始 SLM 成形的 TC4 合金的腐蚀电位为 −0.728V，而经过微弧氧化处理的试样的腐蚀电位提高到了 −0.393V，同时 SLM 成形的 TC4 合金经过微弧氧化处理，腐蚀电流密度降低超过一个数量级。综合以上两点，经微弧氧化处理的 SLM 成形 TC4 合金在仿生环境下的耐蚀性得到了显著提高，这主要是因为涂层中存在众多钛的氧化物和非晶相，钛的氧化物 TiO_2 具有优良的耐蚀性，在腐蚀介质中形成腐蚀微电池的难度大，发生化学腐蚀的概率也很小。

表 4-19　SLM 成形的 TC4 合金微弧氧化前后电化学参数

试　样	腐蚀电位 E_{corr}/V	腐蚀电流密度 i_{corr}/A·cm^{-2}
SLM	-0.728	3.624×10^{-6}
SLM/MAO	-0.393	2.865×10^{-7}

为了研究 SLM 成形的 TC4 合金微弧氧化膜的耐蚀性特征，对比了 SLM 成形与锻造成形的 TC4 合金微弧氧化后耐蚀性的差异，极化曲线如图 4-98 所示，表 4-20 列出了相对应的电化学参数。SLM/MAO 涂层的腐蚀电位和腐蚀电流密度与上面两组试样所得结果较为一致。

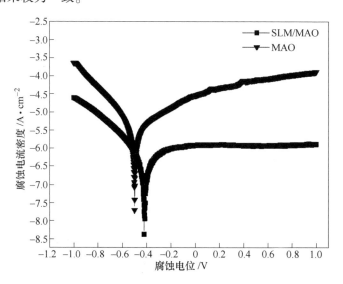

图 4-98　SLM 成形与锻造成形的 TC4 合金微弧氧化涂层极化曲线对比

腐蚀电位方面，SLM/MAO 涂层的腐蚀电位为 -0.420V，相比 MAO 涂层的腐蚀电位 -0.499V 正移 79mV。腐蚀电流密度方面，SLM/MAO 涂层的腐蚀电流密度低于 MAO 涂层，相差接近一个数量级，这也就意味着在腐蚀速率上后者是快于前者的。综合两方面来看，在仿生环境下 SLM/MAO 涂层的耐蚀性优于 MAO 涂层。钛合金植入体在人体内的电位为 0.4 ~ 0.6V，因此放大该区域内极化曲线（图 4-99），可以看到两种涂层在这一区域的腐蚀电流密度的变化都较小，但是相比之下 SLM/MAO 涂层的腐蚀电流密度更小，这就进一步说明 SLM/MAO 涂层在仿生环境下的耐蚀性优于 MAO 涂层。

表 4-20　SLM 成形与锻造成形的 TC4 合金微弧氧化涂层电化学参数

试　　样	腐蚀电位 E_{corr}/V	腐蚀电流密度 i_{corr}/A·cm^{-2}
MAO	-0.499	1.260×10^{-6}
SLM/MAO	-0.420	3.396×10^{-7}

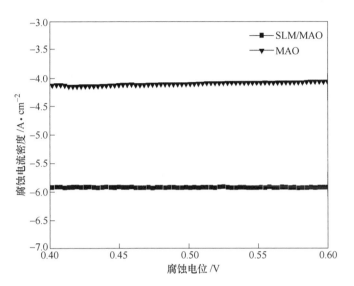

图 4-99　人体内电位为 0.4 ~ 0.6V 区域内极化曲线变化

结合两种涂层的特征来分析，首先微弧氧化涂层由外向内依次由疏松层、过渡层和致密层三部分组成，其中表面孔洞的存在使得仿生溶液很容易渗透到涂层表面，为腐蚀介质的渗入提供了通道，内层致密层可以有效阻止生理环境中的腐蚀介质接触到基体，起到防止腐蚀保护基体的作用。因此，相比于 MAO 涂层，SLM/MAO 涂层表面孔洞的孔径更小，腐蚀液进入涂层更困难，加之存在致密层，在基体和仿生溶液之间形成了较好的屏障，能更有效地抑制和阻碍仿生溶液向基体渗入。其次，SLM/MAO 涂层的厚度较 MAO 涂层都有所增加，SLM/MAO 涂层的孔洞大小更为统一，使得涂层的腐蚀更为均匀。除此之外，MAO 涂层产生了许多裂纹，裂纹为腐蚀的发生提供了场所。这些可能都是 SLM/MAO 涂层耐蚀性优于 MAO 涂层的原因。

2. 生物活性

两种成形方式制备的 TC4 合金的微弧氧化涂层在 1.5 倍 SBF 溶液下浸泡 10 天后，涂层表面形貌如图 4-100 所示。

由图 4-100 可见，两者表面都形成了球状团絮结晶物，而未观察到微弧氧化涂层典型的多孔形貌，这说明微弧氧化涂层表面与模拟液之间了发生了某些化学反应，生成了新物质附着在涂层表面。对比浸泡前后表面元素含量的变化（结果见

表4-21），浸泡后 Ti、Al、V 元素的含量几乎为 0，而 Ca、P 元素的含量急剧上升，说明两种涂层表面沉积了一层含钙磷元素的物质，而且厚度很厚。综合考虑，这些球状颗粒是羟基磷灰石。

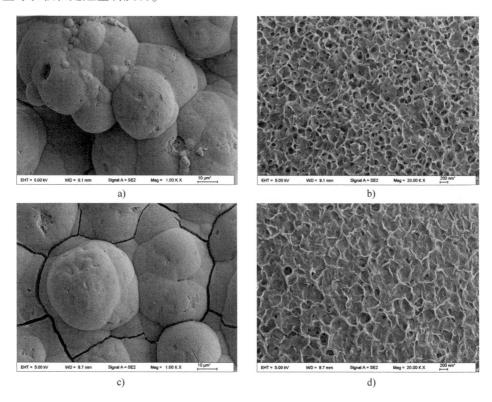

a)

b)

c)

d)

图4-100　两种方式制备的 TC4 合金微弧氧化后的生物活性对比

a）放大 1000 倍，SLM/MAO　b）放大 20000 倍，SLM/MAO　c）放大 1000 倍，MAO　d）放大 20000 倍，MAO

对比 SLM/MAO 和 MAO 涂层的沉积效果，同等浸泡条件下，SLM/MAO 涂层形成的结晶物团絮更多，球状颗粒更大。羟基磷灰石的生长过程是形成球状颗粒，随后球状颗粒逐渐长大并形成团絮从而形成片状的覆盖层，因此可以说明 SLM/MAO 涂层的生物活性是高于 MAO 涂层的。为了更好地研究微弧氧化涂层对生物活性性能的影响，可把最优微弧氧化工艺处理后的 SLM 成形的 TC4 合金放入 1.5×SBF 溶液中浸泡不同时间以研究羟基磷灰石在微弧氧化涂层上的生长过程。

表4-21　两种涂层仿生浸泡后表面元素含量对比（摩尔分数）

试样	Ti	Al	V	O	Ca	P
SLM/MAO	0.06%	0.00%	0.05%	66.45%	21.11%	12.33%
MAO	0.00%	0.00%	0.00%	66.83%	20.23%	12.94%

影响微弧氧化涂层生物活性的因素主要有氧化层的相结构、活性元素含量、表面形貌。高温金红石相比低温锐钛矿相有更好的活性，并且金红石相在（001）晶面上的生物活性要高于其他晶面。Ca、P 元素的含量和 Ca、P 元素含量的比值增加有利于提高氧化层的生物活性。从这些方面考虑，相比于 MAO 涂层，SLM/MAO 涂层中 Ca 和 P 元素含量的提高可以更快地达到羟基磷灰石的形核条件，并且提供更多的形核点。除此之外，SLM/MAO 涂层中的金红石含量也高于 MAO 涂层。因此羟基磷灰石在 SLM/MAO 涂层上快速沉积，证明其具有良好的生物活性。

4.5　电化学激光复合沉积

电化学激光复合沉积技术是一种将激光加工与电化学加工有效结合的复合加工技术，主要是利用激光的热力效应增强或促进电化学反应，从而在导电基体、半导体上实现复杂形状的快速成形。电化学激光复合不仅能提高电化学沉积速率，还能改善沉积质量和性能，有效减少沉积层中针孔、麻点等缺陷的产生。针对现代加工灵活多变和快速成形的技术特点，该复合技术将有力促进特种加工技术的发展。

4.5.1　电化学激光复合沉积的机理与装置

1. 激光辅助电化学沉积的机理

根据电化学能斯特方程可知，电极的平衡电位随电极的温度而变化，即

$$\varphi = \varphi_0 + \frac{RT}{nF}\ln\frac{a_0}{a_R} \tag{4-33}$$

式中，φ 为电极的平衡电位；φ_0 为电极的标准电极电位；R 为摩尔气体常量；T 为绝对温度；F 为法拉第常数；n 为反应电子数；a_0、a_R 分别为氧化物活度和还原物活度。

由此可知，当脉冲激光透过溶液照射到阴极工件表面时，由于激光的热效应，阴极电极表面被辐照区域的温度快速上升，使阴极的平衡电位正移。

又因为阴极过电位为

$$\eta_c = \varphi - \varphi_c \tag{4-34}$$

式中，η_c 为阴极过电位；φ 为电极的平衡电位；φ_c 为阴极电位。

又因为平衡状态下电化学反应的交换电流密度为

$$j_0 = FKC_R\exp\left(-\frac{\alpha F\varphi}{RT}\right) \tag{4-35}$$

式中，j_0 为电化学反应的交换电流密度；K 为反应速度常数；C_R 为还原物的浓度；α 为还原反应传递系数；φ 为电极的平衡电位。

由以上分析可知，激光的热效应使阴极的平衡电位正移，阴极过电位增加，

电化学反应的交换电流密度也随着增大。

电化学沉积过程主要包含液相传质、电子转移和电结晶三个步骤。其中,电子转移和液相传质是影响电化学沉积速度的主要因素。在电子转移过程中,电极会发生电化学极化;而在液相传质过程中,电极会发生浓度极化,同时考虑两者对电极反应的影响,则阴极反应速度即阴极电流密度为

$$j_c = \left(1 - \frac{j_c}{j_d}\right) j_0 \exp\left(\frac{\alpha F}{RT}\eta_c\right) \tag{4-36}$$

$$j_d = nFD\frac{C_R}{\delta} \tag{4-37}$$

式中,j_c 为阴极电流密度;j_d 为极限扩散电流密度;j_0 为交换电流密度;D 为扩散系数;δ 为扩散层厚度。

激光的热效应会使阴极和电解液界面处产生明显的紊流,并起到微区搅拌的作用,导致界面扩散层厚度减小,减少浓度极化,极限扩散电流密度增大。又因为交换电流密度和阴极过电位增加,阴极电流密度增加,阴极反应速度加快。另外,阴极过电位增加还可以促进形核,使晶粒尺寸减小,提高沉积质量。同时,激光的力效应也会对电化学的液相传质、电子转移过程产生影响。脉冲激光穿过电解液辐照在阴极表面时,激光能量聚焦处的区域会发生光学击穿,产生高温高压的等离子体。在电沉积溶液中激光辐照区域的金属离子会与等离子体发生碰撞并吸收其能量,跨越界面能垒,沉积到阴极表面,从而加快电子转移过程。等离子体膨胀产生的等离子体冲击波会对金属离子有极大的加速作用,使液相传质过程中电迁移的速率加快,有利于沉积速率的提高。

▶▶ 2. 激光辅助电化学沉积的试验设备与方法

江苏大学等单位对激光辅助电化学沉积试验方法进行了大量研究。图4-101所示为激光辅助局部电化学沉积的试验系统示意图。其主要设备包括:YLP-HP系列脉冲光纤激光器,输出波长为1064nm,脉冲宽度为100ns,频率为2 ~ 100kHz,单脉冲能量为0.01 ~ 1mJ;试验所需的外加电压为DF1511A纳秒脉冲信号发生器所输出的脉冲电压,其频率为2MHz,脉宽为50ns,平均电流为10mA。利用TDS3012B数字荧光示波器来观察输出电压的频率和脉冲宽度,调节脉冲信号发生器,得到试验所需的频率和脉宽;计算机则用来控制激光器和工作台的运动。

试验采用铂丝作为阳极,不锈钢作为阴极。试验前,需将环氧树脂涂覆在铂丝的侧壁进行绝缘处理,并对铂丝的端面进行打磨抛光。同时,还需对阴极不锈钢片进行前处理,对不锈钢片进行研磨抛光及除油酸洗晾干。沉积所用电解液的成分为 $CuSO_4 \cdot 5H_2O$(220g/L)、H_2SO_4(60g/L)、NaCl(80mg/L);并利用微量泵实现电解液的循环流动。

试验时,将不锈钢工件置于水槽中的工作台上,与电源的负极相连,且保证

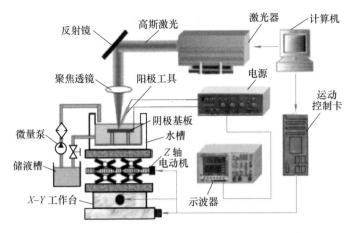

图 4-101　激光辅助局部电化学沉积的试验系统示意图

不锈钢工件上表面在电解液液面下方 2~3mm，水槽可以在 X、Y、Z 三轴方向上移动。铂丝与电源的正极相连，置于阴极工件的上方，并与激光光斑的位置重合，且铂丝的尖端与阴极工件上表面的起始间隙为 3μm。沉积时，计算机控制工件沿 X 轴和 Z 轴运动，如图 4-102 所示，工件向 X 轴负方向以 0.3mm/s 的速度移动 6mm，然后沿 Z 轴方向下移 4μm，再以 0.3mm/s 的速度沿 X 轴正方向移动 6mm，再次下降 4μm，如此记为一次循环，试验中循环 50 次，逐层堆砌得到一个竖板状的电沉积体。

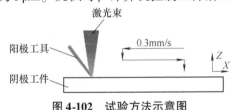

图 4-102　试验方法示意图

4.5.2　电化学激光复合沉积的工艺与性能

1. 激光对沉积体形状的影响

图 4-103 所示为有无激光辐照时电化学沉积体的 SEM 图像。图 4-103a 所示为激光频率为 2kHz，单脉冲能量为 0.2mJ，电流为 10mA 时，沉积体的图像；图 4-103b 所示为电流为 10mA，无激光时，沉积体的图像。从图 4-103 中可以明显地看出，由激光辅助局部电化学沉积晶粒形成的竖板状沉积体的长度为 6mm，有明显的轮廓形状，测量其宽度为 156μm，高度为 314μm。而无激光时的沉积体比较宽，中间凸起，高度较低，轮廓不清晰。由前文的分析可知，激光辐照区域内的阴极过电位增大，阴极电流密度增加，电化学反应速度加快；同时，激光产生的等离子体也可以使金属离子加速移动到阴极表面，则激光辐照区域内沉积速率加快，会率先沉积出铜。先沉积出铜的部位形成凸起，引起电流集中，之后会在已有的沉积表面优先沉积，最终沉积出图 4-103a 所示的形状。

从图 4-103a 可以看出，沉积体呈现枝晶生长的现象。根据枝晶生长理论，沉积速率决定单位时间内晶体的扩展面积，沉积速率越快，晶体的扩展速率也越快，当靠近的晶体扩展到一起时就会形成枝晶，凸出的枝晶会引起电流的部分集中，使生长更迅速。无激光照射时，越靠近阳极中心，电流密度越大，沉积速率越快，则形成了图 4-103b 所示的中间凸起的形状。又因为电化学沉积速率比较慢，远小于工件下降的速度，且受电解液覆盖能力的影响，所以中间凸起不明显，定域性差。故与普通的局部电化学沉积相比，激光辅助局部电化学沉积的定域性好。

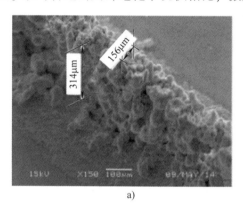 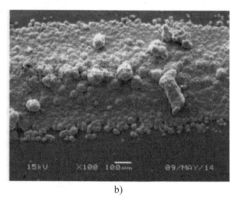

a)   b)

图 4-103   有无激光辐照时电化学沉积体的 SEM 图像

a）激光辅助局部电化学沉积得到的沉积体   b）局部电化学沉积得到的沉积体

⫸ 2. 激光对电沉积定域性的影响

表 4-22 列出了激光功率为 0.3W、0.4W、0.6W、0.8W、0.9W 时，电沉积体的高度、宽度及高宽比。可以看出，当激光平均功率增大时，电沉积体的高度增加，宽度减小，高宽比增大，则电沉积的定域性增强。激光能量越大，则激光影响区域内的阴极电流密度越大。又因为电流密度越大，双电层充电时间越短。则电流密度小的区域充电未完成就进入放电阶段，从而未进行电化学反应或者电化学反应弱，电化学影响区小，定域性提高。

表 4-22   不同激光平均功率下电沉积体的高度、宽度及高宽比

激光平均功率/W	0.3	0.4	0.6	0.8	0.9
高度/μm	277.4	314.0	370.6	400.0	436.0
宽度/μm	195	156	140	135	126
高宽比	1.423	2.013	2.647	2.963	3.460

图 4-104 所示为激光平均功率为 0.3W、0.4W、0.6W、0.8W、0.9W 时，电沉积体宽度的变化趋势。可以看出，平均功率从 0.3W 增加到 0.5W 时，沉积体宽度大幅度减小，而平均功率从 0.5W 增加到 0.9W 时，宽度减小不明显，宽度逐渐逼近于阳极铂丝的直径（100μm）。

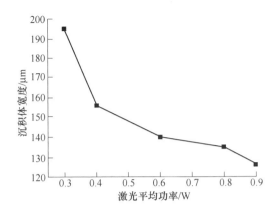

图 4-104　激光平均功率与沉积体宽度的关系

▶ 3. 激光对电沉积均匀性（纯度）的影响

为了进一步研究激光对沉积质量的影响，通过检测沉积体中各元素的含量（质量分数）来分析其均匀性，铜沉积体的物质成分可以通过 X 射线能量色散光谱仪来分析。表 4-23 列出了 X 射线能谱分析测得的无激光和有激光时沉积体中各元素含量及其变化量。表 4-23 的分析结果表明，有激光辐照时，C、O、Cl、S 等杂质的含量分别降低了 53%、54%、73%、31%；Cu 的含量提高了 5%。由于激光的热效应，在激光辐照区域内的阴极和溶液界面处会产生明显的紊流，激光产生的冲击力对沉积表面造成扰动，从而阻止电解液中的杂质吸附在阴极表面。由此可知，激光辐照可以减少阴极杂质的吸附。

表 4-23　有无激光时沉积体中各元素含量及其变化量

元 素 种 类	质量分数（%）		变化量（%）	变化率（%）
	无　激　光	有　激　光		
C	3.51	1.65	−1.86	−53
O	1.19	0.55	−0.64	−54
Cl	0.70	0.19	−0.51	−73
Cu	92.77	97.43	+4.66	+5
S	0.26	0.18	−0.08	−31
Fe	1.56	0.00	−1.56	—

4.6　电化学激光复合表面改性技术的相关应用

电化学激光复合表面改性技术是一种将激光表面改性技术与电化学表面改性技术结合而形成的新型表面改性技术。激光产生的热力效应可以去除其辐照区域内工件表面的钝化层，同时它还可以改变电极电势，提高电化学反应速率。

激光复合微弧氧化技术近年来受到大量学者的关注，该技术结合激光加工和微弧氧化的优势，在医疗器械、光催化及航空航天和海洋装备领域有着良好的应用前景。目前主要复合的技术包括激光刻蚀微弧氧化、激光熔凝微弧氧化、激光冲击强化微弧氧化和激光熔覆微弧氧化。利用激光刻蚀/微弧氧化技术可在材料表面构筑多尺度功能结构，能用于医用材料表面的生物活化处理和特种材料的超亲/疏水处理。激光熔凝微弧氧化和激光冲击强化微弧氧化技术可用于提高医用钛、镁等合金的表面性能。图 4-105 所示为激光-微弧氧化表面处理所得纯钛种植体在胫骨骺端的松质骨内形成的良好骨结合。激光熔覆微弧氧化技术突破了单一微弧氧化技术对处理材料的限制，可在海洋钢表面制备复合涂层，提高其在海洋环境中的使用寿命。除此之外，激光复合微弧氧化技术在钛、镁合金的防高温氧化处理上具有潜力。

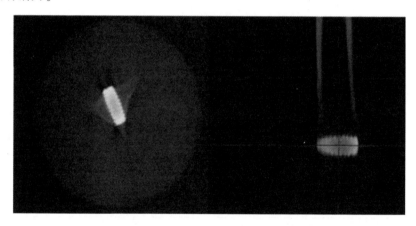

图 4-105　激光-微弧氧化表面处理纯钛种植体

激光辅助电沉积技术具有选择性高、适应性高、沉积高速及可以实现微机控制等优点。因此，在重型机械零件的表面修复、电接插件局部镀、多芯层模块制作中的连线（聚酰亚胺、陶瓷）、加成法制造微带电路及其修复、半导体集成电路中布线的制作和修复及肖特基结、欧姆接触的制备中有着广阔的应用前景，如图 4-106、图 4-107 所示。

激光电化学刻蚀技术结合了激光刻蚀和电化学刻蚀加工的优势，两者均为非接触式的微细制造技术，能够进行有效的复合，共同实现复杂几何图案的加工。可用于金属和半导体材料的细微加工，在集成电路（IC）和微机电系统（MEMS）领域制造三维微结构（如传感器、执行器）具有较好的应用前景。同时，该技术还可用于材料表面的织构，能制备减磨、超疏水/亲水、生物活性等功能表面。图 4-108～图 4-110 所示为相关示例。

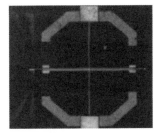

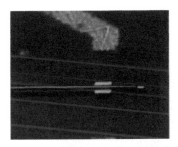

图 4-106　沉积制作各种微继电器原型器件

a)

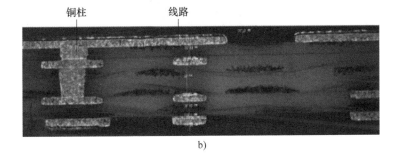

b)

图 4-107　集成电路封装基板截面图

a）有核封装基板截面图　b）加成法制作的无核封装基板截面图

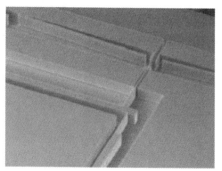

图 4-108 电化学刻蚀 MEMS 可变光衰减器

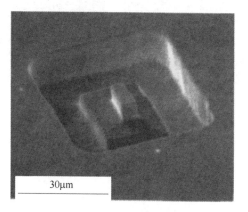

图 4-109 电化学加工的三维微结构

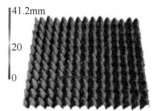

图 4-110 激光-电化学沉积制备超疏水微纳米复合结构

参 考 文 献

[1] 龚健，陶明德. 溶胶-凝胶法制备 BaTiO$_3$ 系薄膜 [J]. 功能材料，1998，29（4）：348-352.

[2] EZZ T，CROUSE P，LI L，et al. Combined laser/sol-gel synthesis of Si/O/C coatings on mild steel [J]. Surface & Coatings Technology，2005，200（22）：6395-6399.

[3] EZZ T, CROUSE P, LI L, et al. Synthesis of TiN thin films by a new combined laser/sol-gel processing technique [J]. Applied Surface Science, 2007, 253 (19): 7903-7907.

[4] EZZ T, CROUSE P, LI L, et al. Laser/sol-gel synthesis: a novel method for depositing nano-structured TiN coatings in non-vacuum conditions [J]. Applied Physics A: Materials Science & Processing, 2006, 85 (1): 79-82.

[5] EZZ T, CROUSE P, LI L, et al. Synthesis and coating of micro-metal-matrix composite by combined laser sol-gel processing [J]. Surface & Coatings Technology, 2006, 201 (12): 5809-5814.

[6] CHOUDHURY A R, EZZ T, LI L. Synthesis of hard nano-structured metal matrix composite boride coatings using combined laser and sol-gel technology [J]. Materials Science & Engineering: A, 2006, 445 (6): 193-202.

[7] CHOUDHURY A R, EZZ T, CHATTERJEE S, et al. Microstructure and tribological behaviour of nano-structured metal matrix composite boride coatings synthesized by combined laser and sol-gel technology [J]. Surface & Coatings Technology, 2007, 202 (13): 2817-2829.

[8] SUNDAR M, KAMARA A M, MATIVENGA P T, et al. Synthesis of TiAlN based coating on mild steel substrate using combined laser/sol-gel technique [J]. Surface & Coatings Technology, 2010, 204 (16): 2539-2545.

[9] ADRAIDER Y, PANG Y X, NABHANI F, et al. Laser-induced deposition of sol-gel alumina coating on stainless steel under wet condition [J]. Surface & Coatings Technology, 2011, 205 (23): 5345-5349.

[10] ADRAIDER Y, HODGSON S N B, SHARP M C, et al. Structure characterisation and mechanical properties of crystalline alumina coatings on stainless steel fabricated via sol-gel technology and fibre laser processing [J]. Journal of the European Ceramic Society, 2012, 32 (16): 4229-4240.

[11] ADRAIDER Y, PANG Y X, NABHANI F, et al. Deposition of alumina coatings on stainless steel by a combined laser/sol-gel technique [J]. Materials Letters, 2013, 91 (2): 88-91.

[12] ADRAIDER Y, PANG Y X, NABHANI F, et al. Laser-induced deposition of alumina ceramic coating on stainless steel from dry thin films for surface modification [J]. Ceramics International, 2014, 40 (4): 6151-6156.

[13] ADRAIDER Y, PANG Y X, NABHANI F, et al. Fabrication of zirconium oxide coatings on stainless steel by a combined laser/sol-gel technique [J]. Ceramics International, 2013, 39 (8): 9665-9670.

[14] MASANTA M, GANESH P, KAUL R, et al. Microstructure and mechanical properties of TiB_2-TiC-Al_2O_3-SiC composite coatings developed by combined SHS, sol-gel and laser technology [J]. Surface & Coatings Technology, 2010, 204 (21): 3471-3480.

[15] MASANTA M, SHARIFF S M, CHOUDHURY A R. Microstructure and properties of TiB_2-TiC-Al_2O_3 coating prepared by laser assisted SHS and subsequent cladding with micro-/nano-TiO_2 as precursor constituent [J]. Materials & Design, 2016, 90: 307-317.

[16] LÓPEZ A J, UREÑA A, RAMS J. Laser densification of sol-gel silica coatings on aluminium ma-

trix composites for corrosion and hardness improvement [J]. Surface & Coatings Technology, 2008, 203 (10): 1474-1480.

[17] LÓPEZ A J, UREÑA A, RAMS J. Wear improvement of sol-gel silica coatings on A380/SiCp aluminium composite substrate by diode laser sintering [J]. Materials & Design, 2011, 32 (7): 3865-3875.

[18] 朱利华, 许晓静, 刘敏, 等. 微弧氧化对常规和超细 TiNi 合金表面性能的影响 [J]. 中国有色金属学报, 2014 (4): 1014-1019.

[19] YIN X, WANG Y C, LIU B, et al. Effects of the grain boundary on phase structure and surface morphology of TiO$_2$ films prepared by MAO technology [J]. Surface & Interface Analysis, 2012, 44 (3): 276-281.

[20] XIU P, JIA Z J, LV J, et al. Tailored surface treatment of 3D printed porous Ti-6Al-4V by microarc oxidation for enhanced osseointegration via optimized bone in-growth patterns and interlocked bone/implant interface [J]. Acs Applied Materials & Interfaces, 2016, 8 (28): 17964-17975.

[21] YANG J J, YU H C, YIN J, et al. Formation and control of martensite in Ti-6Al-4V alloy produced by selective laser melting [J]. Materials & Design, 2016, 108: 308-318.

[22] GU Y H, CHEN L L, YUE W, et al. Corrosion behavior and mechanism of MAO coated Ti6Al4V with a grain-fined surface layer [J]. Journal of Alloys and Compounds, 2016, 664: 770-776.

[23] 姚再起. 生物医用超细晶钛合金及其表面改性 [D]. 大连: 大连理工大学, 2010.

[24] 甘俊杰. 纯镁表面 Ca-P 微弧氧化涂层的制备及性能研究 [D]. 南京: 南京理工大学, 2013.

[25] 李荻. 电化学原理 [M]. 北京: 北京航空航天大学出版社, 2004.

[26] 安茂忠. 电镀理论与技术 [M]. 哈尔滨: 哈尔滨工业大学出版社, 2004.

[27] 蔡明霞, 张朝阳, 姜雨佳, 等. 激光辅助局部电化学沉积的试验研究 [J]. 南京航空航天大学学报, 2014, 46 (5): 769-773.

[28] CHUNG D K, SHIN H S, PARK M S, et al. Recent researches in micro electrical machining [J]. International Journal of Precision Engineering and Manufacturing, 2011, 12 (2): 371-380.

[29] 张朝阳, 李中洋, 秦昌亮, 等. 脉冲激光与电化学复合的应力刻蚀加工质量研究 [J]. 物理学报, 2013, 62 (9): 212-218.

[30] 张朝阳, 秦昌亮, 冯钦玉, 等. 脉冲激光电化学复合的定域性研究及三维微细刻蚀加工 [J]. 机械工程学报, 2014, 50 (23): 200-206.

[31] 丁桂甫, 汪红, 戴旭涵, 等. 电沉积在 MEMS 加工技术中的应用 [C] //2005 年上海市电镀与表面精饰学术年会论文集. 2005: 135-141.

[32] 向静. 封装基板互连结构电沉积铜机理与应用研究 [D]. 成都: 电子科技大学, 2018.

[33] 唐滨. 用于 MEMS 封装的深硅刻蚀工艺研究 [D]. 天津: 天津大学, 2012.

[34] 姜雨佳. 激光电化学复合沉积的过程检测及试验研究 [D]. 镇江: 江苏大学, 2016.

[35] 顾秦铭, 张朝阳, 周晖, 等. 激光-电化学沉积制备超疏水铜表面及其 Cassie 状态稳定性研究 [J]. 机械工程学报, 2020, 56 (1): 223-232.

第 5 章

——

超声振动激光复合表面改性技术与应用

5.1 概述

5.1.1 超声振动对熔池作用的机理

1. 声空化效应

当超声能场作用于金属熔体时，会在金属熔体内产生微小气泡，微小气泡随着超声正负交替的声压作用会经历膨胀、压缩等不断振荡的过程，最后发生溃灭，这一系列动力学过程称为超声的空化效应。

空化效应分为三个阶段：空化泡形成、空化泡长大和空化泡崩溃，如图 5-1 所示。

（1）空化泡形成　超声在液体媒质中传播时，将引起媒质分子以其平衡点为中心振动。在声波的正压相内，分子间的距离减小；而在负压相内，分子距离将增大。若声强足够大，使液体受到的相位负压力也足够大，则分子间的平均距离就会增大以致超过极限距离，从而破坏液体结构的完整性，导致空穴形成。

（2）空化泡长大　在负压的拉伸作用下，存在于液体中的微小气泡会迅速膨胀长大，而在正压作用下，空化泡受到压缩，迅速闭合，空化泡在交替的正负压强作用下会经历膨胀和压缩的过程。

（3）空化泡崩溃　正负交替的声压会使空化泡变得极其不稳定，最后发生崩溃，极高的瞬时压力会在空化泡崩溃的瞬间释放出来，击碎金属成形中固液界面初生晶体和正在长大的晶体。超声波空化效应还可以极大地提升多相反应速率，促进多相反应物混合均匀化，加快熔体内物理化学反应产物的扩散。

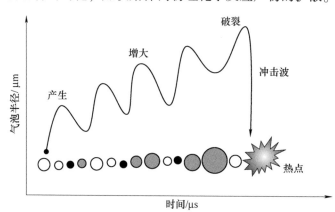

图 5-1　声空化泡的形成与破裂

▶ 2. 声流效应

声流是指在超声场作用下传播介质中出现的一种非周期性流体运动。当小振幅振动在介质内传播时，不同质点以各自相位做正弦振动，所以在一个周期内流速的时间平均值为零。而当有限振幅波在介质中传播时，由于其具有非线性效应，所以当激励源振动时，声场中流体质点的运动可以分为两部分：一部分是质点在平衡位置的往复振动；另一部分是质点的平衡位置在不断移动，从而形成与时间无关的稳定流动，称之为声流或声学流。

超声波从声源发出作用于金属熔体中时，熔体本身存在的黏性力以及熔体对声波能量的吸收，导致超声波声压从声源开始一直是持续衰减的，这会在传播方向形成一定的声压梯度，声压不断减小从而形成作用力，导致熔体内部高速流动。声流效应对于金属熔体成形起到的作用主要分为两个方面：一方面，当作用力足够大时，可以引起熔体内部的剧烈搅动，加速熔体对流，使熔体局部产生温度起伏，促进生长界面前沿的溶质元素扩散，富集于晶粒根部产生缩颈，从而促进枝晶熔断，进而实现晶粒细化；另一方面，熔体吸收超声波能量得到动量，所以声流在搅动时会产生很大的剪切力，正在生长的枝晶被剪切力折断并打碎，从而抑制其生长。

功率超声在熔体中传播时，由于声波与熔体的黏性力交互作用，在有限振幅衰减熔体内从声源处开始形成一定的声压梯度，引起熔体的流动，这种声波引起熔体对流的现象称为声流。其运动方程可表述为

$$\frac{\partial U}{\partial t} + (U \cdot \nabla)U - \frac{\eta}{\rho_0}\nabla^2 U = -\frac{\partial P_A}{\rho_0} - \frac{\langle \nabla E \rangle}{\rho_0} \tag{5-1}$$

式中，U 为流速；η 为熔体黏度；P_A 为超声振动对金属熔体产生的声压；ρ_0 为熔体密度；E 为传播介质空间单位体积的声场能量密度。

由超声声流的本质可以看出，声流对铝合金晶粒细化的作用机制主要有两个方面：声流机械效应破碎枝晶与声流搅拌效应破碎枝晶。

▶ 3. 机械振动及热效应

声场是传播媒质中机械扰动的空间分布，为了描述这种机械扰动，可以选用各种与应力、应变或扰动有关的力学参量，在某些情况下，超声效应的发生即与一个或多个这样的力学参量有关，这时把产生这种超声效应的物理原因归纳为力学机制。功率超声波在媒质中产生机械效应将会对其产生各种效应：

（1）机械搅拌　超声的高频振动及辐射压力可在气、熔体中形成有效的搅动和流动。空化泡振动对固体表面产生强烈射流和局部微冲流，均能显著降低熔体的表面张力和摩擦力，并破坏固-液界面的附属层，因此可达到普通低频机械搅拌达不到的效果。

（2）相互扩散　利用超声振动及空化的压力、高温效应，促进两种熔体、两

种固体或者液-固界面、液-气界面之间发生分子的相互渗透，形成新的物质属性。

（3）均匀化　空化泡闭合后产生的局部冲击波可击碎液体中的颗粒，使其细化均匀，将大小不均匀的晶粒均匀分散在熔体中。

超声能量进入基板和熔体后，由于基板和熔体的声吸收特性和相互作用，部分超声能量将转化为热能，并使其温度更高，这称为超声的热效应。

超声能场对金属成形的热效应可以分为两个方面：一方面，由于熔体的黏性力与摩擦阻力，声压一直在持续衰减，其中部分声能转化为熔体的热能，促使熔体温度升高。对于温度较高的金属熔体，这部分热能表现不明显，可忽略不计；另一方面，由空化效应导致的热效应，由于空化泡在崩溃的瞬间释放的高压促使金属熔体的结晶温度明显提高，金属熔体的瞬间压力过冷度将会随之增大。研究表明，熔体过冷度升高会使凝固过程中的作用力升高，导致熔体形核率升高，从而对金属晶粒的生长产生重要影响。且空化泡崩溃时释放的高温也能够重熔正在生长的枝晶，制约晶体的生长。

由于没有任何物质可以将声能全部转化为机械能及化学能，总是或多或少地产生热量，因此热效应是超声波固有的特性。超声波的热效应可以表现为由超声波吸收所引起的整体加热、边界面处的局部加热、形成激波时波前处的局部加热等。超声波的热效应在工业、医疗上都得到了广泛的应用。

▷▷5.1.2　超声振动激光复合表面改性技术的研究现状

▷▷1. 超声振动激光复合表面改性设备的研究现状

产生超声的方法主要有两种：一种是利用电声换能器产生，另一种是利用流体动力产生。在金属材料成形领域中，常用的是电声换能器功率超声产生系统。用于超声金属成形的超声施振装置一般由超声波发生器、超声波换能器、超声波变幅杆和工具头等基本部分组成。

超声波发生器又称超声波驱动电源、电子箱、超声波控制器，是大功率超声系统的重要组成部分。超声波发生器的作用是把市电转换成与超声波换能器相匹配的高频交流电信号，驱动超声波换能器工作。

超声波换能器的作用是将输入的电功率转换成机械功率（即超声波），再传递出去，而自身消耗很少的一部分功率。

超声波变幅杆是配合超声波换能器改变超声波振幅的功能组件。其主要作用是改变换能器的振幅（一般是增大），提高振速比，提高效率，提高机械品质因数，提高耐热性，扩大适应温度范围。

超声振动应用于激光表面改性符合谐波共振的原理，通过模拟分析或设备自动搜索振动系统的固有频率，当在工件上传播的超声波频率恰好等于该振动频率时，系统达到共振状态。从而使能量有效通过基体传递到熔池中。

超声辅助激光加工是一种新型的复合加工，在原有的激光加工中引入超声辅助振动系统，这种复合加工方式克服单一激光加工的不足，强化了原激光加工过程，提高了加工速度，改善了加工质量，达到了低耗高效的目标。激光在竖直方向上由上及下对试样进行加工，这称为主加工。加工试样不直接放置在激光的工作平台上，而是在激光工作平台上放置一个超声辅助装置平台，同时将试样放置在超声辅助平台上。设计超声辅助平台的目的是在激光加工试样的同时，使试样自身在竖直方向上做有规律的微米级高频振动，这称为辅助加工。一方面，激光束对于难加工材料进行高温烧蚀，达到加工的目的；另一方面，超声振动的引入，对加工区域的空气对流加速以及试样的高频振动都起到抑制激光加工后产生的熔渣凝固在加工表面的作用，提高激光加工的速度，改善激光加工的持续高效性，同时改善工件的微观质量。

华东交通大学李洋在激光加工集成系统上进行了超声振动辅助激光试验。试验中使用了德国 LDM2500-60 激光器，配有激光加工数控机床，并且自行设计了超声振动工作台。试验所用超声波发生器为 TJS-3000 智能数控超声波发生器，其功率为 1000W，超声谐振频率范围为 19.0~20.8kHz。超声振动台由变幅杆、支架及支板组成。超声振动台与机床通过支架进行连接，然后将变幅杆倒置于支架上，最后将基板与变幅杆通过螺柱进行固定。

大连理工大学郭敏海采用间接引入超声振动的方式，即将熔覆基板固定在超声波换能器端部，通过基板将超声波引入激光熔覆过程中。试验中所用的超声波发生器的输出频率为 40kHz，输出波形为标准的正弦波，输出功率在 80~1000W 的范围内连续可调。配套使用的超声波换能器为谐振频率为 40kHz 的夹心式压电换能器，压电陶瓷有两片，为了增大基板与换能器的接触面积，将换能器的端部设计成喇叭形。考虑到激光光斑较小，熔覆过程中形成的熔池也较小，无法直接将变幅杆作用到熔池中，因此决定对基体施加超声振动，间接地将超声振动引入激光熔池中，试验过程中将基板压紧在超声波换能器端部。最后对基板表面不同部位的振幅进行了检测，结果表明基板表面的平均振幅为 3μm，并且基板各位置的波形均为频率为 40kHz 的正弦振动波形。

▶▶ 2. 超声振动激光复合表面改性的数值模拟研究现状

激光熔覆过程是快速熔化和凝固的冶金过程，在材料改性方面具有很大的优势。但激光熔覆是一个复杂的热力学过程，各种参量的变化难以试验测定，这使得数值模拟方法在此领域具有很大的应用空间。激光熔覆的数值仿真一般是指通过计算机技术对熔覆体的几何形貌、熔覆温度场以及应力场进行计算的一种研究手段。通过计算机软件，可以对熔覆过程进行再现，为生产实践提供理论数值参考。数值仿真的主要内容包括数学模型的建立和求解。数学模型的建立是对研究对象的真实描述，仿真结果的可靠性首先取决于建立的数学模型能否真实地描述对象的本质，而恰当的算法则是实现模型计算的必要工具。

南京航空航天大学曾超使用 ANSYS12.1 软件模拟在矩形 Q235 材料块上进行单道激光熔覆试验，实现了不同试验参数下熔覆层的试验模拟，在详细分析温度场与残余应力特征后发现，残余应力与熔覆层最高温度密切相关，熔覆层最大残余拉应力接近材料的屈服强度，主要呈现在纵向与横向上。利用计算机模拟仿真技术有利于认知激光熔覆的宏观及微观层面上的物理变化过程，仿真模拟对残余应力的推断具有积极意义。

南京航空航天大学张颖利用 Marc 有限元分析软件实现了对镍基高温合金 HG169 基材熔覆镍基高温合金粉末 GH95 过程中超声冲击熔覆应力场的仿真模拟，结果表明，超声冲击对消除熔覆层残余拉应力具有显著效果，局部区域可以实现完全消除残余拉应力。在超声冲击作用下，X 方向上的残余拉应力可以转换为压应力。仿真结果与试验结果基本一致，对试验具有一定的指导意义。

华东交通大学李德英研究了超声振动对激光熔覆 TiC/FeAl 复合涂层的影响，将超声作用产生的热效应以及振动边界条件进行了近似处理，结果表明，虽然超声振动存在一定的热效应，但振动引起的搅拌作用对外界条件提高熔池熔体的冷却作用的效果更加显著，有效降低了温度梯度，涂层与基材的冶金结合效果更好，减小了结合区的残余应力，超声振幅越大，温度梯度越小。

沈阳工业大学张春华在铝合金表面激光熔覆 SiC 陶瓷粉末，利用 ANSYS 有限元软件模拟分析了 6061 铝合金激光熔覆过程中的热量传递及温度场分布。结果表明，热源前端的温度梯度较热源后端大。相同条件下，熔池中心温度与激光功率正相关，与扫描速度及光斑半径负相关。模拟结果在一定程度上对工艺参数的优化提供了帮助，为后期激光熔覆过程中残余应力的计算以及陶瓷相分布、流场模拟提供了平台基础。

▶ 3. 超声振动对激光表面改性缺陷的抑制效果

（1）超声能场对气孔缺陷的调控 激光熔覆中，存在于熔池中的微气核空化泡在超声的作用下，当声压达到一定值时便会生长和崩溃，这一方面加速了熔池中气体的逸出，另一方面产生的冲击波可以破碎待结晶的晶界或亚晶界，从而增大形核率；超声在熔池中传播时，振幅衰减使液体从振源处开始形成一定的声压梯度，导致液体流动，当声压幅值超过一定数值时，在液体内部会形成一个流体的喷射，从而形成声流。在声流的作用下，晶界被打碎，从而使得晶粒细化。这种超声空化效应和声流搅拌作用共同破碎了原有晶界，使形核率增大，从而细化了晶粒，使组织均匀。

美国德州理工大学 Fuda Ning 等使用新型超声波振动辅助激光工程净成形工艺制备 Fe-Cr 不锈钢零件，并研究了超声波振动对微观结构和力学性能的影响。结果表明，由于超声波振动的作用和影响，孔隙率由 0.68% 下降到 0.35%。

沈阳航空航天大学王维在 BT20 钛合金基体上施加频率为 19.56kHz 的超声振动，进行激光熔覆试验，结果发现，超声振动的声流效应加剧了熔池对流速度，使溶解的气体形成大气泡而上浮，熔覆层内气孔明显减小。对有无超声下的气孔率进行了测量，发现未施加超声的气孔率为 2.4%，施加超声后气孔率降低为 0.75%。

（2）超声能场对裂纹缺陷的调控　在激光熔覆过程中，当熔覆材料熔化后快速冷却时，由于枝晶的交错封闭，继续冷却凝固时液体无法补充，从而产生较大的拉应力，当拉应力超过一定值时，就会生成沿枝晶方向伸展的裂纹。在熔覆过程中施加超声振动，正在长大的枝晶网会被熔体空化泡闭合时产生的高温高压击碎，并分散到熔体的各个部位形成均匀分布的小晶核。这样就消除了部分拉应力产生的根源，从而减少熔覆层裂纹。

熔池各处的温度并不一致，其温度场非常复杂。如某些熔覆层中下部的温度梯度为垂直方向，而顶部则为水平方向，造成结晶方向复杂，增加了产生裂纹的概率。超声波在熔池中的空化及搅拌作用能使熔池各处温度均匀化并趋向一致，从而使结晶方式变为体结晶，即整个熔池各部同时凝固，这样就减少了裂纹产生的概率。

熔覆材料结晶时不可避免地会在熔池中溶入少量的气体，造成凝固后的熔覆层组织中分布着一定数量的气孔缺陷，成为裂纹发源的高危处。超声波在熔池中传播时将产生大量的空化泡，其中的某些小气泡在高频振动下会融合成大气泡上浮逸出，从而减小熔池含气量，熔覆层的气孔缺陷也随之减少，这样就可以减小裂纹产生的概率。

陈畅源等在熔覆过程中施加超声振动，可以打碎枝晶，细化晶粒，减少或消除拉应力产生的根源，并使熔池化学成分、温度分布趋于均匀，从而减小裂纹的产生概率。

（3）超声能场对熔覆层形貌的调控　单道单层激光熔覆是制备大面积涂层及熔覆成形三维实体的基础，它的好坏决定了大面积涂层及成形质量的优劣。在超声波热效应和声流效应的作用下，温度更高的熔体高速向熔池底部流动，从而形成了更大的基体熔深。施加超声振动，涂层与基体之间的润湿角较小，润湿性得到改善。在超声振动作用下，熔池对流增强，熔化的基体与熔融粉体得到了更为充分的混合。超声振动下涂层与基体之间较好的润湿性在搭接熔覆制备大面积涂层中具有明显的技术优势，有利于获得平整的搭接表面，同时较大的基体熔深有利于提高涂层与基体之间的结合强度。

在进行激光熔覆时，受激光光束能量分布的影响，熔池形成表面中心温度最高，边缘温度较低，并且沿熔池深度方向逐渐降低，这种温度分布的不均匀会引起表面张力，使熔池内的液体发生对流进而影响熔覆层的截面形貌。熔池内金属溶液的对流方向不仅与温度梯度方向有关，也与材料的表面温度张力系数有关，当材料表面温度张力系数为负值时，熔池内的对流方向为自内而外。在这种对流机制的作用下，形成了半圆弧形涂层截面形貌。当施加超声振动时，在超声空化效应、声流效应及热效应的共同作用下，熔池中温度更高的液态媒质高速向熔池底部流动，从而形成了更大的熔深，并且这些非线性效应随着超声功率的增大而增强，所以基体熔深随超声功率的增大而增大。

大连理工大学的郭敏海等开展超声辅助激光熔覆 YSZ 陶瓷涂层试验，试验发现，超声振动的施加会改善熔覆层表面粉末的黏附现象，并且会降低熔覆层表面的表面粗糙度值，最终提高搭接熔覆涂层的表面质量。其对超声改善表面粘粉的原理进行了分析，认为超声振动一方面引起的声流效应会增加熔池的对流速度，使粉末在剧烈的对流下能够充分熔化；另一方面在多道搭接时，超声的施加会使熔池内的液体流到熔覆道之间，进而使熔覆层的整体质量得到提高。

南京航空航天大学的戚永爱以激光熔覆成形镍基高温合金为研究对象，进行超声冲击强化激光熔覆层工艺研究，结果表明，未冲击之前的激光熔覆试样表面在两道熔覆层搭接处存在较为明显的搭接痕迹，熔覆层表面存在一道沟痕。而经过超声冲击处理后，搭接痕迹表现不明显，沟痕被消除，熔覆层表面仅留有均匀的冲击点坑。

5.2 超声振动激光复合表面改性试验平台搭建及激光表面改性工艺优化

5.2.1 超声振动激光复合表面改性试验平台搭建

1. 多维高频振动辅助激光表面改性试验平台搭建

多维振动系统的激振选用电磁式振动台产生，其原理为线圈通入电流时，带有电流的线圈在恒定磁场中产生运动。电磁式振动台的特点包括自动化程度高，振幅、频率范围大，加速度波形好，控制精度高，但受外界环境影响较大，如电磁场对控制电路的干扰。电磁振动台一般由台体、台面、电磁铁、衔铁、主振弹簧、隔振装置及电气控制部分构成。电磁铁和衔铁作为振动台的激振器。此处选用多维高频振动台，振动方向包括垂直、纵向和水平方向，频率在 1 ~ 5000Hz 范围内任意可调，振幅为 0 ~ 5mm，最大负载为 100kg。

如图 5-2 所示，振动辅助激光熔覆成形系统主要由激光器、控制系统、冷却系统、送粉系统及三维高频振动工作台组成。其中，激光器为 LDF 6000-40 型大功率半导体激光器，最大功率为 6000W，可调节光斑直径为 2 ~ 6mm。激光器系统由控制台控制激光功率、光斑直径、扫描路径等参数，送粉系统控制送粉速率以及保护气气流的大小，冷却系统控制激光器内部水循环，三维高频振动工作台单独由其配套的控制仪进行振动方向、振动频率及振动幅度等参数的设置。此处采用高纯氩气作为保护气，粉末的载气同样也采用高纯氩气，为激光熔覆提供更好的保护环境。

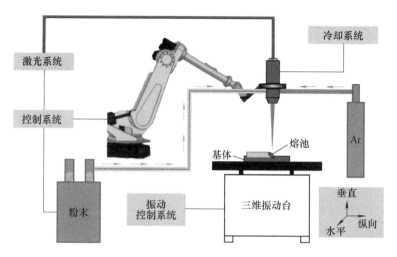

图5-2　激光熔覆系统示意图

▶▶ 2. 超声辅助激光表面改性试验平台搭建

超声辅助激光表面改性试验平台包括激光器、超声振动设备、送粉装置、水冷装置以及保护气。其中超声振动设备主要包括超声波发生器、超声波换能器、超声波变幅杆等。超声波振动试验装置拥有独立的控制面板，可以通过控制输出功率比改变作用于基板的超声振动幅度。超声振动系统是通过超声波发生器将工业用电的信号转换成与换能器相匹配的交流电信号，从而使得换能器能够工作。超声波换能器是将接收到的交流电信号转换成机械振动信号，进而驱动超声波变幅杆产生频率高于20000Hz的振动，在超声波变幅杆的聚能作用下，将振动能量聚集在超声波变幅杆端面，以满足试验需要，再通过高强度的螺栓将试验基板与变幅杆上端面进行固定，使基板能够与超声波变幅杆处于谐振状态。在平台搭建过程中，选用的超声振动系统的超声波频率为20kHz，输出功率在50～5000W范围内可调，工作频率在19.5～20.5kHz范围内自动跟踪，振幅为50μm，工作模式为间断/连续。

将激光器与超声振动设备进行耦合的激光表面改性试验平台如图5-3所示，其主要由超声波振动试验装置、2kW半导体激光器、控制系统、双桶送粉系统和冷却系统构成。光纤激光器采用半导体柔性光纤耦合激光器，光斑直径为4mm，最高输出功率为2kW。运动系统采用IRB2400/16型6自由度机器人，激光器与机器人的性能见表5-1。在进行超声辅助激光表面改性试验过程中，通过控制系统耦合激光器与机器人作业，实现激光器与机器人对激光功率、扫描速度、扫描路径、保护气流的协同控制。送粉系统通过送粉管道使金属粉末的粉斑与激光束的光斑达到同轴状态，在满足稳定送粉的条件下，调整光斑与粉斑位置使其重合，以得到较好的试验效果。冷却系统主要控制激光器内部冷却水的循环，并控制水温在一定允许范围内进行试验。

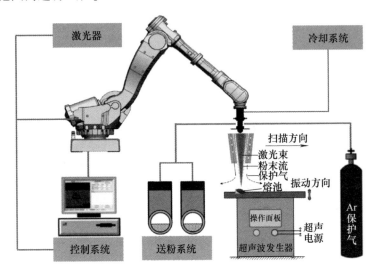

图 5-3　超声辅助激光表面改性试验平台示意图

表 5-1　激光器与机器人的性能

性 能 指 标	性 能 参 数
波长	$900 \sim 1070\mathrm{nm}$
功率范围	$0 \sim 2000\mathrm{W}$
模式	多模
功率稳定性	$\pm 2\%$
工作方式	连续

▶ 5.2.2　激光表面改性工艺优化

▶ 1. 熔覆层质量的评价指标

对单道熔覆层形状进行分析时，熔覆层横截面的高度和宽度是非常重要的参数，熔宽（W）即熔覆层与基体结合处的宽度，熔高（H）即熔覆层顶端与基体水平面的距离。图 5-4 所示为激光熔覆层的几何形状示意图。在激光熔覆成形过程中，熔覆层的宽高比通常用来表征熔覆层的成形质量，定义 $\lambda = W/H$。宽高比较小时，由于熔覆层高度的过大，在多道成形过程中，道与道之间极易出现熔覆不完全等熔覆不良缺陷，影响成形质量，且宽高比较小时通常熔池较小，熔覆层与基体并没有产生冶金连接，熔覆层极易从基体上脱落；宽高比较大时，在多层堆积成形时，堆积效率大大降低。因此，合适的宽高比对熔覆成形件的组织和性能影响极大。

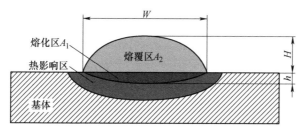

图5-4　激光熔覆层的几何形状示意图

稀释率μ是激光熔覆过程中熔化的基体与熔覆粉末材料互相扩散促使熔覆层合金成分改变的表征，是反映激光工艺参数控制的另一个重要标准，与熔覆层的组织以及性能存在着密切的关系。稀释率过小，基体和熔覆层不能形成冶金连接，严重影响其结合性能，在熔覆完成后，极易导致涂层脱落；稀释率过大，则基体中的元素上浮，往往会引起成分偏析以及导致组织不均匀，容易产生过大的残余应力，引起变形、裂纹等缺陷。

稀释率的计算方法主要有成分测量法、高深比法以及几何测量法三种。成分测量法通过测量熔覆层化学成分的实际值计算，该方法测量结果精确，但在实际测量中，需要使用专用设备，难度较大且成本较高。高深比法按熔覆层熔高熔深比计算，该方法操作相对简单，但测量结果误差较大。几何测量法通过测量基体材料熔化面积与熔覆层面积来计算，该方法虽然没有成分测量法精确，但比熔高熔深比准确，且较为直观，可操作性强。综上所述，此处采用几何测量法对稀释率进行研究，其计算公式如下：

$$\mu = \frac{A_1}{A_1 + A_2} \qquad (5-2)$$

式中，A_1为基体材料熔化面积；A_2为基体以上熔覆层面积。

2. 激光熔覆工艺正交试验设计与结果分析

用线切割机切取熔覆试样，制备金相试样。采用光学显微镜（OM）对熔覆层的宏观形貌和微观组织进行观察分析。

正交试验得到的几种典型熔覆层的横截面形态如图5-5所示，图5-5a、b所示熔覆层的稀释率为零，熔覆涂层与基材之间基本没有结合，图5-5c、d所示熔覆层的熔池特别深，具有较大的稀释率。可见激光熔覆工艺参数的选择对激光熔覆的形貌以及熔覆层与基体的结合至关重要。将熔覆层的宽高比λ和稀释率μ作为熔覆层质量的评价指标，对在不同激光功率、扫描速度和送粉率的16组试验数据进行宽高比和稀释率的计算。激光熔覆316L熔覆层工艺参数正交试验计算结果见表5-2。

表 5-2 激光熔覆 316L 熔覆层工艺参数正交试验计算结果

试 验 编 号		激光功率/W	扫描速度 /(mm/s)	送粉率 /(g/min)	宽 高 比	稀释率（%）
1		1100	4	6	3.41	5.73
2		1100	5	8	3.19	0.00
3		1100	6	10	2.92	0.00
4		1100	7	12	3.19	0.00
5		1600	4	8	3.20	8.96
6		1600	5	6	4.89	14.40
7		1600	6	12	3.06	3.18
8		1600	7	10	4.17	8.63
9		2100	4	10	3.62	21.93
10		2100	5	12	3.31	10.24
11		2100	6	6	6.55	57.30
12		2100	7	8	6.19	38.56
13		2600	4	12	2.66	40.09
14		2600	5	10	3.66	48.12
15		2600	6	8	5.06	57.36
16		2600	7	6	7.16	67.04
宽高比	K1	3.18	3.22	5.50		
	K2	3.83	3.76	4.41		
	K3	4.92	4.40	3.59		
	K4	4.64	5.18	3.05		
	极值	1.74	1.95	2.45		
稀释率（%）	K1	0.01	0.19	0.38		
	K2	0.09	0.20	0.26		
	K3	0.32	0.29	0.20		
	K4	0.53	0.29	0.13		
	极值	0.52	0.10	0.25		

注：K1、K2、K3、K4 代表四种水平条件。

极值的大小反映了相对应因素的影响程度，极值大说明这个因素的变化所造成的结果变化也相对较大，为主要因素；极值小，其对结果的影响也相对较小，为次要因素。由图 5-5 和图 5-6 的试验分析结果可以看出，工艺参数对熔覆宽高比的影响程度从大到小依次为送粉率、扫描速度、激光功率，对熔覆稀释率的影响程度从大到小依次为激光功率、送粉率、扫描速度。

激光功率作为激光熔覆过程中最重要的工艺参数之一，其大小直接决定了能量

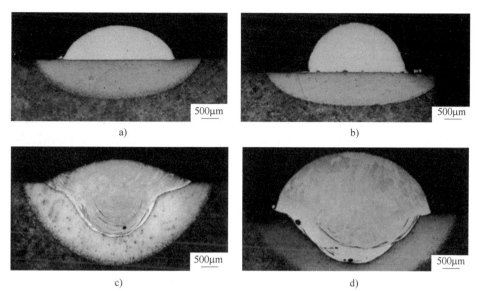

图 5-5　激光熔覆 316L 熔覆层正交试验典型截面形貌

a）1100W，4mm/s，6g/min　b）1100W，7mm/s，12g/min
c）2600W，7mm/s，6g/min　d）2600W，4mm/s，12g/min

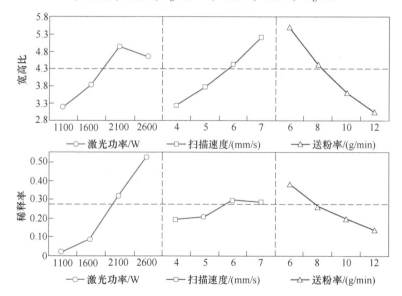

图 5-6　各工艺参数与宽高比和稀释率之间的因素指标分析

输入的多少。熔覆粉末吸收激光能量熔化，与基体结合。随着扫描过程的进行，熔池逐渐冷却凝固。如图 5-6 所示，对稀释率来说，相比于扫描速度和送粉率，激光功率极值最大，影响最大，这是因为基体的加热主要来源于粉末吸收激光能量后激光剩余的能量。激光功率较低时，大部分能量被粉末吸收，基体吸收能量较低，因此熔深较小，稀释率较低，而金属的熔点是一定的，当激光功率到达金属熔点后，随着激光功率增加，粉末吸收后激光剩余的能量增加，单位时间内作用于单位面积基体的能量较高，基体表面温度升高，引起稀释率快速增加，曲线斜率增大。

当扫描速度增大时，激光光源的作用时间减少，熔池单位时间内输入的热量也相对减少，熔池温度降低，熔融态金属黏度随之降低，金属熔体不易向两侧流淌，致使熔宽减小，熔覆层稀释率减小，且扫描速度增大，单位时间内熔池熔化的粉末也相对减少，熔高也将降低。如图5-6所示，对不同扫描速度下的熔覆宽高比进行分析，发现随着扫描速度的增加，曲线斜率也在逐渐增大，说明熔宽的增大速率要大于熔高的增大速率，扫描速度对熔宽的影响更为显著。

单位时间内进入熔池的粉末量的大小决定了熔覆层的高度，随着送粉率的增大，更多的合金粉末熔化，熔覆层高度随之明显增加，但当激光比能（激光熔覆过程中单位面积吸收的激光能量）一定时，能够完全熔化的粉末量是一定的，当送粉率增大吸收能量增多时，基体吸收的热量开始减少，基体被熔化的区域较小，熔宽较小，宽高比较小，稀释率较低。

通过对宽高比和稀释率进行分析，激光熔覆316L合金涂层优化工艺参数确定为：激光功率为1600W、扫描速度为5mm/s、送粉率为6g/min。图5-7所示为在此工艺参数条件下得到的熔覆横截面形貌，熔覆层整体形貌良好，轮廓为圆滑的圆弧线，内部没有发现裂纹等工艺缺陷，与基材形成冶金连接。

$500\mu m$

图5-7　优化激光熔覆参数条件下制备的熔覆层截面形貌

5.3　超声振动激光复合表面改性过程的多物理场数值模拟研究

5.3.1　超声振动辅助激光成形熔池模型建立

1. 激光金属成形的数值模型建立

激光熔覆过程因为其具有快热速冷的特点，在熔覆过程中常伴随着复杂的物理化学变化。其影响因素很多，为了减小不必要的计算量，在模拟结果与实际试验情况尽量接近的前提下，仅考虑主要因素对熔池温度场及流场的影响，满足数值模拟仿真精度，为此对模型做出如下假设：

1）熔池中的流体为不可压缩的牛顿流体，流体运动采用层流模型进行计算。

2）熔池内部流体受热浮力作用，并符合 Boussinesq 假设。

3）由于保护气的密度远小于金属流体的密度，因此不考虑环境气体对熔池表面的剪切应力。

4）基板的初始温度为 293.15K（20℃），忽略因激光加热引起的环境温度变化，恒定设置为 293.15K。

5）在固相和液相之间的模糊带认为是具有各向同性的多孔介质。

（1）激光熔覆的热源模型　此处根据实际激光熔覆过程中激光器的类型，在数值模拟过程中选择高斯热源模型，它的特点是光斑中心能量密度高，离光斑边缘越近，能量越低。其热流密度计算公式如下：

$$Q(x,y) = P\mathrm{gpl}(x)\mathrm{gpl}(y)$$

$$= P\frac{1}{\sigma\sqrt{2\pi}}\exp\left[-\frac{-(x-x_0)^2}{2\sigma^2}\right]\frac{1}{\sigma\sqrt{2\pi}}\exp\left[-\frac{-(y-y_0)^2}{2\sigma^2}\right] \tag{5-3}$$

式中，P 为激光功率密度（W/m^2）；σ 为标准差，此处 σ 取 $R/3$，R 为激光光斑半径（mm），此时半径范围内占激光总能量的 99.7%，可近似为激光全落在该范围内；x_0、y_0 分别为光斑中心的位置。

（2）传热控制模型　激光熔覆这一过程涉及热传导、热对流、热辐射等多物理过程，其能量方程表达形式如下：

$$\rho C_p\frac{\partial T}{\partial t} + \rho C_p\boldsymbol{u}\cdot\nabla T + \nabla\cdot\boldsymbol{q} = Q \tag{5-4}$$

式中，ρ 为密度（kg/m^3）；C_p 为比热容 [J/(kg·℃)]；T 为温度（K）；t 为时间（s）；$\boldsymbol{q}$ 为热辐射能量密度（W/mm^2）；$\boldsymbol{u}$ 为熔体流速（m/s）。

（3）多孔介质模型及熔法处理　激光金属熔覆成形过程中，当金属受热熔化然后快速冷却凝固时，存在金属相变，主要有固相区、液相区和糊状区三个区域。它们的主要区别可以分为以下两点：其一为速度上的差异，在固相区不存在流动，其流动速度为零，在液相区存在宏观流动，糊状区为多孔介质，介质流动符合 Darcy 定理；其二为熔的差异，金属液体凝固为固相时释放相变焓，糊状区的焓主要与平均温度有关。因此在数学模型上，需要建立多区域相变的单相统一控制方程组。

考虑固相区、液相区和糊状区三个区域，对其采用形式统一的控制方程，总焓由下式表示：

$$H = h + \Delta H \tag{5-5}$$

式中，H 为总焓；h 为显焓；ΔH 为潜焓。

糊状区被认为是多孔介质，根据 Darcy 定理，多孔介质中流动速度与压力梯度及多孔介质的孔隙率的关系可由下式算得：

$$\frac{K}{\varepsilon}u = -\frac{\partial p}{\partial x} \tag{5-6}$$

式中，K 为 Darcy 系数；ε 为孔隙率，它与潜熔成正比关系；p 为压力。

式（5-6）中 K 采用 Carman-Kozeny 表达式：

$$K = \frac{f_1^3}{D(1-f_1)^2} \tag{5-7}$$

式中，D 为与糊状区形态相关的参数；f_1 为液相体积分数，定义如下：

$$f_1 = \begin{cases} 1 & T > T_1 \\ \dfrac{T - T_s}{T_1 - T_s} & T_s \leqslant T \leqslant T_1 \\ 0 & T < T_s \end{cases} \tag{5-8}$$

式中，T_s 为液相转变最低温度；T_1 为液相转变最高温度。

$f_1 = 1$ 为纯液相区，$f_1 = 0$ 为固相区，$0 < f_1 < 1$ 为相变糊状区。

（4）流场控制方程 激光熔覆在同轴送粉的过程中熔池质量和动量也发生变化，机械振动辅助激光熔覆各个物理量的控制方程组，包括连续方程和动量方程：

连续方程：

$$\frac{\partial p}{\partial t} + \nabla \cdot (\rho u) = 0 \tag{5-9}$$

动量方程：

$$\rho\frac{\partial u}{\partial t} + \rho(u \cdot \nabla)u = \nabla \cdot \left\{ -\rho\boldsymbol{I} + \mu[\nabla u + (\nabla u)^{\mathrm{T}}] \right\} + F \tag{5-10}$$

式中，ρ 为密度；t 为时间变量；μ 为动力黏度；u 为流体速度；$\boldsymbol{I}$ 为单位矩阵；F 包括热浮力源项 F_{Buoyancy} 和 Darcy 源项 F_{Darcy}。

合金密度是一个随温度变化的变量，密度会影响浮力，采用 Boussinesq 假设，热浮力源项 F_{Buoyancy} 可以表示为

$$F_{\text{Buoyancy}} = \rho g\beta(h - h_{\text{ref}}) \tag{5-11}$$

式中，β 为热膨胀系数；h_{ref} 为显熔参考值；g 为重力加速度。

Darcy 源项 F_{Darcy} 可以表示为

$$F_{\text{Darcy}} = A\frac{(1-f_1)^2}{f_1^3 + B}u \tag{5-12}$$

式中，A 为动量阻尼系数；B 为一个无穷小的数；f_1 为液相体积分数。

（5）几何模型的建立及网格划分 为了简化计算过程，在数值模拟过程中采取二维建模，对熔覆过程的横截面进行分析。在进行数值模拟求解计算过程中，网格的划分是非常重要的，网格划分的方式和大小将直接影响计算的速度和准确度。COMSOL Multiphysics 软件提供了功能强大的网格划分工具，用户可以根据自

身实际模拟情况进行三角形和四边形（2D），四面体、六面体和棱柱（3D）等结构化/非结构化网格的划分，网格的大小也可以定义从极端细化到极端粗化九个级别。

　　激光熔覆时在激光束的辐照下分为几个区域，主要有熔融区、热影响区以及未被影响的区域。此处主要为熔融区即熔池内部的温度场和流场分布。因此，为了减少计算的时间，在划分网格时，基体下部的网格划分得大一些，熔融区和热影响区的网格划分要更精确一些。在进行网格划分时，最大单元尺寸为 0.09mm，最小单元尺寸为 0.06mm，网格从基体底部至顶部以 1.1 的速率细化，这样既保证了计算精度，又节约了计算时间。网格划分如图5-8所示。

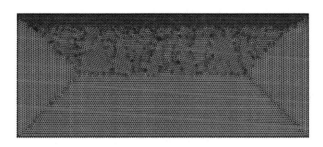

图5-8　网格划分

▶▶ 2. 超声源项在激光金属成形数值模拟中的引入

　　研究发现，超声振动对熔体的影响主要有细化凝固组织、改变凝固组织的形貌，均匀凝固组织、减少偏析、除气和除杂等。研究者常将这些影响归因于超声的声流效应、空化效应、热效应和驻波现象等，但由于金属的高温和不透明性，无法对其进行直接观察，也难以进行测量，所以这些解释虽然都比较合理，但都缺乏直接的证据，因此通过数值模拟的手段来验证甚至发现新的超声凝固理论是非常有实用价值的。

　　在超声振动辅助激光金属成形的数值模拟过程中，超声的引入存在多种不同的方式，如声流驱动力、高频振动和热效应叠加、Langevin 辐射压力等。

　　（1）以声流驱动力的方式引入　超声在熔体中产生的声流效应的数值模拟仍是基于单相连续介质假设而展开的，可以通过求解 Navier-Stokes 方程组来获得。熔体凝固时将超声波场的辐射压力正比于声场的声能密度，在描述声场的微分方程中保留非线性项，求出在一个周期内时间平均的不等于零的辐射力，将它作为体积力添加到流体动量方程之中，作用于单位体积熔体的驱动力定义如下：

$$F_i = -\nabla\langle E\rangle = 2\alpha E_0 e^{-2\alpha i} \tag{5-13}$$

$$E_0 = \frac{1}{2}\rho v_0^2 \tag{5-14}$$

式中，$\langle E\rangle$ 为声能密度的时间平均值；E_0 为位于工具杆端面处的声能密度值；α

为熔体的声吸收系数；v_0 为工具杆端面处的振动速度幅值。

（2）以高频振动和热效应叠加的方式引入 超声振动会对熔体产生热效应与高频扰动，所以在引入超声振动时有学者考虑将这些不同的效应单独引入数值模拟的模型中进行计算，将超声高频振动函数转化为相应的动态边界条件，同时采用热量转化的方法来近似处理超声振动的热效应。其中，超声振动对系统产生的压力 p 为

$$p = p_A \cos(2\pi f t_1) \tag{5-15}$$

式中，$p_A = 2\pi f \rho_1 cA$；f 为超声波频率（Hz）；A 为超声波振幅（m）；ρ_1 为基板的密度（kg/m³）；c 为超声波在基板中的传播速度（m/s）；t_1 为超声作用时间（s）。

熔体吸收超声振动机械能产生的热量为

$$Q = 2\alpha I t_1 \tag{5-16}$$

式中，Q 为单位体积熔体吸收的热量（J/m³）；α 为超声波吸收系数；I 为超声波强度（W/m³），$I = p_A^2/(2\rho c)$，c 为熔体中声波的传播速度。

超声振动热效应对系统产生的热流密度为

$$q = Q_1/S$$

式中，Q_1 为超声在传播过程中损耗的能量；S 为超声作用的面积。

（3）以 Langevin 辐射压力的方式引入 声辐射压力是声波的非线性在液体中引起的一种物理现象，是指在非线性声学过程中，声场中的物体会受到不等于零的平均压力的作用。它是研究流体中声波时涉及的一个物理概念，与声能量密度成正比。通常把声波假设为时间谐波，即满足

$$p(r,t) = p_1(r) \cdot e^{i\omega t} \tag{5-17}$$

式中，$p(r,t)$ 为二维轴对称情况下声压函数；$p_1(r)$ 二维轴对称情况下声压函数在轴上的分布函数；$\omega = 2\pi f$ 为角速度，f 为声波的频率。

则在二维轴对称情况下，流动介质中 $p_1(r)$ 满足

$$\nabla\left(\frac{1}{\rho}\,\nabla p_1\right) + \frac{2}{3}\frac{\omega^2}{\rho\,c^2}p_1 = 0 \tag{5-18}$$

但 Rayleigh 辐射力针对平面波而言，在实际情况下，这个状态是很难获得的。Langevin 辐射压力取消了这个限制。声场中随流点一起运动的物体表面上受到的时间平均压力与无限远处的静压力之差定义为 Langevin 辐射压力，它等于物体表面上声波的时间平均能量密度：

$$P_{rad} = \langle \varepsilon \rangle = \frac{1}{2}\frac{p_1^2}{\rho\,c^2} \tag{5-19}$$

Langevin 辐射压力的梯度驱动流体的流动，在进行数值模拟时也可考虑把该项作为源项添加到 Navier-Stokes 方程中。Langevin 辐射压力在 z 方向上的梯度为

$$f_z = \frac{\partial P_{rad}}{\partial z} = \frac{p_1}{\rho\,c^2}\frac{\partial p_1}{\partial z} \tag{5-20}$$

此处将声波在介质中的传播速度 c 也视为定值。其中 p_1 为超声振动作用于熔池底部的振动压强，可采用下式计算：

$$p_1 = \sqrt{\frac{2\rho c}{A} P_{us}}$$ (5-21)

式中，A 为变幅杆的端面面积；P_{us} 为导入熔体中的超声功率。

5.3.2 不同维度振动作用下的多物理场数值模拟研究

1. 不同维度振动作用下熔融金属内部流场研究

在激光熔覆的过程中，熔池内部受到表面张力、浮力以及重力的作用，振动的引入会影响熔池内部的压力变化，从而对流场产生影响。下面的数值模拟中，所用材料为 316L 不锈钢，其材料性能及热物性参数设置见表 5-3，所用激光工艺参数设置见表 5-4。

表 5-3　数值模拟中的材料性能及热物性参数设置

材料属性	数　值	材料属性	数　值
温度/K	293.15	动力黏度(固态)/Pa·s	10^5
液相线温度/K	1856	动力黏度(液态)/Pa·s	4×10^{-2}
密度/(kg/m³)	7870	比定压热容(固态)/[J/(kg·K)]	460
热导率/[W/(m·K)]	50	比定压热容(液态)/[J/(kg·K)]	594.7

表 5-4　数值模拟中的激光工艺参数设置

激光功率/W	扫描速度/(mm/s)	光斑直径/mm
1200	8	4

激光作用相同时间（0.45s）时，不同振动方式下熔池内部流场分布如图 5-9 所示。图 5-9a 所示为无振动作用下基板熔覆横截面整体，图 5-9b、c、d 所示分别为无振动作用、一维振动作用及二维振动作用下熔覆横截面熔池，其中箭头代表流体流动速度矢量，箭头长度代表速度大小，白色曲线代表熔池轮廓线，熔池内部颜色的深浅代表流体流动速度的大小，在不同振动方式下定义了相同的图标范围，流速范围大小为 0~0.02m/s。可以看到，熔池内部流体由熔覆层中间表面向左、右边缘流动，在重力作用下流动至熔池底部，又在浮力作用下向上运动，形成左右环流，即 Marangoni 环流。Marangoni 环流主要是由于熔池表面张力及表面张力梯度的作用，在熔池表面张力与界面流体的黏性剪切力相平衡作用下促使这部分流体依次流动，进而对激光熔覆过程中的热传导和熔体流动产生重要影响。该流体流动与相关文献中的一致，说明此处的流场模拟具有可行性。由图 5-9c、d 可见振动的作用促进了熔池内部流体的流动，但是并没有改变 Marangoni 环流的整体

趋势。

在无振动作用下，图 5-9b 中熔池内部的最大流速为 0.011m/s；在一维振动作用下，图 5-9c 中熔池内部的最大流速为 0.015m/s，相比于无振动流速增大了 36%；在二维振动作用下，图 5-9d 中熔池内部的最大流速为 0.021m/s，相比于无振动流速增大了 91%。可以看到，在振动的作用下，熔池内部的流速得到了一个明显的提高，在二维振动作用下，流速得到了进一步的增加。这主要是振动激振力导致的压力梯度的作用促进了熔池内部流体的流动。前述在不同维度振动作用下熔融金属内部的压力变化模拟结果表明，在二维多方向垂直振动作用下，其压力大小相比于一维振动也要高许多，因此，多维振动相比于单维振动其对于熔池的促进作用也会越大。

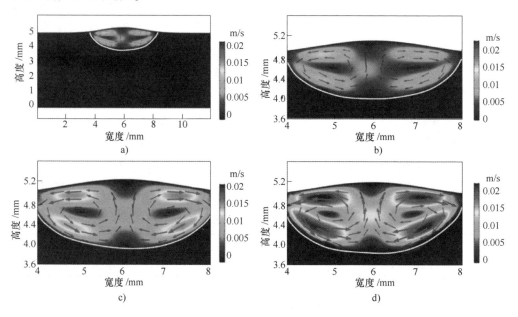

图 5-9　不同振动方式下熔池内部流场分布

a）无振动作用整体图　b）无振动作用熔池图　c）一维振动作用熔池图　d）二维振动作用熔池图

▶▶ 2. 不同维度振动作用下熔融金属内部温度场研究

利用上述所建模型，对熔覆熔池温度场进行分析。其中激光光斑从最开始照射到所分析横截面，到光斑离开截面所经历的时间为 0.5s，当激光光斑离开截面后，继续保持振动作用，通过对比停止能量输入后不同时间点在不同维度振动作用下熔池内部温度参量的变化，分析多维高频振动对熔池温度场的影响。

无振动作用下不同时刻熔覆温度分布状态如图 5-10 所示。图 5-10a 所示为能量输入 0.3s 时熔覆温度分布，由于基体对激光能量的吸收，基体表面光斑照射区域的最高温度为 1750.80K，随着时间的增加，热量大量积累，温度继续升高。如

图 5-10b、c 所 示，在 0.36s、0.43s 时熔池的最高温度分别达 2339.60K、2685.18K。且随着熔池温度的升高，明显高于铁基合金的熔点，基体与粉末吸收热量熔化，熔覆表面高度开始增加，热量向基体内部和两边扩散，熔池增大，保证了熔覆层和基体的冶金结合。在 0.5s 时，如图 5-10d 所示，熔池温度达到最高（3093.65K）。此时，在光斑内激光直接吸收能量结束，所分析横截面熔池温度达到最大值。

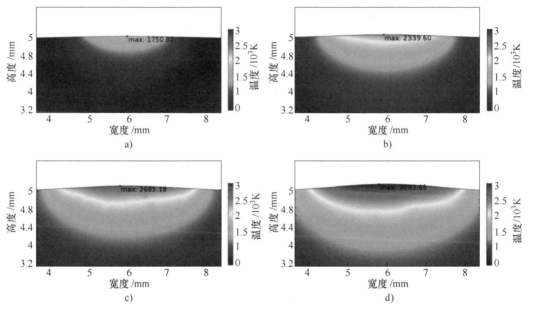

图 5-10 无振动作用下不同时刻熔覆温度分布状态
a) 0.3s b) 0.36s c) 0.43s d) 0.5s

图 5-11a、b、c 所示分别为无振动、一维振动、二维振动作用下在冷却阶段经过相同时间后熔覆温度分布状态。由于熔池热量的扩散和熔池的冷却，无振动、一维振动、二维振动作用下的熔池最高温度分别降低为 2900.19K、2609.48K、2447.46K。可以发现，在相同的时间内，振动作用下的熔池最高温度要明显小于未施加振动的熔池温度。在激光熔覆过程中，冷却速率的大小直接影响熔覆微观组织的尺寸和均匀性，冷却速率越大，晶体结晶速度越快，尺寸相对更小。对比不同维度作用下熔池的最高温度，在振动作用下，其冷却速率明显增大，且随着振动维数的增加，其增大趋势更加明显。

温度梯度是指温度在空间的变化率，它决定了熔覆过程微观组织的生长形态，其计算公式如下：

$$G = \frac{\Delta T}{\Delta d} \tag{5-22}$$

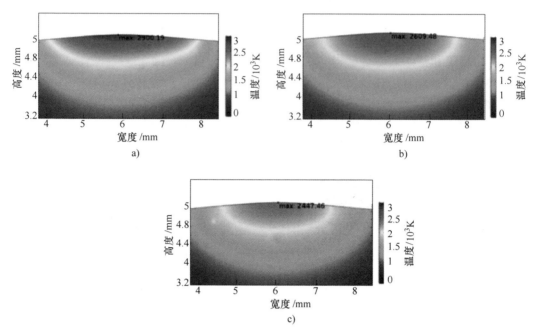

图 5-11　不同维度振动作用下在冷却阶段经过相同时间后熔覆温度分布状态

a) 无振动　b) 一维振动　c) 二维振动

式中，ΔT 为温度变化值；Δd 为位移变化值。

　　模拟直接导出的在宽度为 6mm 时熔池从底部（高度为 4.6mm）至顶部（高度为 5.2mm）的温度梯度变化曲线如图 5-12 所示，熔池底部由于基体温度较低，温度高的熔池与基体之间的温度梯度相对于熔池顶部有变小的趋势，这与相关文献的结果是一致的。对比无振动、一维振动、二维振动作用下熔池温度梯度的变化曲线，可以发现，在振动作用下，相同高度处温度梯度明显减小，且二维振动作用下温度梯度进一步减小，这主要是由于熔池内部的 Marangoni 环流将熔池顶部温度相对较高的部分随着环流带入熔池两边及底部，在振动作用下，熔池内部流体流动得到增强，加速热量向基体传递，促进

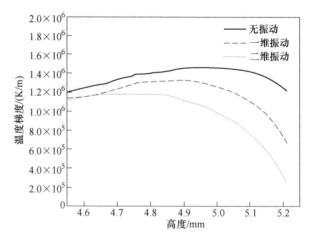

图 5-12　熔池从底部至顶部的温度梯度变化曲线

了熔池内部温度场的均匀化，降低了温度梯度。

5.3.3　多维高频振动对激光熔覆成形几何形貌的影响

1. 多维高频振动对激光熔覆成形几何形貌影响的试验研究

金属熔体的润湿性越好，在基体材料表面的铺展就越充分，熔覆层和基体的结合强度越高。此外，较小的润湿角可以减小熔覆层搭接处的气孔发生率，在制备相同面积的涂层时也可以减小搭接次数，获得均匀致密的熔覆层组织。

熔覆层宏观形貌的几何参数平均值变化趋势如图 5-13 所示。在未施加振动作用时，熔覆层高度要大于振动作用下熔覆层的高度，但熔覆层的宽度要小于振动作用下熔覆层的宽度，且随着振动维数的增加，这种趋势更加的明显。伴随着熔覆层熔高、熔宽的变化，熔覆层的润湿角也随之变化，其角度也随着振动维数的增加而减小。

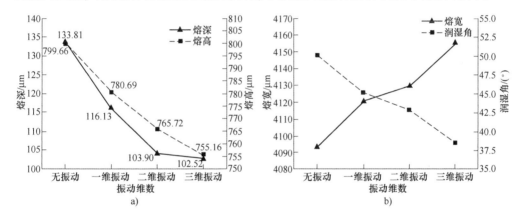

图 5-13　多维振动对熔覆层几何形貌的影响

a）振动维数对熔深和熔高的影响　b）振动维数对熔宽和润湿角的影响

2. 多维高频振动对宏观形貌的作用机制

熔覆层的几何形貌受材料特性、工艺参数等因素共同影响。在相同材料激光熔覆试验中，工艺参数通过影响熔池的温度场、流场而影响整体形貌，数值模拟得到的温度和速度分布图如图 5-14 所示。在激光熔覆过程中，熔覆层的表面张力与温度梯度存在如下关系：

$$\frac{\partial \gamma}{\partial x} = \frac{\partial T}{\partial x} \frac{\partial \gamma}{\partial T} \tag{5-23}$$

式中，$\frac{\partial \gamma}{\partial x}$ 为表面张力梯度；$\frac{\partial T}{\partial x}$ 为温度梯度；$\frac{\partial \gamma}{\partial T}$ 为表面张力温度系数。

根据数值模拟的结果，在施加振动后，熔覆层表面温度梯度减小，且温度梯度呈现随振动维数增加而单调减小的趋势。因此，熔覆层表层的表面张力梯度也相应减小。

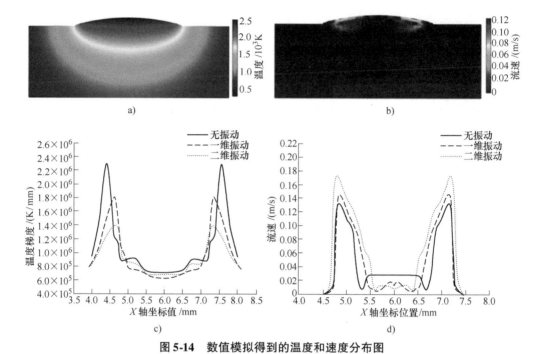

图5-14 数值模拟得到的温度和速度分布图

a) 单道激光熔覆温度场分布图 **b)** 单道激光熔覆流速场分布图 **c)** 熔覆层表面温度梯度 **d)** 熔覆层表面流速

激光熔覆时熔池三相交界处受熔体表面张力 δ_{gl}、固液张力 δ_{ls} 及固气张力 δ_{gs} 的作用，平衡状态时三个界面张力的矢量和为零，三者和润湿角 θ 之间的关系可用 Young-Laplace 方程表示：

$$\delta_{gs} = \delta_{ls} + \delta_{gl}\cos\theta \tag{5-24}$$

在多维振动的作用下，熔池表面张力 δ_{gl} 减小，因此 $\cos\theta$ 增大，润湿角 θ 减小。同时多维振动加强了熔池内部的对流，促进了熔池表面向外铺展，进一步使得熔池熔宽变大、熔高变小。

▶▶ 3. 多维高频振动对多道搭接的影响

在相同送粉量激光熔覆形成不同润湿角（30°、45°、60°）的情况下，采用 50% 的搭接率进行激光重熔数值模拟，得到的温度场分布图如图 5-15 所示，白色曲线为熔点线。由图可知，当润湿角过大时，熔覆层底部会出现未熔现象。这是因为润湿角增大时，单位面积曲面吸收的能量就会减小，当角度减小到某一阈值时，单位面积曲面因能量不足而使该处不发生熔化，这种现象在熔覆层底部尤为明显。

数值模拟计算得到 A、B、C 三点的温度如图 5-16 所示，A 点为熔覆层表面弧线与基体材料上表面的交点，B 点在 A 点右侧同一水平位置处且距 A 点 1mm，C 点位于熔覆层表面且距 A 点垂直高度为 0.1mm 处。随着润湿角的增加，同一时刻 A、B、C 三点的温度均呈现下降的趋势，尤其是 C 点温度下降到熔点以下不发生熔化。这一现象在激光熔覆过程中会更加明显，粉末自身吸热熔化以及粉末对激光的遮蔽作用会降低激光到达基材表面的能量密度，润湿角过大时，熔体又难以完全填充角落，致使激光多道熔覆时熔覆层底部产生气孔，降低成形质量。因此，润湿角减小有助于降低多道搭接时的气孔发生率。

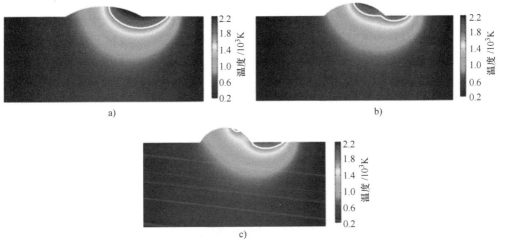

图 5-15　不同润湿角度情况下激光重熔温度分布图

a）润湿角为 30°　b）润湿角为 45°　c）润湿角为 60°

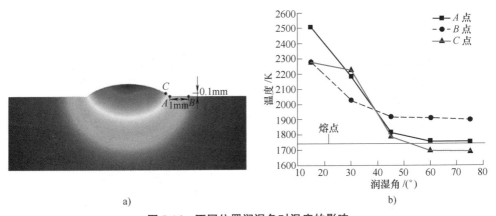

图 5-16　不同位置润湿角对温度的影响

a）*A*、*B*、*C* 三点的取点位置　b）润湿角对不同位置激光熔凝温度的影响

5.4　超声振动激光复合金属成形中的控形控性方法研究

5.4.1　多维高频振动对激光熔覆 316L 涂层宏观形貌的影响

1. 多维高频振动对单道几何形貌的影响

在某一工艺参数下，分别在无振动、一维振动（垂直）、二维振动（垂直 + 水

平）以及三维振动（垂直＋水平＋纵向）条件下开展试验研究，对不同振动方式的宏观形貌进行分析。为了保证试验结果的可重复性，在每种试验条件下重复多次。熔覆试验完成后，采用电火花线切割机床沿垂直于激光扫描方向截取试样，试样切取的位置都为熔覆试样中部。这既保证了振动对于激光熔覆成形有足够的作用时间，又不会因为熔覆开始和结束时，激光的瞬时输出和停止对熔覆涂层宏观形貌以及微观组织造成不均匀影响。熔宽 W、熔高 H、熔深 h 以及润湿角 θ 的定义如图 5-17 所示。

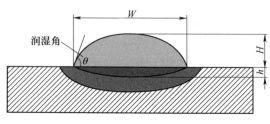

图 5-17　激光熔覆层几何模型建立

不同振动方式条件下熔覆层的横截面形貌如图 5-18 所示，在施加振动后，熔覆层的整体形状并没有因为振动的作用而发生破坏，横截面的轮廓线依然可以视

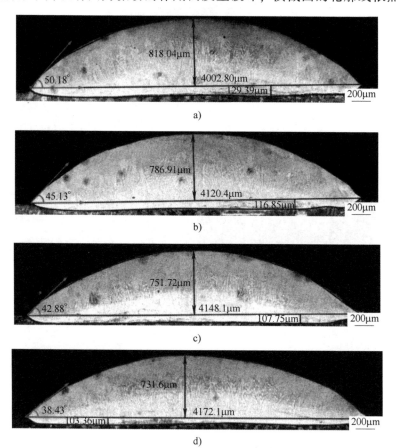

a)

b)

c)

d)

图 5-18　不同振动方式条件下熔覆层的横截面形貌

a）无振动　b）一维振动　c）二维振动　d）三维振动

为一段上凸的圆弧线。同时也可看出，在施加振动后，熔覆层开始变得更加扁平，并且随着维数的增加，这种变化变得趋于显著。

不同振动方式对熔覆层宏观形貌的影响如图 5-19 所示，结果表明，未施加振动相比于施加振动的熔覆试样，其熔高最大、熔深最大、熔宽最小。对比不同振动方式的熔覆试样，可以看到，随着振动维数的不断增加，熔高和熔深不断减小，熔宽逐渐变大。这主要是因为在熔池内部 Marangoni 对流的作用下，激光作用的热量随着熔池内部流动被带向熔池边缘，对熔池流场的模拟表明，在振动作用下，熔池内部流体的流速提高，对流的加速加快了热量向两边传递，促进了熔池形貌横向发展。另外，振动往复的激振力促使熔体的致密性提高，使得熔覆层熔高减小，且随着维数的不断增加，多方向振动将继续促进熔池内部流体流动的加速，熔池形貌横向发展将继续扩大，熔高和熔深将继续减小，熔宽将继续变大。

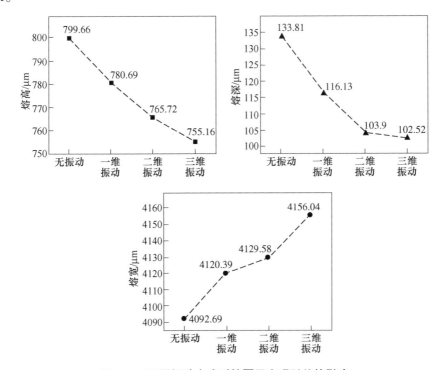

图 5-19　不同振动方式对熔覆层宏观形貌的影响

单道单层激光熔覆宏观形貌的好坏直接决定了大面积涂层制备以及熔覆成形的质量优劣。熔覆层宽度与高度之比定义为熔覆层形状系数，它反映了熔覆层在基体上的铺展程度，基材与熔覆层的润湿性由润湿角定义。在实际应用中，需要润湿角足够小，以避免多道搭接时熔覆层中产生气孔等熔覆不良缺陷。

如图 5-18 所示，未施加多维高频振动的润湿角为 50.18°；在施加一维振动后，润湿角降低为 45.13°；施加二维振动，润湿角降低为 42.88°；施加三维振动，润湿角降低为 38.43°，可以发现随着振动维数的增加，润湿角不断减小。

为了避免系统误差和大量数据的分散，常常假设激光熔覆层的横截面位于一个圆上。利用数学推导计算引入润湿角计算公式：

$$\theta = \frac{2\arctan 2H}{W} \tag{5-25}$$

式中，W 为熔度；H 为熔高。

对式（5-25）进行分析，当熔高 H 减小，熔宽 W 增加时，润湿角 θ 将变小。随着振动维数的不断增加，熔高不断减小，熔宽逐渐变大，其变化趋势符合图 5-18 所示的测量结果。

熔池中的流体在浮力和表面张力的作用下会形成环流。众多研究表明，Marangoni 效应是引起熔池内部对流的主要因素，由于激光熔覆具有快热速冷的特点，熔池中温度梯度相对较大，它与表面张力之间的关系见式（5-23）。

通常情况下，大部分金属液体的表面张力温度系数为负值，但在激光熔覆过程的高温条件下，表面张力温度系数的测算具有非常大的难度，因此通常将表面张力温度系数取为定值。由式（5-23）可以发现，熔池内部温度梯度与表面张力梯度成正比，当熔池内部温度梯度降低时，熔覆层表面张力梯度也必然会减小。由对熔池温度场的模拟可以看到，在施加振动后，熔池内部温度梯度显著减小，且随着振动维数增加，温度梯度继续减小。因此，熔覆层表面张力梯度也势必减小。

润湿性与表面张力有关，表面张力越小，熔池内部的流动性越好，熔池越容易铺展开，润湿角越小。润湿角与表面张力之间存在由 Young-Laplace 方程确定的关系：

$$\cos\theta = \frac{\delta_{gs} - \delta_{ls}}{\delta_{gl}} \tag{5-26}$$

式中，δ_{gs} 为气固界面的表面张力；δ_{ls} 为液固界面的表面张力；δ_{gl} 为气液界面的表面张力。

在振动作用下，熔池表面张力减小，即 δ_{ls}、δ_{gl} 减小，故 $\cos\theta$ 增大，θ 减小，这与图 5-18 所示的实际测量值变化趋势一致。

⟫ 2. 多维高频振动对多道搭接形貌的影响

在单道优化激光工艺的基础上，采用 50% 的搭接率在不同振动方式下分别进行了试验，单层六道搭接熔覆层形貌如图 5-20 所示，在搭接率相同的情况下，无振动、一维振动、二维振动方式下熔覆层内部凹陷，出现熔合不良，且随着振动维数的不断增加，缺陷在不断减小。在三维振动条件下，熔覆层内部质量良好，无气孔、裂纹等缺陷。通过对单道单层不同振动方式下宏观形貌进行分析，发现随着振动维数的不断增加，熔高和熔深不断减小，熔宽逐渐变大，润湿角不断变小，而润湿角的大小对大面积的搭接质量有着直接的影响，它反映了熔覆材料和基体材料的润湿性，以及工艺参数是否合适，润湿角过大会造成每道之间形成空隙，即"运行孔洞"，而孔洞的存在极容易导致裂纹的产生。

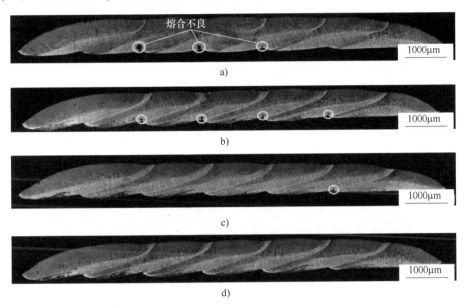

图 5-20　不同振动方式下单层六道搭接熔覆层形貌
a) 无振动　b) 一维振动　c) 二维振动　d) 三维振动

⟩⟩5.4.2　超声振动对激光熔覆 316L 涂层组织的影响

⟩⟩1. 多维高频振动对熔覆层顶部组织的影响

此处采用三圆截点法对熔覆试样的顶部枝晶间距进行了分析。该方法由三个同心等距、总周长为 500mm 的圆组成测量网格，三个圆的直径分别为 79.58mm、53.05mm、26.53mm，在熔覆层界面随机选择多个视场，对每一个视场的截点数进行统计，最后根据公式对枝晶间距和置信区间进行计算。如果置信区间不符合要求，则需要增加视场数量，直至置信区间符合要求。

图 5-21 所示为熔覆层枝晶间距测量位置示意图，研究表明，每一个试样在所有视场的总截点数达 500 时，可以获得比较可靠的精确度，在 1000 倍光学显微镜下不同振动方式下熔覆层枝晶间距测量图如图 5-22 所示，对图片进行处理，经统计，在无振动情况下，单个视场熔覆层内的截点数量在 60 左右，因此测量视场个数确定为 7 个。

不同振动方式和不同视场测量的截点数统计见表 5-5，每个视场测量获得的截点数用 P_i 来表示。

图 5-21　熔覆层枝晶间距测量位置示意图

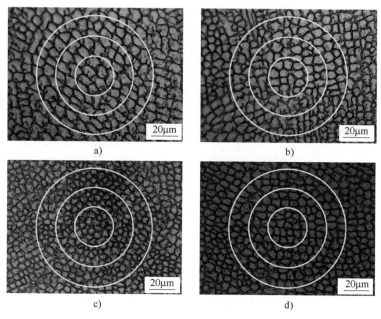

图 5-22　不同振动方式下熔覆层枝晶间距测量图

a）无振动　b）一维振动　c）二维振动　d）三维振动

表 5-5　不同振动方式和不同视场测量的截点数统计

振动方式	视场	外　圈	中　圈	内　圈	总　和
无振动	P_1	32	20	7	59
	P_2	36	22	9	67
	P_3	33	21	8	62
	P_4	38	24	7	69
	P_5	31	20	7	58
	P_6	34	24	6	64
	P_7	36	17	7	60

振动方式	视 场	外 圈	中 圈	内 圈	总 和
一维振动	P_1	41	25	11	77
	P_2	42	25	13	80
	P_3	41	26	10	77
	P_4	42	25	10	77
	P_5	36	25	9	70
	P_6	39	24	10	73
	P_7	41	27	10	78
二维振动	P_1	43	26	10	79
	P_2	44	27	12	83
	P_3	46	29	14	89
	P_4	42	29	11	82
	P_5	43	25	10	78
	P_6	46	26	15	87
	P_7	41	26	12	79
三维振动	P_1	48	31	12	91
	P_2	51	32	13	96
	P_3	48	32	14	94
	P_4	47	29	11	87
	P_5	49	27	10	86
	P_6	46	26	15	87
	P_7	50	26	12	88

对表 5-5 中的数据进行分析计算，截点数平均值和标准差分别为

$$\overline{P} = \sum_{j=1}^{i} P_j / i \tag{5-27}$$

$$S = \sqrt{\frac{\sum_{j=1}^{i} (P_j / \overline{P})^2}{i - 1}} \tag{5-28}$$

为表征微观组织中的枝晶间距，定义平均枝晶间距特征值 G 为

$$G = 6.643856 \lg\left(M \frac{\overline{P}}{L} \right) - 3.288 \tag{5-29}$$

式中，M 为放大倍数；L 为测量网格长度（mm）。

平均枝晶间距 G 相应的 95% 置信区间 $C_{0.95}$ 的计算公式为

$$C_{0.95} = 3.321928 \lg\left[\left(\overline{P} + t \frac{S}{\sqrt{i}} \right) \bigg/ \left(\overline{P} - t \frac{S}{\sqrt{i}} \right) \right] \tag{5-30}$$

式中，参量 t 的值由所测视场的个数 i 确定，见表 5-6。

表 5-6　参数 t 的数值

i	5	6	7	8	9	10	11	12
t	2.776	2.571	2.447	2.365	2.306	2.262	2.228	2.201

平均枝晶间距的测量结果为

$$G \pm C_{0.95} \tag{5-31}$$

测量相对误差为

$$\delta = \frac{C_{0.95}}{G} \times 100\% \tag{5-32}$$

由式（5-27）~式（5-31）得到的计算结果见表 5-7。

表 5-7　不同振动方式下的计算结果

	无 振 动	一 维 振 动	二 维 振 动	三 维 振 动
$\overline{P}$	61.9	75.5	81.9	89.1
S	4.04	3.11	4.10	3.58
G	10.61	11.19	11.42	11.67
$C_{0.95}$	0.17	0.11	0.13	0.11
$G \pm C_{0.95}$	10.61 ± 0.17	11.19 ± 0.11	11.42 ± 0.13	11.67 ± 0.11

当相对误差不大于 10% 时，测量结果为有效数据，由表 5-7 可知，各试验组的相对误差 δ 最大为 1.6%，故所测数据可以用来评判熔覆层顶部组织的枝晶间距。

各试验组平均枝晶间距与不同振动方式的对应关系曲线如图 5-23 所示。可以发现，在振动作用下，枝晶间距明显增加。且随着振动维数的增加，枝晶间距依然保持增加，呈单调递增的趋势，即组织随振动维数的增加逐渐细化。

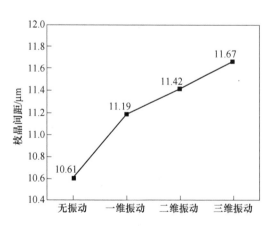

图 5-23　振动方式与枝晶间距的关系

⮞ 2. 多维高频振动对熔覆层中部柱状枝晶的影响

不同维度振动作用下熔覆层中部柱状枝晶的微观组织如图 5-24 所示，这组照片的放大倍数均为 200 倍，以便相互之间比较。图 5-24a 所示为未经振动处理直接熔覆的 316L 不锈钢合金涂层显微组织，图 5-24b、c、d 所示分别为一维振动、二维振动、三维振动作用下的 316L 不锈钢合金涂层显微组织。通过对比四组照片，可以发现在振动作用下，熔覆层中部柱状枝晶的间距明显减小，且随着振动维数的增加，枝晶间距减小的更加明显。通过对图 5-24 所示的枝晶间距进行测量，在无振动条件下，其范围为 7.83 ~ 14.33μm；在一维振动作用下，其范围为 7.74 ~ 11.79μm；在二维振动作用下，其范围为 5.48 ~ 10.01μm；在三维振动作用下，其范围为 4.23 ~ 9.25μm。所对应的枝晶宽度对比图如图 5-25 所示。

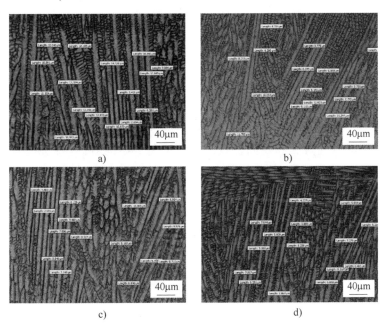

图 5-24 不同维度振动作用下熔覆层中部柱状枝晶的微观组织

a) 无振动 b) 一维振动 c) 二维振动 d) 三维振动

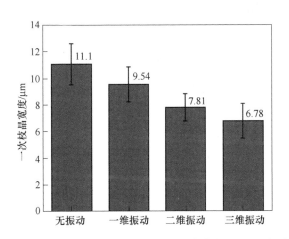

图 5-25 不同维度振动作用下熔覆层中部柱状枝晶宽度对比

对多维振动辅助激光熔覆熔池的温度场和流场进行模拟，发现振动对金属溶液的搅拌作用能够加速溶液对流，从而促进溶液温度高的部分向温度低的部分快速扩散，降低温度梯度，冷却速率得到加快，且随着振动维数的增加，其作用更加强烈。金属液体在凝固结晶过程中主要受热力学和动力学的共同作用，而冷却速率的变化对动力学会产生非常大的影响。国内外众多学者对冷却速率与凝固结晶行为之间的关系已经开展了很多的研究，其结果表明，冷却速率对金属液体结晶潜热的释放、微观组织细化、晶体力学性能的提高等都有非常重要的影响。熔池中冷却速率的增大，导致实际结晶温度降低，液态合金的过冷度增大；反之冷却速率越小，过冷度就越小，实际结晶温度就越接近理论结晶温度。当冷却速率大时，金属凝固过程中的形核率将增大，组织较细；当冷却速率较小时，表现为粗大的柱状晶。

▶ 3. 多维高频振动对熔覆层顶部转向枝晶宽度的影响

基于熔池本身的散热和凝固特点，一般情况下熔池凝固组织从基体处外延生长，沿着温度梯度方向最为接近的方向定向生长，但由于从熔池底部至顶部，温度梯度逐渐降低，凝固速率逐渐增大，同时固液界面温度梯度的方向发生变化，自熔池底部的垂直激光扫描方向变为与扫描方向相平行，这样常常会在顶部出现转向枝晶甚至等轴枝晶组织，不同维度振动作用下熔覆层顶部转向枝晶的微观组织如图 5-26 所示。无振动条件下、一维振动作用、二维振动作用及三维振动作用熔覆 316L 不锈钢合金涂层横截面显微组织分别如图 5-26a、c、e 和 g 所示。相对应的纵截面显微组织分别如图 5-26b、d、f 和 h 所示。可以发现，在振动作用下，其转向枝晶宽度在增加，且随着维数的增加，其宽度依然保持增加。

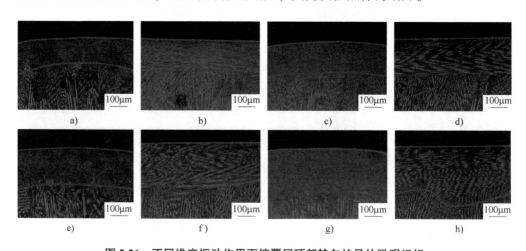

图 5-26　不同维度振动作用下熔覆层顶部转向枝晶的微观组织

a）、c）、e）、g）熔覆层横截面　b）、d）、f）、h）熔覆层纵截面　a）、b）无振动
c）、d）一维振动　e）、f）二维振动　g）、h）三维振动

选取不同振动方式，6 组熔覆试样共量取 30 组转向枝晶宽度数据，计算其平均值，结果见表 5-8，可以看到在振动作用下，随着维数的增加，其顶部转向枝晶宽度明显增加。

表 5-8　不同维度振动作用下熔覆层顶部转向枝晶宽度平均值

振动作用	无振动	一维振动	二维振动	三维振动
转向枝晶宽度/μm	157.18	185.75	202.63	247.28

激光熔覆过程中，熔池金属凝固组织通常主要有两个关键因素影响凝固的微观组织结构，分别为温度梯度 g 和凝固速率 R。图 5-27 所示为 g 和 R 对凝固组织形态和尺度的影响。冷却速率 gR 影响凝固组织的大小，在较高的冷却速率下可获得较细的微观组织。另一方面，g/R 决定了凝固组织形态的生长。

快热速冷是激光熔覆非常显著的特点。虽然在激光熔覆过程中，熔池的产生和凝固都非常快，但是振动后其依然

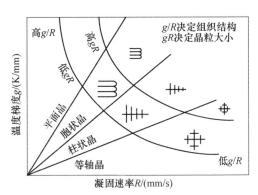

图 5-27　g 和 R 对凝固组织形态和尺度的影响

会在熔池凝固前沿固相与液相之间产生作用力，由于振动的干预，固体和接触液体之间的相互作用力不可抗拒地存在于熔池中，落后的液体阻碍了固相运动并产生相对位移。固相与液相之间的相对运动可以加速液体流动和熔池的热传递，这不仅促进熔池内部温度更加均匀，温度梯度得到降低，还提高了冷却速率。

在熔池凝固过程中，熔池底部和顶部分别与基体和空气进行热交换，基体的快速散热决定了熔覆层的主体枝晶组织的形成，而顶部的散热导致了表面转向枝晶区的形成。枝晶的转向反映了固液界面温度梯度的方向发生了改变，由熔池底部的垂直激光扫描方向变为沿扫描方向基本水平。在振动作用下，熔池表面的波动和对流加速使得熔池表面与空气的传热速率提高，顶部区域凝固速率提高，顶部转向枝晶区变宽。

▶▶ 4. 多维高频振动对熔覆层气孔缺陷的影响

在激光熔覆 316L 不锈钢合金涂层前期的探索试验中，如图 5-28a 所示，发现在激光功率为 2600W、扫描速度为 6mm/s、送粉率为 8g/min 时，熔覆层内部分布有气孔缺陷，这主要是液态金属凝固期间未能及时逸出而残留在内部的气泡所引起的微观缺陷。熔覆层的致密性因为气孔的存在大大降低，严重影响熔覆层的耐蚀性，最终缩短工件的使用寿命。而且气孔存在的部位易产生应力集中，容易产生裂纹。图 5-28b 和 c 所示分别为施加一维振动作用和三维振动作用下的熔覆层横

截面显微组织，可以看到，在振动作用下，孔隙率显著降低，气孔大小也相比于无振动条件下明显减小。

不同维度高频振动作用下激光熔覆 316L 涂层的孔隙率如图 5-29a 所示，在一维振动作用下，孔隙率降低了 79.2%，在三维振动作用下，孔隙率降低了 95.8%。在等效最大孔径结果中也观察到类似的趋势，如图 5-29b 所示，在一维振动作用下，最大孔径缺陷尺寸减小 59.7%，在三维振动作用下，最大孔径缺陷尺寸减小 65.6%。试验结果还表明，三维振动的影响比一维振动的影响更为显著。

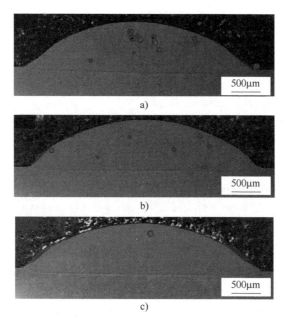

图 5-28　不同维度振动作用下激光熔覆 316L 涂层气孔缺陷分布

a）无振动　b）一维振动　c）三维振动

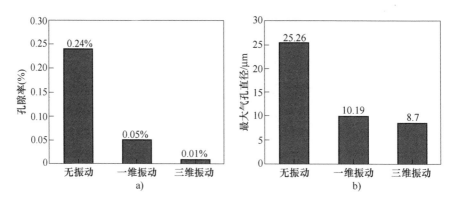

图 5-29　不同维度振动作用下激光熔覆 316L 涂层孔隙率与最大气孔直径对比

a）孔隙率　b）最大气孔直径

在激光熔覆过程中，熔池内部的对流是熔池传热、传质的重要机制，Marangoni 环流是熔池内对流的主要方式。熔池内气泡在环流作用下运动上浮，如果在凝固时间内逸出，则可以获得形貌良好的熔覆层，但是由于激光熔覆快热速冷的凝固特点，熔池凝固时间极短，很多气泡在上浮过程中并未及时逸出而被保留在熔覆层内，形成气孔缺陷。在高频振动作用下，金属液的对流加速，熔覆层内部析出的小气泡在对流加速的作用下更易于碰撞、集聚长大，气泡的聚集使得气泡的体积不断膨胀，受到的浮力也进一步增强，气泡上浮速率增加，气泡逸出不会在凝固后存在熔覆层中。而在三维振动作用下，对熔池内部的搅拌作用更强烈，对于气孔的排出具有更大的促进作用。

▶▶ 5. 超声空化效应对激光金属成形微观组织细化影响的研究

在超声振动辅助激光熔覆成形的试验中，通过对无超声和有超声辅助激光成形组织进行研究，在相同的试验条件下，无超声辅助和有超声辅助的试验结果如图 5-30a、b 所示，可见超声振动辅助激光成形能够细化组织。由图 5-30c 可以看出，施加超声振动后显微组织局部得到较大程度的细化，表明超声振动辅助激光成形在一定程度能够细化组织。由于熔池内的金属液体能承受很大的压应力，但受拉能力却不高，受拉时很容易被撕裂而形成气囊。因此，当超声在液态金属中传播时，由于强烈的高频振动，液体介质将交替地受压和受拉，造成在超声的负压相时，液体被撕裂，形成压力很低的空化泡；在超声的正压相时，空化泡迅速振荡，使气泡发生溃灭，溃灭瞬间伴有的高温高压能够提高局部的形核率，同时晶核随液体流动分散到熔池中，使得组织细化。

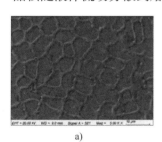 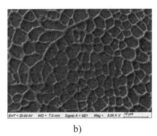 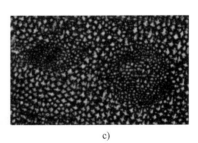

a) b) c)

图 5-30 激光熔覆微观组织

a）无超声作用 b）有超声作用 c）空化效应效果

▶▶ 5.4.3 多维高频振动辅助激光熔覆 316L 涂层性能研究

▶▶ 1. 多维高频振动辅助激光熔覆 316L 涂层的硬度分布

采用线切割机切取熔覆试样，制备金相试样。采用 HMV-2TADWXY 型自动式维氏硬度计，沿基材至熔覆层方向对试样进行维氏显微硬度测定，试验方法依据 GB/T 4340.1—2009《金属材料 维氏硬度试验 第 1 部分：试验方法》，试验压力为 2.942N，保载时间为 10s。

激光熔覆 316L 涂层硬度试验在熔覆层横截面中部位置，从熔覆层与基体熔合线上方开始，至熔覆层顶部依次测试 14 个点，对应步长为 0.06mm。不同维度振动作用下硬度测试结果如图 5-31 所示，在无振动条件下，熔覆层底部硬度最低，随着熔覆层与基体熔合线距离的增加，熔覆层的硬度也在提高，这主要与熔覆层的微观组织结构有关。在熔覆层底部，由于温度梯度大，凝固速率小，结晶组织主要是胞状晶，组织较粗大，硬度最小。随着温度梯度的减小和凝固速率的增加，在熔覆层中部，组织主要是柱状晶，显微硬度增加。熔覆层顶部主要是细小的树枝晶和等轴晶组织，显微硬度最高。

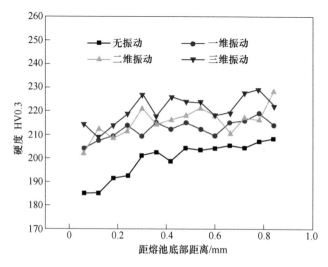

图 5-31　不同维度振动作用下激光熔覆 316L 涂层硬度曲线

如图 5-31 所示，无振动试样熔覆层显微硬度范围为 184~208HV0.3，平均硬度值约为 199HV0.3，与之相比，当多维高频振动作用于激光熔覆时，其硬度相比于无振动时明显提高，在一维振动作用下熔覆层显微硬度范围为 203~218HV0.3，平均硬度值约为 212HV0.3；在二维振动作用下熔覆层显微硬度范围为 208~220HV0.3，平均硬度值约为 215HV0.3；在三维振动作用下熔覆层显微硬度范围为 210~229HV0.3，平均硬度值约为 221HV0.3。相比于无振动，一维振动、二维振动及三维振动作用下的熔覆层平均硬度值分别提高了 7%、8% 及 11% 左右。这主要是由于在振动作用下，熔池内部冷却速率加快导致组织细化，有利于显微硬度提高。

▶ **2. 多维高频振动辅助激光熔覆 316L 涂层的常温拉伸性能研究**

（1）常温拉伸性能测试及分析　通过测定抗拉强度可简便直观地定量评定内部缺陷对激光熔覆成形内部性能的影响。采用多维高频振动协同激光熔覆方法制备拉伸块状试样。按照 GB/T 228.1—2010《金属材料　拉伸试验　第1部分：室温试验方法》等国家标准进行拉伸试样的切割，对室温下抗拉强度进行研究。采用 SANS 公司生产的万能试验机 SANS-E45，试验温度为室温，测得试样的抗拉强度，并采用 ZEISS EVO 18 型扫描电镜对拉伸试样的断口进行形貌分析。

在 $100\mathrm{mm} \times 100\mathrm{mm} \times 20\mathrm{mm}$ 的基板上做多道多层搭接熔覆，熔覆层的长度和宽度不小于 $90\mathrm{mm}$，高度不小于 $7\mathrm{mm}$，保证在拉伸试样取样时外加工的加工余量。金属常温拉伸试样取样及加工如图 5-32 所示，图 5-32a 所示为拉伸试样取样位置，图 5-32b 所示为具体标准加工尺寸，图 5-32c 所示为熔覆搭接整体形貌，图 5-32d 所示为线切割取样后试样图。拉伸试样取样位置沿着横向搭接方向，拉伸试样夹持端一头至另一头方向与熔覆单道扫描速度方向（Y 方向）垂直，与熔覆搭接方向（X 方向）平行，每组试样取 3 个，经机械加工后试样的厚度为 $2.9\mathrm{mm}$。

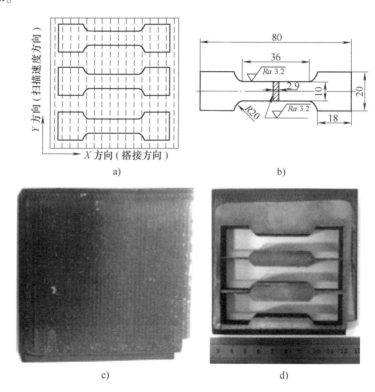

图 5-32　金属常温拉伸试样取样及加工

a）拉伸试样取样位置　b）具体标准加工尺寸　c）熔覆搭接整体形貌　d）线切割取样后试样图

按如上试验要求和方法制备激光熔覆成形件拉伸标准试样，并进行室温拉伸试验，激光工艺参数选取前面激光正交试验探索下的最优工艺参数。改变不同维度的振动方式制备拉伸试样。如图 5-33 所示，拉伸试样分为四种类型，分别为无振动辅助熔覆试样（1 型试样），一维振动辅助熔覆试样（2 型试样），二维振动辅助熔覆试样（3 型试样），三维振动辅助熔覆试样（4 型试样）。

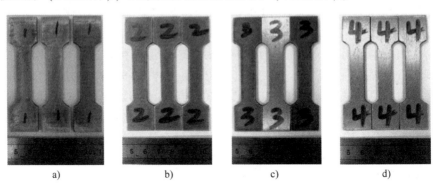

图 5-33　金属常温拉伸试样

a）无振动辅助熔覆试样（1 型试样）　b）一维振动辅助熔覆试样（2 型试样）
c）二维振动辅助熔覆试样（3 型试样）　d）三维振动辅助熔覆试样（4 型试样）

　　激光加工参数阈值下，附加多维高频振动复合，可以获得无气孔、无熔合不良孔洞缺陷、组织致密的熔覆成形件。多维高频振动激光复合熔覆拉伸试验过程中的载荷-横梁位移曲线如图 5-34 所示，未施加振动，熔覆层的拉伸试样最大载荷约为 13.3kN，横梁拉伸位移量为 2.8mm 左右；在施加一维振动作用下，熔覆层的拉伸试样最大载荷约为 14.8kN，横梁拉伸位移量为 3.2mm 左右；在施加二维振动作用下，熔覆层的拉伸试样最大载荷约为 15.9kN，横梁拉伸位移量为 4.0mm 左右；在施加三维振动作用下，熔覆层的拉伸试样最大载荷约为 16.9 kN，横梁拉伸位移量为 5.8mm 左右。可以发现，在施加振动作用后，熔覆层的拉伸试样最大载

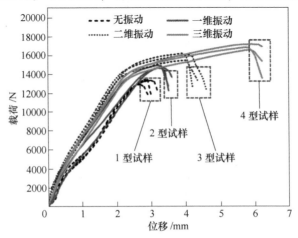

图 5-34　不同维度振动条件下金属拉伸性能载荷-横梁位移测试曲线

荷明显提高，横梁拉伸位移量也在增加，说明相比于无振动直接成形，多维高频振动协同激光熔覆成形的拉伸性能得到提高。

对上述拉伸试样的拉伸结果进行更为详细的分析，无振动、一维振动、二维振动、三维振动四组类型 12 组数据的载荷-横梁位移曲线及拉伸断裂后的宏观照片如图 5-35 所示。断后伸长量为在试样断裂后，将其仔细拼接起来，确保其断裂两端轴线处于同一直线上，并采取特别措施确保试样断裂部分适当接触后测量的试样伸长量。

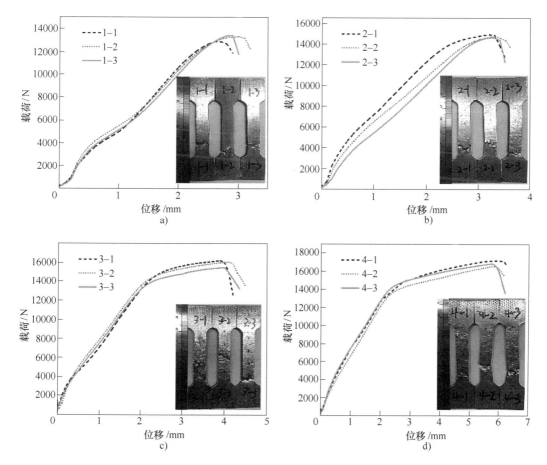

图 5-35　不同维度振动作用 12 组拉伸数据载荷-横梁位移曲线
a）无振动辅助熔覆试样（1 型试样）　b）一维振动辅助熔覆试样（2 型试样）
c）二维振动辅助熔覆试样（3 型试样）　d）三维振动辅助熔覆试样（4 型试样）

试验测量的抗拉强度表示金属材料在静拉伸条件下的最大承载能力，是衡量金属材料性能的参数之一。以 R_m 表示抗拉强度，F 表示拉伸过程中的最大载荷，S_0 表示试样标距内的原始横截面积，得到抗拉强度（破坏强度）的计算公式为

$$R_{\mathrm{m}} = \frac{F}{S_0} \qquad\qquad (5\text{-}33)$$

在拉伸试样断裂之后，可以测得其断后伸长率，断后伸长率是衡量材料塑性的指标之一，一般来说，断后伸长率值越大，材料塑性越好。在拉伸前，采用激光打标机在拉伸试样上以间距 10mm 进行多点打标，以 A 表示试样断后伸长率，L_0 表示拉伸前试样三个打标点之间的距离 20mm，ΔL 表示在 L_0 的基础上，拉伸试样断裂前后的长度差，得到断后伸长率的计算公式为

$$A = \frac{\Delta L}{L_0} \times 100\% \qquad\qquad (5\text{-}34)$$

对拉伸数据进行计算，进一步定量分析拉伸性能，不同维度振动作用下金属拉伸性能结果曲线如图 5-36 所示，不同试样类型的力学性能见表 5-9。

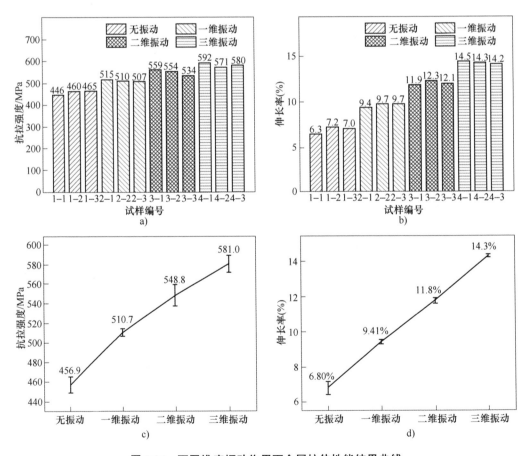

图 5-36 不同维度振动作用下金属拉伸性能结果曲线

a）抗拉强度 b）断后伸长率 c）平均抗拉强度 d）平均断后伸长率

表5-9 不同试样类型的力学性能

试样编号	无 振 动	一维振动	二维振动	三维振动
平均抗拉强度/MPa	456.90	510.75	548.80	580.99
平均断后伸长率（%）	6.80	9.41	11.80	14.30

试验结果表明，相比于无振动1型熔覆试样，在一维振动作用下，2型熔覆试样的平均抗拉强度提高了11.8%；在二维振动作用下，3型熔覆试样的平均抗拉强度提高了20.1%；在三维振动作用下，4型熔覆试样的平均抗拉强度提高了27.2%。传统的激光工艺参数由于匹配不良，单纯的激光再制造修复易造成内部熔合不良的孔洞缺陷，对试样的强度以及塑性的影响较大，而相比传统的无外场辅助激光制造方法，经过多维高频振动协同激光熔覆成形，形成的致密试样（2、3、4型试样）其强度和韧性都得到了明显的提高。

（2）常温拉伸性能试样断口分析 采用扫描电镜对拉伸断口表面形貌进行研究。通过对断口形貌进行分析，可以了解断口的断裂原因、断裂类型、裂纹的萌生和扩展情况，从而分析在不同维度振动作用下对金属拉伸性能的影响。

不同维度高频振动作用下金属拉伸试样拉伸断口宏观形貌如图5-37所示。对拉伸试样的拉伸断口进行微观形貌分析，可知在不同维度振动条件下，其断裂部位均存在韧窝区，但也存在河流状花样即解理面，因此其断裂方式为既包含韧性断裂又包含解理断裂的混合断裂。对比不同维度振动作用下涂层拉伸断口的宏观形貌，发现随着振动维数的不断增加，其河流状花样开始减少，韧窝区开始增多，这说明在施加振动作用后，解理断裂开始减少，韧性断裂开始增加，熔覆层材料的拉伸塑性得到了明显的提高。

前面研究了多维高频振动对多道搭接的影响，发现在相同搭接率的情况下，无振动、一维振动、二维振动方式下熔覆层内部凹陷，出现熔合不良缺陷，且随着振动维数的不断增加，缺陷区域不断变小，在三维振动条件下，熔覆层内部质量良好，缺陷进一步减少。如图5-37所示，在拉伸断口位置，熔覆层分布着许多大小、深浅不一的裂纹和少许孔洞缺陷（图中箭头所指），这些缺陷在拉伸时成为裂纹源，导致应力集中而在此区域发生断裂。而且激光修复区的组织为铸态组织，塑性变形能力相对较低，其断口部位的缩颈不明显。

3. 多维高频振动辅助激光熔覆316L涂层的耐蚀性分析

将激光熔覆单层六道搭接试样用线切割方法制备成10mm×10mm×5mm的块状试样，并在与熔覆层相对的面（基材面）切出一个1mm×10mm×1mm的沟槽，将导线置于沟槽内用钎焊将导线与试样焊接在一起，并用酒精对试样进行清洗，用石蜡对熔覆层之外的五个表面进行密封处理。试验所用仪器为上海辰华仪器有限公司生产的CHI660E电化学工作站，对试样表面的极化曲线进行测量。腐蚀介

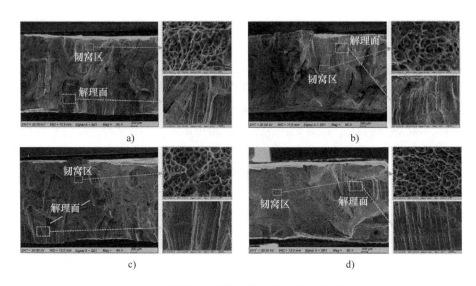

图 5-37   不同维度振动作用下涂层拉伸断口形貌

a) 无振动   b) 一维振动   c) 二维振动   d) 三维振动

质为质量分数为 3.5% 的 NaCl 溶液,测试时试样为工作电极,饱和甘汞电极为参比电极,Pt 电极为辅助电极,电位扫描速度为 1mV/s,在室温(26℃)下进行。每组平行试验 3 次。

多维高频振动辅助激光熔覆 316L 合金涂层的极化曲线如图 5-38 所示,从极化曲线提取的腐蚀电位及腐蚀电流密度见表 5-10,由于平行的 3 组试验所得极化曲线较为一致,因此选取一组进行分析。

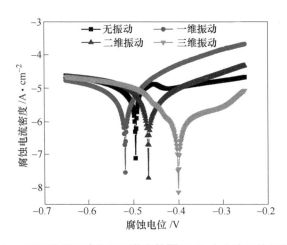

图 5-38   不同维度振动作用下激光熔覆 316L 合金涂层的极化曲线

表 5-10　不同维度振动作用下激光熔覆 316L 合金电化学参数

试　　样	腐蚀电位 E_{corr}/V	腐蚀电流密度 i_{corr}/A·cm^{-2}
无振动	-0.494	5.261×10^{-5}
一维振动	-0.520	9.970×10^{-6}
二维振动	-0.460	9.218×10^{-6}
三维振动	-0.390	1.582×10^{-6}

从腐蚀的热力学角度来看，多维振动作用下激光熔覆 316L 涂层的腐蚀电位由高到低依次为三维振动、二维振动、无振动及一维振动。腐蚀电位代表的是在不受外加极化条件下，腐蚀系统的稳定电位值，主要由材料本身决定，可以反映材料的热力学特性和电极的表面状态，腐蚀电位越小说明金属越容易被腐蚀。由此可以看出在多维振动作用下的腐蚀倾向小于无振动作用的熔覆试样。腐蚀电位往往只能反映腐蚀的难易程度，而在实际应用中必须通过腐蚀电流密度从腐蚀动力学角度来评判耐蚀性，腐蚀电流密度代表了腐蚀发生的快慢程度，与材料内部缺陷、组织及成分均匀性等相关。

从腐蚀动力学角度来看，在振动作用下的熔覆试样，其腐蚀电流密度相比于无振动条件都降低了一个数量级，从 10^{-5} 降低到 10^{-6}，具有相当低的腐蚀电流密度，显示出理想的钝化效果。且随着振动维数的增加，腐蚀电流密度持续减小，这也就意味着在腐蚀速率上无振动熔覆试样要明显快于振动辅助下的熔覆试样。综合腐蚀热力学和动力学两方面来看，多维高频振动辅助激光熔覆 316L 涂层的耐蚀性要优于无振动辅助的涂层，且随着振动维数增加，其耐蚀性也在提高。这主要归因于在高频振动作用下，激光熔覆熔池凝固的过程得到了改善，使其内部获得均匀细化的组织结构，在快速凝固过程中，元素偏析减少，形成原电池的概率减小，耐蚀性提高。且电化学腐蚀优先起始于晶界，均匀的显微组织结构，涂层表面的高致密度，对提高激光熔覆 316L 合金的耐蚀性具有重要意义。

5.5　超声振动激光复合表面改性技术的应用前景

采用激光表面改性技术可在一些低成本基体金属表面上制备耐磨、耐蚀及耐高温的表面层，而超声振动辅助则可进一步提高表面层的综合性能，从而获得具有工业应用价值的表面改性产品。另一方面，采用该技术可对表面损伤件进行快速高性能修复，在高端装备关键部件的高质修复中实现应用。

面向矿机液压支架表面改性需求，针对 27SiMn 模拟件开展了高频振动辅助激光表面改性研究，相比于无振动条件，振动作用下熔池内部对流加速，流速增强，冷却速率提高，温度梯度减小，熔覆层晶粒发生细化；气孔、裂纹明显减少，显微硬度、力学性能和耐蚀性显著提高。

面向工业燃气轮机镍基热端部件修复需求，针对修复区气孔缺陷、Laves相的产生和富集、沿晶开裂和热裂纹等问题，引入超声振动辅助，对于镍基高温合金模拟件开展了超声辅助激光增材修复研究，发现超声作用下熔体流速增大，温度场分布更加均匀；析出相的生成被抑制，同时晶体取向更加杂乱，晶粒更加细小，元素分布更加均匀，从而降低了孔隙率，提高了硬度、耐蚀性及拉伸性能。

为促进超声振动激光复合表面改性技术的工业应用，需要对超声振动激光复合表面改性装备进行进一步创新，增大超声振动对修复区的作用效率，降低振动对激光焦距的干扰，从而为关键装备部件的高质高效表面改性与再制造提供解决方案。

参 考 文 献

[1] 莫润阳，林书玉，王成会. 超声空化的研究方法及进展 [J]. 应用声学，2009，28 (5)：389-400.

[2] 郝鹏飞，何枫，王健，等. 利用 PIV 研究超声波引起的微流动现象 [J]. 机械工程学报，2005，41 (3)：64-66，71.

[3] MADELIN G, GRUCKER D, FRANCONI J M, et al. Magnetic resonance imaging of acoustic streaming：Absorption coefficient and acoustic field shape estimation [J]. Ultrasonics, 2006, 44 (3)：272-278.

[4] JUANG R S, LIN S H, CHENG C H. Liquid-phase adsorption and desorption of phenol onto activated carbons with ultrasound [J]. Ultrasonics Sonochemistry, 2006, 13 (3)：251-260.

[5] 李洋. 超声振动辅助激光熔覆制备 TiC/FeAl 原位涂层研究 [D]. 南昌：华东交通大学，2016.

[6] 郭敏海. 超声辅助激光熔覆 YSZ 陶瓷涂层实验研究 [D]. 大连：大连理工大学，2015.

[7] 曾超. 激光熔覆热损伤评估及其检测研究 [D]. 南京：南京航空航天大学，2013.

[8] 张颖，戚永爱，梁绘昕，等. 超声冲击激光熔覆层的应力场数值模拟 [J]. 应用激光，2015，35 (3)：288-294.

[9] 李德英，赵龙志，张坚，等. 超声振动对激光熔覆 TiC/FeAl 复合涂层温度场的影响 [J]. 金属热处理，2015，40 (3)：190-194.

[10] 张春华，张宁，张松，等. 6061 铝合金表面激光熔覆温度场的仿真模拟 [J]. 沈阳工业大学学报，2007，29 (3)：267-270，284.

[11] NING F D, CONG W L. Microstructures and mechanical properties of Fe-Cr stainless steel parts fabricated by ultrasonic vibration-assisted laser engineered net shaping process [J]. Materials Letters, 2016, 179：61-64.

[12] 王维, 郭鹏飞, 张建中, 等. 超声波对BT20钛合金激光熔覆过程的作用 [J]. 中国激光, 2013, 40 (8): 65-69.

[13] 陈畅源, 邓琦林, 宋建丽. Ni含量及超声振动对激光熔覆中裂纹的影响 [J]. 南京航空航天大学学报, 2005, 37 (B11): 44-48.

[14] 潘浒, 赵剑峰, 刘云雷, 等. 激光熔覆修复镍基高温合金稀释率的可控性研究 [J]. 中国激光, 2013, 40 (4): 104-110.

[15] 吴健. 影响激光熔覆层品质的主要因素分析 [J]. 机械制造与自动化, 2004, 33 (4): 52-56.

[16] HE X, MAZUMDER J. Transport phenomena during direct metal deposition [J]. Journal of Applied Physics, 2007, 101 (5): 053113.

[17] CHO W I, NA S J, THOMY C, et al. Numerical simulation of molten pool dynamics in high power disk laser welding [J]. Journal of Materials Processing Technology, 2012, 212 (1): 262-275.

[18] GAN Z T, YU G, HE X, et al. Numerical simulation of thermal behavior and multicomponent mass transfer in direct laser deposition of Co-base alloy on steel [J]. International Journal of Heat and Mass Transfer, 2017, 104: 28-38.

[19] CHUNG T J. Computational fluid dynamics [M]. Cambridge: Cambridge University Press, 2002.

[20] BIOT M A. Theory of propagation of elastic waves in a fluid-saturated porous solid. I. Low-frequency range [J]. The Journal of the Acoustical Society of America, 1956, 28 (2): 168-178.

[21] HE X, FUERSCHBACH P W, DEBROY T. Heat transfer and fluid flow during laser spot welding of 304 stainless steel [J]. Journal of Physics D: Applied Physics, 2003, 36 (12): 1388-1398.

[22] 吴士平, 王汝佳, 陈伟, 等. 振动过程的数值模拟在金属凝固中应用的研究进展 [J]. 金属学报, 2018, 54 (2): 247-264.

[23] 李太宝. 计算声学: 声场的方程和计算方法 [M]. 北京: 科学出版社, 2005.

[24] 谢恩华, 李晓谦. 超声波熔体处理过程中的声流现象 [J]. 北京科技大学学报, 2009, 31 (11): 1425-1429.

[25] 李德英, 赵龙志, 张坚, 等. 超声振动对激光熔覆TiC/FeAl复合涂层温度场的影响 [J]. 金属热处理, 2015, 40 (3): 190-194.

[26] LOUISNARD O. A simple model of ultrasound propagation in a cavitating liquid. Part I: Theory, nonlinear attenuation and traveling wave generation [J]. Ultrasonics Sonochemistry, 2012, 19 (1): 56-65.

[27] HUMPHREYV F. Ultrasound and matter: Physical interactions [J]. Progress in Biophysics & Molecular Biology, 2007, 93 (1-3): 195-211.

[28] 刘振侠. 激光熔凝和激光熔覆的数学模型及数值分析 [D]. 西安: 西北工业大学, 2003.

[29] 陈宗淇, 王光信, 徐桂英. 胶体与界面化学 [M]. 北京: 高等教育出版社, 2001.

[30] CHAN C L, MAZUMDER J, CHEN M M. Effect of surface tension gradient driven convection in a

laser melt pool: Three - dimensional perturbation model [J]. Journal of Applied Physics, 1988, 64 (11): 6166-6174.

[31] 赵散梅. 陶瓷颗粒增强高铬铸铁基表层复合材料的制备与磨损性能研究 [D]. 长沙: 中南大学, 2012.

[32] YU C F, HSIEH K C. The mechanism of residual stress relief for various tin grain structures [J]. Journal of Electronic Materials, 2010, 39 (8): 1315-1318.

[33] TAN Y M, WANG H F. Modeling constrained dendrite growth in rapidly directional solidification [J]. Journal of Materials Science, 2012, 47 (13): 5308-5316.

[34] LIPPOLD J C. Welding Metallurgy and Weldability [M]. Hoboken: Wiley Blackwell, 2014.

[35] 冯广占. 材料力学答疑 [M]. 北京: 高等教育出版社, 1988.

第 6 章

——

多能场激光复合表面改性材料

6.1 概述

▶6.1.1 多能场激光复合表面改性对材料性能的要求

多能场激光复合表面改性包括超音速动能场、电磁场等多能场激光复合表面改性。本章将从超音速动能场、电磁场与激光复合的方面讨论专用材料的性能要求，并介绍如何设计专用材料。多能场激光复合表面改性专用材料与激光表面改性材料的性能要求有所不同。多能场的加入可以调控出激光表面改性材料所不具备的特性。

▶1. 超音速激光复合沉积专用材料的性能要求

超音速激光沉积是由冷喷涂发展而来的沉积层工艺，其在喷涂过程中利用激光束对基体进行同步加热，通过激光能量对喷涂颗粒、基板或两者同时进行加热软化，瞬间调节和改善材料的力学性能和碰撞沉积状态，提高冷喷涂沉积层的厚度、沉积效率、致密性和结合强度，进而提高涂层的使用性能，同时也增大了涂层和基板材料的选择范围，可以去除气体加热装置，并能够用氮气取代氦气作为工作气体。此外，由于可采用测量和改变激光功率等方法对材料的加热温度进行精确控制，故可以实现工件的直接成形。激光的加热作用可以降低冷喷涂工艺中的工作气压和加热温度，可以制备出难沉积材料涂层。由于存在这些优势，超音速激光沉积技术将会拥有更为广阔的发展前景和应用前景，带来巨大的经济效益和社会效益。

超音速激光沉积所用粉末材料要具备的基本条件有：

1）粉末与基体材料具有相近的硬度和强度，从而使粉末高速撞击基体的过程中可以实现粉末和基体的协同变形以实现涂层/基体界面的良好结合。

2）合金粉末的热力学参数（热导率、热膨胀系数）应和基体相近，从而降低因涂层和基体材料物性参数差异大而导致的高残余应力，减小界面裂纹产生的概率。

3）粉末应具有良好的加速性能，而粉末的加速性能主要由粉末本身的流动性以及被工作载气加速的难易程度所决定。粉末的流动性受粉末湿度的影响，因此粉末在进行沉积之前应做加热烘干处理。粉末被工作载气加速的难易程度与其尺寸以及形状等因素有关，一般来说，粒径较小、形状不规则的粉末容易被载气加速，但粒径过小的粉末在到达基体材料之前，更容易受基体表面激波的影响而减速，很难穿过激波实现有效沉积，因此粉末粒径一般控制在 $10 \sim 50\mu m$ 的范围内。不规则粉末虽然容易被工作载气加速，但其送粉顺畅性不如球形粉末，因此在无特殊要求的情况下，通常采用球形粉末。

4）合金粉末具有良好的塑性（热塑性）要求。超音速激光沉积是基于冷喷涂技术发展起来的一种新型粉末沉积技术，冷喷涂过程中粉末的有效沉积主要是基于粉末高速撞击过程中的塑性变形，因此要求粉末具有一定的塑性变形能力。在超音速激光沉积过程中，由于同步引入了激光，材料受热后塑性变形能力增强就显得尤其重要了，在此情况下可以实现一些单一冷喷涂无法沉积的高强度/高硬度材料的加工。目前，用于超音速激光沉积领域的粉末主要有陶瓷增强粉末、复合粉末和自熔性粉末。

▷▷2. 电磁场激光复合表面改性专用材料的性能要求

电磁场作为典型的非接触式能场耦合激光焊接、激光熔覆以及激光合金化等激光增材制造过程进行调控一直是国内外学者研究的热点，电磁场激光复合表面改性材料主要涉及铁基合金、镍基合金、钛合金、铝合金以及陶瓷粉末等材料，部分研究成果已经被成功应用于实际生产制造过程。静态磁场抑制熔池流动的作用已被国内外众多学者通过理论及试验所证实，施加稳态磁场可以减弱底部基材对材料的稀释作用，尽可能地保持其原有材料成分。为了满足电磁场的特定条件，材料需满足无铁磁性、电导率匹配和高流动性要求。在工艺特性方面，材料应具有脱氧、还原、造渣、除气、湿润金属表面、含氧量低等特性，如果是粉末材料则应具备良好的固态流动性、适中的粒度等。电磁场激光复合表面改性的过程有时也涉及熔覆层的堆积能力，因此要求材料具有高的强韧性和塑性。

▷▷3. 电化学激光复合表面改性专用材料的性能要求

在电化学激光复合表面改性加工中，电解液的性能对加工的效果起着至关重要的作用。在达到预期处理效果和满足一定环保要求的基础上，电解液还需满足如下要求：

1）电解液需稳定。加工过程中，特别是有激光辐照时，电解液不易发生失效和变质，可用于长期工作。

2）分散能力和覆盖能力。电解液需有使零件表面的层厚度均匀分布的能力和使零件深凹处沉积金属镀层的能力，通常情况下，分散能力好的电解液，其覆盖能力也好。

3）针对不同的电化学加工目的和预期目标，电解液需满足相应组分和电导率的要求。适当情况下，可通过调整 pH 值或添加额外的添加剂来优化电解液，提高加工质量和效率。

4）电解液应具有良好的激光传导能力。实际上，激光在电解液中传输时会有一定的能量衰减。因此，在达到预期加工效果的前提下，应尽量优化电解液的激光传导能力，提高激光的利用率。

▷▷4. 超声振动激光复合表面改性专用材料的性能要求

在激光成形过程中施加超声或高频振动，通过改变熔池流动和凝固特性，达到抑制气孔缺陷、细化组织、降低开裂倾向的作用效果。超声振动的作用效果取决于超声振动在基板和熔池中的传输效率。其专用材料应具有脱氧、除气、湿润金属表面、含氧量低等基本特点，具备良好的流动性、适中的粒度等，同时应选取结构阻尼较低的材料，以降低超声振动在传输过程中的损耗。

6.1.2 多能场激光复合表面改性材料的设计

多能场激光复合表面改性专用材料的设计是在激光表面改性材料的基础上进行的，下面将从材料的设计原则、材料的成分设计、材料的形貌设计等方面展开讨论。

1. 材料设计的总体原则

（1）多能场激光复合表面改性专用材料设计的总体原则 多能场激光复合表面改性专用材料的设计应遵循以下三个总体原则：

1）热膨胀系数相近原则。即熔覆层与基体金属之间的热膨胀系数相差不大。若熔覆层和基体之间的热膨胀系数差异较大，则易导致熔覆层开裂、剥落。

2）熔点相近原则。即合金粉末与基体之间的熔点尽量接近。若熔点相差较大，则难以形成与基体具有良好冶金结合的熔覆层，熔覆层质量大为降低。

3）润湿性原则。即熔覆材料和基体金属以及熔覆层材料中高熔点陶瓷相硬质颗粒与基体金属之间应当具有良好的润湿性。

（2）超音速激光复合沉积的材料设计原则 超音速激光沉积是一种基于材料塑性变形实现沉积的过程，在此过程中，需要粉末具有较好的流动性能、加速性能以及塑性变形性能，基于此，超音速激光沉积的粉末材料设计需要考虑以下几方面：

1）流动性原则。超音速激光沉积具有沉积效率高的特征，在沉积过程中，粉末的顺利输送是保证高沉积效率的前提，要求粉末具有较好的流动性。因此，一般采用球形粉末，在没有特殊要求的情况下要避免不规则粉末或者微型粉末的出现。

2）加速性能。超音速激光沉积过程中，粉末需要在拉瓦尔喷管中被加速到超音速。而粉末的加速性能与其粒径分布有关。一般来说，粒径越小的粉末越容易被加速，因此超音速激光沉积的粉末粒径一般控制在 $50\mu m$ 以下。但粒径过小的粉末容易受到基体表面激波的影响而减速，难以成功抵达基体表面实现有效沉积，因此，粉末粒径不宜过小，一般不低于 $10\mu m$。此外，为了获得较为一致的沉积效率，粉末粒径的分布应相对集中，不宜分散。

3）塑性变形能力。超音速激光沉积是基于冷喷涂发展起来的一种粉末沉积工艺，其沉积主要依靠材料的塑性变形，不涉及材料的高温熔化过程。因此，对粉末的塑性变形能力具有一定的要求。与冷喷涂不同的是，超音速激光沉积过程中引入了同步激光加热，有些材料在室温条件下塑性较差，但若具有较好的热塑性，则在超音速激光沉积过程中通过激光对其快速加热，瞬时调控其塑性变形能力，也能实现有效沉积。此外，粉末的纯度也会影响其塑性变形能力，若粉末表面由于氧化等生成了陶瓷层，硬脆的陶瓷层会影响其塑性变形能力，因此应在制粉过程以及后续的储存过程中避免粉末表面的氧化，对粉末进行密封干燥储存。

（3）电磁场复合改性材料设计原则　电磁场复合场协同激光增材制造可超越工艺调整极限获得高质量制造层，然而在电磁辅助表面改性的过程中，材料在满足总体原则的基础上，还需同时兼顾电磁场工艺匹配原则。在选用和设计电磁场与激光复合表面改性专用材料时，还要考虑以下原则：

1）无铁磁性原则。激光增材表面改性主要包括同步送粉（送丝）以及激光选区熔化。在电磁场环境下，铁磁性粉末流将受到磁力的作用，特别是在高磁感应强度条件下粉末汇聚以及铺粉的稳定性将受到严重影响，甚至导致难以成形。

2）电导率匹配原则。在电磁复合场调控硬质颗粒相过程中，电导率差异值是产生等效浮力的关键参数。当施加电场时，硬质颗粒相内部需与熔池流体存在电流分布差异，从而使产生的洛伦兹力的合力方向以及大小可变，达到调控颗粒分布的目的。

3）高流动性原则。粉末的流动性会对送粉稳定性产生较大的影响，进而影响熔覆层的质量。粉末颗粒的形状、表面形貌以及粒度等直接决定了粉末流动性，同时也影响粉末对激光的吸收率。

（4）电化学复合改性材料设计原则　目前，电化学激光复合表面改性主要分为激光处理电化学复合表面改性和激光辅助电化学表面改性。在这两种加工工艺中，除了匹配激光处理和电化学工艺参数外，还可通过改进和优化电解液体系使复合处理效果更好，提高处理的质量和效率。综合来看，在设计电化学激光复合表面改性专用电解液的过程中需考虑以下原则：

1）体系稳定原则。电解液体系需要稳定，以便于长期工作，不产生变质和沉淀。电解液的稳定性可采用 Zeta 电位来表征，通常认为 Zeta 电位值大于 30mV 时，电解液比较稳定。

2）能耗降低原则。在保证制备的涂层在所期望性能方面不出现明显降低的基础上，需通过电解液体系的优化和设计降低电化学加工中的能耗。如在微弧氧化电解液中加入适量的添加剂，可降低微弧氧化的工作电压或提高膜层生长速率，减小微弧氧化的能耗。

3）简化原则。在满足加工效果要求的前提下，应尽量简化电解液的组分，提高加工的可控性。

4）基材匹配原则。相比于其他表面处理，独特的加工特性使得激光改性后的材料具有特殊的表面状态。而在电化学加工中，相互作用的两个主体为电解液和基体，电解液与不同基体之间的作用不同会直接影响最后电化学加工的特征。根据激光处理后材料的表面状态优化电解液体系，对于提高复合处理的质量和效率具有重要的意义。

5）光导率匹配原则。激光在含有一定溶质、杂质、胶体及悬浮颗粒等不溶物的电解液中传输，不同性质的电解液对激光的传输特性有不同的影响。因此在设计电解液过程中，在满足预期加工要求的基础上，应对电解液的组分、浓度等进行优化，降低激光在电解液中传输时的能量衰减，提高激光能量的使用率。

（5）超声振动复合专用材料设计原则　超声振动复合表面改性专用材料的设计除了满足总体原则外，还应遵循以下原则：

1）阻抗匹配原则。超声振动激光复合表面改性过程中，高频振动需要通过变幅杆或振动台传导至待改性基体，再传递给金属熔池，变幅杆与基体材料之间的阻抗差距较大会严重影响超声振动的传递效率，因此在进行材料选择和结构设计时需要满足与变幅杆的阻抗匹配原则。

2）低内耗原则。超声振动在金属材料中传播时以结构阻尼为主，在超声振动激光复合表面改性中，应避免选择内耗较高的材料，以降低超声振动在传输中的损耗，提高超声振动在熔池中的作用效率。

▶▶ 2. 与单一激光表面改性材料的差异

激光表面改性材料可分为粉末状、膏状、丝状、棒状和薄板状，其中应用最广泛的是粉末状材料，尤其是合金粉末的用量最大，因此激光改性材料的研究主要集中在合金粉末的成分设计和制备技术上。

目前单一激光表面改性材料大部分还是沿用热喷涂的材料体系，主要有如下三大类：

（1）金属及其合金　Ni 基、Co 基、Fe 基、Cu 基合金等。

（2）金属陶瓷　Ni 基、Co 基、Fe 基、Cu 基合金与 WC、TiC、SiC 等组成的金属陶瓷。

（3）陶瓷材料　主要有 Al_2O_3 基、ZrO_2 基陶瓷等。

由于超音速激光沉积技术使用氮气或者压缩空气来加速飞行的粒子，要求粉末的粒径为 $10 \sim 50\mu m$，并且要求粉末具有良好的沉积效率、导热性好、受热易软化、耐氧化等。超音速激光沉积技术可以有效沉积 Cu、Al 及其复合材料，这是单一激光表面改性技术难以实现的。此外，单一激光表面改性技术可能改变材料的物相，使其性能发生改变，而超音速激光沉积后的沉积层物相能够保持与原来粉末物相一致，保证了材料性能的完整性。电磁场与激光复合表面改性材料要求在电磁场环境下材料无铁磁性。

▶▶ 3. 材料成分设计

材料成分的选择与配比直接决定着激光改性层的质量与性能。

（1）Cr 的作用　Cr 元素能固溶在 Fe、Ni、Co 的面心立方晶体中，对晶体既起固溶作用，又起钝化作用。提高耐蚀性和抗高温氧化性，富余的 Cr 与 C、B 形成碳化铬和硼化铬硬质相，提高了合金的硬度和耐磨性。当粉末中的 Cr 含量在一定范围内变化时，Cr 对激光熔覆的工艺性能无明显影响。

（2）Ni 的作用　Ni 是奥氏体形成元素，能扩大奥氏体相区。此外，Ni 的添加会影响显微组织、显微硬度、开裂敏感性。Ni 在钢中的作用体现为：固溶强化基体铁素体，且不会明显降低铁素体的伸长率和韧性；Ni 可稳定 γ-Fe，使材料在较高的伸长率情况下有较高的强度；Ni 有促进致密化的作用，可减少孔隙和球化；Ni 能够促进形成马氏体，提升热处理后材料的力学性能。在不锈钢中加入适量的 Ni，能使不锈钢材料的韧性、可塑性等性能显著提升。马氏体不锈钢具有体心立方结构，加入 Ni，可促使晶体向面心立方结构转变。此外，Ni 还能促进马氏体中沉淀相的析出，使不锈钢拥有良好的塑性。张净宜等人通过研究发现，在 FeCr-NiSiCB 中提高 Ni 的含量，激光成形件的表面硬度下降，奥氏体组织增多。

（3）Mo 的作用　Mo 可以提高熔覆层的耐蚀性，是碳化物形成的强形核元素，能够细化晶粒，提高基体的硬度，促进亚共晶或共晶的形成。张伟等人通过在高铬铸铁中加入 Mo 粉，改善了组织，促进了熔覆层的晶粒细化，提高了熔覆层的硬度，相比于未添加 Mo 粉的情况，形成的碳化物更加细小地分布于奥氏体基体上。原津萍等人研究发现，在 NiCrBSi 合金中添加质量分数为 2.5% 的 Mo，从熔覆层与基体的结合处有裂纹产生，但是未贯穿整个熔覆层；当 Mo 的质量分数增加到 5.0% 时，熔覆层未出现裂纹。原因是 Mo 的质量分数为 5.0% 时熔覆层的热膨胀系数接近基体的热膨胀系数，两种情况下熔覆层的组织均由 γ-(Ni,Fe) 树枝晶和碳化物或 CrB 的共晶组成，且 Mo 含量高时，组织中 γ 相形成的树枝晶尺寸略有减小。

（4）Si 的作用　粉末中加入 Si 是为了使其具备脱氧、造渣的功能。激光熔覆过程中，Si 因其易被氧化，最后在熔覆层表面形成 SiO_2 薄膜，该薄膜既阻止了合金中其他元素被氧化，又能够与这些元素的氧化物形成硅酸盐熔渣，进而获得氧含量、气孔率低的熔覆层。可通过调整奥氏体中的 Si 含量来改变熔覆层的硬度。铁基自熔性合金中的 Si 可增加合金的浸润作用，从而有利于合金熔体的流动及表面张力的产生。

（5）C 的作用　C 是钢中最常见的元素，可溶入铁中形成间隙固溶体，起到固溶强化作用，与铁反应生成 Fe_3C，Fe_3C 可改善材料的显微组织，降低金属氧化物的含量，还能起到弥散强化的作用，从而改善材料的性能。在耐热钢中，C 能扩大奥氏体相区，另外其在高温材料中的含量决定着高温下碳化物析出的数量、形貌和位置。对于耐热钢而言，由于合金化程度高，C 含量是影响材料显微组织和性能的关键因素，C 含量的微量改变将会很大程度地影响合金碳化物析出的数量及形貌，进一步影响材料的性能。C 的添加会增加铁基粉末冶金材料制备工艺的难度。C 含量低时，合金材料中形成的碳化物少，耐磨性差，材料性能下降。C 含量过高时，熔覆性能变差。因此，合适的 C 含量有助于获得综合性能良好的激光改性层。

另外，在超音速激光沉积技术中，由于没有熔化过程，并保持原有粉体的成分，因此，可以设计软硬交替的复合粉体材料，如 WC/SS316L、金刚石/Ni60、WC/Stellite 6 等具有高硬度、高耐磨性的复合材料，硬质材料可以使用硬度高的陶瓷，如 WC、金刚石等，在沉积过程中可以保持其原有的性能而不被熔化或碳化。另外，可以将激光熔覆难以成形的 Al、Cu、Mg 等有色金属材料利用超音速激光沉积技术进行表面改性。

根据电磁场作用的原理和表面改性材料无铁磁性的原则，可以使用奥氏体镍基或者铁基粉末，或者无磁性的有色金属粉末等。

▶ 4. 材料组织结构设计

激光熔覆用铁基自熔性合金粉末分为两种类型：奥氏体不锈钢型和高铬铸铁型。在设计激光复合能场表面改性材料时，也可以借鉴此组织结构的设计。

（1）奥氏体不锈钢型铁基自熔性合金　奥氏体不锈钢型铁基自熔性合金是在奥氏体不锈钢中加入 B、Si 元素，通过调整合金元素含量来调整涂层的硬度，并通过添加其他元素来改善合金的性能。其中适量的脱氧造渣元素 Si 和 B 是必不可少的，它们有利于保证熔覆层的成形。只加入 Si 时熔覆层易产生较多的夹杂，只加入 B 时易导致熔覆层具有脆性而使熔覆层产生裂纹。适量的 Si 和 B 联合作用既可减少熔覆层夹杂，又可防止熔覆层裂纹。

奥氏体不锈钢型铁基合金主要应用于抗冲击疲劳及耐磨损场合，如中压阀板、阀座等密封面的强化，也可用于钢轨擦伤、齿轮磨损等的修复和预保护。

（2）高铬铸铁型铁基自熔性合金　高铬铸铁型铁基自熔性合金粉末是在高铬铸铁耐磨合金的基础上添加 B、Si、Ni 等元素而成的。在合金粉末中加入 B 元素可提高耐磨性，且可降低合金粉末的熔点，加入 Ni、Co、Mn 可提高韧性。

高铬铸铁型合金粉末中 C 和 Cr 的含量较高，熔覆组织中有较多的碳化物和硼化物，强化机制为马氏体强化及碳化物强化，因此涂层具有较高的硬度和耐磨性。

高铬铸铁型铁基合金是应用最广、效果最好的一类铁基合金，其主要应用于耐低应力磨粒磨损场合，如输煤机槽板、高炉风口、粉煤机螺旋等磨损面的强化和修复。

另外，现有激光熔覆专用铁基合金成分与组织方面的设计思想主要有下面两个体系：

1）从熔覆用粉制作工艺和界面精细结构的角度出发，提出的"原位自生"概念。

2）从凝固理论的角度出发，提出的"高碳共晶"的设计思想。

尽管近期有关激光熔覆专用铁基合金的研究较多，但应用的合金大多数为"高碳共晶"合金。其主要设计思想为：合金碳含量较高，一般为 3.4%～6%（质量分数），位于共晶点或其附近，利用共晶点合金凝固区间较窄和晶粒小、韧性好的特点，提高熔覆涂层抗开裂的能力；熔覆层组织具有两相组成的特征，即其中一相为韧性较好的奥氏体或铁素体，另一相为大量细小弥散分布的高硬度合金碳化物强化相。

"高碳共晶"设计思想的支持者大量借鉴了合金铸铁的成分设计，采用了弥散强化和固溶强化等强化机理；"原位自生"的设计思想更是明显来源于复合材料制备的新方法，即"原位自生"金属基复合材料（MMC）。

激光熔覆层的裂纹问题深刻体现了材料硬度与韧性之间的矛盾，如前所述，"高碳共晶"的成分与组织设计思想还有其局限性。为解决材料硬度与韧性这一对矛盾，在激光熔覆专用铁基合金成分设计上，可以采用中、低碳合金；在激光熔覆铁基合金层的室温组织设计上，相对目前大多数研究者所采用的"奥氏体 + 大量碳化物（或高碳马氏体 + 残留奥氏体 + 大量碳化物）"，笔者通过实践认为，可以采用"中碳混合马氏体（或低碳板条马氏体） + 少量残留奥氏体 + 少量碳化物"，这样的成分与组织设计既可使熔覆铁基合金价格低廉，又可使熔覆合金层具有良好的强韧性。

⯈ 5. 材料粒度设计

多能场激光复合表面改性专用材料多为粉末状，不同工况下，粉末的粒度会影响使用性能，因此需要考虑材料的粒度。

合金粉末应具有良好的固态流动性，粉末的流动性与粉末的形状、粒度分布、表面状态及粉末的湿度等因素有关。球形粉末流动性最好。对于同步送粉工艺，粉末粒度最好在 $40 \sim 200 \mu m$。粉末过细，流动性差；粉末太粗则熔覆工艺性能差。另外，粉末受潮后流动性变差，使用时应保证粉末的干燥性。

金属粉末在成形过程中粒度要合适，粉末过细，激光作用下容易汽化，对熔池形成反向作用力，导致熔体发生飞溅。过细的粉末在固态下也容易发生团聚，影响铺粉过程中的均匀性。粉末粒度过大，粉末在铺展过程中铺粉层厚的均匀性难以控制，从而影响激光扫描的稳定性。有学者研究表明，平均粒度在 $25 \sim 35 \mu m$ 时能得到高致密度零件。粉末的粒度分布决定松装密度，合适的粒度分布可大幅度提高松装密度。松装密度高，成形时激光在相同时间内熔化的金属多，有足够的金属液补充，形成连续的熔池，可以避免凝固过程中球化现象的产生。在提高松装密度的前提下，粉末粗细差距过大，不同粉末粒径的比表面积差距增大，在吸收激光能量时会使大颗粒不能完全熔化，降低改性层致密度。

一般超音速激光沉积用粉末材料的粒度控制在 $10 \sim 50 \mu m$ 之间，方便粉末加速并具有良好的结合性能；而电磁场复合激光改性用粉末的粒度控制在 $40 \sim 190 \mu m$ 之间，粉末不能过于细，需具有一定的流动性。

⯈ 6. 材料形貌设计

激光复合能场表面改性材料主要是指形成熔覆层所用的材料。熔覆材料的状态一般有粉末状、丝状、片状及膏状等。其中，粉末状材料的应用最为广泛。粉末的形状也影响铺粉均匀性和松装密度。可将粉末形状分为球形和非球形粉末两大类。球形粉末易于流动，这对均匀铺粉是有利的。非球形的粉末虽然可在一定范围内提高松装密度，但通过合理调节球形粉末的粒度配比同样可以达到良好的使用效果。

6.1.3 多能场激光复合表面改性材料的研究现状

目前，多能场激光复合表面改性专用材料的系统性研究刚刚起步，以下研究现状是基于多能场的特性和激光表面改性进行的概括性总结。

1. 超音速与激光复合沉积材料的现状

超音速激光沉积技术由于结合了冷喷涂与激光技术的优势，可在不同的基材上制备单一材料沉积层或复合材料沉积层。姚建华、Birt Aaron M、Koivuluoto Heli、Jones M 等不同程度地研究了相关的材料。表 6-1 列出了目前文献报道的超音速激光沉积涂层及基体材料概况。

表 6-1 超音速激光沉积涂层及基体材料概况

涂层材料	基体材料
Al-Cu 合金	陶瓷
Ti-6Al-4V	Ti-6Al-4V
Ti	钢管
W	Mo
SS316L	碳钢
Al	304L 不锈钢
Cu	碳钢
Stellite 6	碳钢
Ni60	碳钢
Cu/Ni + Al$_2$O$_3$	碳钢
Al-12Si	不锈钢
Ti + 羟基磷灰石	Ti-6Al-4V
WC/SS316L	钢
WC/Stellite 6	碳钢
Ni/Ni60	碳钢
金刚石/Ni60	碳钢
WC/Ni60	钢

姚建华团队利用超音速激光沉积技术成功制备了无石墨化、无开裂、高金刚石含量的金刚石/Ni60 复合涂层，这是单一激光熔覆或者单一冷喷涂技术无法实现

的。金刚石在高温、氧化气氛中易发生石墨化和氧化烧蚀，Ni60 在激光熔覆过程中具有较高的裂纹敏感性，因此，采用基于材料高温熔融过程的激光熔覆技术难以获得高质量的金刚石/Ni60 复合涂层。而冷喷涂技术是依赖材料塑性变形实现沉积的，难以制备高硬度、低塑性的材料涂层。虽然已有文献报道采用冷喷涂技术制备金属基金刚石复合涂层，但这些复合涂层都是以软质金属作为黏结相，尚未有报道以高硬度金属（如 Ni60）作为黏结相的金刚石复合涂层。同时，超音速激光沉积技术可以有效沉积 Cu、Al 及其复合材料，这是用单一激光熔覆较难以实现的。

此外，Stellite 6 是一种具有优异综合性能的硬质合金，被广泛应用于要求具有耐蚀性、耐磨性等的涂层，目前，Stellite 6 涂层最常用的制备方法为热喷涂和激光熔覆，然而利用这些方法制备的 Stellite 6 涂层通常伴有如前所述的不良热致影响，而单一的冷喷涂技术难以沉积该类材料。因此，采用超音速激光沉积制备 Stellite 6 涂层，并将该涂层与激光熔覆 Stellite 6 涂层在宏观形貌、显微组织、界面稀释、显微硬度等方面进行系统的对比研究。

由此可见，超音速激光沉积技术可以突破一些传统涂层技术在沉积材料范围方面的局限性，在沉积材料和基体材料的选择方面具有较大的灵活度，工艺适应性好，可满足宽领域范围的表面改性与再制造需求。

▶▶ 2. 电磁场激光复合表面改性材料的现状

外加的电场、磁场或者电磁场对熔池传热传质有影响，可改变金属液体及熔池中硬质颗粒的运动状态，从而可实现凝固组织、硬质相颗粒分布、气孔分布及表面波纹调控。在激光表面改性过程中耦合电磁场，可实现铁基材料、镍基材料、有色金属材料及颗粒增强金属基复合材料的性能调控。

针对铁基材料，刘洪喜等人将旋转磁场应用于激光熔覆过程中在 A3（相当于 Q235）钢基材表面制备铁基 Fe60 合金涂层，在旋转磁场作用下，熔覆层内晶粒得到细化。蔡川雄等人采用激光熔覆辅助电磁控制工艺在 45 钢表面合成了 Fe-Cr-Si-B-C 复合涂层，研究了外加交变磁场对涂层微观组织和物相结构的影响，外加磁场所制备的涂层的耐磨性明显提高，其磨损失重仅为未加磁场的 43%，且摩擦系数波动较小。

针对镍基材料，姚建华等人利用电磁复合场辅助激光熔覆来抑制 Ni60 合金熔覆层表面开裂。由于 Ni60 合金是一种常用的自熔性合金粉末，具有熔点低、硬度高、耐磨性好、耐蚀性优异的特点，目前已在风机叶片、轧钢机齿轮等领域得到应用。电磁场的辅助调控，有助于硬质相的细化和弥散，可有效降低 Ni60 涂层的开裂敏感性。

针对有色金属材料，国内外研究仍处于起步阶段，表现为增材制造铜合金原材料种类少，工艺方法集中在激光/电子束增材制造技术，加工工艺优化不足，难以控制铜合金增材制造过程中的致密度和孔隙率，这些成为制约铜合金激光复合能场表面改性发展的关键因素。因此，研究电磁场对组织形貌的控制，是对铜合金激光表面改性工艺的一大提升，不仅能够解决裂纹、孔隙率的问题，还能很好地控制晶粒尺寸，获得较好的微观组织，良好的力学性能，以及关于铜合金的其他特异性能，对提高产品性能和质量至关重要。采用激光熔覆技术在高锰铝青铜表面制备铜基合金涂层，熔覆层结构致密、细小，气孔分布比较均匀。

针对颗粒增强金属基复合材料，姚建华团队用粒径为 75～150μm 的碳化钨作为增强颗粒。碳化钨具有极高的硬度和耐磨性，同时又具备较高的熔点和与铁基材料优良的浸润性，所用碳化钨颗粒为规则的球形，与其他形状的碳化钨粉末相比，球形碳化钨无尖角，避免由于尖角处应力集中而导致涂层开裂的问题。余本海等人在激光熔覆基础上辅助电磁搅拌技术，对 WC-Co 基硬质合金进行研究，结果表明熔覆层的组织结构细化，硬度提高。

▶ 3. 电化学激光复合表面改性材料的现状

目前激光复合电化学氧化表面改性的电解液与单一电化学氧化处理时所用的电解液类似，其大致可以分为酸性电解液、碱性电解液以及复合电解液三类。因为酸性电解液对环境有污染且可腐蚀产品，所以已经很少使用。碱性电解液主要以硅酸盐、铝酸盐、磷酸盐以及复合电解液为主。硅酸盐体系电解液的主要成分为：硅酸钠为主要的成膜剂，是形成微弧氧化陶瓷膜的最主要成分；氢氧化钠为 pH 值调节剂。铝酸盐电化学氧化电解液体系中主要包含铝酸钠和一些辅助添加剂，其电解液特点为成分简单。磷酸盐所制得的电化学氧化陶瓷膜层的主要优点是表面光滑、内部组织均匀，缺点是所得到的微弧氧化膜层的表面孔径普遍较大，尤其是对环境的危害极大，使磷酸盐体系在科研与生产中的应用受到限制。复合电解液体系能够集合单一电解液体系的优点，克服其不足，使得微弧氧化膜层的性能更加优良，常用体系有硅酸盐-铝酸盐、铝酸盐-磷酸盐、硅酸盐-磷酸盐、乙酸钙-磷酸盐及铝酸盐-钼酸盐等。微弧氧化电解液的添加剂主要分为有机添加剂、无机添加剂和颗粒添加剂。适量的有机物能够提高溶液的稳定性，抑制试样表面尖端放电，延长溶液使用寿命，并获得性能稳定的膜层。无机添加剂能够影响微弧氧化的电学参数，从而改变微弧氧化膜层的微观形貌及相构成。颗粒添加剂可以对膜层起一定的封孔作用，提高膜层致密度，增加膜层的硬度和耐蚀性，在微弧氧化中得到了广泛应用。常见的有机添加剂有乙二胺四乙酸（EDTA）、$C_3H_8O_3$、植酸等，常见的无机添加剂有硼砂、四硼酸钠、氟化钾、钨酸钠、钼酸钠、H_2O_2 等，而常见的颗粒添加剂有 Al_2O_3、ZrO_2、CeO_2 等。

目前激光复合电沉积复合加工已用于纯金属电沉积、合金电沉积以及复合电沉积的制备。虽然激光辐照会对电解液的成分和稳定性产生一定的影响，但是加工所采用的电解液仍然采用传统电沉积加工所用的电解液。纯金属沉积方面，聂

昕等在配比为 $CuSO_4 \cdot 5H_2O$（质量分数为 22%）、浓 H_2SO_4（质量分数为 6%）、NaCl（质量分数为 0.008%）电解液中利用激光辅助电沉积铜，研究了脉冲激光冲击效应对定域电沉积铜晶粒及其表面形貌的影响。董允等采用激光辅助镍基复合镀，在镀液中添加碳化硅硬质颗粒，实现了多金属元素共相沉积和金属与非金属的复合沉积。合金电沉积方面，王安斌等采用硫酸盐体系电沉积 Fe-Ni 合金，研究了激光频率和扫描线间距对 Fe-Ni 合金镀层微观组织结构、表面粗糙度、显微硬度、耐蚀性和拉伸性能的影响，表明激光辅助能够细化镀层晶粒，促进铁沉积，提高镀层的显微硬度、耐蚀性和拉伸性能。复合电沉积方面，焦健等将激光引入 $Cu-Al_2O_3$ 复合电沉积中，结果发现激光辅助加快了电沉积，降低了纳米颗粒的团聚程度，提高了镀层的致密性。

▶▶ 4. 超声振动激光复合表面改性材料的现状

超声振动激光复合表面改性技术的研究已覆盖钛合金、铁合金、镍合金，在熔覆过程的裂纹和残余应力等方面起到了有效的调控作用。

在钛合金方面，钦兰云等在超声辅助激光沉积系统上进行了钛合金 TC4 单道沉积和钛合金功能梯度材料 [质量分数 75%（TC4）+ 质量分数 25%（Cr_3C_2 + Ti)] 多层多道沉积试验，发现超声振动的机械效应、声流效应引起的熔池对流和空化效应引起的冲击波使熔覆层晶粒细化、组织均匀化，最终能够减小试件的残余应力。王维等在激光熔覆 BT20 钛合金过程中引入振动频率为 19.56Hz 的超声振动，结果发现，与无超声振动相比，内部组织孔隙率由 2.40% 下降到 0.75%，熔覆层晶粒尺寸减小了约 42%。澳大利亚皇家墨尔本理工大学 Qian 等将超声振动引入 Ti-6A1-4V 激光粉末沉积过程，沉积层的组织实现了柱状晶向等轴晶的转变，并且在超声施加后屈服强度和抗拉强度均提高约 12%。华东交通大学李洋等采用超声振动辅助激光熔覆技术在 45 钢表面制备出 TiC/FeAl 原位涂层，超声振动的施加能够促进熔覆层内的原位反应，晶粒显著细化，并且能够使熔覆层内的 TiC 增强相均匀分布。

在铁基合金方面，陈林等采用超声振动辅助激光熔覆对 EA4T 钢表面进行修复，研究发现，在超声振动的作用下，修复区的成形质量得到提高，组织得到细化，并且枝晶偏析程度显著减轻。沈言锦等在 45 钢基体上激光扫描熔覆制备了原位合成的 WC 颗粒增强涂层，并对涂层的硬度与耐磨性进行了分析，发现当超声功率分别为 1000W 和 1250W 时，其硬度达到最大值分别为 63HRC 和 63.5HRC，磨损性能比基体分别提高了 25 倍和 27 倍。

在镍基合金方面，美国德州理工大学的 Ning 等将超声能场引入到 IN718 高温合金激光近净成形技术（LENS）过程，结果表明，超声振动能够降低成形件的孔隙率，减小晶粒尺寸，破碎析出有害相并提高成形件的硬度。西安交通大学王潭等对超声振动辅助激光金属成形 IN 718 沉积态组织及性能进行了研究，结果表明，施加超声振动后，成形件的屈服强度、抗拉强度和断后伸长率较未施加超声振动时分别提高了 6.1%、2.7% 和 10.6%。陈畅源等在激光熔覆 Ni60 的过程中施加超声振动，与未施加超声振动的试件相比，施加超声振动后超声波的空化和搅拌作用使熔池含气量减小、熔池各处温度均匀化并趋向一致，试件表面裂纹减少了50%，且晶粒得到细化，分布更为均匀。

6.2 多能场激光复合表面改性材料制备

金属粉末材料是金属增材制造工艺的原材料和耗材。研究开发出高品级的粉末材料是增材制造工艺的首要条件，同时也是新型合金材料设计开发的重要工艺环节。

当前多能场激光复合表面激光改性金属粉末主要集中在铁基合金、镍基合金、钴基合金等材料方面。为满足增材制造装备及工艺要求，专用金属粉末必须具备较低的氧氮含量、良好的球形度、较小的粒度分布区间和较高的松装密度等特征。

目前，粉末制备方法按照制备工艺主要可分为还原法、电解法、羰基分解法、研磨法、雾化法等。其中，以还原法、电解法和雾化法生产的粉末作为原料应用到粉末冶金工业的较为普遍。但电解法和还原法仅限于单质金属粉末的生产，而对于合金粉末均不适用。雾化法可以进行合金粉末的生产，同时现代雾化工艺也能控制粉末的形状，不断发展的雾化腔结构大幅提高了雾化效率，这使得雾化法逐渐发展成为主要的粉末生产方法。雾化法满足多能场激光复合表面改性耗材金属粉末的特殊要求。

雾化法是指通过机械方法使金属溶液粉碎成尺寸小于 $150\mu m$ 的颗粒的方法。图 6-1 所示为雾化法制备金属粉末的工艺流程。按照粉碎金属溶液的方式分类，增材制造用金属粉末的制备方法主要包括电极感应雾化（EIGA）、等离子旋转电极雾

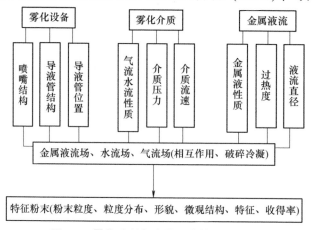

图 6-1 雾化法制备金属粉末的工艺流程

化（PREP）、等离子球化（PA）、真空感应熔炼气雾化（VIGA）及水雾化等，这些雾化方法具有各自的特点，且都已成功应用于工业生产。相比较而言，EIGA法、PREP法、PA法制备的粉末应用更为广泛。三者均可制备球形或近球形金属粉末。

▶ 6.2.1　金属粉末制备

▶ 1. 金属粉末雾化制备

（1）水雾化法　水雾化制备技术成本较低，在应用的过程中，采用的雾化介质为水，成本低，且取材方便，雾化效率较高。就目前来看，水雾化制备技术在镍基磁性粉末、钢铁粉末以及金刚石工具用粉末等的生产中有着广泛应用。但需要注意的是，相较于气体来说，水的比热容要更大一些，在水雾化工艺过程中，很容易导致破碎之后的金属熔滴快速凝固，这就难以控制所制备的金属粉末形状，影响了粉末的球形度，使其难以符合多能场激光复合表面改性用金属粉末在球形度方面的要求。此外，水雾化制备工艺过程中，一些活性较高的合金或金属在接触雾化介质（水）之后会发生反应，增加了粉末的氧含量，这就限制了水雾化制备技术在氧含量低金属粉末制备中的应用。

针对水雾化制备金属粉末球形度较低的问题，将二次冷水雾化喷嘴设置在水雾化喷嘴下方，这就大大提升了金属粉末的球形度，使粉末粒度更细，制备的金属粉末球形度甚至与气雾化效果相当，有效满足了多能场激光复合表面改性用金属粉末对球形度的高要求。

图 6-2 所示为水雾化制粉的原理示意图。水雾化制粉的主要生产过程是：采用中频感应电炉使合金原料熔化，熔融金属液体通过直径为几毫米的漏眼形成钢液液柱，在下落的过程中，由周围 4 个或多个高压水流打击钢液液柱，钢液被水流打击成金属粉末，通过水、粉分离设备，将收集的湿粉进行烘干后，根据客户要求，进行氢气还原退火，然后分级成粒度不同的粉末，成品粉末合格后分批包装入库。

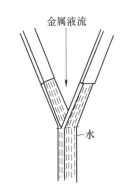

图 6-2　水雾化制粉（V型喷射）原理示意图

水雾化制粉设备工艺的选型要根据所生产的粉末要求而定，如对于金属过滤器粉末，要求形状不规则，粒度分布范围小，这样就应该选择雾化介质压力高、流量大、粉末飞行距离短的设备和工艺条件。

（2）气雾化法　气雾化法是生产金属及合金粉末的主要方法之一。气雾化的基本原理是用高速气流将液态金属流破碎成小液滴并凝固成粉末。由于其制备的粉末具有纯度高、氧含量低、粉末粒度可控、生产成本低以及球形度高等优点，已成为高性能及特种合金粉末制备技术的主要发展方向。但是，气雾化法也存在不足，高压气流的能量远小于高压水流的能量，所以气雾化对金属熔体的破碎效率低于水雾化，这使得气雾化粉末的雾化效率较低，从而增加了雾化粉末的制备成本。

图6-3所示为气雾化制粉原理示意图。气雾化是用高速气体（如空气、氮气、氩气）粉碎液态金属的一种方法。按雾化器的类型分为自由式雾化和限制式雾化；按冶炼方法分为有坩埚雾化和无坩埚雾化；按装置类型分为真空雾化和非真空雾化。上述类型的组合，构成主要的气雾化制粉方法，其主要特点如下：

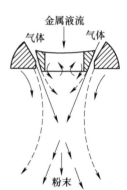

图6-3 气雾化制粉原理示意图

1）自由式雾化制粉较限制式雾化制粉的粉末形貌更好，耗材价格低，但粉末粒径较大。

2）有坩埚雾化生产效率高，但钢液中不可避免地有非金属夹杂物的存在，可以生产出细粉，生产成本低，对原料要求不高。无坩埚雾化生产效率较低，超细粉末的生产难度大，生产成本高，对原料的纯度和形状有要求，粉末纯度高，可制备少夹杂的粉末产品。

3）非真空雾化设备（也称为敞口炉冶炼）的特点是生产效率高（与真空雾化比）、生产成本低、氧含量稍高、冶炼含活泼元素的合金粉末难度大、氧化物夹杂物多。真空雾化设备的特点是氧含量低、容易生产含活泼元素的合金粉末、氧化物夹杂物少、生产效率低。

气雾化的总体特点是粉末氧含量低、粉末形貌好（球形粉末）、生产规模大、生产成本较水雾化高。

目前，具有代表性的气雾化制粉技术有气雾化层流雾化技术、超声紧耦合雾化技术及热气体雾化法等。

影响气雾化粉末性能的因素很多，主要包括气雾化介质、气雾化压力、过热度以及其他工艺参数。

气雾化介质在气雾化过程中与金属溶液主要发生能量交换和热量交换。气雾化介质主要包括空气、氮气以及惰性气体。气雾化介质会影响制得金属粉末的成分、形状、粒径和结构。若采用空气作为雾化介质，空气中的氧气会与金属溶液发生氧化反应，使得制得的金属粉末的氧含量增加。一般来说，采用空气作为气雾化介质主要适用于在气雾化过程中与氧气反应不严重或者雾化过程发生氧化但可以通过后续的还原进行脱氧处理的金属粉末的制备。而氮气以及惰性气体主要用于制备易于氧化的不锈钢粉末和合金粉末。由于气雾化介质在气雾化过程中与金属溶液发生热量交换，不同气体的冷却速率不同，因此，气雾化介质的冷却速率对制得金属粉末的性质也会产生相应的影响。同时，气雾化介质的温度会影响其对金属熔滴的冷却速率，进而影响制得金属粉末的形貌。不仅如此，气雾化介质的温度还会影响气雾化气流的速度，提高气雾化气体的温度，使得雾化气流速度增大，从而增加其破碎金属液流的冲击力。

气雾化压力是影响制得金属粉末性质的主要因素。气雾化压力是气雾化介质与金属溶液发生能量交换的能量之源，气雾化压力的大小直接影响金属粉末的粒径及表面形貌。实践证明，随着气雾化压力的增大，制得的金属粉末的平均粒径减小。但并非是气雾化压力越大越好，气雾化压力增大会影响气雾化喷嘴处的压力场，气雾化压力过大会导致气雾化喷嘴堵塞，进而降低气雾化的稳定性，这不仅影响制得金属粉末的性能，还降低了雾化效率。同时，气雾化压力过大，提高了对雾化设备耐压性能的要求，增加了生产成本。气雾化压力不但会影响粉末粒度组成，还会影响制得金属粉末的成分。

过热度是另一个影响雾化制粉性能的因素，它是指熔融金属的温度与其熔点温度的差值。过热度主要影响金属溶液的表面张力和黏度。金属熔体（铜、镉除外）的表面张力和黏度都随着温度的升高而减小，从而影响粉末粒度和形状。在其他条件不变的情况下，金属溶液表面张力越大，粉末的球形度越高，粉末的平均粒径也越大；反之，金属溶液的表面张力越小，液滴越易变形，制得的金属粉末的形状越不规则，平均粒径也越小。黏度越小，制得的金属粉末的平均粒径越小。过热度越大，金属熔滴的冷却过程越长，表面张力的作用时间越长，越容易得到球形度高的金属粉末。在实际生产中，过热度主要根据金属与合金的熔点进行选择，低熔点的金属或合金过热度一般为 $50 \sim 100 ℃$，铜及铜合金的过热度为 $100 \sim 150 ℃$，铁及合金钢的过热度为 $150 \sim 250 ℃$。

其他工艺参数包括金属液流直径、雾化角度以及雾化设备参数等。在其他条件相同的情况下，随着金属液流直径的减小，相同时间内冲击金属液流的高速气体的量增大，使得破碎更加充分，制得细粉的比例增加。但对于某些合金（如铁铝合金），当金属液流直径减小到一定值时，细粉率反而出现下降，造成这种现象的主要原因是随着金属液流直径的减小，在雾化过程中铝的氧化变得严重，使金属液流的黏度增大，粗粉增多。雾化角度的大小会影响高速气流的动能利用率，进而影响制得金属粉末的粒径及形貌。雾化角度越小，雾化焦点到漏嘴口和喷嘴口的距离越长，高速气流的动能利用率越低，越不易制得细粉；相反，雾化角度越大，雾化焦点到漏嘴口和喷嘴口的距离越短，高速气流的动能利用率越高，制得的金属粉末越细。但雾化角度过大会造成喷嘴堵塞，直接影响气雾化过程的稳定性。

水雾化与气雾化的原理基本一致。水雾化与气雾化采用具有较高速度的流体介质（水/气）撞击金属液流，将水/气流动能转化为熔体表面能，使得液流破碎，形成小液滴，小液滴在表面张力的作用下团聚为球形，进而通过对流方式散热而快速冷凝得到微细球形金属粉末。水雾化由于采用水做介质，相比气雾化成本低，同时能量更高、淬冷效果更好（一般冷却速率可达 $10^2 \sim 10^4 \mathrm{K/s}$），更有利于生产细小的粉末，但粉末的形状大多不规则，且具有粗糙的氧化表面，粉体的氧含量一般高达 $1000 \sim 4000\mu\mathrm{g/g}$，因此这种方法只适用于不会过度氧化的金属粉末（如低合金和高合金钢粉）的制备，而不适用于高活性金属粉的制备，如钛合金、高温合金等。在制备高温合金、钛合金和其他活性金属粉末时，为降低雾化过程中粉末的氧化程度以提高制品的综合性能，常采用气体雾化。根据材料性质的不同，可采用不同的气体（如空气、氮气、氩气、氦气等）冲击金属液滴使之分散。在气雾化条件下，粉末的平均冷却速率比水雾化低，为 $10^2 \sim 10^3 \mathrm{K/s}$。气雾化法制备的粉体一般为球形，且可将氧含量控制在较低水平。但由于气体能量较低，相比水雾化，粉末粒度不易细化。同时气雾化过程中气体的消耗量较大，制粉成本明显高于水雾化。通过控制水雾化与气雾化过程中的熔体温度、水/气流压力等参数，可制备的粉体粒度范围一般在 $10 \sim 300\mu\mathrm{m}$ 之间，且同批粉体的粒度分布范围一般较大。

▷▷ 2. 金属粉末旋转电极制备

等离子旋转电极制备（PREP）是俄罗斯研发的一种球形粉末制备工艺。将金属或合金加工成棒料并利用等离子体加热棒端，同时棒料高速旋转，依靠离心力使熔化液滴细化，在惰性气体环境中凝固并在表面张力的作用下球化形成粉末。PREP 法适用于钛合金、高温合金等合金粉末的制备。该方法制备的金属粉末球形度较高，流动性好，但粉末粒度较大，SLM 工艺用微细粒度（$0 \sim 45\mu\mathrm{m}$），粉末收得率低，细粉成本偏高。由于粉末的粗细即液滴尺寸的大小主要依靠调节棒料的转速或棒料的直径控制，转速提高必然会对设备密封、振动等提出更高的要求。图 6-4 所示为 PREP 制粉工艺流程。

图 6-4　PREP 制粉工艺流程

美国于 20 世纪 70 年代即开始进行 PREP 制粉的相关研究，日本于 20 世纪 90 年代通过 PREP 技术制备钛合金粉末，现阶段，俄罗斯拥有 PREP 较先进的设备及核心技术。我国主要依赖直接引进或者是在引进后以吸收—消化—改进的方式掌握了部分技术，存在粉末粒度粗大、效率低、不能连续生产等问题。钢铁研究总院、北京航空材料研究院和西北有色金属研究院早期引进了俄罗斯的 PREP 设备并开展相关研究，目前制粉技术已取得重大突破。He 等通过 PREP 法制备出粒度为 $46 \sim 200\mu\mathrm{m}$ 的低氧含量 TiAl 合金粉末，并通过进一步筛分得到不同粒度粉末。王琪等利用 PREP 法制备出 TA15 合金粉末，该粉末表面光洁、球形度高、无"卫星粉"、空心粉，粉末粒度集中，但细粉收得率略显不足。目前而言，国内 PREP 制粉技术已取得长足进步，工艺技术日趋成熟，制备的金属粉末的球形度可高达 99.6%，且无"卫星粉"和异形粉，粉末制备中无"伞效应"产生，粉末粒径较小，在 50~125μm 之间的粉末占比超过 70%，且最大粒径不超过 300μm，粉末表面光滑，氧的质量分数低且不超过 0.055%，流动性良好，松装密度较高，完全满足 3D 打印对粉末的工艺要求，随着 PREP 技术的不断发展，已可以满足科研和批量生产需求，但核心技术仍与先进水平存在差距，细粉收得率仍明显不足，成本相对较高。

PREP 法制粉工艺的工艺参数有：

（1）电极棒转速 粉末的雾化机制可简单描述为：高速旋转的电极棒（消耗电极）端部在同轴的等离子体电弧加热源的作用下熔化成液膜，并在离心力作用下向电极端外缘甩出移动，而液膜的表面张力又阻碍液膜飞离电极棒端部外缘，从而在电极棒端面外缘形成一个环状液膜。随着不断熔化液体的非稳流态、射流态至最后汇入到液膜环上的数量的增加，最后形成"蝌蚪状"液滴，此液滴随着自身质量的增加，作用于其上的离心力也加大，但当其未超出表面张力值时，仍不能转变为球形液滴并脱离电极棒端部，当表面张力与离心力相等时，则具备了形成球形液滴的临界条件，可表示如下：

$$\frac{\pi d^3}{6}\frac{D}{2}\rho\omega^2 = \sigma\pi d \tag{6-1}$$

式中，d 为液滴直径；ρ 为液体合金密度；σ 为液体表面张力；D 和 ω 分别为电极棒直径和旋转角速度。

对于雾化的镍基高温合金，ρ、σ 是不变的，因此液滴的直径 d 就等于是粉末颗粒的直径，则式（6-1）可表述为

$$d = \frac{M}{\omega\sqrt{D}} \tag{6-2}$$

式中，$M = \sqrt{\dfrac{12\sigma}{\rho}}$。

可得到镍基高温合金粉末颗粒直径与电极转速的简单近似关系：

$$D = \frac{15000}{n}\frac{1}{\sqrt{D}} \tag{6-3}$$

式中，n 为电极棒转速（r/min）。

由式（6-3）可知，当电极棒直径一定时，提高其转速可显著提高细粉收得率。

（2）等离子体电弧功率 根据前面对粉末雾化形成机制的分析，提高等离子电弧的功率，就会显著提高电极棒端部的熔化速度，即单位时间内粉末颗粒形成的数量与电极棒端部单位面积的电弧功率有关。格里波夫的研究结果表明，如果把单位面积的电弧功率由 $0.5\mathrm{kW/cm^2}$ 提高到 $1.5\mathrm{kW/cm^2}$（可通过提高电弧强度或

减小电极棒直径实现），则电极棒端部的熔化速度可提高50%以上。这是因为提高金属液的过热度可降低其黏度并提高其流动性。在实际生产中也可通过电极棒剩余"料头"的端部弧坑形状来判定等离子体电弧功率的高低。如果弧坑表面光滑发亮，则证明雾化过程中电弧功率较高，能保证金属液具有一定的过热度，如果表面不平整，有未熔的枝晶凸起，则证明电弧加热功率不够（一般小于0.3kW/cm²）。

随着PREP法制粉工艺的发展，其主要研究热点方向有：

（1）提高细粉收得率　为了降低夹杂对粉末合金制件性能的影响，采用粒度<100μm的粉末来制造航空发动机的关键部件是目前世界上粉末高温合金生产和研制的发展方向。因此PREP法制粉工艺的研究必须致力于提高细粉收得率。

（2）提高PREP法制粉工艺的生产效率　优化制粉工艺参数和提高粉末质量的一个主要目的是提高PREP法制粉的生产效率。

▶ 6.2.2　丝材制备

增材制造用金属丝材通常是具有良好焊接性能的一类材料，这在一定程度上可满足增材制造成形工艺要求。目前，金属丝材普遍经冶炼、拉拔等工序制成，由于加工工艺具有局限性，某些高硬度的材料或具有特殊合金成分的丝材的加工十分困难，甚至某些合金能够冶炼而不能制成丝材，因此其种类和数量受到很大的限制。现阶段，电子束熔丝沉积丝材主要以钛合金、镍基合金、碳钢和不锈钢为主，其他材料如典型的不可焊合金等报道很少。

钛及钛合金丝材是增材制造领域应用最为广泛的一类材料，国外对钛及钛合金丝材加工技术研究的报道较多，并且采用了很多新技术，其产品质量好、规格多。国内北京航空制造工程研究所在增材制造专用金属丝材研制方面投入了大量精力，成功开发出一种960MPa强度级电子束熔丝沉积用钛合金丝材，该丝材不仅可以满足电子束熔丝沉积成形工艺的要求，还使钛合金构件具有优异的力学性能，但生产流程长、效率低、价格昂贵是限制其应用的主要因素。

▶ 6.2.3　自组装材料制备

超细粉体在广义上是指从纳米级到微米级的一系列超细材料，具有很多优异性能。以微纳米材料为例，微纳米材料制备的涂层相较于传统涂层具有高强度、高韧性、高耐蚀性和抗热疲劳性能等。但是一方面由于超细粉体的颗粒细小，在狭义上是指处于微米级（5μm以下）、亚微米级（100 nm以上）的一系列超细材料，在激光辐照下易汽化，易发生飞溅，降低粉末利用率，对环境造成污染，同时使涂层缺陷增多；另一方面，粉末细小，质量小，比表面积大，粉末颗粒间的吸引力大，使用同步送粉方式时粉末易发生团聚，导致堵塞粉管而不能顺利将粉末输送到材料表面，影响熔覆效果。为了解决这些问题，通过一些方式将超细粉体组装输入到材料表面，此处选用化学镀复合法、溶胶凝胶复合法对粉体进行组装，再用激光熔覆技术对组装材料进行熔覆获得涂层。

▶▶ 1. 化学镀复合法

碳纳米管（CNT）作为一种新型的碳材料，具有独特的原子结构，可以表现出金属或半导体特性，碳纳米管具有很大的长径比，比表面积很大，而且具有显著的量子效应及晶格特性，更具有很高的强度，可以作为复合材料的理想增强材料。但是高的结构稳定性和化学物理方面的稳定性，限制了碳纳米管在很多复合材料中的应用，同时尺寸小、易团聚等一系列特点影响了其在复合材料中的润湿性和结合力。但是，碳纳米管的表面通常有很多缺陷，特别是多壁碳纳米管不只是管端有缺陷，在长表面上也会因为各种原因形成不同的缺陷，这样就为碳纳米管的表面改性提供了可能的条件。

镍作为金属基复合材料的常用材料，具有优良的电催化、自催化、高温稳定性、高强度、耐磨等一系列性能，且来源很广、价格低廉。已被广泛用于偶联、加氢、氧化等过程，以及各个生产和工业领域。由于碳纳米管表面存在的大量缺陷，可以在碳纳米管表面进行化学修饰反应，使得修饰以后的碳纳米管可以与金属纳米粒子产生很强的相互作用，改善碳纳米管和金属基体之间的润湿性并提高结合力，为研制碳纳米管金属基复合材料提供了前期准备。

由于碳纳米管在生产和样品保存过程中难免有杂质掺入和污染，因此需要对碳纳米管进行除杂和纯化。而且单纯的碳纳米管如前所述具有很好的稳定性，很难与基体润湿结合，因此也必须对碳纳米管的表面进行一些镀前预处理。

（1）碳纳米管的纯化　碳纳米管的纯化主要分两步完成。首先，将称好的碳纳米管浸入浓硝酸溶液中，静置24h，离心清洗后倒入HF溶液中再浸泡24h，离心后，用去离子水将纯化后的碳纳米管洗至中性。纯化的目的是去除碳纳米管制备中使用的少量金属催化剂及碳纳米管生长过程中形成的少量多晶碳、无定型碳等缺陷，同时在强酸的作用下可以使碳纳米管的表面形成一定量的官能团。

（2）碳纳米管的敏化　将氧化处理洗净后的碳纳米管样品放入装有 $0.1mol/L$ $SnCl_2 + 0.1mol/L$ HCl 敏化液的烧杯中，用保鲜膜封口，放入超声仪中超声处理30min，然后用去离子水洗至中性。该步骤主要是利用敏化剂在氧化后的粗糙的碳纳米管表面反应附上锡离子，增强碳纳米管表面的键活性，为下一步活化做准备。

（3）碳纳米管的活化　将以上敏化后洗至中性的碳纳米管样品放入装有 $0.0014mol/L$ $PdCl_2 + 0.25mol/L$ HCl 活化液的烧杯中，用保鲜膜封口，放入超声仪中超声处理30min后取出放置，最后抽滤，水洗至中性。该步骤的主要作用是使敏化处理后的碳纳米管表面吸附的 Sn^{2+} 与 Pd^{2+} 反应，将 Pd^{2+} 还原为纳米 Pd 颗粒而沉淀在碳纳米管的表面，作为化学镀镍的形核质点。为后面的化学镀镍形成反应的活化中心，使镍沉积更容易在碳纳米管表面进行，也可以提高碳纳米管表面与金属镍的结合力。

碳纳米管化学镀镍：将活化之后的碳纳米管再次清洗离心后，加入镀液中进行化学施镀，镀液的成分见表6-2。

表6-2 化学镀镍镀液成分

物　质	含　量
$NiCl_2 \cdot 6H_2O$	30 g/L
$Na_3C_6H_5O_7 \cdot 2H_2O$	40 g/L
NaOH	10 g/L
$N_2H_4 \cdot H_2O$（80%水合肼）	45～50 mL（12～15 吸管）

在化学镀过程中，溶液温度应保持在60℃，时间为24h，NaOH作为缓冲剂连续加入溶液以调节pH值稳定为12。镀后用去离子水洗涤涂覆镍的碳纳米管，并在120℃下干燥2h，将其研磨至100目，以达到激光熔覆同轴送粉粉末粒度要求。

使用扫描电子显微镜可以观察碳纳米管预处理后化学镀以前的形貌，如图6-5a所示。可见碳纳米管因自身范德华力的作用而易于团聚，且表面有粗糙的部分。比较图6-5a与碳纳米管镀镍后表面形貌（图6-5b）可知，碳纳米管化学镀镍以后其表面形成了一层比较均匀的镍合金镀层，而且表面的包覆效果比较理想，这为后面碳纳米管金属复合材料的制备打好了基础。

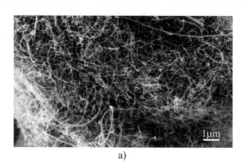

a) b)

图6-5 碳纳米管微观形貌

a）碳纳米管原始形貌　b）碳纳米管镀镍后表面形貌

图6-6和图6-7所示分别为用激光熔覆技术制备的 Inconel 718 和 NiCNT/In-

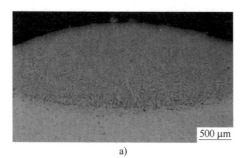
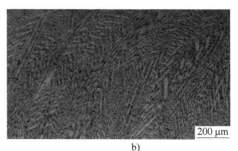

a) b)

图6-6 Inconel 718 合金涂层

a）横截面　b）纵截面

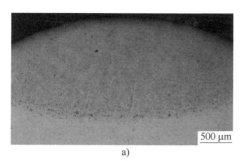
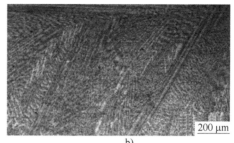

500 μm

200 μm

a)　　　　　　　　　　　b)

图 6-7　NiCNT／Inconel 718 合金涂层

a）横截面　b）纵截面

conel 718 合金涂层横纵截面金相图。可以看出，从黏合区到顶层复合涂层的微观组织主要是平面晶体及柱状枝晶。当加工参数恒定时，NiCNT／Inconel 718 合金涂层显示出比 Inconel 718 涂层更精细的微观结构，这表明碳纳米管有利于细化晶粒。

▶▶ **2. 溶胶凝胶复合法**

溶胶凝胶复合法是首先通过溶胶凝胶法制备含有 TiC、TiN 反应物的混合粉末，然后将该混合粉末预置于基体表面，采用激光对其进行强化处理，在激光处理过程中，反应物间发生碳热反应，原位生成 TiC、TiN、TiB_2 强化颗粒。

溶胶凝胶法可用来制备薄膜和涂层材料，目前广泛应用于制备光学薄膜分离膜、保护膜、铁电膜、传感膜和催化膜中。国内外材料科学工作者都极为重视溶胶凝胶薄膜涂层科学技术及涂层材料的研究，以便在各种各样的基材上制备有各种特殊性能的涂层，从而扩大其应用领域。但是，由传统的烧结法制备的溶胶凝胶涂层存在着薄膜在基体上附着性差，涂层不致密，将基体和涂层整体放进烧结炉烧结容易引起基体材料的力学性能降低等问题。激光强化技术作为一种新的表面强化和改性技术，在耐磨损、抗腐蚀等涂层制备方面显示出良好的应用前景。将激光熔覆技术与溶胶凝胶法复合，利用激光能量密度高、材料在激光作用下可以快速熔凝等特点，可原位生成超细晶陶瓷增强涂层，以获得摩擦磨损性能优良的功能性涂层。由于颗粒是反应生成的，其与基体之间结合紧密，且强化颗粒在强化层中弥散分布，基本不出现团聚，保持了性能的稳定。

6.3　多能场激光复合表面改性专用材料

▶ 6.3.1　超音速激光复合沉积专用材料

▶▶ 1. Fe 基材料

针对材料表面耐蚀性的需求，采用超音速激光沉积技术制备了 SS316L 以及 WC／SS316L 等耐腐蚀表面涂层。SS316L 的粉末颗粒为球形，粒径范围为 20 ～

30μm，WC采用不规则形貌，如图6-8所示。在WC/SS316L复合粉末的配比中，WC与SS316L按3∶7的体积比进行配比，通过球磨机对复合粉末进行混粉处理，以获得均匀混合的复合原始粉末。对制备的复合涂层进行性能分析，发现超音速激光沉积涂层较单一冷喷涂涂层具有更好的致密性和结合性，同时在复合涂层中增强相具有更高的含量，因此表现出更优的耐蚀性和耐磨损性能。

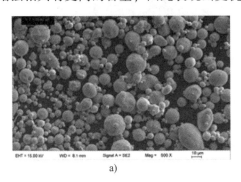

a)   b)

图6-8 超音速激光沉积Fe基耐腐蚀复合粉末

a）SS316L b）WC

⯈ 2. Ni基材料

针对表面耐磨性的需求，采用超音速激光沉积技术制备了Ni60以及金刚石/Ni60复合耐磨涂层。Ni60粉末为球形，粒径范围为10~20μm，金刚石为不规则形貌，如图6-9所示。在金刚石/Ni60复合涂层中，金刚石与Ni60按2∶8的质量比进行配比，并通过球磨过程对两种粉末进行均匀混合。利用超音速激光沉积技术获得了致密无裂纹的Ni60及金刚石/Ni60表面耐磨涂层。特别是首次在国际上实现了金刚石/Ni60复合涂层的固态沉积，所制备的复合涂层无裂纹、无金刚石石墨化且金刚石含量高，显微硬度达到1200HV0.3以上，表现出极其优异的耐磨损性能。

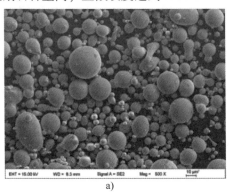
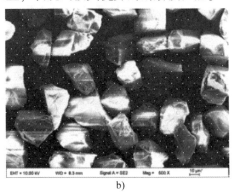

a)   b)

图6-9 超音速激光沉积Ni基耐磨损复合粉末

a）Ni60 b）金刚石

3. Co 基材料

针对表面在高温条件下耐磨损以及耐腐蚀性能的需求，利用超音速激光沉积制备了 Stellite 6 以及 WC/Stellite 6 复合涂层。Stellite 6 粉末为球形，平均粒径为 14.67μm，WC 为不规则形貌，平均粒径为 12.03μm，如图 6-10 所示。WC 与 Stellite 6 按照 3∶7 的体积比进行配比，通过球磨方法对复合粉末进行均匀化处理，以保证后续获得增强相均匀分布的复合涂层。对超音速激光沉积的 Stellite 6 涂层进行力学性能分析，由于其保持了原始粉末的物相和微观组织结构，表现出较好的强韧性以及抗气蚀性能；对超音速激光沉积 WC/Stellite 6 复合涂层进行耐磨损性能测试，由于其具有较高的 WC 含量以及在增强相颗粒与黏结相颗粒之间形成了微冶金结合，较激光熔覆试样具有更优的耐磨损性能。

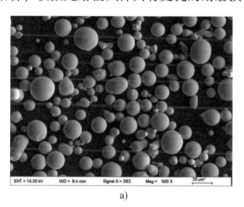

a)   b)

图 6-10 超音速激光沉积 Co 基复合粉末

a）Stellite 6 b）WC

6.3.2 电磁场激光复合表面改性专用材料

电磁场复合表面改性时，由于激光束的高能辐照，材料表面熔融，其温度远超居里温度。因此，无论是顺磁性还是铁磁性的粉末或基体材料，在熔池的高温下都体现顺磁性，即熔池不会受到磁场吸引的影响。

电磁场复合激光表面改性常用奥氏体不锈钢、镍基高温合金、陶瓷颗粒增强复合材料等金属材料。316L 不锈钢粉末由于具有良好的耐蚀性和激光熔覆工艺性能，常被选为电磁场复合表面改性用材料，而且 316L 无论是粉末还是熔覆层，均为奥氏体材料，为顺磁性材料。Inconel 718 也常作为电磁场复合表面改性用材料，不仅因为其具有优良的耐高温性能，还因为在电磁场作用下，其凝固组织中的 Laves 相数量可明显减少，Laves 相的形态呈岛状趋势，可有效提高改性层的性能。WC 颗粒增强复合材料是另一种电磁场复合表面改性用材料。WC 颗粒具有耐高温、硬度高、导电性优良等特征，在熔池中可受到电磁场的直接作用。因此，通过调节电磁场参数，在熔池中产生不同方向的体积力，即可对 WC 的分布梯度进行灵活调整，实现梯度材料的制备。

6.3.3　电化学激光复合表面改性专用材料

电化学激光复合表面改性技术通过在电化学体系中引入高能激光束，激光辐照改变了辐照区域的电极状态、产生光电化学效应、热电化学效应和力电化学效应，不同电解液对膜层的溶解能力不同，沉积速率、粒子迁移速率和化学反应的速率不同，因此电解液对复合表面改性具有重要的影响。

6.3.4　超声振动激光复合表面改性专用材料

超声振动激光复合表面改性技术用于解决金属成形件内部容易产生气孔等缺陷、熔覆层组织成分不均匀、试件容易变形开裂等问题，其专用材料应满足阻抗匹配原则、低内耗原则。常用的材料包括：

1. 钛基合金

钛基合金具有强度高、耐蚀性好、耐热性好等特点，其较低的声阻抗特性也被研究人员运用于超声激光复合表面改性技术中。在超声激光复合制造过程中，钛基合金具有很好的传递超声的效果，因而使得超声能场在激光表面改性过程中的作用更加明显。常用的钛基合金粉末体系包括 TC4 等。

2. 铁基合金

铁基合金综合性能良好，应用广泛，价格低廉。其按金相组织可以分为以下几类：马氏体合金钢、高铬铸铁、奥氏体锰钢、马氏体不锈钢和光体钢。在应用铁基合金进行超声振动激光复合表面改性时，超声有助于降低孔隙率，降低材料的开裂倾向。当前研究中常用的铁基合金有 SS316L、45 钢、EA4T 钢等。

3. 镍基合金

镍基合金常作为高温合金，广泛用于燃气轮机，在 650～1000℃ 高温下有较高的强度与一定的抗氧化腐蚀能力等综合性能。在对镍基合金进行激光表面改性时，超声振动有利于控制裂纹、抑制元素偏析、减少析出相的生成等。当前常用的镍基高温合金有 Inconel 718、Inconel 625、Haynes 282 等。

6.4　多能场激光复合表面改性材料的应用

多能场激光复合表面改性技术自诞生以来，在工业中已获得了大量应用，解决了工程中大量的维修难题。但是，多能场激光复合表面改性材料一直是制约多能场激光复合表面改性技术应用的重要因素。目前，多能场激光复合表面改性材料存在的主要问题是专用材料体系较少，缺乏系列化的专用粉末材料，缺少多能场激光复合表面改性熔覆材料评价和应用标准。

多年来，多能场激光复合表面改性所用的粉末体系一直沿用热喷涂粉末材料。众多学者研究指出，借助于热喷涂粉末进行多能场激光复合表面改性是不科学的。为了防止喷涂时由于温度的微小变化而发生流淌，所设计的热喷涂合金往往具有较大的凝固温度区间，将这类合金直接应用于多能场激光复合表面改性，会因为流动性不好而带来气孔问题。另外，在热喷涂粉末中加入了较多的 B 和 Si 元素，这一方面降低了合金的熔点，另一方面作为脱氧剂还原金属氧化物，生成低熔点的硼硅酸盐，起到脱氧造渣作用。然而与热喷涂相比，激光熔池寿命较短，这种低熔点的硼硅酸盐往往来不及浮到熔池表面而残留在熔覆层内，在冷却过程中形成液态薄膜，加剧涂层开裂，或者使熔覆层中夹杂。

针对以上问题，通常采取的方法主要包括以下几种：

1）在通用的热喷涂粉末基础上调整成分，降低膨胀系数。在保证使用性能的要求下尽量降低 B、Si、C 等元素的含量，减小在熔覆层及基材表面过渡层中产生裂纹的可能性。

2）添加一种或几种合金元素，在满足其使用性能的基础上，增加其韧性相，提高熔覆层的韧性，可以有效抑制热裂纹的产生。

3）对基体材料进行预热和后热处理，能够减小温度梯度，降低残余热应力，有利于抑制裂纹的发生。

4）在粉末材料中加入稀土元素，能够提高材料的强韧性。

以上各种方法虽然可以在一定程度上改善涂层的工艺性能，但却不能改变激光骤热急冷时产生的内应力，并不能从根本上解决问题。因此，应从多能场激光复合表面改性过程的特点出发，结合应用要求，研究出适合多能场激光复合表面改性的专用粉末，这将成为多能场激光复合表面改性研究的重要方向之一。目前，国内清华大学等单位已经开展了多能场激光复合表面改性专用粉末材料的研究。谭文等研制出一种成本低、性能优异的专用 Fe 基合金粉末 Fe-C-Si-B，与商用 Ni 基自熔合金激光熔覆工艺性能的对比研究表明其润湿性更佳。另外，在 Fe-C-Si-B 合金粉末中加入了少量的 CaF_2，显著地改善了熔覆粉末的工艺性能。李胜等提出一种"低碳包晶"专用 Fe 基合金粉末设计思想（即粉末中碳的质量分数在 0.2% 左右，位于包晶点附近），认为合金凝固温度范围小，晶粒细小，韧性好，抗开裂的能力强，熔覆层的主要物相是强韧性较好的板条马氏体。研究表明，基于此设计思想的铁基粉末所制备的熔覆组织为"隐晶马氏体 + 残留奥氏体 + 少量弥散分布的合金碳化物"，熔覆层硬度达 62HRC，无裂纹且不需预热和后热处理。另外，功能梯度涂层的开发也为解决裂纹问题提供了新思路，但在其制备中还存在一些问题，如难以精确控制涂层成分按理论设计变化，难以应用于大尺寸零件等。

多能场激光复合表面改性技术是一项科技含量高的表面改性技术与装备维修技术，其研究和发展具有重要的理论意义和经济价值。多能场激光复合表面改性材料是制约激光熔覆技术发展和应用的主要因素。目前在研制多能场激光复合表面改性材料方面虽取得了一定进展，但与按照设计的熔覆件性能和应用要求定量地设计合金成分还存在很长距离，多能场激光复合表面改性材料远未形成系列化和标准化，尚需要加大力度进行深入研究。

下面介绍基于电磁场激光复合熔覆技术的材料设计及在汽轮机转子修复方面的应用。

▶ 6.4.1　汽轮机转子激光修复材料设计

汽轮机转子作为工业汽轮机的核心部件，因其长期在高温、高压及变工况条件下高速运行，极易发生轴颈磨损，当轴颈磨损到一定程度时就会导致机组振动增大，严重影响机组运行时的安全性和稳定性。同时也导致转子的使用寿命降低，据统计，转子的使用寿命通常短于气缸等部件。新转子加工周期长，材料昂贵，更换转子的方法既不经济也不环保，用户和生产者都在寻求一种经济、快捷的方法来解决这一问题，基于电磁场复合技术的激光修复技术就是解决这一问题的理想方法。目前粉末大多沿用传统热喷涂粉末，但因为热喷涂粉末球形度低，输送过程中容易造成堵塞，又因为元素含量等问题，易产生裂纹、气孔缺陷，所以沿用热喷涂粉末是不科学的。因此需根据工况条件和设备特点来设计研制合金粉末。

电磁场复合改性专用材料的设计应在满足电磁场材料设计的三大原则：无铁磁性原则、电导率匹配原则及高流动性原则下进行。此外，电磁场复合改性专用材料的成分及性能应当与基体材料相匹配，从而减小利用基于电磁场复合技术修复汽轮机转子磨损轴颈过程中所产生的热应力，减少熔覆层及结合处的气孔、夹渣及裂纹等缺陷，使修复后区域的性能达到甚至超过基体，满足修复要求。因此，为了获得匹配性材料，前期在30Cr2Ni4MoV基体上进行激光熔覆试验研究，对其结合质量及组织性能进行初步探索，筛选较适合典型轴段基体的粉末，设计了LP系列电磁场复合改性专用材料。

▶ 1. LP 系列合金专用粉末设计

根据电磁场复合改性专用材料设计原则设计了LP合金系列，其合金成分见表6-3。这些粉末通过添加C、Cr、Mo、Mn、Si等合金元素气雾化制备而成。其中，加入C元素可以依靠其与其他元素（Fe、Cr等）生成的碳化物，起到硬质相弥散强化作用，碳含量过高则会提高熔覆层的硬度，增加裂纹敏感性；Cr元素主要是用来提高熔覆层的工艺性能，还能提高熔覆层的耐磨性、耐蚀性、抗氧化性等；Mo元素原子结合能力强，易与C等合金元素形成强化相，此外，还可以阻止奥氏体的长大，起到细晶强化和固溶强化的作用，提高熔覆层的强度、韧性；Mn元素可以适当提高熔覆层的强度和硬度，但锰含量过高时，在激光再制造过程中易与氧结合形成氧化物滞留在熔覆层中，降低熔覆层的力学性能；Si元素能够优先与涂层材料中的氧及基体表面的氧化物生成硼酸盐、硅酸盐，是较为重要的脱氧造渣元素，还可以降低粉末熔点，降低合金在液态时的表面张力，改善合金的润湿性，Si元素含量过高也会增加裂纹的敏感性，降低熔覆层的韧性等力学性能。

表 6-3　LP 合金粉末成分

元　　素	C	Cr	Mo	Si	Mn	Fe
质量分数（%）	0.07~0.16	1.0~1.75	0.45~0.65	0.45~0.75	0.45~1.0	余量

从所制合金粉末中取样，由图 6-11 可以看出，粉末的粒径在 45~109μm 之间，且球形度良好，较为均匀，空心粉率为 0.1%，符合激光熔覆要求。

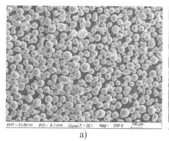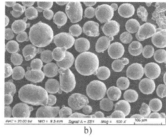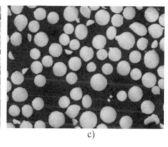

a)　　　　　　　　　　　b)　　　　　　　　　　　c)

图 6-11　LP 合金粉末形貌

a）合金粉末 SEM 形貌（放大 100 倍）　b）合金粉末 SEM 形貌（放大 500 倍）

c）合金粉末截面金相形貌（放大 100 倍）

▶▶ 2. LP 合金粉末熔覆工艺匹配性研究

图 6-12 所示为 LP 合金粉末激光熔覆部分，可以看出涂层表面质量较好。图 6-13

a)

b)

图 6-12　LP 合金粉末激光熔覆部分

a）试样宏观形貌　b）试样探伤形貌

所示为 LP 合金粉末对应的熔覆层组织。

图 6-14 所示为熔覆层内部结合界面，图 6-14a 所示为熔覆层与基体结合界面，图 6-14b 所示为熔覆层道间结合界面，从图中可以看出，熔覆层与基体和熔覆层之间均为冶金结合，界面连续。

由上述工艺试验与微观分析可知，LP 合金粉末基本满足设计要求，后期进行针对汽轮机转子 30Cr2Ni4MoV 合金的修复试验。

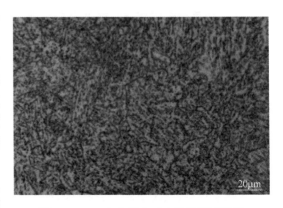

图 6-13 LP 合金粉末对应的熔覆层组织

a) b)

图 6-14 熔覆层与基体和熔覆层道间结合界面

a）熔覆层与基体结合界面 b）熔覆层道间结合界面

⫸ 3. 金相组织及相分析

材料的性能取决于材料的化学成分和材料经历的热循环过程，经受不同的热循环过程，材料将有不同的组织构造，进而有不同的性能，尤其是力学性能的变化。由于 30Cr2Ni4MoV 基材及 LP 合金的化学成分存在差异，熔覆层金属对母材金属成分的稀释作用，导致熔覆层各层材料化学成分呈梯度变化。

多层熔覆过程中，各层材料经受不同的热循环过程，因而发生不同相变过程而得到不同的金相组织。为此，沿母材——熔覆层方向截取一块区域，制作金相试样，对熔覆层做金相分析，探索材料性能发生变化的内在原因。

对熔覆层进行图 6-15 所示的 EDS 线扫，具体组织如图 6-16 所示。图 6-16a 所示为坡口熔覆层的下部组织，可以看出，熔覆层组织为回火索氏体组织，铁素体晶界模糊，没有完整的连续晶界，且在晶界、亚晶界分布有细小碳化物；图 6-16b 所示为坡口熔覆层的中部组织，为回火索氏体组织，相比于下部的熔覆层组织，回火索氏体的晶粒略微粗大，其原因是，前面的热积累使得熔池的温度更高，凝固时间变长；图 6-16c 所示为熔覆层的盖面层组织，由铁素体加弥散分布碳化物组成，盖面熔覆层为最后一层，由于前面熔覆过程的热积累较多，基体温度高，使得熔覆时散热速度减慢，并且在最后一层熔覆时，熔池的温度更高，凝固时间变长，晶粒长大明显，晶界明显。

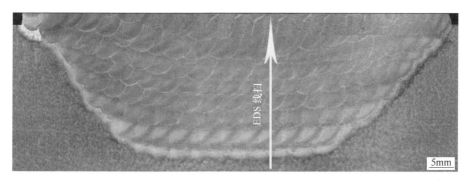

图 6-15　EDS 线扫

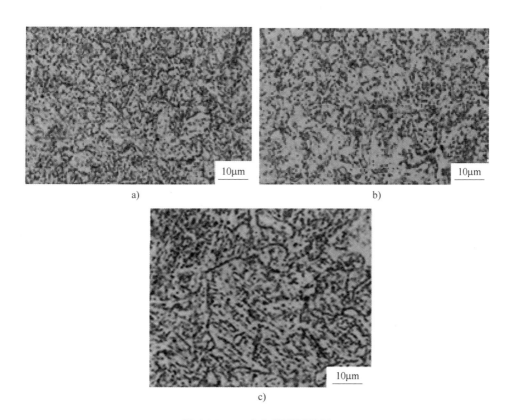

a)

b)

c)

图 6-16　LP 合金熔覆层组织

a）坡口熔覆层的下部组织　　b）坡口熔覆层的中部组织　　c）熔覆层的盖面层组织

碳化物是钢中的重要组成相之一，碳化物的类型、数量、大小、形状及分布对钢的性能有极重要的影响。此外，碳化物在钢中的相对稳定性取决于合金元素与碳的亲和力的大小，即取决于合金元素 d 层电子数。金属元素的 d 层电子数越少，它与碳的亲和力就越大，所析出的碳化物在钢中就越稳定。一般来说，参照基体及 LP 合金成分，熔覆层中可能与碳结合的元素有 V、Cr、Mn、Fe、Ni、Co 等，它们与碳的亲和力的大小满足 V > Cr > Mn > Fe > Co > Ni，而 Co 和 Ni 的 3d 层电子数比铁多，与碳的亲和力比铁小，故在钢中不形成碳化物。

如图 6-17 所示，自坡口底部至熔覆层方向，对 Cr、Mo 等主要化学元素进行 EDS 线扫，并对显微硬度进行了测试。如图 6-17a 所示，随着与基体表面距离的增加，在到达熔覆层后，熔覆层金属中的 Cr 含量显著降低，在距基体表面 2.5mm 的熔覆层中 Cr 的质量分数含量已经低于 2%，这已经接近了 LP 熔覆材料的 Cr 含量。同样，如图 6-17b 所示，Mo 元素随着与基体表面距离的增加，含量也不断下降，

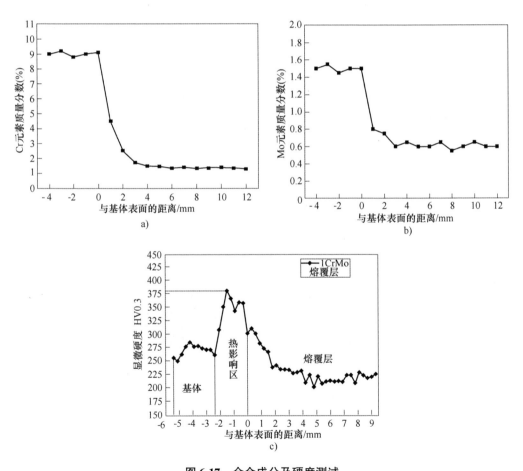

图 6-17 合金成分及硬度测试

a）Cr 元素分布　b）Mo 元素分布　c）熔覆层显微硬度

并在距基体表面2.5mm后趋于均匀。说明随着与基体表面距离的增加，基体对熔覆层的稀释程度逐渐降低，在距基体表面2.5mm处，基体对熔覆层的稀释程度已经很低。

由图6-17c所示的硬度曲线可以看出，基材硬度在250～280HV0.3之间，基体侧热影响区（HAZ）的深度约为2.3mm，最高硬度为380HV0.3左右；从基体表面开始，随着距离增加，熔覆层硬度呈下降趋势，在与基体表面的距离超过2.5mm后，熔覆层硬度基本趋于平稳，在210～230HV0.3之间，其主要原因是熔覆层中的C、Cr、V等主要元素含量下降使得碳当量降低，熔覆层硬度降低。

▶ **4. 性能测试**

在转子上取样块进行激光熔覆，熔覆层高出基体上表面3mm左右，作为加工余量。将熔覆层粗铣至表面平整，用以制备试样，取样方法如图6-18所示。

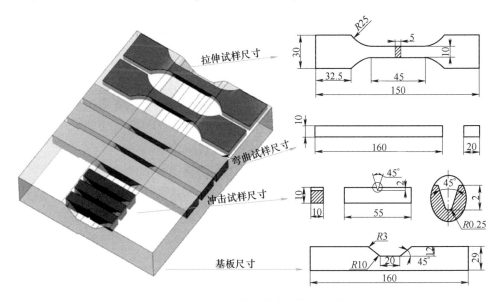

图6-18 拉伸、冲击、弯曲试样取样方法

拉伸试样如图6-19所示，标距为45mm，试验采用板形试样，厚度为5mm。

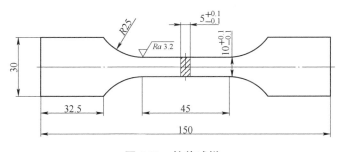

图6-19 拉伸试样

（1）冲击性能测试　冲击试样如图 6-20 所示，弯曲试样如图 6-21 所示，冲击试验后的修复层材料冲击吸收功如图 6-22 所示，修复层冲击试验数据见表 6-4。

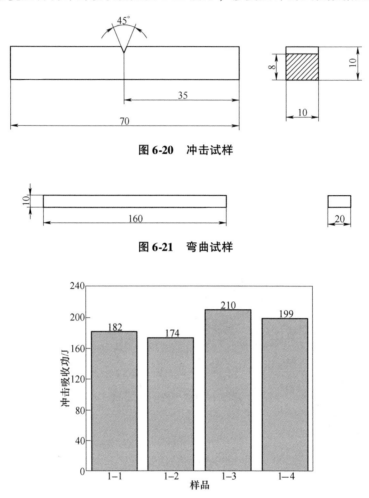

图 6-20　冲击试样

图 6-21　弯曲试样

图 6-22　冲击试验后的修复层材料冲击吸收功

表 6-4　修复层冲击试验数据

试 样 类 型	平均吸收功/J	平均韧度/（J/cm²）
修复层	191	239

断裂是金属材料中危害性最大的失效性行为之一。一般而言，能够造成金属材料断裂的原因是多种多样的，温度、载荷条件以及介质均能够不同程度地影响金属材料的断裂行为。为了分析修复层的断裂机制，使用扫描电镜对冲击试样的断口进行了观察，如图 6-23 所示，由图可以看出，断口分布着大小不一的韧窝，韧窝大而深，说明熔覆层材料的塑性较好。

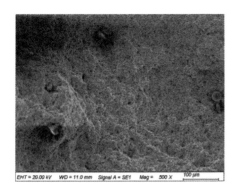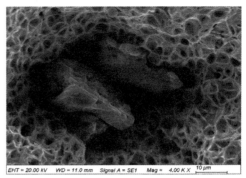

图6-23　修复层冲击试样断口形貌

（2）拉伸测试

1）常温拉伸性能测试及分析。图6-24所示为修复层拉伸试样断后实物图。修复层试样均在凹槽区域所在的位置断裂，结果有效。拉伸试验后得到的性能参数如图6-25所示，表6-5列出了各参数的平均值。

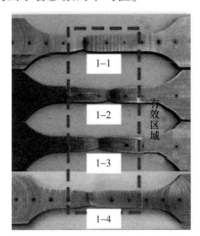

图6-24　修复层拉伸试样断后实物图

表6-5　修复层拉伸试验数据

试 样 类 型	平均抗拉强度/MPa	平均断后伸长率（%）	平均断面收缩率（%）
修复层	766	18	29

图6-26a、b所示分别为修复层的应力-应变曲线及屈服强度。其中，应力由式（6-4）求得，应变由式（6-5）求得。

$$\sigma = \frac{F}{S_0} \tag{6-4}$$

式中，σ为应力，F为载荷。

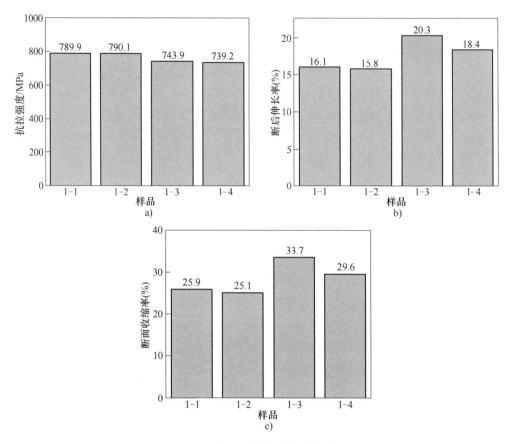

图 6-25　修复层拉伸试样性能参数

a）抗拉强度　b）断后伸长率　c）断面收缩率

$$\varepsilon = \frac{\Delta L_{b}}{L_{b}} \times 100\% \qquad (6\text{-}5)$$

式中，ε 为应变；L_{b} 为标距；ΔL_{b} 为试样伸长量。

应力-应变曲线的形状反应材料在外力作用下发生的脆性、塑性、屈服、断裂等各种形变过程。由图 6-26 可以看出，修复层与基体在拉伸过程中，均有较为明显的弹性阶段，这意味着在弹性阶段内外载荷卸载后，变形是可以恢复到原状的。

2）常温拉伸试样断口分析。金属材料受到外力作用后，其内部能量升高，此时，通过塑性变形来松弛降低能量。当金属不能继续塑性变形时，若再增加应力，它便以断裂的形式彻底松弛。

拉伸韧性断裂过程一般包括微孔形核、长大和聚合三个阶段。光滑试样在拉应力作用下，在缩颈区会形成三向拉应力状态，且心部轴向应力最大，更有利于裂纹的继续萌生及聚合与长大，因而缩颈处中心区域的显微裂纹、夹杂物（孔洞）等成为金属拉伸试样断裂的裂纹源。

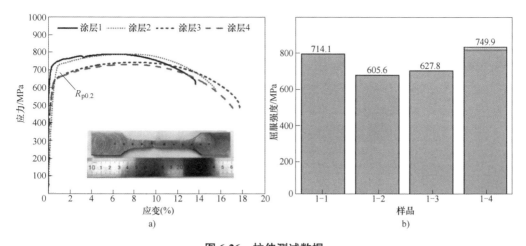

图 6-26　拉伸测试数据

a）修复层应力-应变曲线　b）修复层屈服强度

图 6-27 所示为修复层拉伸断口形貌，由图 6-27a 可以看出，断口呈灰色，无光泽，存在缩颈现象，在断口内部，没有发现明显的裂纹缺陷。由图 6-27b 可以看出，断口分布着大小不一的韧窝，在韧窝内部有球状第二相粒子的存在，结合 EDS、XRD 分析，该第二相粒子富 Mn 及 Fe 元素，推测为 Fe19Mn 相。

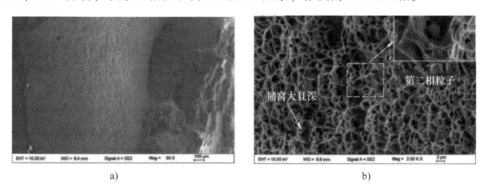

图 6-27　修复层拉伸断口形貌

a）断口宏观形貌　b）断口韧窝

（3）弯曲测试　图 6-28 所示为修复层弯曲后宏观形貌，可以看出熔覆层做 180°弯曲后，弯曲处的外侧无肉眼可见裂纹，标准探伤后未发现裂纹，可评定其为合格。

（4）断裂韧性测试　断裂韧性是试样或构件中有裂纹或类裂纹缺陷情形下发生以其为起点的不再随着载荷增加而快速断裂，即发生所谓不稳定断裂时，材料显示的阻抗值。断裂韧性表征材料阻止裂纹扩展的能力，是度量材料韧性好坏的一个定量指标。在加载速度和温度一定的条件下，对某种材料而言它是一个常数，它和裂纹本身的大小、形状及外加应力大小无关，是材料固有的特性，只与材料本身、热处理及加工工艺有关。

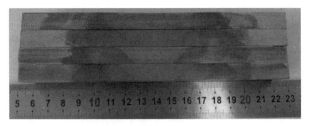

a)

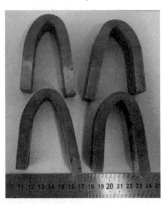

b)

c)

图 6-28　修复层弯曲后宏观形貌

a) 弯曲试样　b) 试样弯曲后　c) 试样探伤

试验采用加载法，在 MTS810 电液伺服疲劳试验机上进行加载试验，如图 6-29 所示。

所用试样为台阶型缺口紧凑拉伸（CT）试样形式，缺口处装夹 COD 规（夹式引伸计）。使用 FlexTest SE 全数字伺服闭环控制系统对试验过程进行控制和数据采集。试验参考 GB/T 21143—2014《金属材料　准静态断裂韧度的统一试验方法》，试验控制条件为位移控制，保证应力强度因子速率为 $1 \sim 2 \mathrm{MPa} \cdot \mathrm{m}^{1/2} \cdot \mathrm{s}^{-1}$，所有试样在同一标称速率下加载。根据现有设备要求，本次弯曲试样采用 CT 试样，试样尺寸如图 6-30 所示。

a)   b)

图 6-29   **MTS810 电液伺服疲劳试验机**

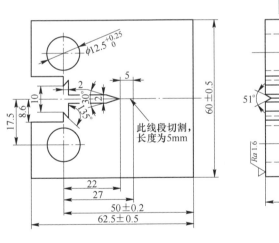
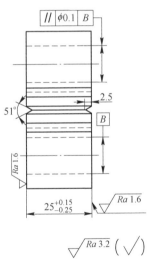

图 6-30   **CT 试样尺寸**

    试验分三组分别比较了修复层、结合面、结合面热处理后 30Cr2Ni4MoV 金属的断裂韧性。A 组试验为结合面断裂韧性试验。图 6-31 所示为焊态 30Cr2Ni4MoV 熔覆结合面试样断口。

    图 6-32 所示为 30Cr2Ni4MoV 熔覆结合面断裂韧性测试曲线。从图中可以看出，1 号试样在载荷为 54.943 kN 时发生断裂，2 号试样在载荷为 48.55kN 时发生断裂，通过计算得到 J_c（25）（厚度为 25mm 的试样的断裂韧性值）值分别为 179.4kJ/m^2 和 131.2kJ/m^2，通过有效性判据：

a)　　　　　　　　　　　　　　b)

图 6-31　焊态 30Cr2Ni4MoV 熔覆结合面试样断口

a) 1 号试样　b) 2 号试样

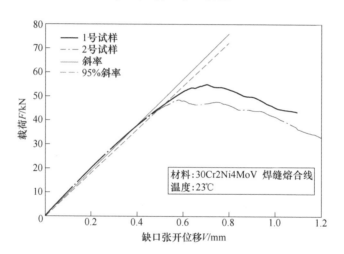

图 6-32　30Cr2Ni4MoV 熔覆结合面断裂韧性测试曲线

$$0.45 \leqslant a_0/W \leqslant 0.75 \qquad (6-6)$$

$$P_{\max}/P_Q \leqslant 1.1 \qquad (6-7)$$

$$W - a_0 > 2.5(K_Q/R_{p0.2})^2 \qquad (6-8)$$

式中，a_0 为初始裂纹长度；W 为试样宽度；$P_{\max}$ 为最大载荷；P_Q 为条件载荷；K_Q 为条件应力强度因子；$R_{p0.2}$ 为屈服强度。

判定后发现 Jc（25）并不满足有效性判据，计算得应力强度因子分别为 119.2MPa·$\mathrm{m}^{1/2}$ 和 105.7MPa·$\mathrm{m}^{1/2}$。

B 组试验为 30Cr2Ni4MoV 熔覆修复层断裂韧性试验。图 6-33 所示为 30Cr2Ni4MoV 熔覆修复层试样断口。

a)   b)

图 6-33　30Cr2Ni4MoV 熔覆修复层试样断口

a）4 号试样　b）10 号试样

图 6-34 所示为 30Cr2Ni4MoV 熔覆修复层断裂韧性测试曲线。从图中可以看出，4 号试样在载荷为 54.616 kN 时发生断裂，10 号试样在载荷为 54.018 kN 时发生断裂。10 号试样在加载过程中发生了突进（pop-in）现象，这可能是由垂直裂纹平面的裂纹和撕裂或者试验过程中引伸计安装不当等导致的。通过计算得到 J_c（25）值分别为 172.1kJ/m² 和 246.8kJ/m²，判定后发现 J_c（25）并不满足有效性判据，计算得应力强度因子分别为 119.0MPa·m$^{1/2}$ 和 115.4MPa·m$^{1/2}$。相较于 30Cr2Ni4MoV 熔覆结合面的应力强度因子无明显变化。

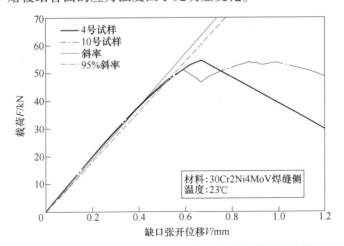

图 6-34　30Cr2Ni4MoV 熔覆修复层断裂韧性测试曲线

激光熔覆是一个快冷快热的过程，熔覆完成后存在较大的应力，组织也并不均匀，前两组试验发现 30Cr2Ni4MoV 熔覆结合面和修复层应力强度因子均不满足有效性判据，故在上述基础上进行了图6-35所示的热处理工艺的去应力退火试验，得到稳定的组织后进行断裂韧性测试。

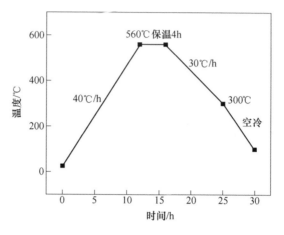

图6-35　热处理工艺

图6-36所示为经过40℃/h升温，560℃保温4h，30℃/h降温到300℃，空冷后的30Cr2Ni4MoV熔覆结合面试样断口。

a)　　　　　　　　　　　　b)

图6-36　热处理后30Cr2Ni4MoV熔覆结合面试样断口

a）3号试样　b）5号试样

图6-37所示为热处理后30Cr2Ni4MoV熔覆结合面断裂韧性测试曲线。从图中可以看出，3号试样在载荷为62.130 kN时发生断裂，5号试样在载荷为48.304kN时发生断裂。通过计算得到J_c（25）值分别为240.8kJ/m²和133.6kJ/m²，判定后发现J_c（25）仍不满足有效性判据，计算得应力强度因子分别为127.8MPa·$m^{1/2}$

和 $109.7 \mathrm{MPa} \cdot \mathrm{m}^{1/2}$，热处理后试样应力强度因子有所提高。

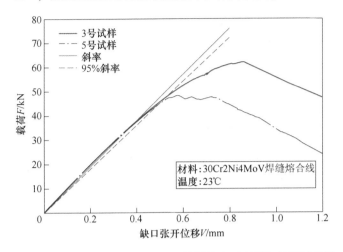

图 6-37　热处理后 30Cr2Ni4MoV 熔覆结合面断裂韧性测试曲线

本试验测试了 LP 材料熔覆于 30Cr2Ni4MoV 钢延性断裂韧性，在获得起裂韧度后，对应的应力强度因子用公式换算得到。

6.4.2　汽轮机转子激光修复材料应用

1. 转子模拟件激光修复

待熔覆转子缺陷模拟件材料为 30Cr2Ni4MoV，化学成分见表 6-6。此处激光增材再制造修复模拟件选用前面设计的 LP 合金粉末，其粒度为 140~320 目。

表 6-6　30Cr2Ni4MoV 基材化学成分

元素	Ni	Mo	V	Mn	Sn	Sb	As	Al
质量分数（%）	3.68	0.41	0.10	0.18	≤0.005	≤0.0015	≤0.004	≤0.005

激光熔覆主要工艺参数见表 6-7。激光熔覆完成后对转子模拟件进行着色探伤、表面硬度测试及综合跳动值测试。

表 6-7　激光熔覆主要工艺参数

参　数	激光功率/W	扫描速度/（mm/min）	送粉率/（g/min）	搭接率（%）
数值	2700~3000	360~480	10~12	50

图 6-38a 所示为转子模拟件实物，图 6-38b 所示为激光熔覆过程。由于激光能量过高，激光熔覆修复区域温度过高产生热应力，汽轮机转子产生变形，这对于高精度的转子是不可行的。所以在激光修复汽轮机转子模拟件的过程中，需要对其各个部位进行温度检测，见表 6-8。

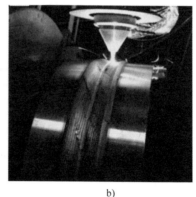

a)　　　　　　　　　　　　b)

图 6-38　转子模拟件激光熔覆

a）30Cr2Ni4MoV 转子模拟件　b）激光熔覆过程

表 6-8　检测部位的温度变化

时间/min	0	2	4	6	8	10	12	14	16	18	20	22	24
温度/℃	24	50	59	63	67	74	77	81	84	87	92	93	96

通过对激光熔覆过程中的温度进行实时监控，发现整个熔覆过程中（0 ~ 6min），检测部位的最高温度未超过 100℃。正是利用激光熔覆技术加热集中、热影响区小的优势，激光熔覆区域附近基体的温度明显不高，对邻近部位的温度影响小，整个熔覆过程较为平稳、可控。

图 6-39 所示为激光熔覆后转子模拟件着色探伤。从图中可以看出，熔覆层成形良好，表面平整，结果显示无缺陷。

a)　　　　　　　　　　　　b)

图 6-39　激光熔覆后转子模拟件着色探伤

a）着色　b）探伤

由于对表面精度要求高，不能使用维氏硬度、洛氏硬度等有压痕的硬度测试方法，因此采用 HTS-1000A 型数显里氏硬度计对转子模拟件及激光熔覆表面改性区域的硬度进行测试。测试方法：在转子模拟件最顶端随机取 3 点进行测试，之后将转子旋转 45°后再在最顶端随机取 3 点进行测试，以此类推。转子转 8 次，每次取 3 点，共 24 个测试点。测试结果显示，熔覆层各位置的硬度分布均匀，熔覆层的平均硬度达到 270HV0.3。使用 F3 合金粉末进行激光熔覆表面改性，符合要求。

硬度测试之后，利用 ZH2305D 转子机械电跳动量测试装置对转子的再制造部位进行综合跳动测试，结果见表 6-9，轴颈再制造位置外圆的综合跳动最大为 6.25μm，小于美国石油协会（API）612 号标准规定的 0.25mil（6.35μm）标准值，符合使用标准。

表 6-9　综合跳动测试结果

相对端面距离/mm	机械跳动/μm	综合跳动/μm
30	5	6.25
60	5	6.25
90	5	5

▶▶ **2. 实物转子轴修复**

通过对转子轴专用熔覆材料 LP 的设计、工艺试验及性能进行评定，进一步进行模拟轴的试验，随后成功应用于汽轮机转子修复。下面介绍实物修复案例。

（1）半导体激光修复转子　激光修复技术是一项新兴的零件表面加工技术。它通过在基材表面添加熔覆材料，并利用高能量密度的激光束使之与基材表面薄层一起熔凝的方法，在基材表面形成与其呈冶金结合的添料熔覆层。特别是半导体激光熔覆，其具有稀释率低、热影响区小、与基面形成冶金结合、熔覆件扭曲变形比较小、过程易于实现自动化等优点。将半导体激光熔覆技术应用到表面处理上可以极大提高零件表面的硬度、耐磨性、耐蚀性和耐疲劳等性能，也可以极大延长机械零部件的使用寿命。

将激光修复技术应用到汽轮机转子的修复中，利用局部熔覆的方法来处理磨损缺陷，则能解决备用转子多、备件费用高的难题。转子修复的理想状态是修复部分的性能在运行状态下能够接近或超过修复前的性能。研究表明，激光修复技术能够解决堆焊、喷涂、镀层等传统方法无法解决的材料选用局限性，工艺过程热应力、热变形，材料晶粒粗大，基体材料结合强度难以保证等问题。

图 6-40 所示为激光修复 28CrMoNiV 汽轮机转子轴实物过程。在激光光斑直径为 4mm 的条件下，激光功率为 2600～2800W，扫描速度为 420mm/min，送粉率为 10g/min 时也可以获得没有缺陷、组织均匀的熔覆层。

采用上述工艺，熔覆修复过程中对其左侧 5cm 处进行温度检测，结果见表 6-

10，发现整个熔覆过程中（0～5min），最高温度未超过70℃。熔覆后熔覆层温度未见上升，随着时间增加明显下降。由此可见，激光修复过程温度明显不高，工件变形极小。

图 6-40　28CrMoNiV 汽轮机转子轴熔覆过程

表 6-10　28CrMoNiV 转子轴实物熔覆温度

时间/min	0	0.5	1	1.5	2	2.5	3	3.5	4	4.5	5	5.5	6	6.5	7	12
温度/℃	24	33	49	48	50	54	57	58	61	63	66	60	56	61	62	45

图 6-41 所示为转子轴电跳动量测试过程，测试发现 LP 粉末熔覆层的表面电跳动量为 2.5μm，熔覆孔的电跳动量为 25μm，这主要是因为孔洞太小，电跳动量受邻近异种材料的影响，总体说明在工艺参数为 10 道搭接、50% 搭接率、激光光斑直径为 4mm、送粉率为 10g/min、激光功率密度为 5.97kJ/cm² 的条件下，激光熔覆 LP 粉末熔覆层的表面电跳动量为 2.5μm，LP 粉末熔覆层有适当的电跳动量值，符合使用标准，结合前期工艺性能，说明 LP 粉末能在转子轴实物上进行修复。

图 6-41　28CrMoNiV 转子轴电跳动量测试过程

（2）汽轮机转子大型轴现场修复　对于直径大于 200mm 的大型转子而言，由于其体积大、质量大、加工不便，使用磨损后的修复一直是难题。过去也常采用返厂修复，但运输不便、风险大、费用高、费工时。现场宽带激光修复大型转子轴是指针对转子轴的磨损程度、现场条件等选定合适的修复工艺参数在现场对其进行修复加工。大型转子现场宽带激光修复技术工艺与返厂修复相比，耗时少、成本低、修复效果好且具有广泛的应用前景，是一项有巨大经济效益和社会效益的主轴损伤修复工艺。

当汽轮机转子轴颈部位产生腐蚀麻点、磨痕甚至沟槽时，需要对其进行修复处理。对转子修复的技术要求比较高，既要保证修复层与基体结合牢固，又要不使转子产生变形和材质变化。

针对大轴现场修复，对实验室设备进行了改进和集成以适应现场修复的需要，并针对现场修复的实际条件对工艺进行了一定的探索。现场修复不同于实验室修复，在空间、试验条件、工艺和设备集成上要求更高，需要有针对性地对设备和工艺进行改进和调整。

针对现场修复的特点，开发出了一套可移动车载激光加工系统，如图 6-42 所示。激光系统主要由额定功率为 2500W、最大功率为 3000W 的半导体激光头、激光手动控制器、控制主机和驱动电源组成。水冷系统包括两台水冷机，其作用是为激光头提供去离子水和冷却水。可移动车载激光加工系统设备简单、总质量小、安装灵活方便、可移动性强，可以安装在机床上用于现场修复和熔覆。

在系统集成完成后，将整套系统移入现场，进行现场修复。

表 6-11 列出了现场大轴修复工艺参数。

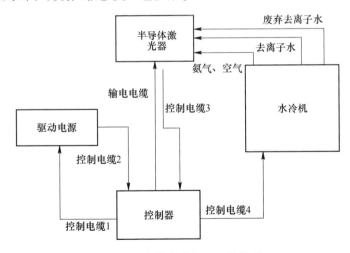

图 6-42 车载激光加工系统构成

表 6-11 汽轮机转子轴修复工艺参数

层数	未加工涂层厚度/mm	功率密度/$(kJ/mm)^2$	送粉率/(g/min)	搭接率(%)	备　　注
2 层	1.66	62.5	30	6	熔覆时冷速快，测试熔覆层温度为33℃

熔覆后进行后续加工和测试。加工和测试机床为上海重型机床厂有限公司生产的数控重型卧式机床 CK61250。首先对熔覆层进行光出，光出后单边精车 0.1mm，然后用 HKUSM30 系列豪克能金属表面加工装置对涂层进行两次超声波光整。图 6-43 所示为车削涂层。光整后得到表面光洁的涂层，对涂层进行电跳动量测试，如图 6-44 所示，结果见表 6-12。

a)   b)

图 6-43　车削涂层

a）精车后涂层表面　b）超声波光整后涂层表面

a)   b)

图 6-44　超声波光整和电跳动量测试

a）超声波光整　b）电跳动量测试

表 6-12　汽轮机转子轴熔覆层电跳动量测试结果

	转速/（r/min）	50
粗车	进给量/（mm/r）	0.21
	切削深度/mm	0.7～0.8

（续）

粗车后涂层厚度/mm	精车后涂层厚度/mm		
0.91	0.80		
电跳动量测试	与端面距离/mm	机跳动量/μm	电跳动量/μm
	30	5	6.25
	60	5	6.25
	90	5	5

三点电跳动量测试结果均合格。电跳动量测试完成后，对转子轴进行硬度测试和探伤，表 6-13 列出了硬度测试结果。结果表明，在该工况下双层熔覆层的硬度略高于基体，相比较于之前实验室制备的涂层也略有提高。对比这两次加工不难发现，现场修复时的环境温度低于实验室加工环境，加之试验对象体积较大，现场修复时熔池散热速度更快、冷却速度更大，因此出现了涂层硬度上升的情况。现场修复时，熔池拖尾明显小于在实验室加工时的情况，另外加工过程中可以用手直接触摸刚熔覆的涂层。除此之外，转子轴精车之后经过两次慢速超声波光整，这道工艺也会使硬度有所提高。硬度测试完成后，对涂层进行探伤，结果表明无裂纹、气孔等缺陷，如图 6-45 所示。

试验证明，利用该设备，可以完成现场转子轴修复，得到大面积无缺陷修复层。修复的转子轴经过车削和超声波光整，表面平整光洁。测试结果表明，机跳动量为 5μm，电跳动量小于 6.3μm，满足使用要求。

表 6-13　汽轮机转子轴硬度测试结果（由里氏硬度换算）

基体硬度　HV		涂层硬度　HV	
273	273.7	480.5	477
275	271.6	473.2	454
269.5	278.7	470	470
275.8	273	454	477
271.6	269.5	437.4	461
271.6	278.5	439.5	482
273.7	268	454	450.1
275.8	268	433.2	470
273	268	455.5	454
275.8	273	447.5	468
269.5	270.5	443.6	466
278.5	278.5	463	466
基体平均硬度		涂层平均硬度	
273.1		460.3	

a) b)

图 6-45　汽轮机转子轴探伤结果

a）着色　b）探伤

参 考 文 献

[1] 赵士林. Cr12 基表面激光熔覆制备 Ni60B-WC/Co 复合涂层工艺及其力学性能研究 [D]. 芜湖：安徽工程大学，2018.

[2] 郎利辉，王刚，黄西娜，等. 粉末粒度对热等静压法制备 2A12 铝合金组织与性能的影响 [J]. 粉末冶金材料科学与工程，2016，21（1）：85-94.

[3] 胡晓冬，朱秀晖，胡勇，等. 稳态磁场对激光熔注尖角 WC 涂层颗粒分布及显微组织的影响 [J]. 表面技术，2019，48（2）：54-61.

[4] 段永岗. 激光熔覆制备 ZrB₂/Cu 多元合金复合涂层的研究 [D]. 秦皇岛：燕山大学，2015.

[5] 徐滨士，朱绍华. 表面工程的理论与技术 [M]. 北京：国防工业出版社，2010.

[6] 宋义知. 电解液射流辅助激光微细加工技术研究 [D]. 沈阳：沈阳理工大学，2016.

[7] 陈颢，李惠琪，李惠东，等. 铁基等离子束表面冶金耐磨合金设计研究 [J]. 材料导报，2005，19（6）：75-77.

[8] 张净宜，邱长军，贺沅玮，等. 不同 Ni 含量铁基激光熔覆层组织和性能的研究 [J]. 表面技术，2017，46（6）：221-225.

[9] 张伟. 钼对高铬铸铁激光熔覆层组织和硬度的影响 [J]. 金属热处理，2016，41（3）：170-174.

[10] 张平，原津萍，孙磊，等. Mo 元素对 NiCrBSi 合金激光熔覆层开裂敏感性的影响 [J]. 焊接学报，2009，30（2）：68-70，156.

[11] LI B, YANG L J, LI Z H, et al. Beneficial effects of synchronous laser irradiation on the characteristics of cold-sprayed copper coatings [J]. Journal of Thermal Spray Technology, 2015, 24 (5): 836-847.

[12] KOIVULUOTO H, MILANTI A, BOLELLI G, et al. Structures and properties of laser-assisted

cold-sprayed aluminum coatings [J]. Materials Science Forum, 2016, 879: 984-989.

[13] JONES M, COCKBURN A, LUPOI R, et al. Solid-state manufacturing of tungsten deposits onto molybdenum substrates with supersonic laser deposition [J]. Materials Letters, 2014, 134: 295-297.

[14] 聂昕, 张朝阳, 刘皋, 等. 脉冲激光冲击效应对定域电沉积铜晶粒及其表面形貌的影响 [J]. 中国激光, 2017, 44 (4): 129-135.

[15] 董允, 贾艳琴, 徐立红, 等. 电沉积及激光辅助电沉积镍基镀层表面形貌研究 [J]. 河北工业大学学报, 2001, 30 (1): 89-93.

[16] 王安斌, 张朝阳, 徐坤, 等. 激光辅助对电沉积铁-镍合金组织结构和性能的影响 [J]. 电镀与涂饰, 2020, 39 (11): 691-696.

[17] 钦兰云, 王维, 杨光. 超声辅助钛合金激光沉积成形试验研究 [J]. 中国激光, 2013, 40 (1): 82-87.

[18] 王维, 郭鹏飞, 张建中, 等. 超声波对 BT20 钛合金激光熔覆过程的作用 [J]. 中国激光, 2013, 40 (8): 70-74.

[19] TODARO C J, EASTON M A, QIU D, et al. Grain structure control during metal 3D printing by high-intensity ultrasound [J]. Nature Communications, 2020, 11 (1): 365-369.

[20] 李洋. 超声振动辅助激光熔覆制备 TiC/FeAl 原位涂层研究 [D]. 南昌: 华东交通大学, 2016.

[21] 陈林, 陈文静, 黄强, 等. 超声振动对 EA4T 钢激光熔覆质量和性能的影响 [J]. 材料工程, 2019, 47 (05): 79-85.

[22] 沈言锦, 李雪丰, 唐利平. 超声功率对激光熔覆 WC 强化 Fe 基复合涂层组织与性能的影响 [J]. 金属热处理, 2018, 43 (5): 168-172.

[23] NING F D, HU Y B, LIU Z C, et al. Ultrasonic vibration-assisted laser engineered net shaping of Inconel 718 parts: a feasibility study [C] //45th SME North American Manufacturing Research Conference (NAMRC). Los Angeles: Univ Southern California, 2017, 10: 771-778.

[24] 王潭, 张安峰, 梁少端, 等. 超声振动辅助激光金属成形 IN718 沉积态组织及性能的研究 [J]. 中国激光, 2016, 43 (11): 104-109.

[25] 姚妮娜, 彭雄厚. 3D 打印金属粉末的制备方法 [J]. 四川有色金属, 2013, 12 (4): 48-51.

[26] 王建军. 中国雾化制粉技术现状简介 [J]. 粉末冶金工业, 2016 (5): 1-4.

[27] 王忠宏, 李扬帆, 张曼茵. 中国 3D 打印产业的现状及发展思路 [J]. 经济纵横, 2013 (1): 90-93.

[28] 郭士锐, 陈智君, 张群莉, 等. 不同压力对气雾化激光熔覆专用合金粉末的影响 [J]. 中国激光, 2013, 40 (6): 150-155.

[29] 付军华, 张少明, 徐骏, 等. Si 含量对超音速气雾化 A1-Si 合金粉末性能的影响 [J]. 粉末冶金工业, 2014, 24 (5): 12-18.

[30] 郭士锐, 姚建华, 陈智君, 等. 喷嘴结构对气雾化激光熔覆专用合金粉末的影响 [J]. 材料工程, 2013 (7): 51-53, 60.

[31] 刘军, 许宁辉, 于建宁. 用等离子旋转电极雾化法制备 TC4 合金粉末的研究 [J]. 宁夏工

程技术，2016，15（4）：340-342.

［32］王琪，李圣刚，吕宏军，等．雾化法制备高品质钛合金粉末技术研究［J］．钛工业进展，2010，27（5）：16-18.

［33］何建群，刘森，成巍，等．一种基于 Ni60 的激光熔覆耐磨合金粉末设计［J］．热喷涂技术，2018，10（4）：63-67，22.

［34］杨鑫，奚正平，刘咏，等．等离子旋转电极法制备钛铝粉末性能表征［J］．稀有金属材料与工程，2010，39（12）：2251-2254.

［35］ZHU H L, TONG H H, YANG F Z, et al. Plasma-assisted preparation and characterization of spherical stainless steel powders［J］. Journal of Materials Processing Technology，2018，252（2）：559-566.

［36］刘建荣，巩水利，杨锐，等．一种 960MPa 强度级电子束熔丝堆积快速成形构件用 α+β 型钛合金丝材：201210243109.9［P］. 2016-01-20.